U0146763

21世纪高等学校计算机应用型本科规划教材精选

多媒体应用技术

李绍彬　宋燕燕　苑文彪　主编

清华大学出版社
北　京

内 容 简 介

本书是“21世纪高等学校计算机应用型本科规划教材精选”系列教材中的一部教材，采用了由浅入深、循序渐进的教学方法讲解多媒体基础知识和关键技术，并结合多个案例介绍了Photoshop、Audition等主要应用软件的使用和创作方法，还对广播级大洋非线性编辑软件进行了相关介绍。

本书共分9章，主要介绍了多媒体技术基础知识、数字图像原理、音视频数据压缩编码、数字图像处理、数字音频技术、音频编辑软件、动画制作、视频编辑等内容，其中第9章设置了11个实验，从而更好地方便读者进行实践练习。

本书可作为传媒和艺术类院校相关专业的多媒体应用技术课程的教材，也可以作为其他各类多媒体应用技术培训机构的教材和自学参考书。

图书在版编目(CIP)数据

多媒体应用技术/李绍彬，宋燕燕，苑文彪主编. —北京：清华大学出版社，2011.1
(21世纪高等学校计算机应用型本科规划教材精选)
ISBN 978-7-302-22962-9

Ⅰ. ①多…　Ⅱ. ①李…　②宋…　③苑…　Ⅲ. ①多媒体技术－高等学校－教材　Ⅳ. ①TP37

中国版本图书馆CIP数据核字(2010)第105413号

责任编辑：魏江江　张为民
责任校对：时翠兰
责任印制：何　芊
出版发行：清华大学出版社　　**地　　址**：北京清华大学学研大厦A座
http://www.tup.com.cn　　**邮　　编**：100084
社　总　机：010-62770175　　**邮　　购**：010-62786544
投稿与读者服务：010-62795954，jsjjc@tup.tsinghua.edu.cn
质　量　反　馈：010-62772015，zhiliang@tup.tsinghua.edu.cn
印　装　者：北京鑫海金澳胶印有限公司
经　　销：全国新华书店
开　　本：185×260　**印　张**：26　**字　数**：632千字
版　　次：2011年1月第1版　　**印　　次**：2011年1月第1次印刷
印　　数：1～4000
定　　价：39.00元

产品编号：034939-01

前言

FOREWORD

多媒体技术是一门应用前景十分广阔的计算机应用技术，在各个领域发挥着重要的作用。

为了适应多媒体技术迅速普及的新形势，以及社会对应用型、技能型人才的需求，中国传媒大学南广学院自2005年起开始在很多专业开设“多媒体应用技术”课程。随着计算机技术、多媒体技术的不断发展，数字媒体技术和新媒体技术等概念的不断涌现，我们在教学过程中通过不断总结和研究，整理出这本教材的大纲，并以近几年讲课的内容为基础，参考了大量的相关教材和著作来编写这部教材。

本书从应用的角度出发，多次组织由专家和主讲教师参加的研讨会，对国内已出版的教材做了理性的分析，并在深入分析应用型本科学生应有的多媒体技术和应用能力的基础上设计课程体系和教材内容，故本书侧重于传媒类院校计算机应用教学中对多媒体技术及软件基本应用的特殊需求，体现了应用型本科教育的新理念和新教学特点。

本书共分9章，第1章介绍多媒体基本概念和技术要点；第2章介绍了色彩的基本原理和图像基本概念；第3章介绍了图像和音频的压缩技术；第4章详细地讲述了数字图像处理软件——Photoshop CS3的使用方法，对软件的各个功能模块都进行了细致的介绍；第5章介绍了数字音频技术的基本原理；第6章详细地介绍了音频编辑软件——Audition CS3的使用方法；第7章介绍了二维和三维动画设计与制作的相关软件，包括Flash和3DS MAX；第8章介绍了视频编辑软件，其中特别针对广播级大洋非线性编辑软件进行了阐述，使读者能够熟练使用该软件进行视/音频剪辑；第9章设置了11个实验，从而更好地方便读者进行实践练习。

本教材具有如下特点：

(1) 教学对象适用于理、工、文、艺术类等各专业学生的教学要求。尤其侧重于传媒类院校计算机应用教学中对多媒体技术及软件基本应用的特殊需求。

(2) 在多媒体基础知识和关键技术方面，课程的内容模块选择注意与同类书籍有所区别，有适当的深度和广度以便由教师和学生自行取舍。尤其对压缩技术、存储技术、虚拟现实技术的重要原理尽量采用方框图等形象化的表达方法，以解决书中出现大量专业术语和名词堆砌而学生不知所云的问题。

(3) 在应用软件实例中，图片的选择注意了现代审美观念和元素，应用工具软件的选择注重通用性。

(4) 所设置的实验具有实用价值，如图像的选取、图像的调色处理、图层的应用、蒙版在实际中的应用、音频的混录等。

为了方便老师教学和读者自学，本书按章节安排教学内容，课内参考学时为64学时，其中课内理论 32 学时，课内上机 32 学时；课外练习可根据需要安排 28 学时以上。

本书第 1～3 章由苑文彪、鲍征烨编写；第 4 章和第 9 章由王莉莉、宋燕燕、周灵编写；第 5 章由周灵编写；第 6 章由苑文彪、王永澄编写；第 7 章由宋燕燕、周灵编写；第 8 章由王莉莉编写。全书由李绍彬、宋燕燕、苑文彪负责统稿。

多媒体技术发展速度快，涉及领域广，尽管我们力图将最新技术介绍给读者，但限于作者水平，难免有疏漏和错误。对于书中错误和不妥之处敬请读者给予指正。

在编写本书过程中，参考了相关的书刊和资料，其中包括从互联网上获得的一些资料，在此向所有这些资料的作者表示感谢。

作　者

2010 年 11 月于南京

目录

CONTENTS

CHAPTER 1

第1章

多媒体基本知识

学习目标

- 掌握媒体的含义和国际电信联盟对媒体的分类方法
- 基本的数字媒体元素
- 明确多媒体的含义，了解多媒体具有的基本特征
- 初步了解数字多媒体的关键技术
- 关注新媒体技术的领域及其对社会发展的作用

1.1 多媒体的相关概念

为了学习多媒体的内涵和特性，首先从多媒体的相关概念谈起，与多媒体相关的概念有信息、媒体、数字媒体、“新媒体”、多媒体等。通过了解多媒体的相关概念，能够更好地理解多媒体技术的理论和多媒体技术的应用。

1.1.1 信息与媒体

信息(information)是有某种价值并且有传递意义的内容。通知、报告、情报、消息、新闻、报道等有价值的内容，只有传播才有存在的意义；资料、数据是具有某种价值的内容，有了传播的需求和过程之后就成为信息；知识通过教师或媒体进行传播而成为教育信息，才能完成教学过程。

媒体(media)是表示、存储、传递信息的载体。信息要借助一定的形态和符号才能传递给受众，要通过物质实体才能存储和传输，因此，载有信息的形态、符号和存储、传输信息的物质实体都被称为是媒体(medium，常用复数 media)。媒体又称为媒质或媒介。

根据以上界定，可以更具体地说明媒体的形态。

符号、语言、文字、图形和图像、动画、各种非语言的声音、连续活动图像等都是承载信息的形态，具有承载和传播信息的功能，因此都是媒体。计算机技术中归纳为文本、图形和图像、动画、音频和视频几种基本的媒体形式，称之为基本媒体元素。媒体元素可以单独传播，也可以进行组合传播；它们可以由计算机采集、处理和输出；可以以计算机网页形式、移动电视画面形式和电信终端的形式显示在交互式界面上，从而改变了人们获取、处理、传递信息的传统方法，成为信息时代更便捷的交互方式。

根据媒体的定义，采集存储和传递信息的载体如报纸书刊、磁带、磁盘、光盘、固体存储器、照相机、摄像机、计算机、各种显示终端、网络和手机等软件和硬件形态的物质实体都是媒体。

媒体是信息传播的中介，没有媒体就不能实现信息的流动、传达和表达。无论是表示形态的媒体元素，还是硬件形态的和软件形态的媒体，都在不断地更新和涌现。

但是，社会生活中有很多"媒体"机构，如报社、电台、电视台、网络传播机构等，被人们简称为"媒体"，准确地说它们是进行信息传播的社会服务团体或机构，应当称为传播媒体机构。

1.1.2 数字媒体元素

数字媒体(digital media)：相对于模拟电子形态的媒体，把文字、图形和图像、动画、音频及视频等媒体元素进行数字化处理后的媒体称为数字媒体。

计算机技术是处理数字媒体的核心技术。信息社会里数字媒体应用形式大量出现，如以手机为代表的移动通信、笔记本电脑为代表的移动上网，移动电视、电子出版物及电子报纸、网络电视、卫星通信与广播、卫星定位导航等，都是数字媒体的综合应用形式。数字媒体极大地改变了人们获取信息的传统方法，形成了现代的数字化、信息化工作方式与生活方式。

基本的数字媒体元素前边已经提到，这里再做一些解释。

(1) 文本：是由语言文字和符号字符组成的数据文件。非格式化文本可以使用的字符个数有限，通常仅能按照一种形式和内容使用，如ASCII码一类的简单字符集、纯文本文件等。格式化文本字符集内容丰富(包括多个国家的字母、各种特殊符号)，有多种字体、字号和排版格式。

(2) 图形和图像：图形是矢量图形的简称，在文件格式中必须包含结构化信息，即语义内容被包含在对图形的描述中，作为一个对象存储。一般是用图形编辑器产生或者由程序产生，因此也常被称为计算机图形。图像是通过描述画面中各个像素的亮度和颜色等组成的数据文件，在文本格式中没有任何结构信息，因此没有保存任何语义内容，作为位图存储也叫点位图或位图图像。通过扫描仪、普通相机、模数转换装置、数码相机等从现实世界中捕捉，或是由计算机辅助创建或生成，即通过程序、屏幕截取等生成。图形和图像都是静态的，图像不是"电视图像"所指的视频图像。

(3) 动画：将静态的图像、图形及连环图画等按一定时间顺序显示而形成连续的动态画面。动画存储对象及其时空关系，带有语义信息，播放时通过计算生成相应的视图，通常是通过动画制作工具或程序生成。

(4) 音频：人类听觉可感知声音信号的电子形态，可用于录制、存储、播放与合成。

(5) 视频：能够在屏幕上显示出来的动态连续可视信号，需要较大的存储能力，通过模拟摄像机与模数转换装置，或数字摄像机等从现实世界中捕捉，或由计算机辅助创建或生成。

1.1.3 媒体类型与分类的方法

可以从不同的角度对媒体进行分类。

(1) 从人的感、知觉对媒体分类，有听觉媒体、视觉媒体、视听媒体、触觉媒体及交互媒体。这种分类法关注受众对信息的获取，广泛用于教育传播领域。

(2) 从对信息的呈现与处理方式对媒体分类。国际电信联盟（International Telecommunication Union，ITU）的 ITU TI.374 建议，分为感觉媒体、表示媒体、显示媒体、存储媒体和传输媒体 5 种。这种分类方法在多媒体技术领域应用较为广泛。

感觉媒体：指的是能直接作用于人们的感觉器官，从而能使人产生直接感觉的媒体，如语言、文字、音乐、自然的或人工的音响、图像、动画、视频等。

表示媒体：指的是为了传送感觉媒体而开发的媒体，借助这类媒体能更加有效地存储感觉媒体或传送感觉媒体，如语言编码、条形码等编码形态、超文本、超媒体及网页等。

显示媒体：通信中使电信号和感觉媒体之间产生转换用的媒体，如输入显示媒体——键盘、鼠标、扫描仪、数码相机、摄像机等，输出显示媒体——显示器、打印机、投影仪等。

存储媒体：存储媒体有软件和硬件形态，如磁带与磁带机、磁盘驱动器、磁盘阵列、光盘和光盘驱动器、USB 接口的固体存储器、摄像机用的 P2 存储卡等。

传输媒体：传输媒体有介质软件和硬件，如双绞线、同轴电缆、光纤、计算机网络、电信网络、有线电视宽带网络、移动通信、移动电视网络和卫星通信链路等。

(3) 其他分类法。以下是按照媒体的某些属性分类的方法。

从媒体的时间属性把媒体分为静态媒体与连续媒体两大类。静态媒体是指内容不会随着时间而变化的文本和图片等媒体。连续媒体是指内容随着时间而变化的数字媒体，比如音频和视频。

从媒体的获取来源把媒体分为捕捉媒体（自然媒体）与合成媒体。捕捉媒体（自然媒体）是指客观世界存在的景物、声音等经过设备数字化处理后得到的数字媒体，如数码照片、视频图像；合成媒体是由计算机采用特定符号、语言或算法表示的生成（合成）的文本、音乐、语音、图像和动画等，比如 3D 动画。

从媒体包含的媒体元素种类多少把媒体分为单一媒体与多媒体。单一媒体指单一信息载体组成的媒体；多媒体则指的是多种信息载体的表现形式和传递方式。

1.1.4 "新媒体"

"新媒体"(new media)是被广泛运用但是没有给出严格定义的概念。新媒体是相对传统媒体而言的新的复合媒体形式，是数字技术在信息传播媒体中的应用所产生的新的传播模式或形态，是与计算机信息处理及网络传播及交换等新技术紧密相关的传播技术。

行业不同，对新媒体有各种行业性的理解和解释，在传媒领域，移动多媒体广播(CMMB)、网络多媒体、数字高清电视(HDTV)、网络电视(IPTV)、手机电视、车载移动电视等都被认为是新媒体技术。

新媒体的特殊属性是具有很强的实时性、交互性。计算机、电视、电信三大技术相融合的宽带信息网络，是各种新媒体形态依托的共同基础。终端移动性是新媒体发展的重要趋势。数字技术是各类新媒体产生和发展的源动力。

有人从传播的角度描述，说人际传播是“一对一”的传播，大众传播是“一对多”的传播，新媒体传播是可以同时具有“一对一”和“一对多”两种属性的媒体形式。在解放日报召开的学术研讨会上，加拿大籍学者马克·汉森教授认为，感觉的方式是通过感知来完成的，技术的发展拓展了人们的视野和感知世界的能力，让人们更容易实现从感觉到感知的过程。当步入计算机网络世界时，媒体不再是由大脑传感进入感知领域的工作过程，而是直接为感知工作，这就是新媒体的逻辑性。

从社会生活的角度来看新媒体，网络新媒体有门户网站、多媒体搜索引擎、虚拟社区，即时通信与对话链，博客、播客、维客，网络文学、网络动画、网络游戏，电子书、网络杂志与电子杂志、网络广播等；移动新媒体有手机彩信、手机报纸与出版、手机电视与广播；电视新媒体有数字高清电视、网络电视、虚拟演播室、移动电视、楼宇电视等；其他新媒体有隧道媒体、道路媒体、信息查询媒体等。

1.1.5 多媒体

多媒体(multimedia)是融合两种以上媒体的交互式信息交流和传播的媒体形式。

多媒体是全新的信息表现形式，诞生于20世纪90年代，是计算机技术发展的产物，它是一种将信息学、心理学、传播学、美学融于一体的传播媒体。多媒体集成了文字、图形图像、音频、动画、视频等多种媒体的特点，结合计算机的交互功能，传达了丰富、真实的信息，满足用户的各种信息需求，是最为理想的整合媒体。

为了更好地理解多媒体，应当明确以下几点。

(1) 多媒体融合两种以上媒体形式，通常要包括音频和下列媒体元素之一：视频、图形图像、动画等。通常认为多媒体中的声音和视频是人与机器交互的最自然的媒体。

(2) 多媒体应当具有传播功能，在这个意义上，多媒体和报纸、杂志、电视等媒体的功能相同、相近或互补。

(3) 多媒体是交互式媒体，计算机多媒体、网络多媒体、数字电视多媒体，其他终端如手机电视、网络电视等都具有交互特性。

(4) 多媒体信息都是以数字的形式而不是以模拟信号的形式存储和传输的。

(5) 多媒体技术融计算机及其网络技术、通信技术等多种技术于一身，借助日益普及的高速信息网，可实现计算机的全球联网和信息资源共享。

数字媒体技术是通过现代计算和通信手段，综合处理文字、声音、图形、图像等信息，使抽象的信息变成可感知、可管理和可交互的一种技术。以数字技术、网络技术与文化产业相融合而产生的数字媒体产业，正在世界各地高速成长。数字媒体产业的迅猛发展，得益于数字媒体技术不断创新。

1.1.6 多媒体的特征

归纳以上对多媒体的分析，可以看出多媒体具有以下基本特征。

(1) 数字化。多媒体中的媒体元素以数字形式处理、存储和传输。

(2) 多样性。包含多种媒体元素。

(3) 交互性。用户可以与计算机、网络、数字电视的多种信息媒体进行交互操作,也可以通过这些设备实现人与人的交互。

(4) 集成性。多媒体技术将计算机及其网络技术、电视技术、通信技术联系在一起,具有技术集成性,以及对媒体设备的集成。

(5) 实时性。将声音、视频等各种媒体元素之间的逻辑关系同步实时地显示出来。

1.2 多媒体技术要点

多媒体技术主要研究与数字多媒体信息的获取、处理、存储、传播、管理、安全、输出的相关的理论、方法、技术与系统,其所涉及的关键技术及内容主要包括数字信息的人机交互输入输出、数字信息存储、数字信息处理(数据压缩)、数字传播、数字信息管理与安全等项技术。本节就来初步了解这些技术。

1.2.1 多媒体信息的人机交互

人机交互是多媒体技术最突出的特点之一。交互包括把信息输入交互媒体终端(计算机、数字电视机、手机、查询机等),之后终端设备要输出应答信息。人机交互技术主要由媒体转换技术、媒体识别技术、媒体理解技术、媒体综合技术支撑。

除键盘、鼠标外,手写屏、扫描仪、数字相机、CD及数字录音机、数字摄像机等是提供图形、图像与音/视频的信号源;信号的转换要使用媒体转换装置(声卡、视频卡的音/视频采集系统,非线性编辑卡、数字特技卡进行的压缩、解压缩编码处理)、媒体识别(对触摸屏、光笔手写输入、跟踪球、语音等输入信息,进行位置识别和映像为字、词、句子)、媒体理解(分析处理和理解自然语音、图像及模式识别)、媒体综合技术(语音和音频的合成系统,对运动数据进行采集与交互的数据手套、数据衣等)。

交互技术的基础是现代传感技术,这是高度智能化的信息技术,是应用微电子、光电转换、超导、光导、精密加工等新材料、新技术、新工艺,使新型传感器具有集成化、多功能化和智能化的特点。

多媒体信息的输出技术是将数字多媒体信息转化为人类可感知的信息,为媒体内容提供人性化的交互界面。其主要技术包括显示技术、硬复制技术、声音系统、影音系统、投影设备,以及用于虚拟现实技术的三维显示技术等。显示技术是发展最快的领域之一,目前最新的显示技术已经能够实现真三维的立体显示,平板高清显示技术已经成为主流技术。

1.2.2 计算机图形、图像与动画技术

图形是一种重要的信息表达与传递方式,计算机图形技术是利用计算机生成和处理图形的技术,主要包括图形输入技术、图形建模技术、图形处理与输出技术。

图形输入技术主要是将表示对象的图形输入到计算机中,并实现用户对物体及其图像内容、结构及其呈现形式的控制,其关键技术是人机接口。图形用户界面是目前最普遍的用户图形输入方式,手绘、笔迹输入、多通道用户界面和基于图像的绘制正成为图形输入的新方式。图形建模技术是用计算机表示和存储图形的对象建模技术。线架、曲面、实体和特征

等造型是目前最常用的技术，主要用于欧氏几何方法描述的形状建模。对于不规则对象的造型则需要非流形造型、分形造型、纹理映射、粒子系统和基于物理造型等技术。图形处理与输出技术是在显示设备上显示图形，主要包括图元扫描和填充等生成处理、图形变换、投影和裁剪等操作处理及线面消隐、光照等效果处理，以及改善图形显示质量的反走样处理等。

计算机动画技术是以计算机图形技术为基础，综合运用艺术、数学、物理学、生命科学及人工智能等学科和领域的知识，来研究客观存在或高度抽象的物体的运动表现形式。计算机动画经历了从二维到三维，从线框图到真实感图像，从逐帧动画到实时动画的过程。计算机动画技术主要包括关键帧动画、变形物体动画、过程动画、关节动画与人体动画、基于物理模型的动画等技术。目前，计算机动画的主要研究方向包括复杂物体造型技术、隐式曲面造型与动画、表演动画、三维变形、人工智能动画等。

1.2.3 多媒体信息处理技术

多媒体信息与数据的处理技术是多媒体的关键技术之一，主要包括对模拟形态的多媒体信息的取样、量化、编码，图形图像和音/视频数据压缩编码，媒体信息的特征提取、分类与识别技术等。在上述技术的研究应用过程中，产生了一系列的国际标准和国家标准。技术标准的内容将放在第3章介绍，主要有以下几种。

(1) 静止图像的压缩编码标准(Joint Photographic Experts Group，JPEG)：是用于连续色调灰度级或彩色图像的压缩标准，支持多种操作模式，包括无损压缩和各种类型的有损模式，压缩比可达30∶1且没有明显的品质退化。

另一个图像压缩标准是二值图像压缩标准(Joint Bi-level Image Group，JBIG)，是无损的二值图像压缩标准，可以支持的图像分辨率为1728×2376或2304×2896，也可以对含灰度值的图像或彩色图像进行无失真压缩。

(2) 视频压缩格式(Motion JPEG，M-JPEG)是一种早期常用的视频压缩格式，其中每一帧图像分别使用JPEG编码。这种视频压缩不同于MPEG的帧间压缩，压缩率比较低，编码与解码相对容易，在压缩比小的非线性编辑系统中广泛采用。一些移动设备，如数码相机使用M-JPEG来进行短片的编码。

(3) 运动图像数据压缩编码的标准(Motion Picture Expert Group，MPEG)，是视频图像压缩的一个重要标准系列。MPEG-1以1.5Mb/s的速率传输视频信号，其亮度信号的分辨率为352×240，色度信号的分辨率为180×120。MPEG-2是高带宽的视频数据流标准，可以实现立体声环绕，典型的应用有HDTV。MPEG-4是低带宽的视频标准，主要用于视频会议，其视频速率只有64Kb/s的1～5倍，分辨率为176×144，比特率很低。

数字音频处理技术，是将模拟的声音信号经取样、量化和编码转化为数字音频信号。音/视频编码都存在无损和有损两种情形。数字音频压缩编码技术主要有以下几种。

(1) 基于音频数据的统计特性的压缩编码技术，即熵编码，是无损的。统计编码技术主要有霍夫曼编码、游程编码、算术编码等。

(2) 基于音频声学参数的编码技术，运用线性预测编码(LPC)。这是基于正弦模型的语音编码技术，通过对语音频率、幅值和相位参数的分析处理，合成高质量的语音。在编码处理过程中，应用了语音叠加技术和频率轨迹跟踪技术，以提高合成语音质量。混合编码技术是以线性预测编码为基础的数字语音处理技术，主要包括语音合成、语音增加和语音识别技术。

(3) 时域波形编码技术，是利用音频取样的幅度分布规则和值具有相关性的特点提出的，是有损编码。时域波形编码主要有差分脉冲编码调制(DPCM)和自适应差分脉冲编码调制(ADPCM)、增量调制(DM)和自适应增量调制(ADM)。

(4) 感知编码技术，是基于人的听觉特性建立模型的编码方法，也是有损的。感知编码有频域编码(包括变换编码 TC 和子带编码 SBC)、运用于 MPEG 的音频编码和杜比 AC-3 编码，频域编码能够加大压缩比。

实际的音频处理过程中，会采用不止一种的编码形式。

1.2.4 多媒体数据存储

多媒体数据类型除了整型、实型、布尔型和字符型等常规数据类型外，还有图形、图像、音频、视频及动画等复杂数据类型，而且数据长度可变，不可能用定长格式来存储。在组织数据存储时，结构和检索处理都与常规数据不同，并且是多数据流，包含多种静态和连续媒体的数据类型的集成及显示。在输入时，每一种数据类型都有一个独立的数据流，而在检索或播放时又必须加以合成；声音和视频数据都要求连续记录、存储和播放、检索。

目前多媒体存储技术主要是磁存储技术、光存储技术和半导体存储技术。磁存储技术由于其记录性能优异、应用灵活、价格低廉，在技术上仍具有相当大的发展潜力，存储容量和存取速度也越来越高。光存储技术以其标准化、容量大、寿命长、工作稳定可靠、体积小及应用多样化等特点，已成为数字媒体信息的重要载体。蓝光存储技术的出现，使得光存储的容量成倍提高，在高清晰数字音像记录设备和计算机外存储器等方面有广阔的应用前景。半导体存储器的应用领域非常广泛，种类繁多，特别是移动数字媒体中普遍使用，发展趋势是体积越来越小，存储容量越来越大。

在大多数多媒体存储系统中，最高层次的存储设备是随机存储器，其次是磁盘驱动器，它们均提供联机服务。光存储设备提供下一个存储层次，它们在某些情况下是联机设备，但在大多数情况下是邻机的。存储层次的最低段是脱机存储设备，包括磁带、光盘等。

多媒体数据的管理问题，许多应用程序使用文件来存储多媒体数据。应用程序和操作系统直接管理多媒体数据和相关的数据模型，多媒体数据存放在本地系统驱动器的一个或多个文件中。在网络环境下，需要一个媒体服务器，媒体服务器是一个类似网络文件服务器的共享存储设施，具有传送多媒体数据的附加性能。应用程序发一个接收多媒体数据文件的请求，媒体服务器则通过打开多媒体数据文件，以同时方式传送多媒体内容加以响应。另一种方法就是使用大对象(Large Objects，LOB)把多媒体数据集成到数据库系统中。很多关系数据库都使用大对象的形式来支持对多媒体对象的存取。

1.2.5 多媒体数据传输分发技术

多媒体数据传输要求有高速、高效的网络平台，综合应用现代通信技术和计算机网络技术，随时随地通过任何终端设备上网，并享受到各项数字媒体内容服务。这样的目标，要求电视、电信、计算机行业快速改革。全新的电信组网技术、终端设备技术、多媒体技术、电视机技术、计算机 IP 网络承载技术，组合成了多媒体网络通信新的技术学科。

多媒体数据传输分发技术主要包括两个方面。一是数字传输技术，主要是各类调制技术、差错控制技术、数字复用技术、多址技术等，如多媒体数据传输编码技术，多媒体通信网中的 Web 技术，会议系统中的多点控制、网关、图像编码、会议系统中的音频编码、多媒体通信网中的信息点播中的图像编码、通信协议。流媒体技术包括流媒体传输协议、播放方式、流式媒体解决方案。二是网络技术，主要是公共通信网技术、计算机网络技术及接入网技术等，如基于 IP 寻址的多媒体通信网中运用的协议有 IP 协议、TCP 协议、UDP 协议、实时传送协议(Real Time Protocol，RTP)、资源预约协议(RSVP)。

"下一代网络"(Next Generation Network，NGN)技术，2008 国际电联 NGN 会议给出了 NGN 的定义。NGN 是基于分组的网络，能够提供电信业务；利用多种宽带能力和 QoS 保证的传送技术；其业务相关功能与其传送技术相独立。NGN 使用户可以自由接入到不同的业务提供商；NGN 支持通用移动性。支撑 NGN 的关键技术主要是 IPV6、光纤高速传输、光交换与智能光网、宽带接入、城域网、软交换、3G 和后 3G 移动通信系统、W 终端和网络安全等技术。

NGN 的基本特征如下：分组传送；控制功能从承载、呼叫与会话、应用与业务中分离；业务提供与网络分离，提供开放接口；利用各基本的业务组成模块，提供广泛的业务和应用(包括实时、流、非实时和多媒体业务)；具有端到端和透明的传输能力；通过开放接口与传统网络互通；具有通用移动性；允许用户自由地接入不同业务提供商；支持多样标志体系，并能将其解析为 IP 地址以用于 IP 网络路由；同一业务具有统一的业务特性；融合固定与移动业务；业务功能独立于底层传送技术；适应所有管理要求，如应急通信、安全性和私密性等要求。

1.3 多媒体技术应用

20 世纪 80 年代声卡在 PC 上安装，90 年代 ISA 总线 X86 机型中声卡、解压卡流行，CPU 中有了处理音/视频的专用指令和高速缓存，硬盘容量适应音/视频数据的存储需要。20 世纪末，AVI、RAM、MPEG 等大量新的文件格式被采用，标志着视频技术进入蓬勃发展时期。流媒体使得网络传播视频成为轻松的事情，视频压缩则是将计算机视频应用进行了普及。多媒体技术以极强的渗透力进入人类社会生产、生活的各个领域，如广播电视、教育、金融、建筑设计、电子商务、艺术、通信、图书、档案、家庭、娱乐及游戏等。

1.3.1 多媒体信息化办公环境

应用多媒体的系统有办公自动化系统、多媒体信息查询系统、计算机网络会议、交互式电视与视频点播、交互式数字化电影、数字化图书馆、家庭信息中心等，还有多媒体数字广播、多媒体数字出版、远程教育系统、远程医疗以及遥测监控等信息技术领域。

新近流行的计算机支持下的协同工作也有了新的理念，如媒体空间(media space)将办公室、公共活动区、公共资源设备等通过计算机网络互联起来，形成超越时空距离的环境，供工作人员交换信息、传递数据或进行讨论，就形成了所谓的媒体空间。当媒体空间发展到相当大的范围，信息内容极其丰富，用户访问的界面更加方便，而且更具沉浸感时就可称为赛博空间(Cyberspace)。

1.3.2 虚拟现实技术

虚拟现实(Virtual Reality,VR)是多媒体技术高度集成的应用,是人们通过计算机对复杂数据进行可视化操作与交互方式,是指用计算机生成的一种个体之外的特殊环境,人可以通过使用各种特殊装置将自己置于这个环境中,并操作、控制环境,实现特定的交互目的。虚拟现实技术是集计算机图形学、图像处理与模式识别、智能接口技术、人工智能、传感与测量技术、语音处理与音响技术、网络技术等于一体的综合集成技术。

虚拟现实技术的主要特征之一是多感知性(multi-sensory),除了一般计算机技术所具有的视觉感知之外,还有听觉感知、力觉感知、触觉感知、运动感知,甚至包括味觉感知、嗅觉感知等。虚拟现实的特点有3点：一是沉浸感(immersion),用户感到作为主体存在于计算机创建的三维虚拟环境中,如同在现实世界中的感觉一样；二是交互性(interactivity),用户对模拟环境内物体的可操作程度和从环境得到的反馈接近自然程度；三是构想性(imagination),虚拟现实技术具有广阔的可想象空间,可拓宽人类认知范围,可以构想客观不存在的甚至是不可能发生的动态环境。虚拟现实技术应用更为广泛,涉足航天、军事、通信、医疗、教育、娱乐、图形、建筑和商业等各个领域。专家预测,随着计算机软、硬件技术的发展和价格的下降,虚拟现实技术会逐步进入家庭生活。

动态虚拟环境的建立是虚拟现实技术的核心,其目的就是获取实际环境的三维数据,并根据应用的需要建立相应的虚拟环境模型。目前的建模方法主要有几何方法、分形方法、基于物理的造型、基于图像绘制和混合建模技术,而基于图像的绘制技术是未来的发展方向。三维图形生成技术已经较为成熟,关键是实现实时生成,应在不降低图形的质量和复杂程度的前提下,尽可能提高刷新频率。

虚拟现实应用的关键是寻找合适的场合和对象,必须研究虚拟现实的应用系统开发工具,如虚拟现实系统开发平台、分布式虚拟现实技术等。系统集成技术包括信息的同步技术、模型的标定技术、数据转换技术、数据管理模型、识别与合成技术等。

虚拟现实的交互能力依赖于立体显示和传感器技术的发展,如大视场显示技术、头部六自由度运动跟踪技术、手势识别技术、立体声输入输出技术、语音的合成与识别技术,以及触摸反馈和力量反馈技术等。在虚拟现实系统中使用的专用设备有可移动式显示器、数据手套、压力传感手套、数据衣等。

1.3.3 移动多媒体技术

移动多媒体技术主要是指移动多媒体广播技术。中国移动多媒体广播电视(China Mobile Multimedia Broadcasting,CMMB)是利用无线数字广播网向手机、MP4、笔记本电脑等用户提供广播电视节目,是广播电视数字化发展带来的新手段、新媒体。

CMMB的主要特点如下。

(1) CMMB是数字电视技术的一种,它采用先进的编码、压缩、调制等数字技术,专为7英寸以下小尺寸屏幕便携接收终端提供广播电视节目服务,具有移动接收、高效、省电等传统数字电视所不具备的技术特点。

(2) CMMB面向终端广泛、经济实用，只要在手机、PDA、MP3、MP4、数码相机、笔记本电脑等各种小屏幕便携终端以及在汽车、火车、轮船、飞机上的小型接收终端中加装了接收CMMB的功能，就可接收视频、音频、数据等多媒体业务，满足人们随时随地看电视的需求。

(3) CMMB是具有自主知识产权的移动多媒体广播电视技术，与国外的手机电视技术(目前主要有美国的MediaFLO、欧洲的DVB-H、韩国的T-DMB等)相比，CMMB具有图像清晰流畅、组网方便灵活、支持多种业务等特点，多项技术特别是在终端省电方面达到国际先进水平。

(4) CMMB技术组网简单、建网成本低，可以利用现有广播电视覆盖网基础设施建设地面覆盖网，可通过卫星和地面网络形成"天地一体"的覆盖网，实现无缝覆盖，易于迅速普及。

(5) CMMB系统具备广播式、双向式服务功能，可提供数字广播电视节目、综合信息和紧急广播服务，可进行点播、推送、电子杂志等业务，还可提供股票、购物、缴费、游戏等服务。CMMB具备加密授权控制管理体系，中央和地方相结合，统一标准、统一运营，支持用户全国漫游。

CMMB的业务平台主要由公共服务平台、基本业务平台和扩展业务平台等3个平台构成。

(1) 公共服务平台向用户无偿提供公益性服务，主要由公益类广播电视节目和政务信息、紧急广播信息构成。

(2) 基本业务平台向用户有偿提供基本类广播电视节目和数据类服务，包括全国平台和地方平台传送的广播电视节目和各种信息服务。

(3) 扩展业务平台根据用户不同需求有偿提供个性化服务。主要由4类业务构成：一是付费广播电视节目；二是音/视频点播推送服务，将用户定制的广播电视节目推送到用户终端；三是综合数据信息服务，主要有股票信息、交通导航、天气预报、医疗信息等；四是双向交互业务，主要有音/视频点播、移动娱乐、商务服务等。

目前，CMMB主要以音/视频服务为主，综合信息、双向交互等服务将随着业务的发展逐渐推广应用。

在多媒体移动技术应用方面，多媒体手机将成为热点。MultiMedia Intelligence咨询公司在其定义的多媒体手机概念中提到，手机必须能够捕获图像以实现手机的个性化和体验分享。多媒体手机不再是单纯的通信设备，除了用于语音通信之外，还兼具图像拍摄、视频播放、GPS导航等功能，综合的娱乐功能将手机的多媒体技术发挥到最大效用，包括兼容各种音频格式文件、高清视频播放以及最新流行的FM发射、多点触控显示屏幕，都提升了手机的用途，使得用户的体验更加完整和充分。

1.3.4 多媒体技术的研究和应用开发

多媒体技术的研究主要在下列几个方面：

(1) 多媒体数据的表示技术：包括媒体元素在计算机中的表示方法，如语音识别和文本语音转换、虚拟现实、基于内容的多媒体检索和语义万维网等。

(2) 多媒体数据的存储技术：包括存储卡技术、大容量光盘技术等。

(3) 多媒体创作和编辑工具：使用多媒体创作和编辑工具将会大大提高工作效率。

(4) 多媒体信息特性与建模、数据压缩、多媒体信息的组织与管理、多媒体交互、多媒体通信与分布处理、多媒体的软、硬件平台。

(5) 多媒体的应用开发范围：包括多媒体节目制作、多媒体数据库、多目标广播技术、影视点播、电视会议、远程教育系统、全球超媒体信息系统等。

展望未来，网络和计算机技术相交融的交互式多媒体将成为21世纪多媒体的发展方向。人们不仅可以从网络上接受信息、选择信息，还可以发送信息，其信息是以多媒体的形式传输，能够在家里购物，点播自己喜欢的电视节目。多媒体的未来激动人心，人们生活中数字信息的数量在今后几十年中将急剧增加，质量上也将大大改善。多媒体正在迅速地、以意想不到的方式进入人们生活的多个方面。大的趋势是各个方面都将朝着当今新技术综合的方向发展，这个综合正是一场广泛革命的核心，它不仅影响信息的包装方式和人们如何运用这些信息，而且将改变人们互相通信的方式。

1.4　多媒体数据信息检索与安全

多媒体信息资源的检索技术趋势是基于内容检索技术。基于内容的检索直接对图像、视频、音频内容进行分析，抽取特征和语义，利用这些内容特征建立索引并进行检索。其基础技术包括图像处理、模式识别、计算机视觉、图像理解技术，是多种技术的合成。目前基于内容检索的技术主要有基于内容的图像检索技术、基于内容的视频检索技术及基于内容的音频检索技术等。基于高层语义信息的图像检索是最具利用价值的图像语义检索方式，开始成为众多研究者关注的热点。计算机视觉、数字图像处理和模式识别技术，包括心理学、生物视觉模型等科学技术的新发展和综合运用，将推动图像检索和图像理解获得突破性进展。

多媒体通信网中的安全加密技术：安全套接字层(Secure Sockets Layer，SSL)、消息数字函数第5类(Message Digital Function 5，MD5)、RSA、DES，包括论证与授权(身份鉴别)及信息加密。

传统加密技术主要有以下几种：

(1) 数字签名：数字签名技术是建立在公开密钥加密技术基础上，利用对信息数据元所作的密码变换和信息附加改变所形成的签名来进行身份验证，以及对数据的完整性和不可否认性的认证。

(2) 数字指纹：数字指纹是利用数字作品中普遍存在的冗余性与随机性，向数据元中引入一定的误差或其他私人的数据，使得数据元是唯一的，就像真正的指纹一样。

(3) 安全容器：安全容器技术采用加密机制，封装一个防篡改的、用于保护数字媒体及版权信息、使用规则的信息包，形成安全容器。

新技术之一是数字水印技术。数字水印技术是在数字内容中嵌入隐蔽的标记，这种标记通常是不可见的，只有通过专用的检测工具才能提取。新技术还有移动代理技术，它综合了人工智能技术和网络技术，是一种新兴的分布式计算技术。移动代理一般是一个程序，该程序通过网络可以在不同主机上移动(主要是通过下载、传送方式)，并能在这些主机上执行任务。它具有移动性、自主性、反应性、异步操作性和协作性等特性，其中最重要的特性是移动性。它的原理就是用户与服务器之间签订某种协议，规定了用户对数字作品的使用权限，用户对该协议签名，服务器对其加密，加密签名后的协议成为移动代理的一部分，也就是只要下载或者使用对应的数字作品，就必须遵守加密协议。当用户需要某个数字作品时，移动代理携带用户签署的协议等信息移动到服务器；移动代理通过服务器验证用户签名的有效性及用户拥有的使用权限；通过验证后，移动代理移动到内容服务器，将数字作品打包，产生计费数据，携带打包数据回到用户，交给用户端的安全环境，并根据用户权限控制对数字作品的使用。简略来说，下载一个作品，不能马上使用，需要去相应网络通过验证来获得使用权限，可以认为这是一种捆绑型的网络互动型加密模式。

思 考 题

1. 分别说明信息、媒体的含义。
2. 说明国际电信联盟是怎样对媒体分类的。
3. 基本的数字媒体元素与多媒体的区别和联系有哪些？
4. 叙述多媒体具有的基本特征。
5. 数字多媒体的关键技术有哪些？
6. 讨论新媒体技术的领域及其对社会发展的作用。

CHAPTER 2

第2章

图像处理及相关知识

学习目标

- 掌握色彩的基本概念
- 了解数字图像的基本要素
- 了解常见的数字图像文件格式

2.1 色彩的显示原理

2.1.1 色彩的基本概念

现实世界是多姿多彩、五光十色的。比起黑白色，大部分人更乐于使用和欣赏彩色的照片或视频，彩色照片的画面质量之所以优于黑白照片，正是因为彩色能够比黑白色产生更丰富的效果，令人感觉图像更明亮绚丽。所以现在各类涉及图像设计和处理信息的行业，认识并能自由运用色彩是设计师和摄影师的基本功，也是创造完美图像的基础。如果色彩运用不正确，表示的信息就会不完整，图像就不能正确传递其表示的信息。例如，一幅本该是表达春天来临万物复苏的树林草地景象，如果色彩偏蓝，就会给人很奇怪的感觉；如果色彩偏黄，整体偏暗就更不对劲了。当然有时为了表达一些奇幻效果，还是可以对其进行一些特殊处理的。

2.1.2 色彩的来源

人们是怎么感知色彩的？其实本质是由于可见光照射到物体上，由于物体表面物质的结构不同，产生光的分解，一部分色光被吸收，一部分被反射。遇到具有透明特性的物质还会发生透射。这种透射和反射光的分布被人的视神经所接收就产生了色彩的概念。人们看到某个物体呈现某种颜色，是因为该物体反射这种颜色的光，吸收其他颜色的光。如观看阳光下的绿叶，就是绿叶大量反射绿色光，吸收其余的光线，所以色彩和光有着重要的关系。没有光线分布的地方就如同没有月亮、路灯的黑夜，人们就无法辨别物体的形状，更别说物体的色彩了。色彩也与观察者有关，目前认为人类感知色彩除了视觉系统的灵敏度不同外，还与人类的心理认知过程有关。

1. 可见光

色彩是通过光被人类所感知的，这里的光是指可见光，也就是指人类视觉系统能接收的波长为400～780nm的电磁波，可见光谱如图2.1所示。它与我们所熟识的无线电波、红外线、紫外线、X射线、γ射线等电磁波并无本质差异，唯一不同的是它们的波长。只有400～780nm波长范围的电磁波才能被人类视觉系统感知，因此这段范围内的电磁波称之为可见光。可见光在电磁波谱中是极小的一部分。太阳发射的白光就是由各种色光组合而成的，有些可见光只包含单一波长成分，因此称为单色光，如红色激光可以认为由单一波长的红色光组成，不含其他色光。然而，同一色彩感觉也可由多种不同波长的色光共同引起。例如，等量的红光和绿光，能给人黄色光的感觉。尽管人的视觉系统感觉一样，这种由两种或两种以上波长成分组成的光称为复合光。如果改变复合光中所包含各种不同色光的比例，那么就会引起色光颜色的变化。

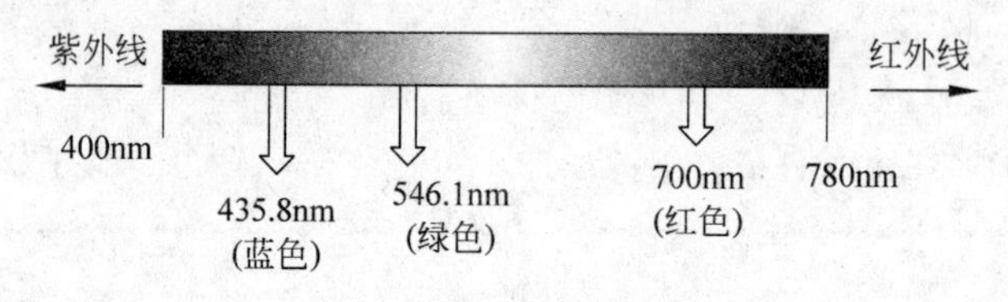

图2.1 可见光谱

2. 人的视觉系统原理

光的物理性质是由光波的波长和幅度所决定的。那么由前面的内容可知，不管光波如何变化，最终还是要被人眼感知才会产生各种感觉。所以有必要先来了解一下人眼视觉系统的构造。在人的视网膜上分布着超乎想象数量的光敏细胞。这些光敏细胞可以分为两类：一类是杆状细胞；一类是锥状细胞。杆状细胞只能感觉到光的强弱，不能分辨颜色；而锥状细胞不仅可以感觉到光的强度，还能分辨出不同的色光。所以辨别颜色要靠锥状细胞，明暗程度则两者都能感知，根据科学研究，杆状细胞对光强的灵敏度比锥状细胞高得多。如图2.2所示，这条靠右的曲线表明的是在白天正常光照下人眼对各种不同波长光的敏感程度，它称为明视觉视敏函数曲线，如图2.2右曲线所示。明视觉过程主要是由锥状细胞完成的，它既产生明感觉，又产生彩色感觉。因此，这条曲线主要反映锥状细胞对不同波长光的亮度敏感特性。在弱光条件下，人眼的视觉过程主要由杆状细胞完成。而杆状细胞对各种不同波长光的敏感程度将不同于明视觉视敏函数曲线，表现为对波长短的光敏感度有所增大。即曲线向左移，这条曲线称暗视觉视敏函数曲线，如图2.2左曲线所示。在弱光条件下，杆状细胞只有明暗感觉，而没有彩色感觉。当这两种细胞感光以后，即发生化学变化，把光波转化为一种能够刺激视网膜神经组织的能量。在这种能量的作用下，视网膜的神经组织就兴奋起来，将信号传递给大脑皮层的相应部位，大脑皮层就会产生与此相应的视感。从人的视觉系统看，色彩可用色调、饱和度和亮度来描述。人眼看到的任一彩色光都是这3个特性的综合效果。这3个特性就是色彩的三要素。

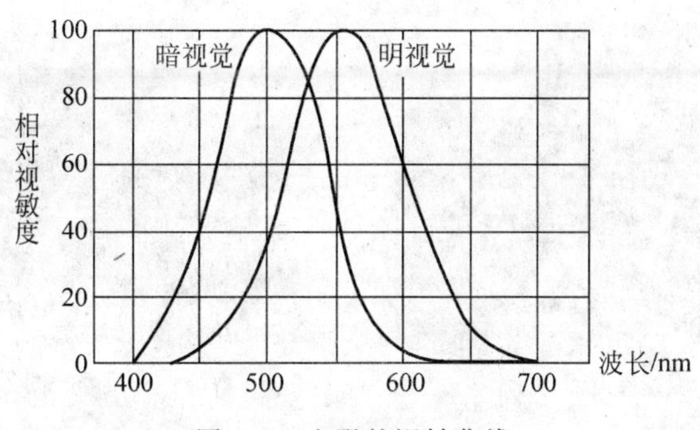

图 2.2　人眼的视敏曲线

3. 色调

色调，又称色相，是指光的颜色类别，是人眼看到一种或多种波长的光时产生的色彩感觉。红色、绿色、蓝色就是 3 种基色。某一物体的色调，是指该物体在日光照射下所反射的各光谱成分作用于人眼的综合效果，对于透射物体则是透过该物体的光谱成分综合作用的结果。色调就是指光呈现的颜色，可以认为就是颜色的种类和属性。人所能感知的色彩种类大约有 6 万种左右。

4. 亮度

亮度是光作用于人眼所引起视觉的明暗度的感觉。同一物体在不同环境光强度下，其亮度会不一样。比如在电影院里和在晴天室外视觉感觉就不一样。在相同的环境光强度下不同物体的亮度也不一样，正对光线或靠近光源的物体肯定比背对或远离光源的物体看起来要暗。颜色也因为亮度的关系会给人不同感觉，同样一个红苹果，靠近光源的一面就会是鲜艳的红色，而背对光源的一面则是暗红色，如图 2.3 所示。人类视觉系统可辨别的亮度细节的极限对比颜色细节要高近 6 倍。在计算机对彩色图像进行压缩处理时，往往可以利用这一特性来提高压缩比。

图 2.3　正对光源和背对光源的苹果颜色不同

5. 饱和度

饱和度表示色彩浓或淡的程度，即颜色的纯度，也可以理解为掺入白色光的程度。饱和度为 100％的颜色就是完全未混入白色光的单色光，对于同一色调的彩色光，饱和度越大颜色越鲜明或越纯。饱和度就是指这个“浓度”。如果在某色调的彩色光中，掺入别的彩色光，则会引起色调的变化，只有掺入白光才会引起饱和度的变化。在纯红光（饱和度为 100％）中掺入纯蓝光（饱和度为 100％），光的颜色就发生了变化（紫色光），此时饱和度依然为 100％。但如果在纯红光中加入白光，就会感觉红光变“淡”了，这就是饱和度降低了。饱和度不止受白光的影响，还会受亮度的影响，当亮度降低时，可以认为是在彩色光中掺入了“黑色光”，所以变得更暗，其饱和度也会降低。不同饱和度图像的对比如图 2.4 所示。

不管是变暗还是变淡都会对色彩的艳丽程度产生不利影响。饱和度越高，色彩就越鲜

(a) 饱和度低的图像

(b) 饱和度高的图像

图 2.4　不同饱和度图像的对比

明突出；饱和度越低，色彩的固有颜色就会被降低，感觉不够艳丽。饱和度高的色彩容易让人感到单调刺眼，饱和度低的色彩让人感觉比较柔和协调，但也让人感觉混在一块不够鲜明，总体显得暗淡。

2.1.3　图像彩色信息的表示

亮度和色彩信息分别是由可见光的强度和波长决定的。一束入射光产生的亮度和色度在理论上应该是不变的，但是由于人认知光的过程涉及心理因素，所以不同的人对光的感知也不同。即使是同一个人，在不同的环境光和外部条件下，对亮度和色度的感知也不相同。很明显，人的知觉是无法测量和定量的，所以必须按照一定方法来对亮度和色彩进行描述和定义，这样才能定量地处理它们。

一般认为，400～780nm 的可见光谱中有无数种颜色，只要波长频率不同，那就可以认为是不同的色光。无数种彩色光很明显无法定量处理，所以需要用有限的信息来近似描述无数种色光，以使它既能满足彩色处理的需求，又能接近可见光谱的实际情况。这就是我们追求的彩色信息的表示方法，通常称为彩色空间或表色系。目前人们采用的彩色表示方法主要有显色系和混色系两大类。

显色系表示方法，是指按照所见颜色对彩色进行分类、整理，并以标号的形式表示彩色的方法。这种方法比较直观，典型代表是 HSI。

混色系表示方法，是指根据配色试验数据得出的经验公式，用有限个基色，通常是三四个基色来近似表示各种彩色。这种方法比较精确，典型代表是 RGB、CMYK 等。

1. 显色系 HSI 色彩空间

HSI 色彩空间是指从人的视觉习惯出发，用色调(hue)、饱和度(saturation)和亮度(intensity)来描述色彩，HSI 色彩空间可以用一个圆柱空间模型来描述，如图 2.5 所示。其中亮度 I 为纵轴，色调 H 为绕着圆柱截面的圆周，色饱和度为从中心向外的半径横轴。亮度值沿圆柱的轴线由上到下计量，饱和度沿圆柱的中心到圆周从里到外计量，色调值沿圆柱截面的圆周变化。也就是说，在圆柱截面最外围圆周一圈上的颜色为完全饱和的纯颜色，饱和度最高，越靠近中心饱和度越低。沿着圆周

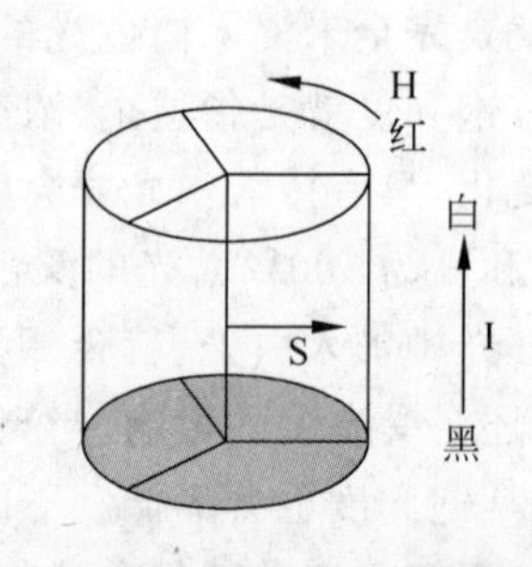

图 2.5　HSI 色彩空间模型

移动颜色的色调发生变化,也就是色彩本身变成别的色彩(如红色变成蓝色)。越往上,颜色的亮度值越高,直至纯白;越往下,颜色的亮度值越低,直至全黑。

通常把色调和饱和度统称为色度,用来表示颜色的类别与深浅程度,这也符合人眼的视觉特性。一般人的视觉系统对色彩色度的感觉和对亮度的感觉不同,人对亮度的敏感程度要高于对颜色饱和度的敏感程度。人对图像亮度的变化反应比较明显且快,对颜色色度的变化视觉相对比较迟钝。由于 HSI 色彩空间符合人对色彩的认识和解释的习惯,因此采用 HSI 方式能够减少彩色图像处理的复杂性,提高处理速度。

2. 混色系 RGB 色彩空间

混色是人类视觉系统的重要特征,它对彩色表示和重现具有十分重要的意义。混色主要有两种方式:加法混色和减法混色。一般来说,加法混色用于计算机或电视显示和处理;减法混色用于计算机彩色打印。

加法混色原理也符合人们日常生活中接触的色彩概念,前面已讲过利用三四种基色组合可以形成其他颜色。如红色光和蓝色光可以形成彩色,其实就是复色光的概念。对三基色的要求是自然界中常见的各种颜色光,都可由三基色按不同比例相配而成,同时也要求 3 种颜色是相互独立的,即任何一种颜色都不能由其他两种颜色合成。所以在实际应用中,一般使用红(red)、绿(green)、蓝(blue)3 种基色来搭配获取其他彩色,一方面是因为这 3 种颜色符合三基色的基本要求,另一方面也是因为人眼对红、绿、蓝 3 种颜色最为敏感,如图 2.6 所示。这就是 RGB 三基色的概念。

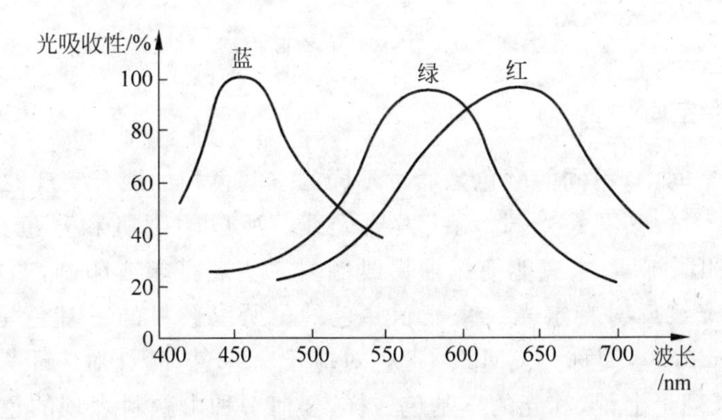

图 2.6 人眼对红、绿、蓝可见光最敏感

计算机的彩色阴极射线管显示器(CRT)与彩色电视机一样,都是采用 R、G、B 相加混色的原理,通过发射出 3 种不同强度的电子束,轰击屏幕内侧覆盖的红、绿、蓝荧光材料发光而产生相应的红、绿、蓝色光混合在一起就产生了各种色彩。而目前主流的液晶显示器同样是采用 R、G、B 相加混色的原理。以目前最常用的 TFT 液晶显示器为例,每一液晶像素点由集成在该像素点位置后面的薄膜晶体管来驱动,彩色显示通过采用不同的材料,并在每个像素位置放置一个三合一的彩色像素来显示。这种通过红、绿、蓝三色相加混色显示色彩的方法就是 RGB 色彩空间表示法。因为一个像素需要 3 束电子束来对应 R、G、B 3 个色彩分量,不同比例的 3 个色彩分量组合在一起才能形成任一颜色。所以不管计算机系统中间过程采用什么形式的色彩空间,最后的输出一定要转换成 RGB 色彩空间表示。在多媒体计算

机技术中，使用最广泛的就是RGB色彩空间表示。这就是由显示器屏幕的物理特性决定的。

根据加色混色原理及大量的实验，可见光谱中的大多数颜色感觉，可通过红色、绿色和蓝色3种色光按不同强度比例混合而获得。那么按照这一原理，首先要认为可见色彩实际上也是物理量，对物理量就可以进行计算和度量。那么任意彩色光F，其配色方程可以写成F=r[R]+g[G]+b[B]，其中r、g、b为3种色光的比例或者系数。同时定义三基色比例都为0时，混合为黑色；三基色比例都为最强时混合为白色。由此建立RGB色彩空间模型，如图2.7所示。R、G、B 3个分量分别为三维空间的3个坐标轴，每个分量的变化都在0与n(n根据情况可变)之间。任一分量系数发生了变化，都会影响F的色值，即改变了彩色光的色彩。可以看到RGB色彩空间采用物理三基色表示，因而物理意义很清楚，适合彩色显像管工作，然而这一制式并不符合人的视觉习惯，因为人看到一种色彩不会自然把色彩看成红、绿、蓝的组合，更别提分辨三基色的比例了。

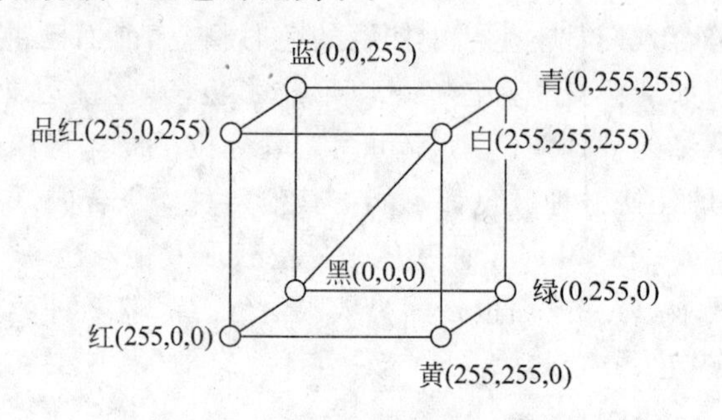

图2.7 RGB色彩空间模型

3. CMYK色彩空间

在RGB色彩空间中，不同的颜色是通过不同的三基色相加混合实现的。但是在彩色印刷中，由于打印纸张本身不是光源，无法发射光线。所以印刷机和彩色打印机就不能用RGB色彩空间来印刷打印，它只能使用油墨或颜料来实现打印或印刷，颜料本身不发出色光，它是通过吸收光线反射特定光线来显示颜色的。所以颜料的三基色是青(cyan)、品红(magenta)和黄(yellow)，简称为CMY。青色对应于蓝绿色，品红对应于紫红色，黄色对应于红色和绿色。从理论上说，和光的三基色一样，任何一种由颜料表现的色彩都可以用这3种基色按不同的比例混合而成，这种和颜料相关的表示方法就是CMY色彩空间表示法。彩色打印和彩色印刷都采用CMY色彩空间。

由CMY混合的色彩又称为相减混色。因为颜料吸收光线的特性，所以它与RGB用于发光的相加混色正好相反，CMY空间与RGB互补，也就是用白色减去RGB空间中的某一色彩值就等于同样色彩在CMY空间中的值。由于彩色油墨和颜料的特性，在实际应用中无法使用彩色油墨调配出真正的黑色值，一般都会另加黑色油墨，所以色彩空间还要加入一个对应量的黑色油墨，就是黑色量(black)，因此CMY又写成CMYK空间。在图像处理后需要打印时，如果这幅图像处理时使用的是RGB或HSI色彩空间，那么就需要转换成CMYK空间表示。

2.2 图像的基本概念

图像在人们日常生活中随处可见，广义上它是自然景物反射或透射的光线经人的视觉系统在脑海中形成的一种认知的过程，就是说被视觉系统(人眼)接收的信息就可以认为是一幅图像。相比文字、言语而言，图像具有能够更直观地描述事物的特点。我们经常说“百闻不如一见”，“眼见为实，耳听为虚”，“读万卷书不如行千里路”，正是图像优于文字、语言的特点。狭义上，目前图像主要指人工采集获取后可以进行加工处理的光学或数字图像，如照片、计算机处理后的 jpg 图像文件等。

目前图像主要分为物理图像和数字图像，物理图像是指物质或能量的实际分布。例如，使用光学相机拍摄的利用胶卷冲印的照片就是光强度的空间分布，能够被人的肉眼所看见，以及在医学诊断中常用的以超声波、放射线手段成像得到的医学影像等。这类图像是将不可见的物理量通过可视化的手段，将其转换成人眼可非常方便地进行识别的图像形式。物理图像成像质量的好坏，在很大程度上依赖于检测采集设备的性能。光学相机光感应特性好的相机价格往往是入门级相机的几十倍甚至上百倍，而成像质量也是好上很多。

2.2.1 数字图像

按照数字图像信息表示方式的不同，可将数字图像分为矢量图和位图。

1. 矢量图

矢量图是用一系列计算指令来表示一幅图，如画点、画线、画曲线、画圆、画矩形等，然后由这些几何图形组成一幅图。换句话说，这幅图可以分解为一系列几何元素，如点、线、面等。矢量图一般也被称为矢量图形或简称图形。

矢量图有各种描述方法。例如：

line(x_1, y_1, x_2, y_2, red)

这是一句使用一个指令来画一条直线的矢量图语句，line 表示画直线，x_1、y_1 是起点坐标，x_2、y_2 是终点坐标，red 为红色。那么很明显，画直线的过程只要知道起点、终点坐标和颜色参数，然后连线即可，这个语句同时也是矢量图形中许多个语句中的一个，可以看做是矢量图形中的一个子图。一个矢量图就是由许多个语句(子图)组成。这种方法实际上是用数学方法来描述绘图的过程。在处理矢量图时需要把这种数学方式转化成计算机软件可以理解的程序语句。所以需要专门的软件来解释对应的图形指令。编辑这种矢量图的软件通常称为绘图程序，如 AutoDesk 公司开发的 AutoCAD 软件，特别适合用来绘制建筑结构图等工程设计使用的矢量图。

矢量图有许多优点，从前面的例子可以看到，编辑不牵涉具体图像的像素，仅需知道一定点的坐标和颜色参数即可，同时由于矢量图由多个子图组成，所以在对图像进行任意移动、缩小、放大、旋转和扭曲各个部分，也依然保持各自特性不会失真。另外，由于采用语句指令来保存矢量图文件，所以矢量图文件的数据量很小。

当然矢量图也有其局限性。矢量图的显示非常依赖语句指令的运算结果，所以当出现比较复杂的算法指令时会花费比较多的时间来运算，显示速度会受到影响，对系统硬件要求会较高。还有就是矢量图表现的颜色较为单一，不自然，不太适用于表现自然的、真实的事物。

2. 位图

位图是指由一定数量的像素构成的图像。首先介绍位图的产生。通过计算机对图像进行编辑和处理需要把光学图像转变成数字图像。在这个过程最常见的是要把结果数字化为位图文件，所以了解图像数字化的过程，对于位图的概念也就清楚了。

一幅彩色图像可以看成是二维连续函数 $f(x,y)$，也就是由无限个点组成的物体。那么首先要把这无限个点转化为有限个点，这就需要在 x、y 方向上分别取点，也就是每隔一定距离取一个点，这个点就代表了这段位置，同时它的颜色也将代表这段距离的颜色。那么通过这种方式就可以把原本无限的点组成的图像，化为有限个点组成的图像。这个过程就是采样。每两个点之间的距离称之为采样间隔，这个"点"就是像素，是位图中的最基本单位。这样得到的是一个二维的像素矩阵，它具有有限的个数，由每行采样的点乘上每列采样的点决定。我们经常说 1024×768 大小的数字图像，就是在行方向上采样 1024 个点，在列方向上采样 768 个点，这幅图像总共具有 1024×768=786 432 个像素。

在确定图像像素个数之后，还没有完成图像数字化的工作，还需要对像素进行赋值，原始图像所具有的颜色也是连续的，也可以认为是由无数种颜色组成的，由计算机来处理无数个点也是不现实的，所以需要每隔一定的色差来取颜色，这就是量化。在量化以后，每个像素都具有了一个值，这个值就代表了相应的颜色。所以最后获得的就是一个二维的数字矩阵，它有有限的像素，每个像素都有一定的值，并把这样的数据按某种格式记录在图像文件中。由此完成了图像数字化的过程。然后就可以在计算机中对它进行编辑和处理了，由此可以看到，在数字化为位图以后，图像编辑和处理其实就是在处理一堆"数字"。

根据上面的描述可以知道，位图就是用像素阵列来表示的图像。像素阵列在一定范围内的大小或者说每英寸数字图像上像素点的个数就称之为图像分辨率。图像分辨率越高，采样间隔越小，像素点越接近无限小的点，也就越精细。像素具有其相应的颜色、亮度属性，在量化后就是相应的数字，在计算机中根据像素值的范围来确定分配的存储空间大小，这个像素值的范围就称之为像素深度。像素深度由量化等级来确定，量化等级越多，像素值范围就越大，图像可显示的颜色数就越大，图像的色彩层次就越丰富，相应的像素需要存储的空间也就越大。这些都是图像的基本概念。矢量图和位图放大效果的比较如图 2.8 所示。

2.2.2 图像分辨率和图像大小

前面简要介绍了图像分辨率，大家知道，对图片或照片进行扫描时最基本的参数就是指定图像(结果)的分辨率。它的单位是 dpi(dot per inch)，也就是每英寸多少点。它实际上是图像数字化时的采样间隔，是组成一幅图像的像素密度的度量方法。由它确立组成一幅图像的像素数目。图像大小是指这幅图像所有的像素点个数，对同样大小的一幅原图，如果数字化时图像分辨率越高，则组成该图的像素点数越多，对同样分辨率的一幅原图，图像越大的像素点个数越多，可以认为是密度(分辨率)和重量(大小)的关系。

图像分辨率越高，单位区域内的像素点就越多。分辨率越低，单位区域内的像素点就越少。那么不同的分辨率会对图像有什么影响呢，可以通过如图 2.9 所示的对比来看一看。

(a) 矢量图原图

(b) 长宽放大4倍的矢量图　　(c) 存储为位图后长宽放大4倍

图 2.8　矢量图和位图放大效果的比较

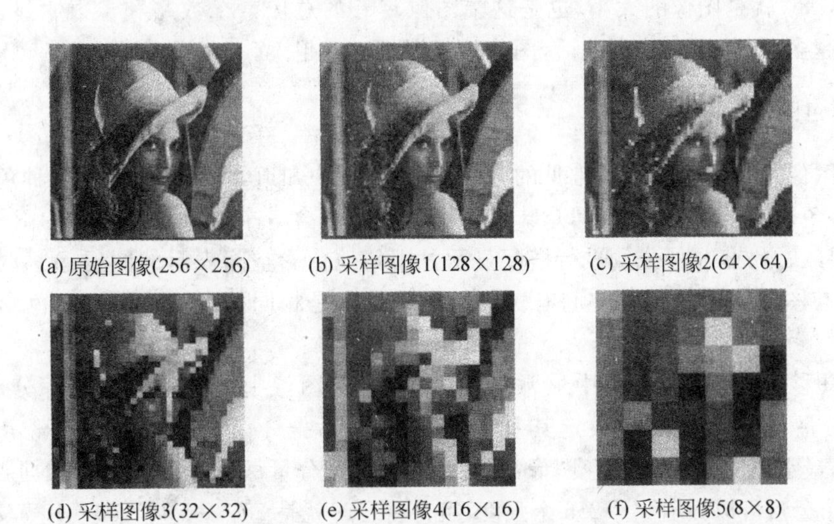

(a) 原始图像(256×256)　(b) 采样图像1(128×128)　(c) 采样图像2(64×64)

(d) 采样图像3(32×32)　(e) 采样图像4(16×16)　(f) 采样图像5(8×8)

图 2.9　不同图像分辨率对图像质量的影响

可以很明显地看出，当分辨率下降时，即单位区域内取得点变少时，图像变得越来越模糊，几乎看不出原始图像的信息。那么实际使用中的“马赛克”就是基于降低分辨率的原理来掩盖原始图像的真实信息的。

2.2.3　图像深度和图像类型

数字图像的第二个重要指标参数是图像深度。位图按照彩色和非彩色分类，主要有彩色图像和灰度图像两种，彩色图像比较常见，而灰度图就是黑白图像，也就是图像中没有彩色，只有黑白和不同深浅的灰色。图像深度是指位图中每个像素点记录颜色所占的位数，它决定了彩色图像中可出现的最多颜色数，或者灰度图像中的最大灰度级数。很明显，颜色数越多或者灰度级数越多，每个像素要表示的位数也越多，比如说现在有 256 种色彩，意味着有256个信息要表示，最简单的表示方法就是给它们编号，从0～255，那么如果用二进制码表示，就是8位，所以就称这样的图像深度为8位，可以表示256种色彩或灰度。

1. 灰度图

对于灰度来说，简单的一个数据就可以表示，有多少灰度级数，就用多少位来表示。例如，一幅灰度图有256个灰度级数，就是灰度从黑到白可以分成256个强度，根据$2^8=256$用8位来表示，这幅灰度图就有256个灰度级，即可以显示256种灰度，每个像素用8位来存储。如果是64个灰度级数，那么就根据$2^6=64$来确定每个像素需要用6位来存储，这幅灰度图的图像深度就是6位。这就是灰度图的级数和存储位数的表示方法。所以一幅灰度图需要的存储空间可以按照下面的公式来计算，即

图像数据量＝图像大小×图像深度/8(字节)

图像的大小其实就是图像的总像素，也即图像中所有的像素之和，假如现在有一幅640×480大小的256灰度级图像，那么它的数据量就是：

640×480×8/8＝307 200(字节)

640×480就是图像的大小，也是这幅图像具有的总像素个数之和。很明显，一幅图像的总像素越多，图像深度越高的话，图像的数据量也就越大。

2. 彩色图像

彩色图像是日常生活中最常见的，从前面的介绍中知道，图像的色彩用各种色彩空间来表示，这些色彩空间都是三维的，意味着每个像素要包含3个分量。最常见的RGB色彩空间，就需要红、绿、蓝3种分量进行搭配显示。用其他色彩空间表示的图像像素点的图像深度分配还与图像所用的色彩空间有关。但本质基本是相同的，下面以RGB色彩空间为例介绍。

(1) 真彩色：是实际使用中最常见的颜色，是指图像中的每个像素值都分成R、G、B 3个基色分量，每个基色分量决定其基色的强度，然后把3个基色加色混色显示就得到彩色。例如，最常用的24位真彩色图像，就是R、G、B 3个分量每个占8位，那么根据灰度级的原理可知每个分量可以显示$2^8=256$个强度，组合在一起就是256×256×256＝16 777 216种颜色，人眼可以分辨的自然界中的颜色差不多就是这个等级，意味着可以反映获取的原图的真实色彩，所以称之为“真”彩色。真彩色图像的每个像素点占24位，所以真彩色图像的数据量也是按照上面的公式进行计算，只是图像深度略有变化而已。例如，一幅640×480的真彩色图像，它的数据量就是

640×480×24/8＝928 800(字节)

很明显，从数据量可以看出真彩色图像比256灰度级的灰度图大3倍，就是因为它的图像深度为24位，而256灰度级的图像深度为8位，那么当图像大小确定时，影响图像数据量的就是图像深度。

(2) 索引色：索引色图像的每个像素值不分R、G、B 3个基色分量，每个像素的像素值其实是一个代码或者说一个地址，其本身并不包含色彩的值。该代码或地址指向真实的色彩分量，把代码和对应的色彩分量存在一个区域，这个区域称之为调色板，当读取到图像中的代码值时，就通过代码去调色板中找与之对应的颜色分量，这是一个间接的过程。这个过

程和平时的书籍编目很相似，人们在读书时是通过目录查找书页来看内容，索引色图像的每个像素存储的就是页码，索引色图像的调色板就相当于书籍的目录，调色板中存储的代码和颜色分量相当于页码和内容，在读取索引色图像的过程中，首先获得的是代码（页码），然后去调色板（目录）读取真实的颜色分量（内容）并显示。这就是索引色图像存储和显示的原理。

索引色图像的数据量并不固定，那么根据索引色图像可显示的颜色数量也就不同，一般最常用的索引色图像是256色图像，意味着这幅图像可以显示256种色彩，所以它有256个信息，图像深度为8位，每个像素需要8位来存储。除此之外，它还有调色板的数据需要存储空间，但一般可忽略，所以一幅640×480的256色图像的数据量约为

$$640\times480\times8/8=307\ 200(\text{字节})$$

从数据看上去，256色索引色图像数据量的计算和8位灰度图数据量的计算是一样的，但是索引色显示的是彩色图像，而256灰度图显示的还是黑白图像。所以数据量相近的索引色图像最大的优点就是可以节省空间，比如说有一幅640×480大小的256色图像，如果每个颜色按照正常的24位来存储，那么数据量大小要翻3倍，所以网络上很多格式的图像文件都会使用索引色原理来节省空间，方便大家下载和传输。

3．图像深度对图像质量的影响

从前面介绍的有关图像深度的概念来看，与分辨率一样，很明显图像深度越高，图像的数据量就越大，图像的显示效果就越高；图像深度越低，图像的数据量就越小，图像的显示效果就越差。那么图像深度到底是如何影响图像质量的，可以看一看不同图像深度的图像显示效果，如图2.10和图2.11所示。

(a) 原始图像(256灰度)

(b) 量化图像1(64灰度)

(c) 量化图像2(32灰度)

(d) 量化图像3(16灰度)

(e) 量化图像4(4灰度)

(f) 量化图像5(2灰度)

图2.10　不同量化级别对灰度图像质量的影响

从这12幅图可以看出，图像的色彩层次随着图像深度下降而下降，也就是说，图像显示的色彩越少，图像对物体的描绘就越差，所以感觉图像的画面有点粗糙失真。但即使到最后的2色图像，依然还能看出原始图像的大致轮廓，知道图像所要描述的大致概念。所以从对比分辨率下降可以看出，分辨率对图像的信息影响很大，而图像深度对图像的色彩层次影

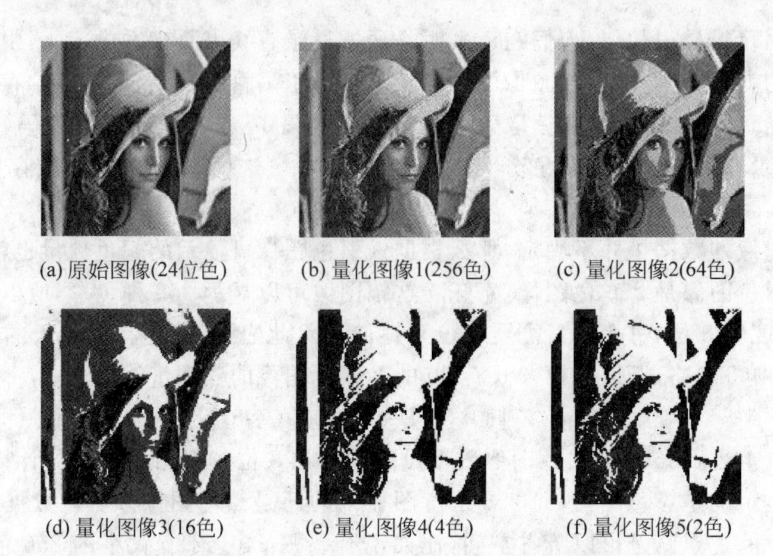

(a) 原始图像(24位色)　(b) 量化图像1(256色)　(c) 量化图像2(64色)

(d) 量化图像3(16色)　(e) 量化图像4(4色)　(f) 量化图像5(2色)

图 2.11　不同量化级别对彩色图像质量的影响

响很大。分辨率的下降将直接导致图像信息的丢失，而图像深度影响的则是图像的画面质量。

2.2.4　图像深度与显示深度

有时图像深度并不能完全决定画面质量，一幅图像显示在平面上，除了受本身的分辨率和图像深度影响之外，还与显示深度有关，显示深度是显示环境可以显示的色彩数目，也是操作系统和显示器的一个重要参数。显示深度由显示器和操作系统当前设置环境共同决定。不管使用什么软件观看图片，最终都是通过显示器来显示，所以显示器屏幕是决定显示质量的最终要素。显示器可显示的色彩数量与质量由显示器屏幕的物理特性来确定，不同的显示器屏幕可显示的图像色彩也不尽相同，目前的显示器基本都能显示 24 位彩色，所以一般不需要考虑显示器对图像的影响。而操作系统的显示属性设置直接决定当前屏幕上显示区域的色彩位数，所以也将直接决定图像显示的质量。操作系统的显示属性设置如图 2.12 所示。那么对于不同的显示深度与图像深度情况，分别会有什么影响呢，下面分情况来看一下。

1. 图像深度大于显示深度

当图像深度大于显示深度时图像就会出现失真。例如，若显示深度为 16 位，此时显示一幅 24 位真彩色的图像，图像色彩就会产生失真，类似于一双鞋尺码太小，不合脚。不同的图像处理软件会有不同的处理方法，有些是把当前可显示的色彩替代图像上多出显示深度的色彩，由于不是原

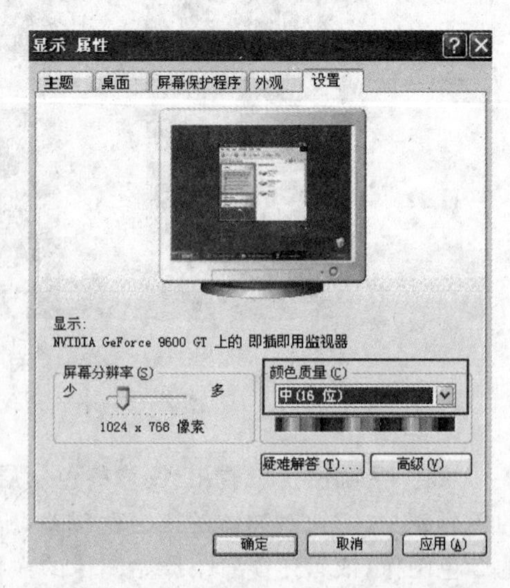

图 2.12　操作系统的显示深度设置

配色彩，显示效果可想而知。有些是根据图像的色调范围按照一定的算法来选择最好的调色板，使显示效果达到最接近原始图像的程度，此时质量就完全取决于软件的算法。还有一种方法，可以用少数颜色构成各种图案来模拟种类较多的各种颜色。在灰度级的情况下，也可以用黑点和白点构成的各种图案来模拟不同的灰度等级。原理是人眼分辨的点是有一定限制的，在一定小的范围内，人眼会把这个范围认为是一个整体，从而会从这个范围的整体颜色或亮度来判断它的颜色和亮度。那么在这个范围内放入不同数量种类的色彩或者黑白点，人眼就会认为看到了不同的色彩和灰度。这种方法称之为半色调，效果如图 2.13 所示。

(a) 原图(24位真彩色图)

(b) 在显示深度为256色的环境下显示

图 2.13 同一幅图像在不同显示深度下显示效果

2. 图像深度小于显示深度

图像深度小于显示深度显示该图像时，屏幕上的色彩基本都能真实反映图像文件的色彩显示效果。因为可显示的颜色数大于图像文件本身的颜色数，这种“大于”一般是呈几何指数倍的，所以可以从容调取相匹配的颜色来显示。此时显示的色彩完全取决于图像的色彩定义，效果如图 2.14 所示。

(a) 256色原图

(b) 16位显示深度下显示

图 2.14 图像深度小于显示深度的情况

3. 图像深度等于显示深度

图像深度等于显示深度时，如果是真彩色图像，显示深度也是 24 位真彩色，由于是真彩色模式，所以色彩对色彩是完全一致，能较真实地显示图像文件的色彩。但如果是 256 色的索引图和 256 色的显示模式，就要看显示调色板与图像调色板是否一致了，如果一致肯定可以还原，不一致时如图像处理软件能够调用原图像色彩的调色板就能正常显示，否则图像就会失真，效果如图 2.15 所示。

(a) 256色原图

(b) Windows自带调色板

(c) macos系统带的调色板

图 2.15 图像深度等于显示深度的显示效果

根据上述的分析，就能理解为什么有时明明图像深度很高的图像在显示的时候就不是原始色彩了，在多媒体应用中，还应该从应用环境出发考虑。

2.2.5 数字图像文件格式类型

数字图像是以数据位文件的形式存储在计算机中的，早期图像文件的存储方式都是图像数据采集人员自行定义的，因为图像文件格式的不统一，在图像信息的交流中造成了很大的麻烦。随着图像处理技术在多个领域的快速渗透，便出现了一些比较普遍使用的图像格式标准。目前，流行的图像文件格式主要有 3 大类。

一是静态图像文件格式，如常见的有 BMP、PSD、GIF、TIFF、TGA、JPG、PNG、MMP 等。

二是图形文件格式，如 AI、FH7、CDR、DXF、SVG、EPS、CGM、WMF 等。

三是动态图像文件格式(视频或动画)，如 AVI、MOV、DAT、MPG、RM、RMVB 等。

一般图像文件的典型结构由文件头、文件体和文件尾组成。

文件头的内容主要包括产生或编辑该图像文件的软件信息以及图像本身的参数。这些参数必须完整描述图像数据的特征，因此是图像文件中的关键数据。根据不同文件，参数会略有不同。

文件体主要包括图像数据以及色彩变换查找表或调色板数据。这部分是文件的主体，对文件容量的大小起决定作用。

文件尾一般包含一些用户信息，不是所有文件都有这部分，文件尾一般占据空间也比较小。

目前并没有完全统一的标准图像文件格式，实际的结构不同的图像文件还是会有一些差异，但大多数图像处理软件都会考虑到这一点，从而在处理时能够兼容读取、存储和转换不同格式的图像文件。下面介绍几种常见的图像文件格式。

1. BMP 格式(*.bmp)

BMP 格式是最早应用于微软公司的 Windows 操作系统，是 Windows 环境中交换与图像有关数据的一种标准，同时也是与硬件设备无关的图像文件格式，由于目前 Windows 是最普及的操作系统，因此，应用非常广泛，一般只要是在 Windows 环境运行的图像处理软件都支持BMP格式。BMP图像由位图文件头、位图信息头和位图数据阵列组成，是最典型的位图文件格式，位图文件头一般包括图像文件的类型、显示内容等信息；位图信息头则包含位图的基本信息(分辨率、图像深度、压缩方式等)和调色板。位图数据就是存放一个个像素值，在读取和显示图像时，图像处理软件从图像的左下角开始自左至右、从下到上地扫描图像，将位图数据阵列的每个像素读取和显示。

2. PCX格式(＊.pcx)

PCX格式是Zsoft公司开发的，最初专用于商业性PC-PaintBrush图形软件，随着该软件的流行，PCX被广泛接受，成为较流行的图像文件格式。PCX的图像深度可选为1位、4位、8位，对应单色、16色及256色。由于这种文件格式出现较早，它不支持真彩色。PCX文件采用行程编码，文件体中存储的是压缩后的图像数据。因此采集到的图像数据写成图像文件格式时要进行编码，读取时要进行解码。

3. TIFF格式(＊.tif，＊.tiff)

TIFF格式文件是由Aldus和Microsoft公司合作开发的一种工业标准文件格式，用于表示由扫描仪、帧获取卡和图片修饰应用软件生成的光栅图像数据。TIFF一出现就得到了广泛的应用，是桌面出版系统图像处理软件、图形软件和排版软件最常用的图像格式之一。

4. GIF格式(＊.gif)

CompuServe开发的图形交换文件格式(Graphics Interchange Format，GIF)目的是在不同的系统平台上交流和传输图像。它是在Web及其他联机服务上常用的一种文件格式，用于超文本标记语言(HTML)文档中的索引颜色图像，但图像最大不能超过64MB，颜色最多为256色。GIF图像文件采取LZW压缩算法，存储效率高，支持多幅图像定序或覆盖，交错多屏幕绘图及文本覆盖。GIF主要是为数据流而设计的一种传输格式，而不是作为文件的存储格式。换句话说，它具有顺序的组织形式。GIF有5个主要部分以固定顺序出现，所有部分均由一个或多个块(block)组成。每个块第一个字节中存放标识码或特征码标识。这些部分的顺序为文件标志块、逻辑屏幕描述块、可选的"全局"色彩表块(调色板)、各图像数据块(或专用的块)及尾块(结束码)。

5. JPEG格式(＊.jpg，＊.jpeg)

JPEG格式实际上就是前面介绍过的图像压缩标准存储的图像文件JPEG。JPEG格式是目前网络上最流行的图像格式，是可以把文件压缩到最小的格式，在Photoshop软件中以JPEG格式储存时，提供13级压缩级别，以0～12级表示。其中0级压缩比最高，图像品质最差。即使采用细节几乎无损的12级质量保存时，压缩比也可达5∶1。以BMP格式保存时得到5MB图像文件，在采用JPEG格式保存时，其文件仅为200KB，压缩比可以达到25∶1。经过多次比较，采用第8级压缩为存储空间与图像质量兼得的最佳比例。

思 考 题

1. 什么是色彩的三要素？它们与光的关系是什么？

2. 矢量图和位图有什么区别？

3. 分辨率和量化级数对图像显示效果有什么影响？

4. 图像文件格式一般由哪些部分组成？什么是图像数据中的关键数据？它们在文件总量中的比例和作用如何？

5. JPEG 格式分几级压缩？什么级别压缩比最高？什么级别压缩质量最好？

CHAPTER 3

第3章

数据压缩编码基础

学习目标

- 了解有损压缩和无损压缩的区别
- 了解数字图像压缩编码的基本原理
- 了解数字音频压缩编码的基本原理

3.1 数字图像压缩编码

从前面的知识了解到数字图像的数据量等于图像的总像素乘以图像深度，所以决定图像质量的是两个指标，在数字图像处理技术日益发展的今天，人们对高分辨率、高图像深度图像的需求越来越大，同时随着网络的飞速发展，人们更倾向于通过网络来传输和欣赏图片和视频，图像的高数据量对通信信道和网络造成了很大的压力。在这个前提下，人们开始寻找一些方法来有效降低图像的数据量，从而满足存储和传输的要求。

3.1.1 图像信息的冗余

要降低图像信息量并不难，但是减少图像信息不能减少到无法识别图像的程度，所以根据一定的需要有一个最低限度，这个可以让我们认知图像最基本信息的程度就是图像的基本信息量，而多余的去掉不影响认知图像的这部分数据就称之为冗余。

图像数据中主要存在以下几种冗余。

(1) 空间冗余：这是图像数据中经常存在的一种冗余。在同一幅图像中，规则排列的景物和其他有一定规律排列的图案，它们是具有一定相关性的，或者说可以从一个物体的位置推测出下一个物体的位置。这称之为物体的相关性，这些相关性可以用来使得数据的描述变得简单。这些相关性在数字图像中就表现为数据冗余。

(2) 时间冗余：这一般出现在视频(序列图像)里面。图像序列中的两幅相邻的图像，前一幅图像和后一幅图像有较大的相关。例如，前一幅图像大部分与后一幅图像相似或者前一幅图像部分有一定运动轨迹可以推测出在后一幅图像中的位置，这就是相关性。

(3) 视觉冗余：人类的视觉系统由于受生理特性的限制，对于图像的变化并不是都能感知的。有些变化很小,不容易被视觉系统所察觉,这时就会认为图像在这些变化处没有变化,这样的变化可以被忽略,不影响对图像信息的解读,所以可以去除这样的冗余。

所以在进行图像压缩时就是考虑如何既尽可能多地去除冗余,又使图像质量尽量保持原状。针对不同类型的冗余,人们已经提出了许多方法来进行压缩。

3.1.2 图像压缩方法的分类

图像压缩技术发展至今,已经出现了多种方法,这些方法有的针对特定冗余,有的针对图像的特殊排列。目前来看,可以把图像压缩分成无损压缩和有损压缩两种基本方法。

1. 无损压缩

无损压缩的根本原理是将相同的或相似的数据或数据特征归类,使用较少的数据量描述原始数据,达到减少数据量的目的。其实就是去掉或减少了图像中的冗余数据,这些冗余数据是根据相关性去除的,可以根据一定的相关性进行恢复,所以无损压缩是一个可逆的过程,也就是说数据信息在解压缩后可以完全恢复。例如,图 3.1 所示中连续 4 个像素为紫色,描述语言为"这是一幅 2×2 的图像,图像的第一个像素是紫的,第二个像素是紫的,第三个像素是紫的,第四个像素是紫的",按照一般的存储就是 4 个像素每个按照图像深度来存储,但是无损压缩的描述语言就可以把问题变得简单:"这是一幅 2×2 的图像,整幅图都是紫色的"。具体操作时就可以转换为一个按照图像深度存储的像素和"4"这个数,按照"4"这个计数连续输出就可以了,这样就节省了大量存储空间,同时没有影响图像信息。所以无损压缩又称无失真压缩,平时在使用计算机时常用的 RAR 就是这样的无损压缩。

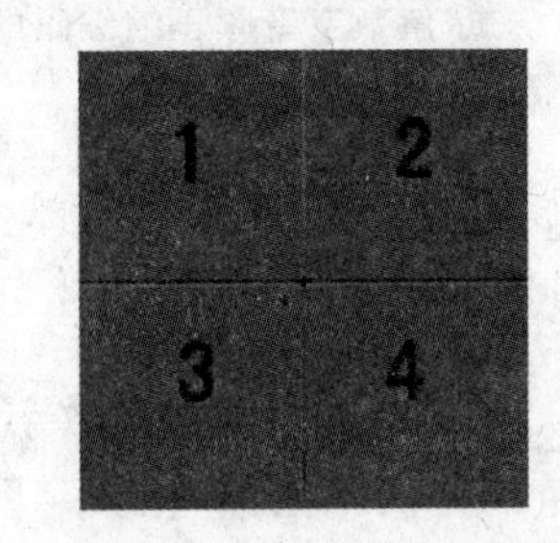

图 3.1 一幅全为紫色的图像

2. 有损压缩

有损压缩的原理是利用人眼的视觉特性有针对性地简化不重要的数据,以减少总的数据量,这种简化是直接把信息丢弃,所以解压缩时信息不能完全恢复到解压前的状态。这种压缩是不可逆的,所以称之为有损压缩。虽然图像在压缩过程中会有一定程度的失真,但由于去除了一些不重要的数据,在压缩时可以减少更多的冗余,所以有损压缩可以大幅减小图像需要存储的数据量。一般来说都比无损压缩要高,所以经常用于图像和视频的网络存储与传输。

那么在进行图像压缩方法的研究时,都会建立一定的评价标准来判断压缩方法的优劣,在长期的实践过程中,一般认为图像压缩方法的优劣主要由压缩比、压缩后的图像质量(与压缩前相比)、压缩解压缩速度这 3 方面来作为评价标准。压缩比也称压缩率或者压缩倍数,其实就是图像压缩前的数据量比上图像压缩后的数据量。例如,一幅图像压缩前数据量为 500KB,压缩后图像数据量为 20KB,那么这个图像压缩方法的压缩比就是 25∶1。很明显压缩比越大,越符合存储的需要,但是也不能完全追求高压缩比,还要兼顾图像质量和压缩解压缩的速度,这很容易理解,如果压缩后无法辨别原始图像信息,那就没意义了;如果压缩解压缩过程需要很长时间也满足不了人们的日常需求。所以衡量一种图像压缩技术好坏的标准综合起来就是：压缩比要大；图像压缩解压缩过程简单，速度快；恢复效果要好。

3.1.3 图像压缩编码技术

图像压缩编码技术自从1948年由Oliver提出PCM编码规划以来，至今已有60年的历史。它是一门非常复杂的依赖于数学算法的技术，随着数字通信和计算机科学技术的发展，编码技术日益成熟，应用范围更加广泛。基于不同的信号、不同的应用目的，有着不同的思路和技术的编码方法。

目前，图像压缩编码技术主要分为以下3类。

(1) 基于图像信源的统计特征的压缩编码技术，有统计编码、预测编码、变换编码、矢量量化编码、小波编码、神经网络编码等。

(2) 基于人眼视觉特征的压缩编码技术，主要有基于方向滤波的图像编码技术和基于图像轮廓纹理的编码技术。

(3) 基于图像内容特征的压缩编码技术，主要有分形编码技术和基于模型的编码技术等。

其中第一类称之为第一代编码技术，第二类和第三类称为第二代编码技术。

目前，最常见和普及的JPEG、MPEG-1和MPEG-2等压缩编码技术主要采用第一代图像压缩编码技术，它是以像素为基本单位进行编、解码的。这类编码技术都具有下列特征：一是接收端得到的图像中每一像素与原始图像中对应的像素是相似的；二是把图像分解成一些事先确定的固定大小的像素块，这些像素块的划分方法与图像内容无关；三是只用了人类视觉系统的很少一部分特性。实际压缩图像时，常常采用混合编码方法，甚至一幅图像采用好几种算法在多层次上反复进行处理，这是为了使压缩比尽可能高，图像质量尽可能不受影响。根据前面所说的评价压缩技术的指标可以看到，除了这两点之外，还要考虑图像的压缩解压缩时间，如果太长又不利于应用。

1. 静止图像压缩编码标准(JPEG)

在多媒体技术的发展过程中，静止和活动视频图像压缩标准的制定和普及起到了非常重要的作用。国际化标准组织(International Organization for Standards，ISO)和国际电话咨询委员会(Consultative Committee for International Telegraphy and Telephone，CCITT)联合成立的“联合图像专家组”(Joint Photographic Experts Group，JPEG)，经过5年的细致工作，于1991年3月推出了JPEG标准——多灰度静止图像的压缩编码。

JPEG的目标是给出一个适用于连续色调、多级灰度、彩色或单色静止图像的压缩方法，使之满足以下要求：达到或接近当前压缩比与图像保真度的技术水平，能覆盖一个较宽的图像质量等级范围，能达到较好的评价等级，与原始图像相比，人的视觉难以区分；能适用于任何种类的连续色调的图像，既不受限于图像长宽比，也不受限于景物内容、图像的复杂程度和统计特性等；算法的复杂性适中，对CPU的性能没有太高要求就可实现；其算法既可以由软件实现，也可用硬件实现；编码器可以由用户设置参数，以便于用户在压缩比和图像质量之间权衡选择；定义了4种编码模式：累进编码(即对变换时间较长的扫描器，按由粗到细的过程，以复合扫描的顺序进行图像编码)、无失真编码(保证解码后，完全精确地恢复原图像取样值，其压缩比低于有失真压缩编码方法）、顺序编码（每个图像分量按从左到右、从上到下进行扫描和编码）和分层编码（将图像分为多个空间分辨率等级进行编码）。

JPEG 包含两部分。一部分是无损压缩，即基于空间线性预测技术的无失真压缩算法，这种算法的压缩比很低；另一部分是有损压缩，JPEG 在众多候补算法中选用了以自适应离散余弦变换（Discrete Cosine Transform，DCT）为基础的算法，这是一种将图像信号转换为空间频率的方法，并配合使用了霍夫曼编码方法，大大提高了压缩比。在性能方面，JPEG 对自然景色图像，按 16 位/像素量化，其处理结果如下：压缩到 0.16 位/像素，压缩比为 100：1，如图 3.2 所示，图像仍可识别，满足某些应用；压缩到 0.25 位/像素，压缩比为 64：1，图像较好，满足多数应用；压缩到 0.75 位/像素，压缩比为 20：1，图像很好，满足绝大多数应用；压缩到 1.5 位/像素，压缩比为 10：1，图像压缩前后看不出差别。如图 3.3 所示，压缩比为 11：1 基本看不出图像的变化。

(a) 原图

(b) 压缩比为100:1的JPEG格式

图 3.2　压缩比提高时图像的显示效果

(a) 原图(24位真彩色图)

(b) 将24位真彩色图按照压缩比为11:1转换的JPEG格式的图

图 3.3　JPEG 正常应用压缩前后对比

JPEG 2000 是 JPEG 工作组于 2000 年底公布的最新的静止图像压缩编码标准。JPEG 2000 的压缩方法比 JPEG 具有更高的压缩效率，其压缩率比 JPEG 高 30%左右，可以认为是 JPEG 的升级版，同样支持有损和无损压缩。另外 JPEG 2000 还提供了一种可用单一位流提供适应多种应用性能的新的图像描述方法，并支持多分辨率表示。JPEG 2000 还支持所谓的“感兴趣区域”特性，可以任意指定图像上感兴趣区域的压缩质量，还可以选择指定的部分先解压缩。在有些情况下,图像中只有一小块区域对用户是有用的,对这些区域,采用低压缩比,而感兴趣区域之外采用高压缩比,在保证不丢失重要信息的同时,又能有效地压缩数据量,这就是基于感兴趣区域的编码方案所采取的压缩策略。其优点在于它结合了接收方对压缩的主观需求,实现了交互式压缩。而接收方随着观察,常常会有新的要求,可能对新的区域感兴趣,也可能希望某一区域更清晰。

2. 数字声像压缩标准(MPEG-1)

动态图像专家组(MPEG)成立于 1988 年,MPEG-1 标准的制定是国际化标准组织 ISO/国际电工委员会(International Electrotechnical Commission,IEC)于 1993 年 8 月公布,其全称是适于约 1.5MB/s 以下数字存储媒体的运动图像及伴音的编码。所谓数字存储媒体是指常见的数字存储设备,包括 CDROM、DAT、硬盘、刻录光盘、通信网络(如综合业务数字网)和局域网。MPEG-1 标准有 3 个组成部分,即 MPEG-1 视频、MPEG-1 音频和 MPEG-1 系统。MPEG-1 系统部分说明了编码后的 MPEG-1 视频和 MPEG-1 音频的系统编码层,提供了专用数据码流的组合方式,描绘了编码流的语法和语义规则。

1) MPEG-1 视频

MPEG-1 视频规定了视频压缩数据码流的语法结构,这个语法把视频压缩数据码流分为 6 层,每层或者支持一种信号处理过程,或者支持一种系统功能。作为 MPEG-1 第一阶段的目标,MPEG-1 要求视频压缩算法必须具有与存储相适应的特性,即能够随机访问、快进/快退、检索、倒放、音像同步、容错能力、延时控制小于 150ms、可编辑性以及灵活的视频窗口模式等,这些特性和要求就构成了 MPEG 视频编码压缩算法的要求和特点。基于以上特性,MPEG-1 主要采取了以下压缩编码技术手段。

首先将待压缩的视频图像序列分为若干图像组(Group Of Picture,GOP),每 GOP 又包含若干图(Pictures,又称为编码图,MPEG-1 的“图”就是 1 帧视频图像),在一个 GOP 内的第 1 帧图像采用与 JPEG 基本相同的帧内压缩编码的方式(称为 I 帧),其余后续的图像分别采用前向预测编码方式(称为 P 帧)、双向预测编码方式(称为 B 帧)进行不同程度的压缩。

帧内预测编码是指对某样点进行压缩编码时,利用同一帧内的其他样点与该样点的信息相关性,来实现对该样点数据的压缩,这是 I 帧的编码方式,也称为关键帧压缩技术。I 帧技术是基于离散余弦变换(DCT)的压缩技术,这种算法与 JPEG 压缩算法类似。因此 I 帧在解码时只需要自身数据而不需要其他图的数据,就能够重构图像。I 帧是压缩编码图像序列中提供随机存取的存取位置,但压缩比不高,采用 I 帧压缩可以达到 6∶1 的压缩比而无明显的压缩痕迹。

在保证图像质量的前提下实现高压缩的压缩算法,仅靠帧内压缩是不能实现的,MPEG-1 采用了帧间与帧内结合的压缩算法。P 帧法是一种前向预测算法,它利用相邻帧也就是前后帧(P 帧是前一帧)之间的信息或数据的相关性,来实现对该帧数据的压缩。采用 I 帧和 P 帧相结合的压缩方法可以达到更高的压缩比,一般可达 18∶1 且无明显的压缩痕迹。

然而要达到更高的压缩比,就得采用 B 帧技术,B 帧是双向预测的帧间压缩算法。当把一帧压缩成 B 帧时,B 帧需要其先前和后续的 I 帧、P 帧的数据做参考,也就是根据相邻的前一帧、本帧和后一帧数据的不同点来压缩本帧，然后重构图像。B 帧的压缩比可以达到惊人的 200∶1，大大提高了压缩比，但 B 帧不能作为其他帧的预测参照值。

MPEG-1 编码基本原理是采用“帧间预测＋运动补偿”的方法来消除时间冗余，因为活动图像的内容是变化的，帧间预测编码时利用前后若干帧的相应像素值来预测当前帧的相应像素值。这种方法一般较适合于运动缓慢的区域，对于运动较快的区域，还要考虑运动的估值来进行恢复。就是根据画面运动情况来对图像加以补偿后再进行预测。基本过程就是在单位时间内，首先采集并压缩第一帧的图像为 I 帧。然后对于其后的各帧，在对单帧图像进行有效压缩的基础上，只存储其相对于前后帧变化的部分。帧间压缩的过程中也常间隔采用帧内压缩法，由于帧内的压缩方法不基于前一帧，一般每隔 15 帧就设一关键帧，这样可以减少相关前一帧压缩的误差积累。MPEG-1 编码器首先要决定压缩当前帧为 I 帧或 P 帧或 B 帧，然后采用相应的算法对其进行压缩。由于压缩成 B 帧或 P 帧比压缩成 I 帧要耗费很多的时间，所以在过去有的编码器为了提高速度，不支持压缩 B 帧和 P 帧，相应的压缩比也不会很高。目前的主流计算机性能一般都能流畅地支持 MPEG-1 的 B 帧和 P 帧压缩，所以大部分编码器都能支持压缩 B 帧和 P 帧。

2）MPEG-1 音频

MPEG-1 音频是关于伴音的压缩编码技术，其目标是要将 44.1kHz、22.05kHz、11.025kHz 采样，16 位量化的音频压缩到码率降到 192Kb/s 以下，并且声音质量不能太低。

MPEG-1 音频编码时，充分利用了人的听觉生理-心理特性。具体做法是根据听觉的心理声学关于听觉的阈值特性和掩蔽特性测量统计结果而制订了一个心理声学模型，简单说就是在压缩编码丢弃信息时选择人耳不易察觉的信息，从而让压缩后的音频人耳听上去觉察不到失真的存在。MPEG-1 提供 3 级音频压缩编码的等级，分别定义了 3 级 MPEG 音频压缩/解压缩算法，以便与不同的视频应用相配套。这 3 种音频编码算法分别为：第一级，其目标是压缩后码率为 192Kb/s；第二级比第一级精度要高，压缩后码率为 128Kb/s；第三级增加了不定长编码、霍夫曼编码等算法，可获得非常低的数据率和更高的保真度，压缩后码率为 64Kb/s。经这 3 种算法编码后，再解码输出的音频信号的音质都是相近的，且都与源信号的音质相当。但级数越高的编码器，其输出的压缩位流的码率越低，其性能就越好，但编码器越复杂。因此，任一级的音频解码器都能正确读取比它低一级的编码，反之则不行。

3）MPEG-1 系统

MPEG-1 系统是关于同步和多路复用的技术，用来把视频和伴音复合成单一的、码率为 1.5Mb/s 的数据流。MPEG-1 的数据流分为内、外两层，外层为系统层，内层为压缩层。系统层提供在一个系统中使用 MPEG-1 数据流所必需的功能，包括定时、复合和分离视频图像和伴音，以及在播放期间图像和伴音的同步。压缩层包括压缩的图像和伴音的数据流。

综上可知，MPEG-1 是提供低码率和高保真度的最好算法。目前已被广大用户所采用，如多媒体应用，特别是 VCD 或小影碟的发行等，其播放质量高于电视电话，可以达到家用录像机的水平。

3. 通用视频图像压缩编码标准（MPEG-2）

MPEG-2 是一种能兼容 MPEG-1 标准，适用于多媒体计算机、多媒体数据库、多媒体通信、高分辨率数字电视和高分辨率数字卫星接收机等方面要求的技术标准，它是由国际标准化组织 ISO 的动态图像专家组和国际电信联盟所属的电信标准化组 ITU-TS 的第 15 研究组于 1994 年共同制定的，其全称是动态图像及其伴音通用标准（Generic Coding of Moving Picture and Associated Audio Information）。

MPEG-2 标准是高分辨率视频图像的标准，与 MPEG-1 针对 352×240 的低分辨率的视频图像不同，它针对分辨率为 720×484 的广播级视频图像，压缩后的数据码率为 3～15Mb/s，适合于宽带数据传输通道。由于广播级数字电视 MPEG-2 格式的数据量要比 MPEG-1 大得多，而 CD-ROM 的容量尽管有逾 600MB，但也满足不了存放 MPEG-2 视频节目的要求。为了解决 MPEG-2 视频节目的存储问题，从而促成了 DVD 的问世。

MPEG-2 还是高清晰度电视（HDTV）和数字广播电视以及新型数字式交互有线网所采用的基本标准，这些应用领域与计算机领域的结合，将使 MPEG-2 成为计算机上重要的数字视频压缩标准，由于 MPEG-2 在设计时的巧妙处理，且 MPEG-2 的解码器与 MPEG-1 兼容，所以目前的 DVD 编码器可以向下兼容 VCD。

MPEG-2 包括 4 部分内容：MPEG-2 视频、MPEG-2 音频、MPEG-2 系统和一致性测试。

MPEG-2 视频与 MPEG-1 视频的编码方式基本相同，也是采用 I 帧、P 帧和 B 帧规定视频数据的编码和解码。与 MPEG-1 视频相比，MPEG-2 可支持交叠图像序列，支持可调节性编码以及在压缩技术应用方面也比 MPEG-1 更先进，所以 MPEG-2 的压缩效率和图像质量比 MPEG-1 更好。

MPEG-2 音频仍沿用 MPEG-1 音频压缩编码技术，仍有 MPEG 音频中的 3 级，但扩展了多声道方式，即 3 级的音频都在原来的单声道、双声道的基础上增加了后向兼容的多声道。这是一种包含 L、R、C、LS、RS 等 5 个主声道和 1 个低音音频增强声道组成的“5.1 声道环绕立体声”，码率扩展到 1Mb/s。

MPEG-2 系统针对不同的应用环境，规定了传送流和程序流两种系统编码方式。前者针对那些很容易发生错误（表现为位值错误或分组丢失）的环境；后者针对那些不容易发生错误的环境。MPEG-2 系统还是定义视频和音频数据的复接结构和实现时间同步的方法。

4. 低比特率视/音频压缩编码标准（MPEG-4）

在成功制订 MPEG-1 和 MPEG-2 之后，MPEG 工作组开始制订 MPEG-3 标准以支持数字电视等的应用。但是发现之前制订的 MPEG-2 已经可以很好地胜任这一工作，所以就取消了 MPEG-3 的研发，直接开始了 MPEG-4 的研制，并于 1999 年 1 月推出了 MPEG-4 的第一版，同年 12 月公布第二版，其初衷是面向电视会议、可视电话等低码率应用，以 64Kb/s 以下的码率实现视/音频编码。在制订 MPEG-4 的过程中，MPEG 工作组认为人们对媒体信息，特别是视频信息的需求由播放型转向基于内容的访问、检索和操作。因此，最后将 MPEG-4 制订为一种支持多种多媒体的应用，特别是多媒体信息基于内容的访问和检索，可根据不同的应用需求，配置解码器。

在 MPEG-4 之前人们在所获得的视频信息面前是被动的，不可能与所看到的内容进行交互，而 MPEG-4 在这方面迈出了一大步，人们不仅可以观看节目的内容，还可以控制和参与到节目中去,实现真正的多媒体交互功能。MPEG-4 的主要特点是基于对象的交互性、更高的压缩比、广泛的访问性等,其应用范围非常广泛,主要包括 Internet 上的多媒体应用、交互式的视频游戏、个人通信、多媒体电子邮件、远程医疗系统及远程监控等。

MPEG-4 具有高速压缩、基于内容交互和基于内容分级扩展等特点,并且具有基于内容方式表示的视频数据。MPEG-4 在信息描述中引入了对象的概念,用来表达视频对象和音频对象。同时 MPEG-4 扩充了编码的数据类型,由自然数据类型扩展到计算机生成的合成数据对象,采用合成对象、自然对象混合编码算法。在实现交互功能和重用对象中引入了组合、合成和编排等重要概念。

基于内容的视频编码过程可由 3 步完成。

(1) 视频对象的形成,从原始视频中分割出视频对象。

(2) 编码,对视频对象分别独立编码。

(3) 复合,将各个视频对象的码流复合成一个符合 MPEG-4 标准的数据流。

在编码和复合阶段可以加入用户的交互控制或由智能化算法进行控制。

MPEG-4 标准划分为不同的部分和等级,或者说它提供了分类的方法,将整个标准划分为一套子标准,利用这些子标准可以针对某些具体的应用组成不同的方案。标准的每一个部分都分别有各自最适合的应用场合。

5. 基于内容的视/音频压缩标准(MPEG-7)

由于网络的普及,近年来视/音频信息都呈现高速增长的状态,越来越多的信息是以数字形式、在线形式以及诸如静止图像、图形、3D 模型、音频、语音、视频等形式出现。尽管这些信息在很大程度上充实了人们的生活,然而,有效的检索手段的缺乏,已经成为阻碍人们进一步有效使用多媒体信息的瓶颈。因此,基于内容的检索技术应运而生。它是从多媒体信息本身带有的特征出发进行描述与检索的技术,这是基于内容的检索技术与传统的文本检索技术的主要区别。所以 MPEG 专家组就开始制订专门支持多媒体信息基于内容检索的编码方案,这就是 MPEG-7 压缩标准。

MPEG-7 的正式名称为多媒体内容描述接口,它将为各种类型的多媒体信息规定一种标准化的描述。这种描述与多媒体信息的内容一起,支持对用户感兴趣的图形、图像、3D 模型、视频、音频等信息及其组合的快速有效的查询,满足实时、非实时和推-拉应用的需求。

6. 视频会议压缩编码标准(H.261)

H.261 是世界上第一个得到广泛承认并产生巨大影响的数字视频图像压缩标准,此后,国际上制订的 JPEG、MPEG-1、MPEG-2、MPEG-4、MPEG-7 等数字图像压缩编码标准都是以 H.261 标准为基础的,它最初是由 ITU-TS 第 15 研究组于 1988 年针对在 ISDN 上实现电信会议应用,特别是面对面的可视电话和视频会议而设计的双向声像业务,由于码率要求为 $P\times 64$Kb/s,其中 P 是取值为 1～30 的可变参数,很明显,当 P 越小时,码率越低,图像清晰度越低,只适合于面对面的桌面视频通信(通常指可视电话)。当 P 越大时($P\geqslant 6$),可以传输较好质量的复杂图像,因此,更适合于会议电视应用。实际的编码算法类似于 MPEG 算法,是基于 DCT 的变换编码和带有运动预测差分脉冲编码调制的预测编码方法的混合。H.261 的优点是在实时编码时比 MPEG 运算量少得多,此算法为了优化带宽占用量，引进了在图像质量与运动幅度之间的平衡折中机制。也就是说，剧烈运动的图像比相对静止的图像质量要差。

H.261使用帧间预测来消除空间冗余，并使用了运动矢量来进行运动补偿。变换编码部分使用了离散余弦变换(DCT)来消除空间的冗余，然后对变换后的系数进行阶梯量化，之后对量化后的变换系数进行扫描，并进行熵编码(使用 Run-Level 变长编码)来消除统计冗余。

H.261标准仅仅规定了如何进行视频的解码，并没有定义编/解码器的实现。编码器可以按照自己的需要对输入的视频进行任何预处理，解码器也有自由对输出的视频在显示之前进行任何后处理。

7. 低码流通信压缩标准(H.263)

H.263是国际电联ITU-T的一个标准草案，是为低码流通信而设计的。但实际上这个标准可用在很宽的码流范围，而非只用于低码流应用，H.263的编码算法与H.261一样，但做了一些改进，以提高性能和纠错能力。它在许多应用中认为可以取代H.261。H.263与H.261相比采用了半像素的运动补偿，并增加了4种有效的压缩编码模式。

(1) 无限制的运动矢量模式。允许运动矢量指向图像以外的区域。当某一运动矢量所指的参考宏块位于编码图像之外时，就用其边缘的图像像素值来代替。当存在跨边界的运动时，这种模式能取得很大的编码增益，特别是对小图像而言。另外，这种模式包括了运动矢量范围的扩展，允许使用更大的运动矢量，这对摄像机运动特别有利。

(2) 基于语法的算术编码。在H.261中建议采用哈夫曼编码，但在H.263中所有的变长编/解码过程均采用算术编码，这样便克服了H.261中每一个符号必须用固定长度整比特数编码的缺点，编码效率得以进一步提高，可在信噪比和重建图像质量相同的情况下降低码率。

(3) 高级预测模式。通常运动估值是以16×16像素的宏块为基本单位进行的，而在H.263中允许一个宏块中4个8×8亮度块各对应一个运动矢量，从而提高预测精度；两个色度块的运动矢量则取这4个亮度块运动矢量的平均值。补偿时，使用重叠的运动补偿，8×8亮度块的每个像素的补偿值由3个预测值加权平均得到。尽管使用4个运动矢量需占用较多的比特数，但是使用该模式可以产生显著的编码增益，特别是采用重叠的块运动补偿，会减少块效应，提高主观质量。

(4) PB帧模式。采用事先预测和与MPEG中的PB帧一样的帧预测方法，规定一个PB帧包含作为一个单元进行编码的两帧图像。PB帧模式可在码率增加不多的情况下使帧率加倍。原理与MPEG标准基本相同。

8. 高压缩比视频编码标准(H.264)

H.264是ITU-T的视频编码专家组(VCEG)和ISO/IEC的动态图像编码专家组(MPEG)的联合视频组(Joint Video Team，JVT)开发的一个新的数字视频编码标准，它既是ITU-T的H.264，又是ISO/IEC的MPEG-4的第10部分。

H.264最大的优势是具有更高的编码效率，能产生更高的压缩比，可以大大节省网络带宽，使得能在低带宽的环境下传输更优质的图像，在同等图像质量的条件下，H.264的压缩比是 MPEG-2 的 2 倍以上，是 MPEG-4 的 1.5～2 倍。举个例子，原始文件的大小如果为 44GB，采用 MPEG-2 压缩标准压缩后变成 1.7GB，压缩比为 25：1，而采用 H.264 压缩标准压缩后变为 440MB，从 44GB 到 440MB，H.264 的压缩比达到惊人的 100：1。H.264 为什么有那么高的压缩比？低码率(low bit rate)起了重要的作用，H.264 压缩技术将大大节省用户的下载时间和数据流量收费。尤其值得一提的是，H.264 在具有高压缩比的同时还拥有高质量流畅的图像。

H.264 和 H.261、H.263 一样，也是采用 DCT 变换编码加差分脉冲调制(DPCM)的差分编码，即混合编码结构。同时，H.264 在混合编码的框架下引入了新的编码方式，更贴近实际应用。H.264 没有烦琐的选项，而是力求简洁的"返璞归真"，它具有比 H.263 更好的压缩性能，又具有适应多种信道的能力。H.264 的应用目标广泛，可满足各种不同速率、不同场合的视频应用，具有较好的抗误码和抗丢包的处理能力。H.264 的基本系统无需使用版权，具有开放的性质，能很好地适应 IP 和无线网络的使用，这对目前 Internet 传输多媒体信息、移动网中传输宽带信息等都具有重要意义。

3.2 数字音频压缩技术

声音在日常生活中是无处不在的，是人们用来传递信息最熟悉、最方便的方式。自然界中的声音非常复杂，波形极其多样，对于模拟声音信号进行编辑和存储的难度较大，所以在数字化技术飞速发展的同时，音频的数字化也在飞快发展。

3.2.1 声音的采样与量化

声音其实是一种能量波，因此也有频率和振幅的特征，频率对应于时间轴线，振幅对应于电平轴线。波是无限光滑的，弦线可以看成由无数点组成，由于存储空间是相对有限的，数字编码过程中，必须对弦线的点进行采样。采样的过程就是抽取某点的频率值，很显然，在 1s 内抽取的点越多，获取的频率信息越丰富。为了复原波形，一次振动中，必须有 2 个点的采样，人耳能够感觉到的最高频率为 20kHz，因此要满足人耳的听觉要求，则需要至少每秒进行 40k 次采样，用 40kHz 表达，这个 40kHz 就是采样率。常见的 CD，采样率为 44.1kHz。光有频率信息是不够的，还必须获得该频率的能量值并量化，用于表示信号强度。量化电平数为 2 的整数次幂，常见的 CD 使用 16bit 的采样大小，即 2^{16}。采样大小相对采样率更难理解，因为要显得抽象点。举个简单例子，假设对一个音频信号进行 8 次采样，采样点对应的 8 个能量值分别为 $A_1 \sim A_8$，但只使用 2bit 的采样大小，结果只能保留 $A_1 \sim A_8$ 中 4 个点而舍弃另外 4 个。如果进行 3bit 的采样大小，则刚好记录下 8 个点的所有信息。采样率和采样大小的值越大，记录的波形越接近原始信号。

3.2.2 音频压缩技术的出现及早期应用

音频压缩技术指的是对原始数字音频信号流(PCM 编码)运用适当的数字信号处理技术，在不损失有用信息量，或所引入损失可忽略的条件下，降低(压缩)其码率，也称为压缩编码。它必须具有相应的逆变换，称为解压缩或解码。在把模拟声音信号数字化后，人们就可以更方便地存储和编辑音频。但是也会造成存储容量需求及传输时信道容量要求的压力。当然，在带宽高得多的数字视频领域，这一问题就显得更加突出。研究发现，直接采用PCM码流进行存储和传输存在非常大的冗余度。事实上，在无损的条件下对声音至少可进行4∶1压缩，即只用25%的数字量保留所有的信息。因此，为利用有限的资源，压缩技术从一出现便受到广泛的重视。

音频压缩技术一般分为无损压缩及有损压缩两大类。对于无损压缩，一般着重压缩率，而对于有损压缩除了考虑压缩率外还要考虑其品质。按照压缩方案的不同，又可将其划分为时域压缩、变换压缩、子带压缩，以及多种技术相互融合的混合压缩等。各种不同的压缩技术，其算法的复杂程度(包括时间复杂度和空间复杂度)、音频质量、算法效率(即压缩率)，以及编/解码延时等都有很大的不同。为了让读者更容易接受，下面不再阐述具体的压缩技术，也不对其具体分类对号入座，而是采用日常生活中经常接触又比较熟悉的名称。

1. PCM编码

PCM(Pulse Code Modulation，脉冲编码调制)是数字通信的编码方式之一。主要过程是将话音、图像等模拟信号每隔一定时间进行取样，使其离散化，同时，将采样值按分层单位四舍五入取整量化，同时将采样值按一组二进制码来表示抽样脉冲的幅值。

PCM编码的最大优点就是音质好。人们常见的Audio CD就采用了PCM编码，一张光盘的容量只能容纳72分钟的音乐信息。PCM主要包括采样、量化和编码3个过程。采样就是把模拟信号转换成离散时间的采样信号，很显然，在1s内抽取的点越多，获取的频率信息越丰富。按照采样定理，为了复原波形，在声波信号的一次振动中，必须有2个点或以上的采样，换作频域上的理解，就是采样频率必须不小于信号频率的2倍。人耳能够感觉到的最高频率为20kHz，因此要满足人耳的听觉要求，采样率则至少是40kHz。常见的CD其采样率为44.1kHz。

不过，光有频率信息是不够的，还必须获得该频率的能量值并量化，抽样后的信号虽然是时间轴上离散的信号，但仍然是模拟信号，其样值在一定的取值范围内可有无限多个值。显然，对无限个样值一一给出数字码组来对应是不可能的。为了实现以数字码表示样值，必须采用四舍五入的方法把样值分级“取整”，使一定取值范围内的样值由无限多个值变为有限个值。这一过程称为量化。

相对自然界的信号，音频编码最多只能做到无限接近，因为无法完全还原，任何数字音频编码方案都是有损编码(lossy coding)。在计算机应用中，能够达到最高保真水平的就是PCM编码，被广泛用于素材保存及音乐欣赏，在CD、DVD以及常见的WAV文件中均有应用。因此，PCM约定俗成被认为是无损编码，因为PCM代表了数字音频中最佳的保真水准，但并不意味着PCM就能够确保信号绝对保真，PCM也只能做到最大程度地无限接近。

2. WAV

WAV是微软提供的音频格式，由于Windows本身的影响力，这个格式已经成为了事实上的通用音频格式。WAV文件格式符合RIFF规范。所有的WAV都有一个文件头，这个文件头包含音频流的编码参数。WAV可以使用多种音频编码来压缩其音频流，不过常见的都是音频流被 PCM 编码处理的 WAV，但这不表示 WAV 只能使用 PCM 编码。WAV 对音频流的编码没有硬性规定，除了 PCM 之外，还有几乎所有支持 ACM（Audio Compression Manager）规范的编码都可以为 WAV 的音频流进行编码。在 Windows 平台上通过 ACM 结构及相应的 CODEC（编码解码器），可以在 WAV 文件中存放超过 20 种的压缩格式。只要有软件支持，甚至可以在 WAV 格式里面存放图像，所以 MP3 编码同样也可以运用在 WAV 中。只要安装相应的解码器，就可以欣赏这些 WAV 了。

在 Windows 平台下，基于 PCM 编码的 WAV 是被支持得最好的音频格式，所有音频软件都能完美支持，由于本身可以达到较高音质的要求，因此，WAV 也是音乐编辑创作的首选格式。它的用途是存放音频数据并用作进一步的处理，而不是像 MP3 那样用于聆听。因此，基于 PCM 编码的 WAV 被作为一种中介的格式，常常使用在其他编码的相互转换之中，如 MP3 转换成 WMA。

3. MP3

MP3 格式是由德国 Erlangen 的 Fraunhofer 研究所于 1980 年开始研究的，研究致力于高质量、低数据率的声音编码。在 Dieter Seitzer 一个德国大学教授的帮助下，1989 年，Fraunhofer 在德国被获准取得了 MP3 的专利权，几年后这项技术被提交到国际标准组织（ISO），整合进入了 MPEG-1 标准。MP3 是第一个实用的有损音频压缩编码，虽然几大音乐商极其反感这种开放的格式，但也无法阻止这种音频压缩格式的生存与流传。各种与 MP3 相关的软件产品层出不穷，现在各种支持 MP3 格式的硬件产品也是随处可见了。

MP3 格式是一个让音乐界产生巨大震动的声音格式。MP3 的全称是 Moving Picture Experts Group Audio Layer III，它所使用的技术是在 VCD（MPEG-1）的音频压缩技术上发展出的第三代，而不是 MPEG-3。MP3 是一种音频压缩的国际技术标准。

MPEG 代表的是 MPEG 活动影音压缩标准，MPEG 音频文件指的是 MPEG 标准中的声音部分即 MPEG 音频层。MPEG 音频文件根据压缩质量和编码复杂程度的不同可分为 3 层（MPEG Audio Layer 1/2/3），分别与 MP1、MP2 和 MP3 这 3 种声音文件相对应，MPEG 音频编码具有很高的压缩率，MP1 和 MP2 的压缩率分别为 4∶1 和 6∶1～8∶1，而 MP3 的压缩率则高达 10∶1～12∶1，也就是说一分钟 CD 音质的音乐未经压缩需要 10MB 存储空间，而经过 MP3 压缩编码后只有 1MB 左右。在 MP3 出现之前，一般的音频编码即使以有损方式进行压缩能达到 4∶1 的压缩比例已经非常不错了。MP3 可以做到 12∶1 的惊人压缩比，这使得 MP3 迅速地流行起来。MP3 之所以能够达到如此高的压缩比例，同时又能保持相当不错的音质，是因为利用了知觉音频编码技术，也就是利用了人耳的特性，削减音乐中人耳听不到的成分，同时尝试尽可能地维持原来的声音质量。

另外，几乎所有的音频编辑工具都支持打开和保存 MP3 文件。至今，许多新一代的编码技术都已经能在相同的码率下提供比 MP3 优越得多的音质。应该说，MP3 确实显现出疲态了。不过 MP3 出得比较早，已经形成了自己的影响力，有着众多的用户，同时支持 MP3 的软件非常多，而更多支持 MP3 的硬件播放器在暂时由于生产线换代的关系还会继续销售。总之，MP3 依然是目前世界上最流行的音频压缩技术，估计还有很长一段时间才会退出舞台。

4. RA

随着互联网的发展,Real Networks公司研发的Real Media出现了。RA这两个文件类型就是RealAudio格式。RealAudio可以根据听众的带宽来控制自己的码率,就算是在非常低的带宽下也可以提供足够好的音质让用户在线聆听。

RA设计的目的主要是用来在低速率的网络上实时传输活动视频影像,可以根据网络数据传输速率的不同而采用不同的压缩比率,在数据传输过程中边下载边播放视频影像,从而实现影像数据的实时传送和播放。客户端通过Real Player播放器进行播放。网络流媒体的道理其实非常简单,简单地说就是将原来连续的音频分割成一个一个带有顺序标记的小数据包,将这些小数据包通过网络进行传递,在接收时再将这些数据包按顺序组织起来播放。如果网络质量太差,有些数据包收不到或者延缓了到达,它就跳过这些数据包不播放,以保证用户在聆听的内容是基本连续的。由于Real Media是从极差的网络环境下发展过来的,所以Real Media的音质并不好,包括在高码率时,甚至比MP3更差。

5. WMA

WMA(Windows Media Audio)是微软公司推出的与MP3格式齐名的一种新的音频格式。在意识到网络流媒体对于互联网的重要性之后,微软很快就推出了Windows Media与Real Media相抗衡,同时开始对其他音频压缩技术一律不提供直接支持。最初版本的Windows Media在音质方面并没有什么优势,不过最新的Windows Media 9携带了大量的新特性,并在Windows Media Player的配合下已经是不可同日而语。特别在音频方面,微软是唯一能提供全部种类音频压缩技术(无损、有损、语音)的解决方案。微软声称,在只有64Kb/s的速率情况下,WMA可以达到接近CD的音质。和以往的编码不同,WMA支持防复制功能,它支持通过Windows Media Rights Manager加入保护,可以限制播放时间和次数甚至是播放的主机等。WMA支持流技术,即一边读一边播放,因此WMA可以很轻松地实现在线广播。WMA凭着本身的优秀技术特征,加上微软的大力推广,这种格式被越来越多的人所接受。

由于WMA在压缩比和音质方面都超过了MP3,更是远胜于RA(Real Audio),即使在较低的采样频率下也能产生较好的音质。一般使用WMA编码格式的文件以WMA作为扩展名,一些使用WMA编码格式编码其所有内容的纯音频ASF文件也使用WMA作为扩展名。现在几乎绝大多数在线音频试听网站使用的都是WMA格式(通常码率64Kb/s),但是WMA解码比起MP3较为复杂,因此许多山寨手机及有名的低端品牌手机都不支持WMA音频格式。

Windows Media是一种网络流媒体技术,本质上跟Real Media是相同的。但Real Media是有限开放的技术,而Windows Media则没有公开任何技术细节,据称是为了更好地进行版权保护,因此要完全封闭,还创造出一种名为MMS(Multi-Media Stream,多媒体流)的传输协议。但是由于微软的影响力,支持Windows Media的软件非常多。虽然它也是用于聆听而不能编辑,但几乎所有的Windows平台的音频编辑工具都对它提供了读/写支持,至于第三方播放器更是无一例外了,连Real Player都支持其播放。通过微软自己推出的Windows Media File Editor可以实现简单的直接剪辑。如果微软继续保持其在操作系统特别是桌面操作系统的垄断地位的话，Windows Media 的未来肯定是一片光明。

6. 多声道音频信号压缩与杜比 AC-3

随着技术的不断进步和生活水准的不断提高，原有的立体声形式已不能满足受众对声音节目的欣赏要求，具有更强声音定位功能的多声道三维声音技术得到飞速的发展。Dolby Digital 是杜比实验室最闻名的数字技术，是一种利用了人的听觉特性，通过对高质量多声道数字音频信号压缩进行有效的存储与传输的音频编/解码技术。Dolby Digital 有时也被称为杜比 AC-3，它是 Dolby Digital 技术的基础。该技术通过不同介质提供多声道环绕声。Dolby Digital 技术于 1992 年首次用于电影院中，是目前唯一的全球性多声道音频标准和 ATSC 数字电视及 SCTE 数字有线电视的音频标准。

Dolby Digital 能够提供从单声道到 5.1 声道环绕声的各种制式的声音。所谓 5.1 声道环绕声包括 5 个分离的全频带(20Hz～20kHz)音频信号，即左、中、右、左环绕、右环绕声道加上第 6 个分离的低频(20～120Hz)效果声道，通常称作 LFE(低频效果)声道。而其所占用的存储空间比 CD 上一路线性 PCM 编码的声道所占用的空间还要少。基于对人耳听觉的研究，Dolby Digital 音频技术中的先进算法，使存储或者传输数字音频信号时使用更少数据成为可能。在 5.1 声道的条件下，可将码率压缩至 384Kb/s，压缩比约为 10∶1。杜比 AC-3 最初是针对影院系统开发的，但目前已成为应用最为广泛的环绕声压缩技术之一。

思 考 题

1. 评价图像压缩编码技术的指标有哪些？
2. 图像数据存在哪些冗余？简述图像压缩编码技术的必要性和可行性。
3. 网上常用的音频压缩技术有哪些？
4. 低压缩率格式的音频格式有哪些？
5. MPEG-1 分为几部分？MPEG-2 分为几部分？两者的主要区别是什么？

CHAPTER 4

第4章

数字图像处理——Photoshop CS3

学习目标

- 熟悉 Photoshop CS3 新特性及功能
- 掌握 Photoshop CS3 基本操作
- 掌握图层的概念
- 掌握绘图与修图工具组
- 掌握文字与矢量图形绘制
- 掌握图像色彩的调整
- 掌握通道与蒙版的概念
- 掌握滤镜的使用

4.1 初识 Photoshop CS3

Photoshop 是目前最为流行的图像处理软件之一，它集图像扫描、艺术处理、影像创作、广告创意、艺术文字、图像输入与输出于一体，且界面易懂，功能完善，深受广告影视、艺术设计、建筑等各行各业人士的喜爱。

4.1.1 Adobe Photoshop CS3 诞生

Photoshop CS3 是由美国 Adobe 公司于 2007 年 3 月 27 日推出的 CS3(Creative Suite 3)系列创意软件包组件之一。发布的两个版本分别为 Adobe Photoshop CS3(标准版) 和 Adobe Photoshop CS3 Extended(扩展版)。其中 Adobe Photoshop CS3 的重点应用在图片处理、图形设计、Web 网页设计、打印服务等方面，而 Adobe Photoshop CS3 Extended 的重点应用在影片、视频和专业的多媒体，图像和网页设计所需要的 3D 和动画设计、专业设计、医疗专业、建筑工程专业及科学研究等方面。本书使用的 Photoshop 版本为 Adobe Photoshop CS3 Extended(也称 Photoshop 10.0)，其简体中文版于 2007 年 7 月在北京发布。

4.1.2 Adobe Photoshop CS3 的新功能

Adobe Photoshop CS3 软件拥有全新的工作界面,支持高级复合的自动图层对齐和混合,实时滤镜推动全面的、非破损编辑工具组,提供超强的全新编辑工具及突破性的复合功能。

(1) 行业标准编辑工具组:使用行业领先的图像编辑能力美化图像,包含增强的颜色校正和仿制与修复工具。

(2) 非破损编辑功能:包括新的智能滤镜和智能对象,可以分别实现对不同图像效果的可视化,以及对栅格化图像和矢量图像进行缩放、旋转和变形,并且不会更改像素数据。

(3) 丰富的绘画和绘图工具组:使用各种专业级,完全可自定义的绘画设置,艺术画笔和绘图工具,创建或修改图像。

(4) 高级复合功能:包括自动对齐图层和自动混合图层命令,可以快速分析详细信息并移动、旋转或变形图层以实现完美对齐,以及实现混合颜色和阴影来创建平滑的、可编辑的图像结果。

(5) "快速选择"和"调整边缘"工具:松散地在某个图像区域上绘图,"快速选择"工具会自动完成选择,再使用"调整边缘"工具微调选择范围。

(6) 内置效率:利用自定义工作流和具有增强的调板管理的简化工作环境,可以专注于图像,而非软件。

(7) 改进的打印体验:颜色管理、打印预览窗口和更多控件都处于一个位置,体验对打印质量的更佳控制,使用更少的步骤完成打印。改进的打印控制,由 Adobe 和 HP 共同开发,使打印更轻松并更可预测,通过与来自 HP、Epson 和 Canon 的选择打印机的集成来简化设置选项。

(8) 使用 Adobe Bridge CS3 的更快的、更加灵活的资源管理:使用 Adobe Bridge CS3 软件,更加有效地组织和管理图像,该软件现在提供增强的性能、一个更易于搜索的"滤镜"面板、在单一缩略图下组合多个图像的能力、放大镜工具、脱机图像浏览等。

(9) 范围广泛的支持格式:可以导入和导出各种文件格式,包括 PSD、BMP、Cineon、JPEG、JPEG 2000、OpenEXR、PNG、Targa 和 TIFF 等多种流行的图像格式。

4.1.3 Adobe Photoshop CS3 的界面环境

Adobe Photoshop CS3 的工作界面主要由标题栏、菜单栏、工具选项栏、工具箱、工作区、浮动调板和状态栏等组成。此版本的界面风格与之前的版本相比有很大的改变,如图 4.1 所示。

1. 标题栏

标题栏位于 Adobe Photoshop CS3 程序窗口的最上方,主要用于显示正在运行的应用程序的名称。左侧显示 Adobe Photoshop CS3 图标和字样,右侧显示程序窗口控制按钮,它们与 Windows 窗口风格一致,作用和使用方法也和标准的 Windows 窗口完全相同。

图 4.1　Adobe Photoshop CS3 工作界面

2. 菜单栏

Photoshop 的菜单栏中包含着 Photoshop 的各种操作命令。它的大部分功能都可以在菜单栏中实现。一般情况下，菜单栏中的命令是固定的，但有些菜单也可以根据当前环境适当添加或减少某些命令。

菜单栏包含了 10 个主菜单，如图 4.2 所示，从左向右分别是“文件”、“编辑”、“图像”、“图层”、“选择”、“滤镜”、“分析”、“视图”、“窗口”和“帮助”。

图 4.2　Adobe Photoshop CS3 主菜单

用户在使用菜单命令时，应注意以下几点。

- 菜单命令呈现灰色时，表示该菜单命令当前状态下不可用。
- 菜单命令后标有黑色小三角按钮符号 ▸，表示该菜单命令有级联菜单。
- 菜单命令后标有快捷键，表示该菜单命令也可以通过标示的快捷键执行。
- 菜单命令后标有省略符号…，表示执行该菜单命令会弹出一个对话框。

3. 工具选项栏

工具选项栏用于设置当前使用工具的属性内容，主要用来设置各工具的参数，不同的工具所对应的工具选项栏参数设置也不相同。如“矩形选框”工具的工具选项栏，如图 4.3 所示，可以设置羽化值、选框样式等参数。

羽化: 0 px　消除锯齿　样式: 固定大小　宽度: 64 px　高度: 64 px　调整边缘...　工作区 ▾

图 4.3　工具选项栏

4. 工具箱

Adobe Photoshop CS3 的"工具箱"调板默认情况下位于工作界面的左侧,也可放置在任意位置。它包含有 20 多种工具,用户可以用鼠标单击,轻松地使用这些工具来编辑或者绘制图像。功能相似的工具会被放置在一起形成一个工具组。如果"工具箱"调板中工具图标的下角带有黑色的小三角图标,那么就表示它是一个工具组,其工具图标中还隐藏了其他工具。用鼠标按下相应的工具按钮就会弹出整个工具组,可以选择和切换,图 4.4 所示为 Adobe Photoshop CS3 工具箱。

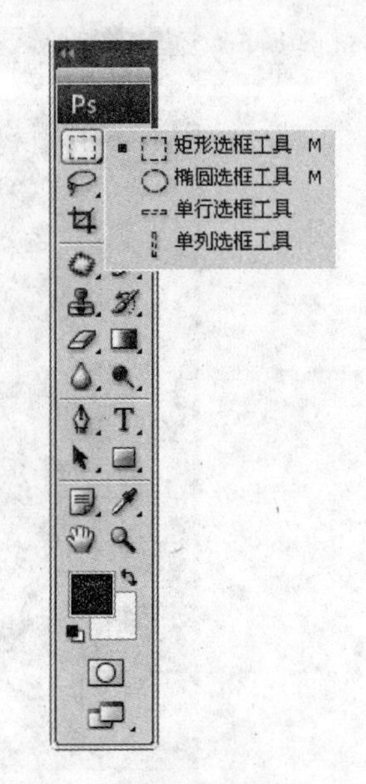

图 4.4 Adobe Photoshop CS3 工具箱

5. 状态栏

状态栏位于图像窗口底部的横条,用于显示当前打开图像文件的相关信息,如图 4.5 所示,其中包括图像文件的显示比例、图像文件的信息和提示信息 3 个部分。

图 4.5 状态栏

6. 图像窗口

图像窗口是显示要编辑图像的窗口,也是处理图像的区域。在图像窗口上部是图像窗口的标题栏,由控制菜单、图像信息和控制按钮组成。其中,控制菜单、控制按钮的功能与 Adobe Photoshop CS3 工作界面的标题栏控制菜单和控制按钮功能完全相同。在标题栏的图像信息部分中,会显示当前图像文件的文件名称,以及当前视图的显示比例和颜色模式。

7. 工作区

工作区是 Photoshop 工作界面中的灰色区域。工具箱、图像窗口和浮动调板都放置在工作区内。

8. 浮动调板

Photoshop 中包含十几种调板,如颜色调板、图层调板、通道调板、路径调板等,它们浮动在工作区内。通过调板可以方便、直观地控制各种参数的设置。选择"窗口"主菜单下相关的调板命令可以实现打开或隐藏调板。每个调板的右上角都有调板控制按钮 ,单击该按钮即可打开该调板的控制菜单。图 4.6 所示为“通道”调板的控制菜单。

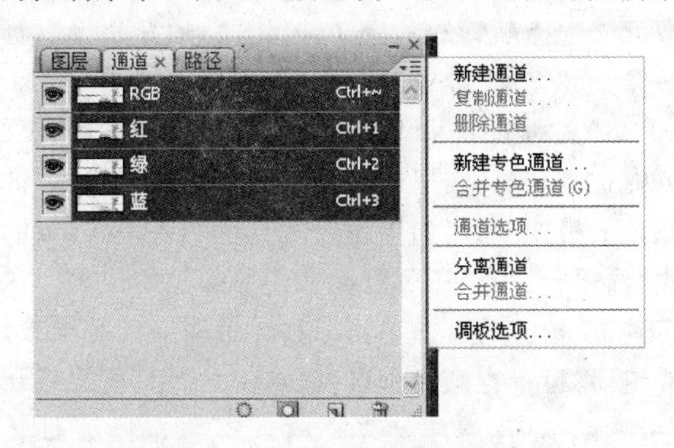

图 4.6 “通道”调板的控制菜单

4.2 Adobe Photoshop CS3 基本操作

Photoshop 的基本操作主要包括文件的操作、图像大小的调整、颜色设置、图像操作步骤的撤销和恢复等操作。

4.2.1 文件基本操作

图像文件的基本操作包括文件的新建、打开、存储、关闭等操作。下面具体来介绍这些基本操作。

1. 新建图像文件

在 Photoshop 中创建图像文件,执行【文件】|【新建】命令,或者按 Ctrl+N 组合键,弹出如图 4.7 所示的“新建”对话框。在该对话框中,可以设置创建的图像文件的名称、图像大小、分辨率、颜色模式、背景内容、颜色配置文件、像素长宽比等参数选项。

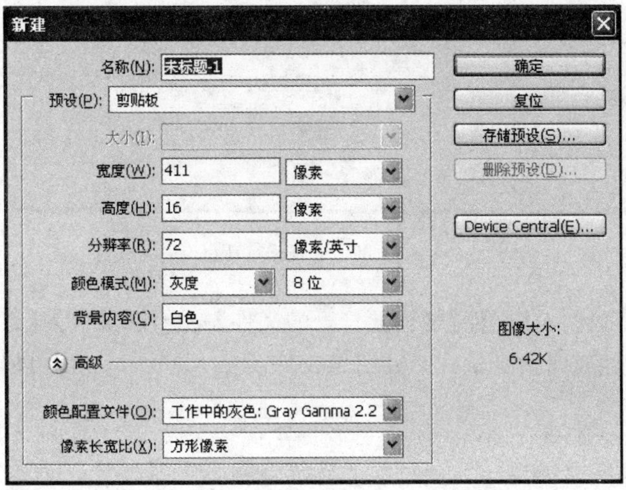

图 4.7 “新建”对话框

在"名称"文本框中可以设置图像文件的名称,图像文件的名称最长可达255个字符。在"预设"下拉列表框中可以选择预置的图像文件尺寸。用户还可以直接在"宽度"和"高度"文本框直接输入所需图像文件宽度及高度数值。度量单位有像素、厘米、英寸等,可用下拉菜单进行选择。在"分辨率"文本框中可设置图像文件的分辨率,其单位可取"像素/英寸"或"像素/厘米"。在"颜色模式"下拉列表框中可设置图像颜色模式,可供选择的颜色模式为位图、灰度、RGB、CMYK、Lab模式5种,如果想设置其他颜色模式,可以在创建后对其进行转换。另外,在"颜色模式"选项中,用户还可以设置图像颜色的位数。在"背景内容"下拉列表框中可设置新图像的背景,供选择的有白色、背景色、透明3种背景方式。参数设置好后,用户可单击"存储预设"按钮,将设置存储为预设,或单击"确定"按钮打开创建的新文件。

2. 打开图像文件

在Photoshop中,执行【文件】|【打开】命令,或按Ctrl+O组合键,或双击Photoshop工作界面中的空白区域,弹出如图4.8所示的"打开"对话框。在"查找范围"下拉列表框中,可以选择所需打开图像的文件位置。在"文件类型"下拉列表框中选择要打开图像文件的格式类型。选择图像文件后,单击"打开"按钮,即可打开所选的图像文件。

图4.8 "打开"对话框

另外,用户还可以执行【文件】|【最近打开的文件】命令或【文件】|【打开为】命令,打开最近编辑过的图像文件或以指定格式打开图像文件。在Photoshop中可以同时打开多个图像文件。

3. 存储图像文件

图像文件的保存方式常用的有"存储"、"存储为"两种。执行【文件】|【存储】命令,或按

Ctrl＋S组合键，即可弹出如图4.9所示的“存储为”对话框。用户根据自己的需要选择文件的存放位置，在“文件名”文本框中输入新建文件的名称，在“格式”下拉列表框中选择存储文件的格式，然后单击“保存”按钮，即可将当前图像文件保存。执行【文件】|【存储为】命令，可以对已经保存过的图像文件名称、保存路径和存储格式进行修改。Photoshop默认的存储格式为*.psd，且在“存储为”对话框中可以设置带Alpha通道、图层、批注、专色、使用校样设置等选项。

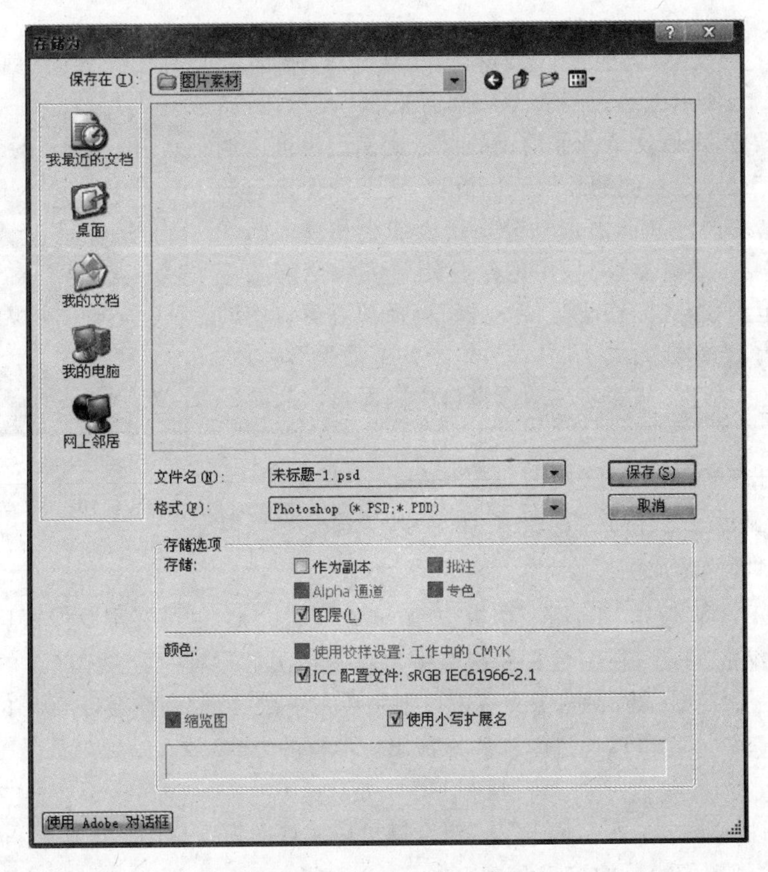

图4.9 “存储为”对话框

4. 关闭图像文件

在Photoshop中关闭图像文件的方法有4种，分别如下。

① 单击图像窗口标题栏右侧“关闭”控制按钮。

② 双击图像窗口标题栏左侧“控制窗口”图标。

③ 执行【文件】|【关闭】命令或按Ctrl＋W组合键。

④ 执行【文件】|【关闭并转到Bridge…】命令或按Ctrl＋Shift＋W组合键，可关闭当前图像文件的同时打开“Adobe Bridge”窗口。

当被关闭的图像文件从未保存过，系统将弹出一个对话框提示用户保存文件。单击“是”按钮，将弹出“存储为”对话框；单击“否”按钮，系统会放弃此次修改并关闭；单击“取消”按钮，则不会关闭图像文件。

4.2.2 调整图像大小

1. 图像的缩放

图像处理过程中，在不改变图像实际尺寸的前提下，有时需要对图像中某些局部放大显示，有时为了看处理后的整体效果又需要将图像缩小显示，可以通过以下方法来实现。

(1) 使用“导航器”调板：执行【窗口】|【导航器】命令，可以在工作界面中显示“导航器”调板，如图 4.10 所示。通过设置“导航器”底部“显示比例”文本框中的数值，可以调节图像窗口的显示比例。也可以调节“显示比例”文本框右侧的缩放比例滑块，调节图像窗口的显示比例。滑块向左和向右滑动分别代表缩小和放大图像窗口显示比例。“导航器”调板中的红色矩形表示当前图像显示的画面范围，当光标移动至“导航器”调板预览窗口中的红色矩形框内，光标会变成手形标记，单击并拖动手形标记，即可移动红色矩形框，从而实现图像窗口中画面显示区域的调节。

图 4.10 “导航器”调板

(2) 使用菜单命令：在“视图”菜单下执行“放大”、“缩小”、“满画布显示”、“实际像素”和“打印尺寸”等命令也可以改变图像窗口的显示比例。

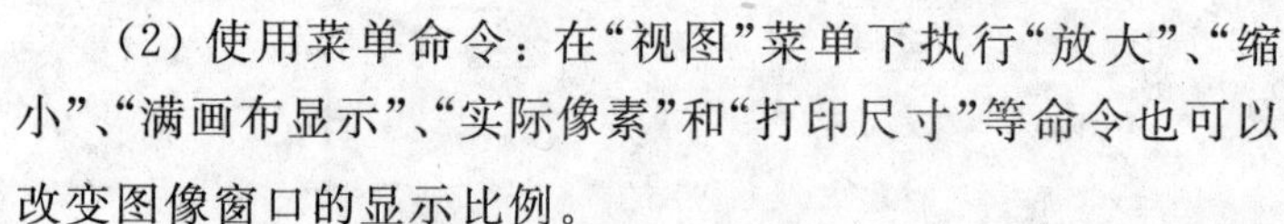

(3) 使用工具：使用“工具箱”调板中的“缩放”工具 ，也可实现图像窗口的显示比例调整。使用“缩放”工具，在图像文件窗口中每单击一次，图像画面会以 50%的显示比例递增放大显示；按住 Alt 键，在图像文件窗口中每单击一次，图像画面会以 50%的显示比例递减缩小显示。另外，也可以通过单击并拖拽出矩形框的方式，放大矩形框区域范围内图像的显示比例。

(4) 使用快捷方式：按 Ctrl+“+”组合键可以实现图像窗口的放大调整，按 Ctrl+“-”组合键可以实现图像窗口的缩小调整。

2. 调整图像尺寸及分辨率

图像文件的大小、图像分辨率及图像尺寸是一组相互关联的图像属性，在图像处理过程中，经常需要对它们进行调整。修改图像实际大小的方法是执行【图像】|【图像大小】命令，弹出“图像大小”对话框，如图 4.11 所示。在该对话框的“像素大小”选项区域，可以设置图像文件的显示分辨率大小，该参数决定图像文件在显示器上的显示尺寸。“文档大小”选项区域用于设置图像画面的尺寸和图像分辨率。“约束比例”复选框用于约束图像宽度和高度的比例。设置好各项参数后，单击“确定”按钮完成图像大小及分辨率的调整。

4.2.3 调整画布大小

在 Photoshop 中画布指的是绘制和编辑图像的工作区域，可以通过命令来调整画布大

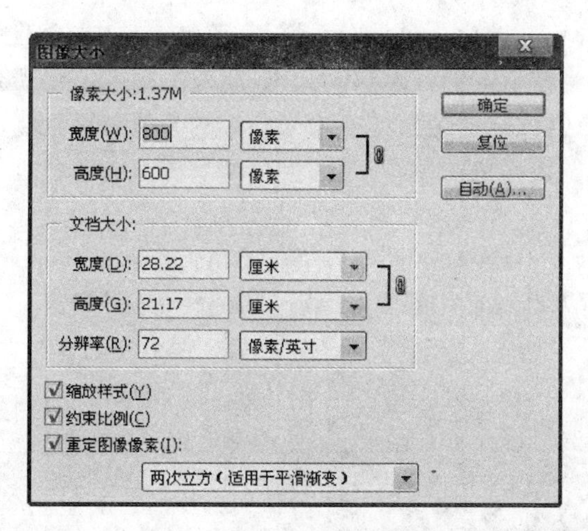

图 4.11 “图像大小”对话框

小和旋转画布。执行【图像】|【画布大小】命令,弹出“画布大小”对话框,如图 4.12 所示。对话框上部显示了图像画布当前的大小,通过在“新建大小”选项区域中重新设置宽度和高度数值和度量单位,可以改变画布的尺寸。在下方的“定位”选项中,可设置画布扩展或收缩的方向。白色方块表示当前图像在画布中的位置,箭头表示画布向四周扩展或缩进的方向。用户还可以通过执行【图像】|【旋转画布】菜单的子命令,实现画布的旋转或水平或垂直对象变化,如图 4.13 所示。

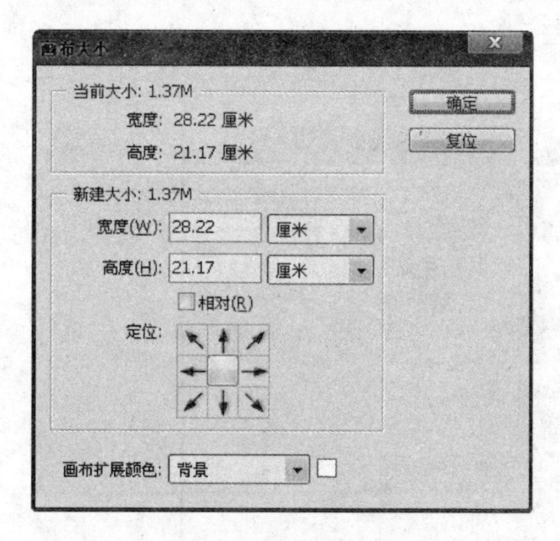

图 4.12 “画布大小”对话框

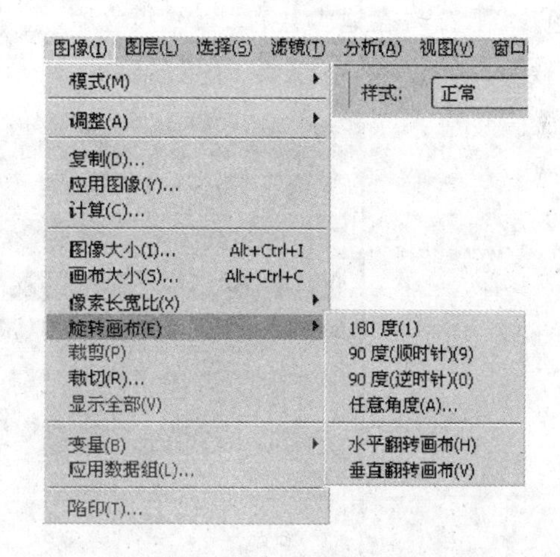

图 4.13 “旋转画布”子菜单

4.2.4 设置颜色

在 Photoshop 图像处理过程中,颜色的设置至关重要。Photoshop 提供了各种颜色选择和设置的方法。用户可根据实际情况来选择最佳的方法。

1. 拾色器

单击“工具箱”中的前景色或背景色图标,即可弹出“拾色器”对话框,如图 4.14 所示。

“拾色器”对话框左侧彩色区域称为色域，用鼠标在色域上单击，会有圆圈表示出选取的颜色位置，在右上角将显示当前选取的颜色，在“拾色器”对话框右下角还会出现对应的各种颜色模式数据显示。也可以直接在颜色模式中输入相应的数值来设置颜色。色域右侧的竖长条称为颜色调节杆，用来调整颜色的色调，利用颜色调节杆上的滑块也可选择颜色。

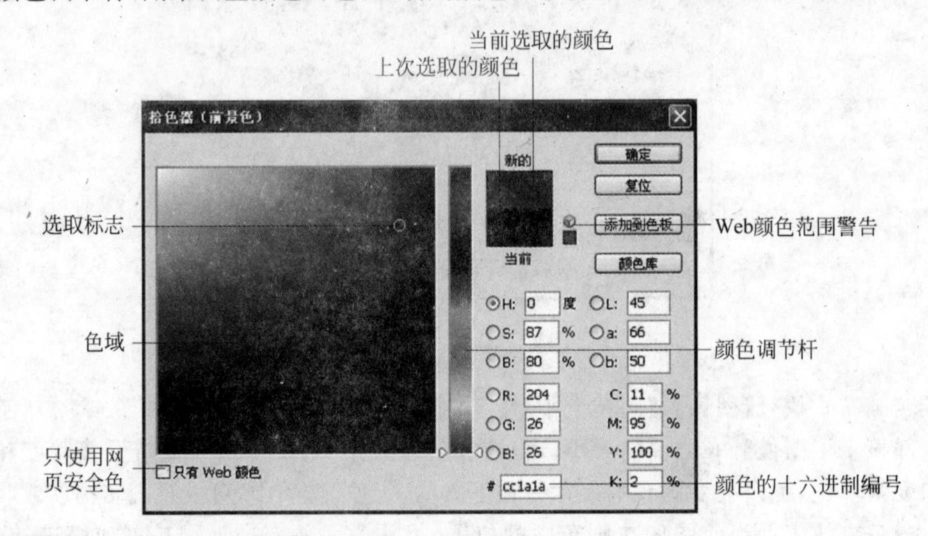

图 4.14 “拾色器”对话框

单击“拾色器”对话框右上方的“颜色库”按钮，弹出“颜色库”对话框如图 4.15 所示。在“色库”下拉列表框中共有 27 种颜色库，它是国际公认的色样标准。用户可以通过该对话框选择所需的色彩体系并设置颜色。

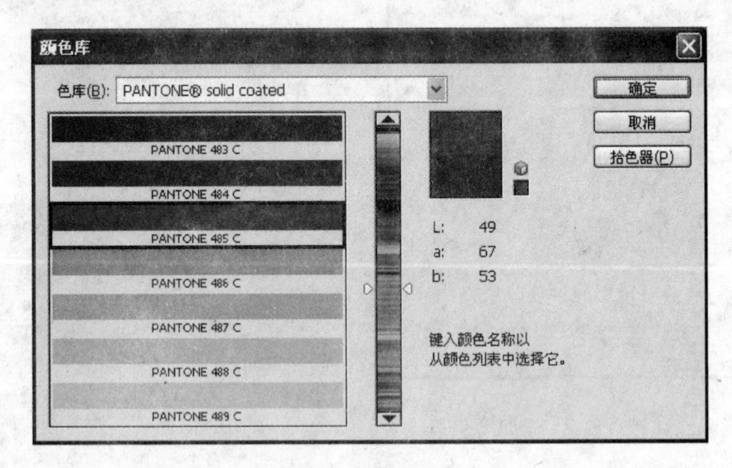

图 4.15 “颜色库”对话框

2. 前景色和背景色

前景色决定了使用各种绘制工具或文字工具时，当前使用的颜色。背景色决定了使用橡皮擦工具擦除背景时，被擦除区域呈现出的颜色。在增加画布大小时，增加的那部分画布颜色也是以背景色来填充的。用户可以通过单击“工具箱”上的“前景色”或“背景色”按钮，弹出对应的“拾色器”对话框来设置颜色。默认情况下，前景色为黑色，背景色为白色。按 D

快捷键可将颜色信息恢复到初始默认状态，按 X 快捷键或单击 图标可以切换前景色和背景色。图 4.16 所示为“工具箱”中设置前景色和背景色按钮。

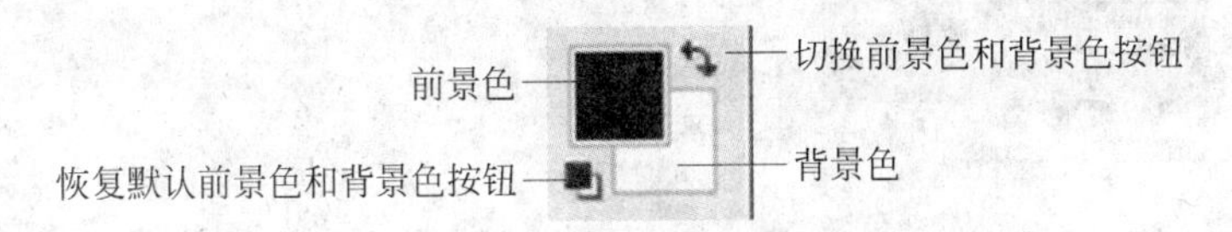

图 4.16　“工具箱”中设置前景色和背景色按钮

3. “颜色”调板

在 Adobe Photoshop CS3 中，执行【窗口】|【颜色】命令，弹出“颜色”调板，如图 4.17 所示。“颜色”调板显示了当前的前景色和背景色的颜色值，用户可以通过调整“颜色”调板中的滑块，利用几种不同的颜色模式来设置颜色，也可以从调板底部的四色曲线图中的色谱选取前景色和背景色。

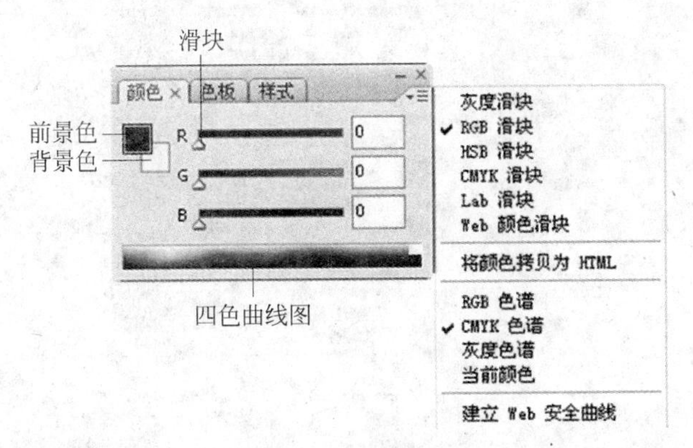

图 4.17　“颜色”调板

4. “色板”调板

“色板”调板用来显示经常使用的颜色，或者为不同的项目显示不同的颜色库，用户可以在调板中根据需要添加或删除颜色。执行【窗口】|【色板】命令，弹出如图 4.18 所示“色板”调板。“色板”调板中提供了多种预设好的颜色，直接单击色块即可将其设置为前景色，按住 Ctrl 键单击，则将色块颜色设置为背景色。单击“色板”调板菜单按钮 ，还可以打开调板菜单，从中选择所需载入的色板，以满足当前颜色设置的需要。

单击“色板”调板下方的“创建新色块”按钮，可将当前的前景色加入到“色板”调板中，拖动“色板”调板中的某颜色块到“删除色块”按钮，可将该颜色块从“色板”调板中删除。

5. 吸管工具

使用“工具箱”中的“吸管”工具，可以从当前图像、“色板”调板、“颜色”调板的样本条上取样，来改变前景色或背景色。用此工具在图像上选中的颜色上单击，“工具箱”中的前景色将会显示成所选取的颜色。按住 Alt 键的同时使用“吸管”工具在图像上单击，“工具箱”中的背景色将显示成所选取的颜色。

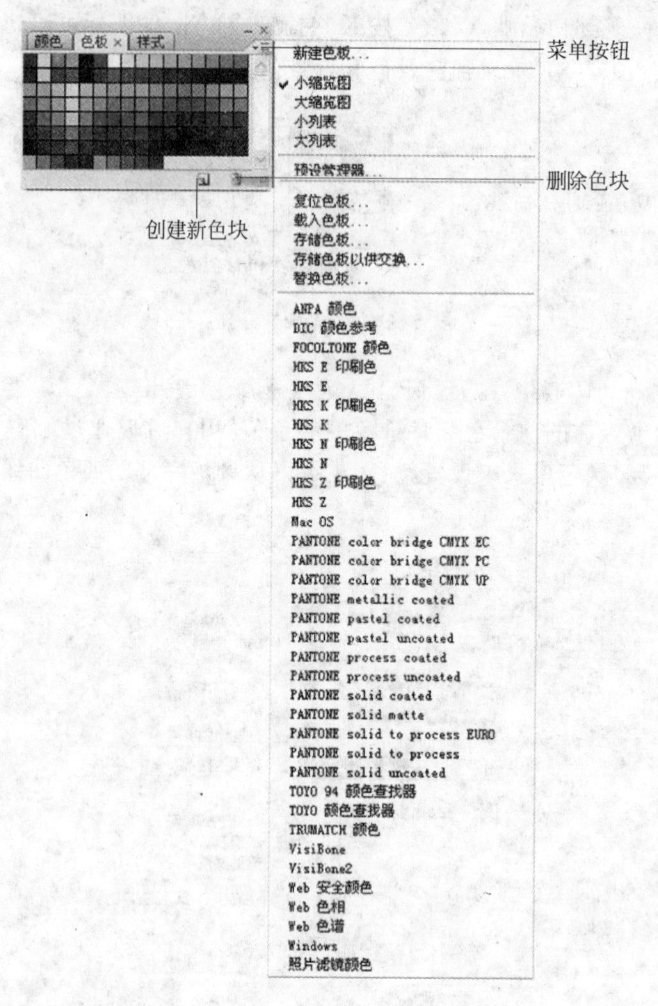

图 4.18 “色板”调板

4.2.5 恢复与撤销操作

在进行图像处理的过程中，难免会出现一些误操作，或对当前的处理效果不够满意时，就需要撤销操作，以恢复图像。

1. 使用“编辑”菜单

在图像处理时，最近一次的操作步骤会显示在“编辑”菜单的上方位置，该命令的初始名称为“还原”。当执行过操作步骤后，它就被替换为“还原操作步骤名称”。如图 4.19 所示为最近一次的操作为填充图像，执行【还原填充】命令，就可以撤销填充操作，此时该菜单命令会变成【重做填充】，执行该命令，将撤销刚才【还原填充】的操作。也可以通过按 Ctrl+Z 组合键来实现操作的还原与重做。但这种方法的局限性在于只能恢复或撤销最近一次的操作。

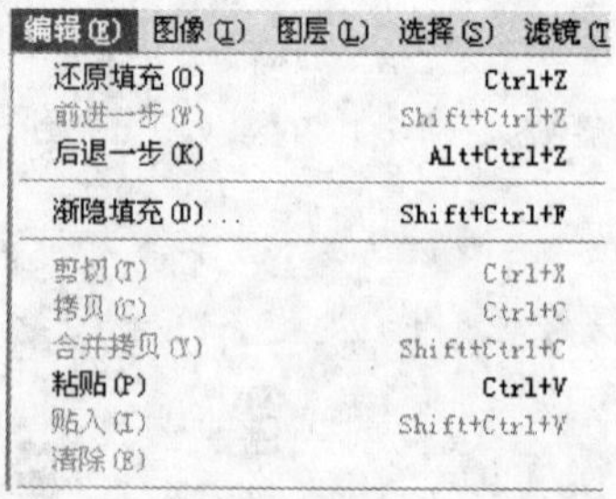

编辑(E) 图像(I) 图层(L) 选择(S) 滤镜(T)
还原填充(O) Ctrl+Z
前进一步(W) Shift+Ctrl+Z
后退一步(K) Alt+Ctrl+Z
渐隐填充(D)... Shift+Ctrl+F
剪切(T) Ctrl+X
拷贝(C) Ctrl+C
合并拷贝(Y) Shift+Ctrl+C
粘贴(P) Ctrl+V
贴入(I) Shift+Ctrl+V
清除(E)

图 4.19 “编辑”菜单恢复与撤销操作

在"编辑"菜单中多次执行【前进一步】或【后退一步】命令,可以按照"历史记录"调板总排列的操作顺序,逐步恢复或撤销前面的操作。

2. 使用【恢复】命令

执行【文件】|【恢复】命令,或按 F12 快捷键可以将图像恢复到刚打开文件的状态。若在图像编辑过程中进行了保存,那么执行【文件】|【恢复】命令可以将文档恢复到最近一次保存的状态。

3. 使用"历史记录"调板

"历史记录"调板是用来记录操作步骤的,它可以更为有效地撤销和恢复多步操作,而且可以为图像处理过程中的某个状态创建快照或者将其保存为文件。执行【窗口】|【历史记录】命令,即可打开"历史记录"调板,如图 4.20 所示。

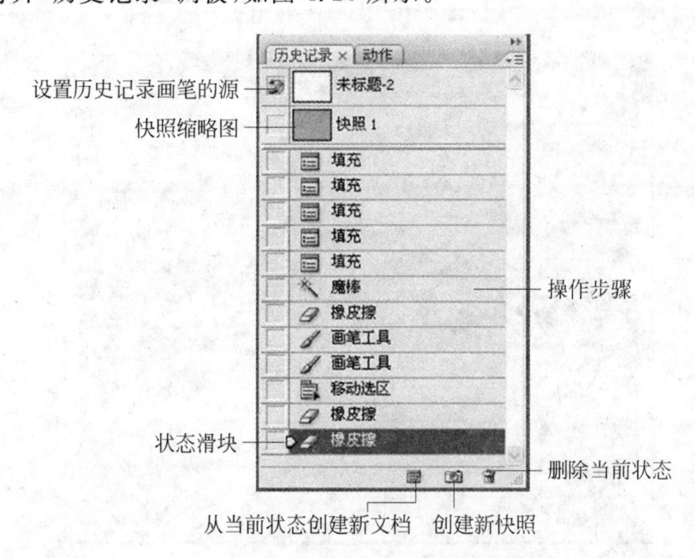

图 4.20 "历史记录"调板

"历史记录"调板分为上、下两部分,上部分为快照区,下部分为历史记录区。在图像处理的每一步操作都顺序地记录在历史记录区中。在"历史记录"调板的最左边,是一排方框,单击方框,会出现图标,表示此状态作为历史记录画笔的"源"图像。一次只能选择一种状态。拖动历史记录区的状态滑块可改变当前的操作状态。

"历史记录"调板底部有 3 个按钮。从左到右分别是"从当前状态创建新文档"、"创建新快照"、"删除当前状态"图标按钮。单击"从当前状态创建新文档"图标按钮,可以创建一个作为当前操作的备份图像的新文档;单击"创建新快照"图标按钮,可以为当前步骤创建一个新的快照图像;按住鼠标左键拖动需要删除的步骤至"删除当前状态"图标按钮上,就可以完成此步骤以后的所有操作的删除工作。如果只想删除其中的某一步操作,则可以单击"历史记录"调板右上角的菜单按钮打开调板菜单,选择"历史

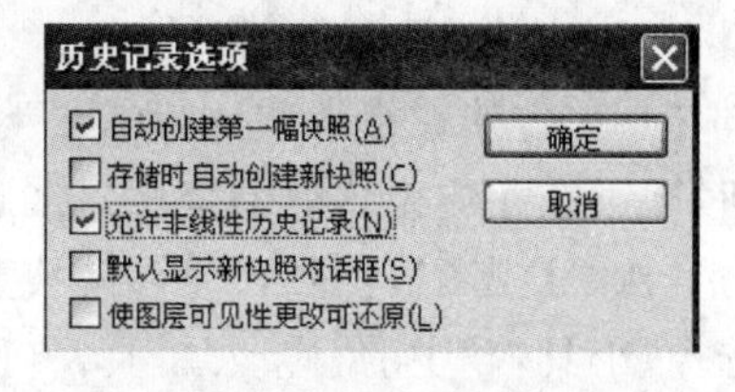

图 4.21 "历史记录选项"对话框

记录选项"菜单项,在弹出的"历史记录选项"对话框中选择"允许非线性历史记录"复选框,如图 4.21 所示。然后单击"确定"按钮就可以删除某一步操作了。

4.2.6 使用辅助工具

使用 Adobe Photoshop CS3 提供的标尺、参考线、网格和度量工具,可以帮助用户准确定位图像的大小或位置,提高操作时的准确性和工作效率。

1. 标尺

标尺有水平标尺和垂直标尺两种,可以帮助用户精确地定位图像或元素的位置。执行【视图】|【标尺】命令或按 Ctrl+R 组合键,可在图像窗口顶部和左侧显示或隐藏标尺,如图 4.22 所示。显示标尺后,当鼠标指针在窗口中移动时则牵动两条虚线,表示出当前鼠标所处位置的坐标。在标尺上右击,在弹出的快捷菜单中可以更改标尺的单位。

图 4.22 标尺

2. 参考线

参考线是浮动在图像上的直线,只是用于给设计者提供参考位置,不会被打印出来。用户可以移动、删除和锁定参考线。在 Photoshop 中创建参考线的方法如下。

(1) 按 Ctrl+R 组合键,在图像窗口中显示标尺。然后将光标放置在标尺上,按住鼠标左键并向画面中拖动鼠标,即可拖出参考线,如图 4.23 所示。按住 Shift 键的同时拖动参考线,可使参考线与标尺刻度对齐。

(2) 执行【视图】|【新建参考线】命令,弹出"新建参考线"对话框,如图 4.24 所示。在"取向"单选按钮组中选择参考线类型,在"位置"文本框中输入参考线的位置,单击"确定"按钮,即可在相应位置处创建水平或垂直的参考线。

执行【视图】|【显示】|【参考线】命令,或按 Ctrl+R 组合键,就可以显示或隐藏参考线。选择"工具箱"中的"移动"工具,将鼠标放在参考线上,待鼠标变成左右或上下的箭头图标时按住鼠标左键拖动参考线,即可改变参考线的位置。执行【视图】|【锁定参考线】命令,即可

图 4.23 拖动参考线

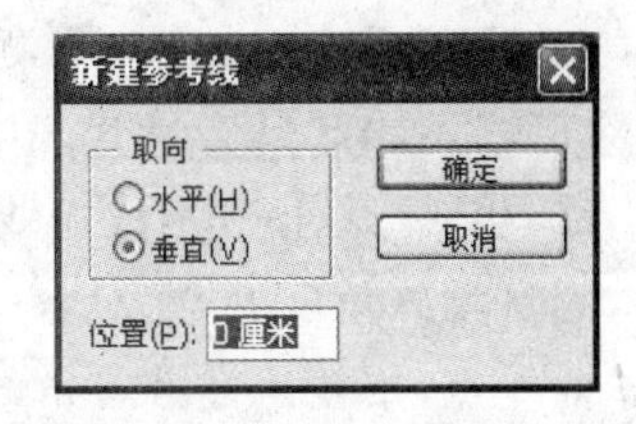

图 4.24 "新建参考线"对话框

将参考线锁定,以便进行精确的操作。执行【视图】|【清除参考线】命令,可以清除图像中所有的参考线,也可以将参考线移动到标尺上,来清除个别参考线。

3. 网格

网格在默认情况下显示为不可打印的线条或者网点。执行【视图】|【显示】|【网格】命令或按 Ctrl+"'"组合键,即可在当前打开的图像窗口中显示网格,如图 4.25 所示。显示网格后,执行【视图】|【对齐到】|【网格】命令,移动物体时就会对齐网格,选取区域时也会自动贴齐网格线选取。若不需要网格时,执行【视图】|【显示】|【网格】命令或按 Ctrl+"'"组合键即可取消网格的显示。

图 4.25 显示网格

4. 标尺工具

标尺工具可以方便地测量图像中两点之间的距离或物体的角度。单击"工具箱"中的标尺工具，将鼠标指针移动到需要测量物体的一点，按住鼠标拖动至另一点，然后释放鼠标，则所需要的尺寸即可显示在标尺工具的工具选项栏中，如图 4.26 所示。

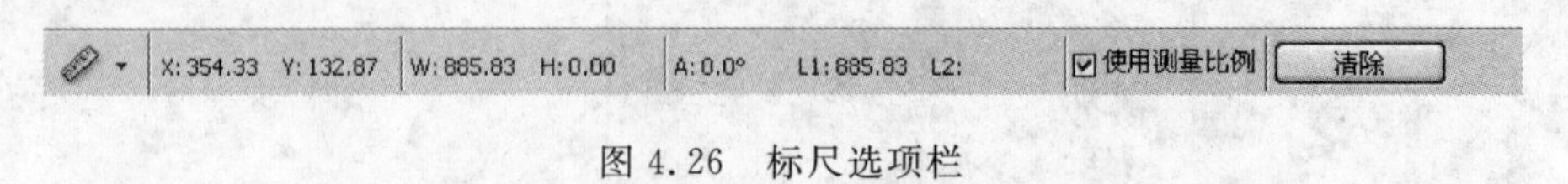

图 4.26 标尺选项栏

(1) 图中 X、Y 分别代表测量起始点的横、纵坐标值。

(2) 图中 W、H 分别代表两点之间的水平距离和垂直距离。

(3) 图中 A、L 分别代表线段与水平方向之间的夹角和线段的长度。

测量物体角度的方法是，单击"工具箱"中的标尺工具，将鼠标指针移动到需要测量物体的一点，按住鼠标沿着角的一边拖动至一点，然后释放鼠标。再把鼠标移动到原始点，按 Alt 键拖动鼠标沿着角的另一边至一点，然后释放鼠标，此时测量的角度就会显示在标尺工具选项栏中。

4.3 创建图像选区

4.3.1 选区基本概念

选区是指在图像处理时通过不同方式选中将要进行处理的区域，表现为一个闪烁的虚线轮廓。选区范围可以是规则的，也可以是不规则的。在对图像所作的处理中只对当前选区内的像素有影响，对该选区以外的像素毫无影响，这也正是选区设置的目的。在 Photoshop 中有创建规则选区的工具和创建非规则选区的工具，熟练应用各类工具，可以在图像处理过程中快速、精确地创建选区。

4.3.2 创建选区

1. 创建规则选区

规则选框工具组主要用于创建规则的选区，如矩形、椭圆形、单行或单列选区等。选框工具组位于"工具箱"的左上方，用鼠标左键按住或右击选框工具组中默认的"矩形选框"工具，即可弹出隐藏的工具组列表菜单，主要包括"矩形选框"工具、"椭圆选框"工具、"单行选框"工具和"单列选框"工具，如图 4.27 所示。

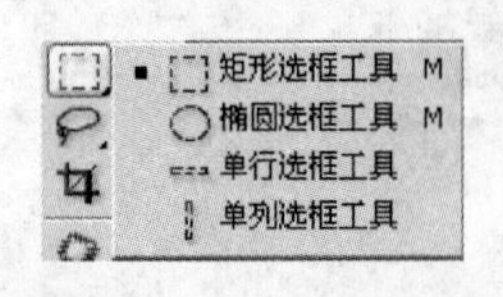

图 4.27 规则选框工具

选中"矩形选框"工具，在需要创建选区的矩形区域的角点处，按下鼠标左键，拖拉出一个矩形区域，释放鼠标，则在图像上出现一个周边闪烁虚线的矩形框，这就是创建的矩形选区，如图 4.28 所示。若需要创建正方形选区，则在按下鼠标左键拖拉的同时，按住 Shift 键，即可创建正方形区域。按住 Alt 键的同时，拖拉来创建矩形选区，即可创建以起始点为中心的矩形区域。按住 Shift+Alt 组合键的同时，拖拉来创建矩形选区，即可创建以起始点为中心的正方形区域。“椭圆选框”工具的创建方法与“矩形选框”工具的创建方法类似。利用“单行选框”工具与“单列选框”工具可以创建宽度为 1 个像素的单行或单列选区。

图 4.28 矩形选框工具选区的图像选区

利用规则选框工具创建选区时，当选中工具后，选项栏将会显示相关选区的参数，用户可以通过设定参数选项来确定所需创建的选取范围。图 4.29 所示为矩形选框工具选项栏，图 4.30 所示为椭圆选框工具选项栏。

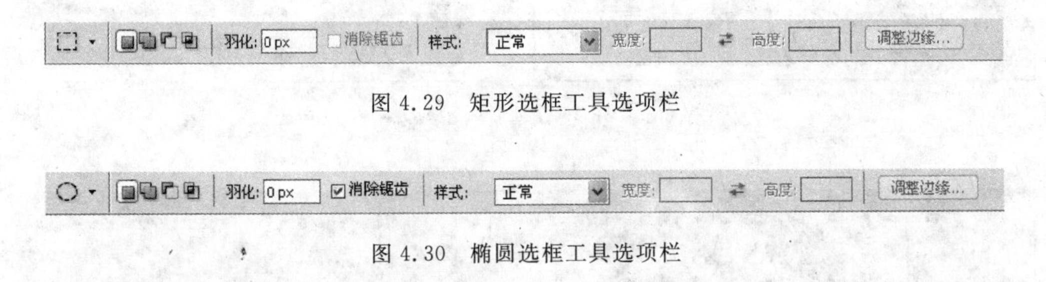

图 4.29 矩形选框工具选项栏

图 4.30 椭圆选框工具选项栏

在工具选项栏中，各类主要参数选项的作用如下。

(1)“选区运算”按钮：在选项栏的左端有 4 个按钮，代表了选区的 4 种运算，从左到右分别为“新选区”按钮、“添加到选区”按钮、“从选区减去”按钮和“与选区交叉”按钮，如图 4.29 左端所示。用于设置当前选区工具的工作模式。“新选区”按钮可以在图像窗口重新创建新选区，原图像窗口选区消失，被新选区取代。“添加到选区”按钮可以在图像窗口中创建多个选区。单击此按钮，可以在保留原选区的前提下绘制新的选区，如图 4.31 所示。“从选区减去”按钮可以从已存在的选区中减去与当前绘制的选区重叠的部分，如图 4.32 所示。“与选区交叉”按钮可以在图像窗口中保留原选区与当前选区重叠的部分，如图 4.33 所示。另外，取消选区的快捷键是 Ctrl+D 组合键。

(2)“羽化”文本框：用于创建选区边缘柔化效果。用户可以通过在文本框中输入数值来确定选区的边缘模糊程度。取值范围为 0～250 像素，数值越大，选区边缘越柔和。

图 4.31 “添加到选区”模式

图 4.32 “从选区减去”模式

图 4.33 “与选区交叉”模式

(3)“消除锯齿”复选框：此选项是除了矩形选框和快速选择工具以外，其他选择工具的工具选项栏中共有的选项。在 Photoshop 中图像是由像素构成的，像素又是正方形的色块，若创建椭圆形或多边形等不规则的选区，难免会出现锯齿，选择该选项后，可以在锯齿之间填以中间色以平滑过渡选区边缘。

(4)"样式"下拉列表框：用于设置选区框选择范围尺寸大小或像素大小。单击下三角可以出现3种样式：正常、固定比例、固定大小。"正常"选项，可以用鼠标创建任意长宽比例的矩形框；"固定比例"选项，可以在"宽度"和"高度"文本框中输入比例数值，来确定选区的宽高比；"固定大小"选项，可以在"宽度"和"高度"文本框中输入精确的像素数值，用户只需在图像中单击，即可创建宽度和高度确定的精确选区。

(5)"调整边缘"按钮：在选区创建后可以单击此按钮，弹出"调整边缘"对话框，从中可进一步对现有的选区作深入地修改，从而得到更加理想的选区，如图4.34所示。

2. 创建非规则选区

在图像处理过程中，选取的物体不都是接近于矩形或圆形的，大多数物体是不规则的，于是非规则选区的创建在图像处理中必不可少。在Photoshop中提供了利用套索工具、魔棒工具等方式用于非规则选区的创建。

1)"套索"工具组

"套索"工具组用于自由创建任意形状的选区，主要包括"套索工具"、"多边形套索工具"、"磁性套索工具"，如图4.35所示。

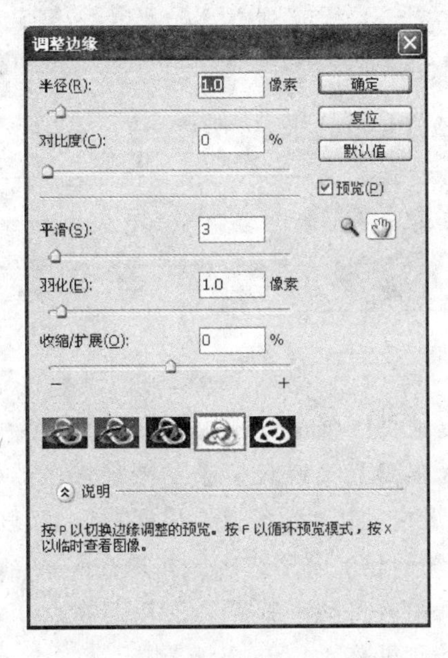

图4.34　"调整边缘"对话框

图4.35　"套索"工具组

"套索"工具是这3个工具中随意性最强的工具，用法是选中"套索"工具后，在图像窗口中所需选取的区域边缘位置上单击鼠标，确定起始点位置，按住鼠标左键，拖动鼠标，随着鼠标的移动就可以选择任意形状的边界，释放鼠标后系统会自动形成封闭的选择区域，即选区。缺点是它的走向完全是根据鼠标的移动位置决定的，对操作者控制鼠标的能力要求极高，因此在实际应用中相对其他两个套索工具，其应用较少。图4.36所示为使用"套索"工具创建选区。

图 4.36 使用“套索”工具创建选区

“多边形套索”工具是用于选取多边形的选区，如三角形、梯形等。选择该项后，用鼠标连续单击构成此多边形的若干定点，这些点之间自动形成连线，最后在起始点处单击鼠标则得到多边形闭合选区。图 4.37 所示为使用“多边形套索”工具创建选区。

图 4.37 使用“多边形套索”工具创建选区

“磁性套索”工具是最精确的套索工具，可以根据图像的对比度自动捕捉图像中物体的边缘来形成选区，适用于选择对象与背景对比度强烈且边缘较复杂的图像选区的创建。选择该项后，在起始点处单击鼠标，然后沿物体边缘拖动鼠标，系统将根据图像像素的对比度自动勾勒选区，回到起点时再次单击鼠标，就可以创建出闭合选区。如果在移动至起始点之前按回车键或双击鼠标左键，将会根据环境颜色插值自动寻找路径连接起始点和终点形成闭合选区。图 4.38 所示为使用“磁性套索”工具创建选区。

磁性套索工具允许分段选取，即在选取过程中，可以单击鼠标，调整路径走向，或按 Delete 键返回到前一个节点，以修正路径，再继续拖动，由于系统自动寻找有效定位区域(由预设套索宽度值决定)颜色反差最大的路径，因此在实际使用中需要不断地进行路径调整。

磁性套索工具的工具选项栏比套索工具和多边形套索工具要复杂。图 4.39 所示为“套索”工具选项栏。图 4.40 所示为“磁性套索”工具选项栏。

在套索工具组的工具选项栏中，羽化值的功能与选区工具类似。其他参数功能如下。

“宽度”文本框：用于设置磁性套索工具选取时检测的边缘宽度，其取值范围为 1～

图 4.38　使用“磁性套索”工具创建选区

图 4.39　“套索”工具选项栏

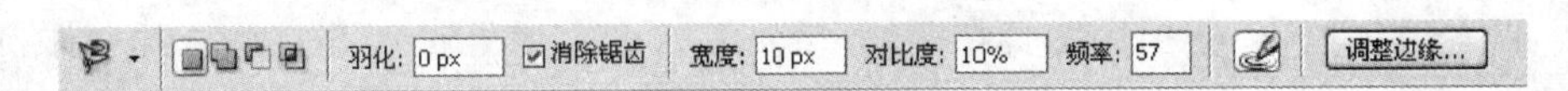

图 4.40　“磁性套索”工具选项栏

40 像素，数值越小选取越精确。

“对比度”文本框：用于设置磁性套索工具对边缘的敏感程度，其取值范围为 1%～100%，数值越大选取越精确。

“频率”文本框：用于设置创建节点的频率，其取值范围为 0～100，数值越大产生的节点越多。

“钢笔压力”图标按钮：用于设置绘图的画笔压力。该选项只有安装了绘图板及驱动程序才有效。

2）“魔棒”工具

魔棒工具是基于图像中相邻像素的颜色近似程度进行选取，能够选择出颜色相同或相近的区域。选中魔棒工具后，只需要在所需选择的颜色上单击，Photoshop 会自动将与该颜色在一定容差范围内相近的颜色区域选中形成选区。因此魔棒工具在选择一些颜色相似的物体时非常有效，是选择工具中应用相对简单的工具。图 4.41 所示为“魔棒”工具选项栏。

图 4.41　“魔棒”工具选项栏

该选项栏中的“容差”文本框用于设置颜色的近似程度，其取值范围为 0～255，默认值为 32。容差数值越小，所选取的颜色范围越小。“连续”复选框选中状态代表只选取与单击点相连续的区域，否则可以选取不连续的色彩相近的区域。“对所有图层取样”复选框用于设置是否对所有图层有效，未选中，代表魔棒工具只对当前图层有效。

图 4.42 所示为容差分别为 32 和 60 时所创建的不同选区。

(a) 容差为32

(b) 容差为60

图 4.42　容差值不同时创建的不同区域

3）“快速选择”工具

使用“快速选择”工具可以通过调整圆形画笔的笔尖大小、硬度和间距等参数，在图像窗口中快速“绘制”选区。使用该工具在图像上拖动，选区会向外扩展并自动查找与跟随图像中定义的边缘，如图 4.43 所示。“快速选择”工具的工具选项栏如图 4.44 所示。

图 4.43　使用“快速选择”工具绘制选区

画笔: 30 □对所有图层取样 □自动增强 调整边缘...

图 4.44　“快速选择”工具选项栏

(1)“新选区”按钮：是在未选择任何选区的情况下的默认选项。创建初始选区后，此选项将自动更改为“添加到选区”按钮。

(2)“添加到选区”按钮：激活该按钮后，可在原有选区的基础上添加新的选取范围。

(3)“从选区减去”按钮：激活该按钮后，可在原有选区的基础上，减去鼠标拖动处自动查找到的图像区域。

(4) 单击“画笔”下拉按钮,可弹出如图 4.45 所示下拉列表框。“直径”用于设置画笔的笔尖大小。“硬度”用于设置画笔边缘的柔和程度。“间距”用于设置画笔笔触之间的距离。“圆度”用于设置圆形画笔的圆度。“角度”用于设置非圆形笔触的旋转角度。

(5)“自动增强”复选框:选中该复选框,可减少选区边界的粗糙度和块效应,自动将选区向图像边缘进一步流动并进行一些边缘调整。

4)【色彩范围】命令

【色彩范围】命令是利用图像中的颜色变化关系来制作选择区域的命令。执行【选择】|【色彩范围】命令,将弹出“色彩范围”对话框,用鼠标在所需选中的颜色上单击,则出现如图 4.46 所示的预览选取范围,其中白色区域代表被选中部分,黑色区域代表未被选中部分。通过调整颜色容差滑块或文本框中的数值,可以调整选中区域。“颜色”容差文本框的取值范围为 0～200,容差值越大,所选中区域越大。通过选择“色彩范围”对话框中的不同取样吸管,可以进行取样的添加和减去操作。完成参数设置后,单击“确定”按钮即可实现与设置相匹配的选区创建,如图 4.47 所示。

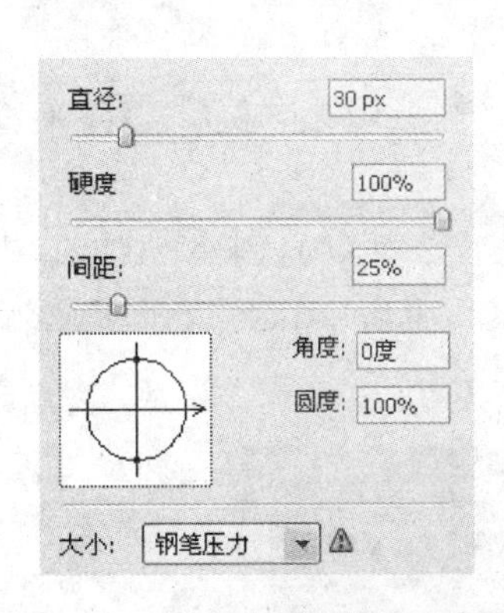

图 4.45 “画笔”下拉列表框

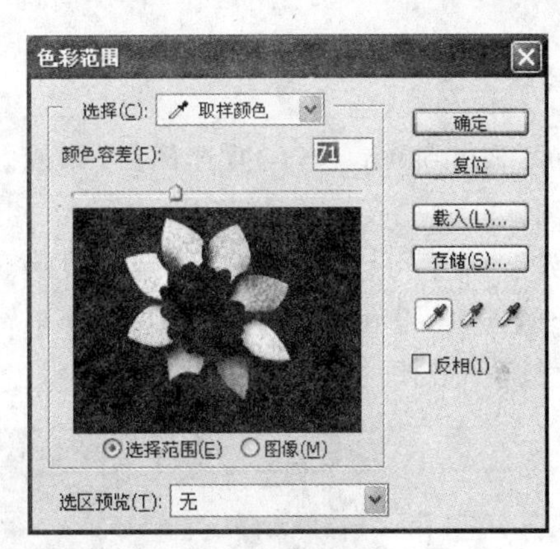

图 4.46 “色彩范围”对话框

图 4.47 使用【色彩范围】命令创建的选区

4.3.3 编辑选区

选区创建后,用户有可能需要对选区的位置和大小作进一步调整,此时需要移动、添加或者删减选区等操作。

1. 简单编辑命令

Adobe Photoshop CS3 的“选择”菜单中包括【全部】、【取消选择】、【重新选择】、【反向】4 个选区的简单编辑命令,如图 4.48 所示。

选择(S) 滤镜(T) 分析(A) 视图(V)	
全部(A)	Ctrl+A
取消选择(D)	Ctrl+D
重新选择(E)	Shift+Ctrl+D
反向(I)	Shift+Ctrl+I

图 4.48 “选择”菜单

执行【选择】|【全部】命令或按 Ctrl+A 组合键,可将整个图像作为选区选中;执行【选择】|【取消选择】命令或按 Ctrl+D 组合键,可取消图像窗口中的选区;执行【选择】|【重新选择】命令或按 Ctrl+Shift+D 组合键,可在图像窗口中重新显示已取消选择的选区范围;执行【选择】|【反选】命令或按 Ctrl+Shift+I 组合键,可反向选择图像窗口中选取的选区范围。

2. 修改选区

Adobe Photoshop CS3 的【选择】|【修改】命令的级联菜单中包括【边界】、【平滑】、【扩展】、【收缩】、【羽化】5 个选区修改命令。

【边界】命令:可以设置具有固定宽度数值的轮廓选区。可以先创建一选区,执行【选择】|【修改】|【边界】命令,在弹出的对话框中输入宽度数值,单击“确定”按钮即可创建一个固定宽度数值的轮廓选区,如图 4.49 所示。

图 4.49 使用【边界】命令形成的轮廓选区

【平滑】命令:可以去除锯齿状选区边缘。

【扩展】命令:可以扩大创建的选区范围。

【收缩】命令:可以缩小创建的选区范围。

3. 羽化选区

对选区使用羽化处理，可以通过扩展选区轮廓周围的像素区域达到柔和边缘色效果。使用选框工具或套索工具创建选区前，可以设置好“羽化”之后再创建带羽化效果的选区。若选区已创建好，可以执行【选择】|【修改】|【羽化】命令，在弹出的“羽化选区”对话框中设置所需的数值，对选区进行羽化处理。图 4.50 所示为羽化前的效果，图 4.51 所示为羽化后的效果。

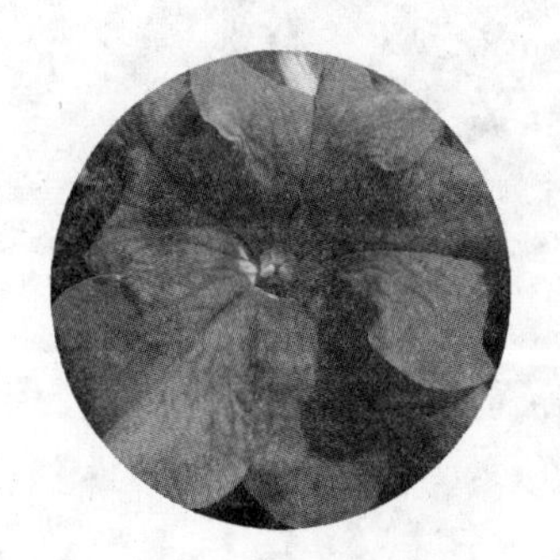

图 4.50　羽化前的效果

图 4.51　羽化后的效果

4. 扩大选取和相似选取

执行【选择】|【扩大选取】命令，可以对原选区在一定容差范围内扩大，但扩大的范围仅限于与原选区相邻且颜色相近的像素。执行【选择】|【相似选取】命令，可以将原选区进一步扩大，但扩大的范围包括图像中所符合容差的像素，不仅限于相邻的像素。图 4.52 所示为扩大选取和相似选取的效果。

原选区

扩大选取

相似选取

图 4.52　扩大选取和相似选取

5. 变换选区

变换选区命令可以对选区进行放大、缩小和旋转。在图像中已经存在选区的情况下，执行【选择】|【变换选区】命令，便可以对选区形状进行调整，此时在选区周围会出现带有 8 个节点的方框，可以用鼠标拖动这些节点对选取范围进行任意放大、缩小、拉伸、旋转等变换，

按 Ctrl 键的同时调整节点位置，还可以对选区进行扭曲变换，按 Shift 键的同时调整选区，可实现选区等比变换，按 Alt 键的同时调整选区，可实现选区从中心向外放大或缩小。变形合适后，可在选区中双击或按 Enter 键确认变换。图 4.53 所示为变换选区的效果。

图 4.53　变换选区的效果

6. 存储选区与载入选区命令

在 Photoshop 中，通过以上的各种工具创建的选区，用户可以通过【存储选区】命令保存当前选区，通过【载入选区】命令将已存储的选区载入。

1）存储选区

执行【选择】|【存储选区】命令，将弹出如图 4.54 所示的“存储选区”对话框。在“文档”下拉列表框中可以选择存储选区的文件，默认值为当前文件；在“通道”下拉列表框中选择“新建”；在“名称”文本框中输入通道的名称。单击“确定”按钮，则可以将选区存储于新建的 Alpha 通道中。

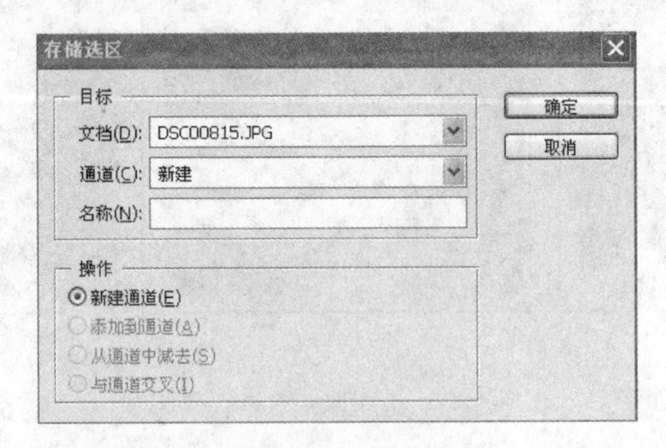

图 4.54　“存储选区”对话框

2）载入选区

执行【选择】|【载入选区】命令，将弹出如图 4.55 所示的“载入选区”对话框。在“文档”下拉列表框中可以选择载入选区的文件；在“通道”下拉列表框中选择作为选区载入的通

道；选择“反相”复选框则载入选区为存储选区的相反状态，在操作选项中选择载入方式，默认为“新建选区”，单击“确定”按钮，则可以将存储好的选区载入。

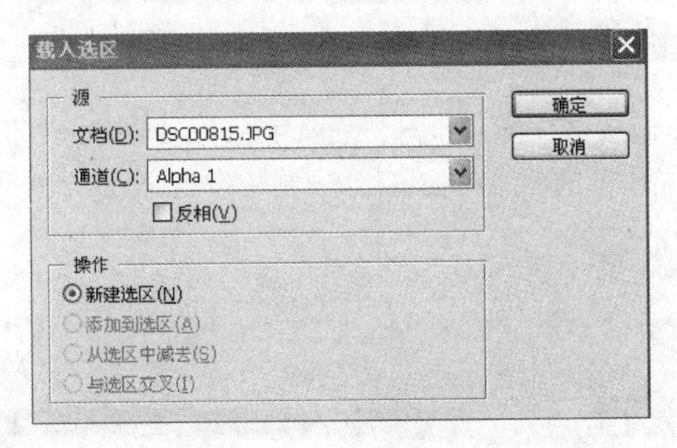

图 4.55 “载入选区”对话框

4.4 绘图和修图

绘图与修图是 Photoshop 中非常重要的功能，主要体现在两个大的工具组中，即绘图工具组和修图工具组。本章主要介绍这些工具的运用。

4.4.1 画笔与铅笔

1. 画笔

使用不同的画笔形状决定绘图和修图工具所画出来的笔触大小及形状。画笔的笔尖可以使用画笔调板中的预置画笔笔尖，也可以自行设定。执行【窗口】|【画笔】命令，可以打开“画笔”调板，如图 4.56 所示。

调板左侧是画笔工具的选项窗口，在此可以选择各种不同的画笔效果；右侧是画笔类型选择窗口，在此提供各种不同形状、不同大小的画笔工具；“主直径”设定画笔的大小；调板下方可以直接预览设置好的画笔效果。

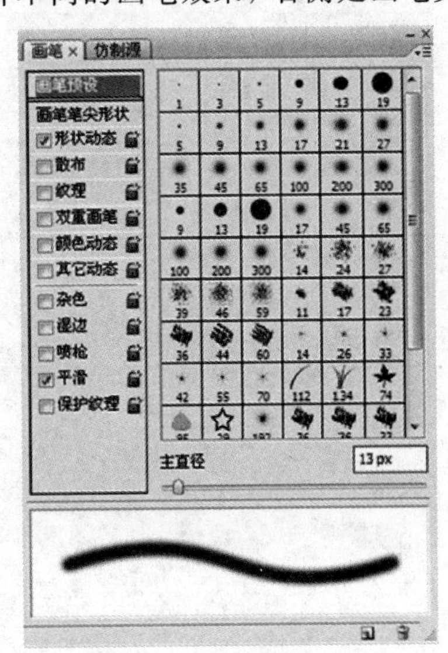

图 4.56 “画笔”调板

1）设置画笔笔尖形状

该选项主要用于设定画笔的直径、形状、硬度、间距。

(1) 新建一空白文件作为背景，选中工具箱中的画笔工具。

(2) 设置前景色为黑色。在已经打开的“画笔”调板中单击“画笔笔尖形状”选项，设置参数如图 4.57 所示。

“直径”文本框：取值范围在 1～2500 像素，用来设定画笔的大小。

“翻转 X”、“翻转 Y”复选框：勾选此复选框，可更改画笔的显示方向。

“角度”文本框：控制画笔的角度。

“圆度”文本框：控制画笔长短轴的比例，取值范围在 0～100%。

“硬度”文本框：控制画笔边缘的虚实程度，范围在 0～100%，数字越小，画笔边缘越模糊。

“间距”文本框：控制画笔笔触的间距。范围在 1%～1000%，数值越大，笔触间距越大。

在图像中，按住 Shift 键的同时拖拽鼠标，绘制一条直线，效果如图 4.58 所示。

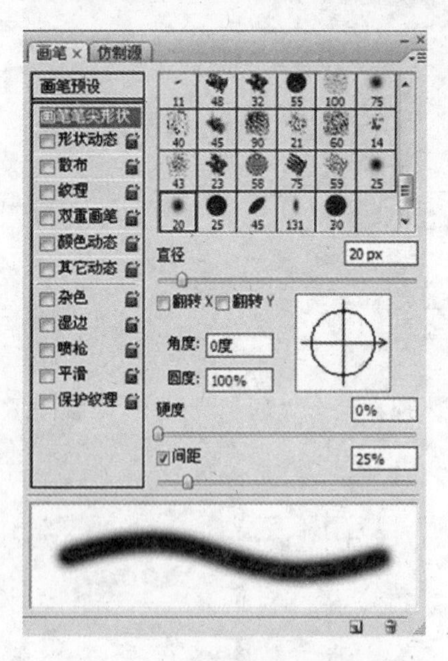

图 4.57 “画笔笔尖形状”选项设置

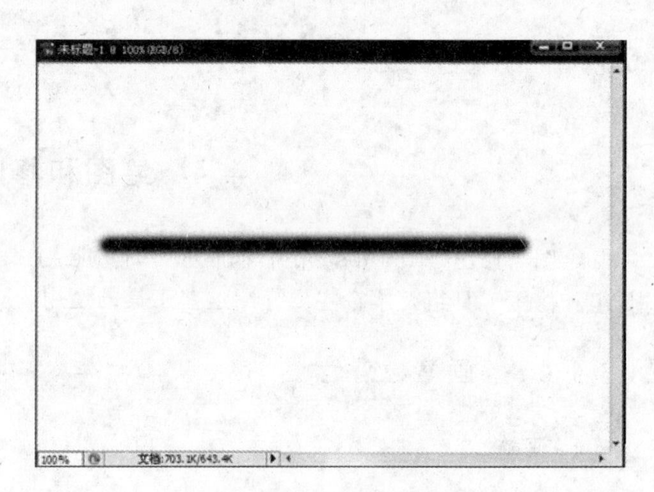

图 4.58 绘制直线效果

重新设置“画笔笔尖形状”参数如图 4.59 所示，按上述方法绘制，效果如图 4.60 所示。

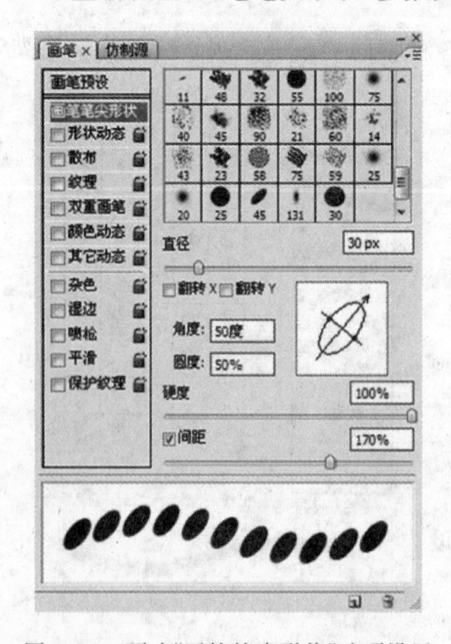

图 4.59 更改“画笔笔尖形状”选项设置

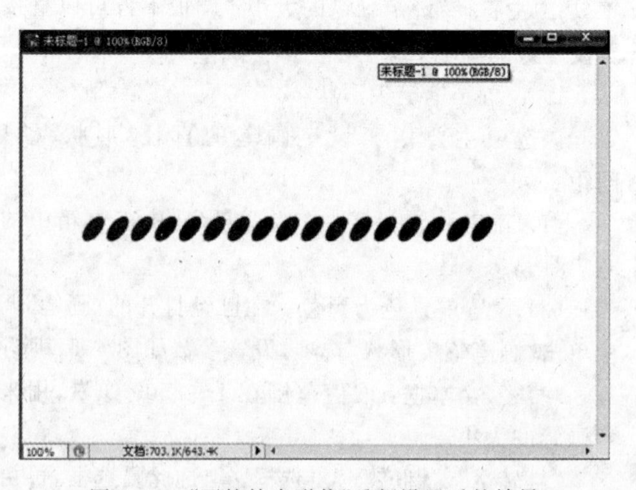

图 4.60 “画笔笔尖形状”重新设置后的效果

2）设置“形状动态”

该选项通过改变画笔大小抖动、角度抖动、圆度抖动等的设置，得到动态画笔效果。

(1) 将上述的图像还原至初始状态，单击“画笔”调板中的“形状动态”选项，设置各参数如图 4.61 所示。

“大小抖动”参数：表示画笔在作用过程中其标记点大小的动态变化程度。

“最小直径”参数：画笔标记点最小的尺寸，用和画笔直径的百分比来表示，取值范围在1%～100%。

“倾斜缩放比例”参数：当“控制”选项为“钢笔斜度”时，用于定义画笔倾斜的比例。

“角度抖动”参数：表示画笔在作用过程中其标记点角度的动态变化情况。

“圆度抖动”参数：表示画笔在作用过程中其标记点圆度的动态变化情况。

“最小圆度”参数：控制画笔标记点的最小圆度，其百分比以画笔短轴和长轴的比例为基础。

(2) 在图像中，按住 Shift 键的同时拖拽鼠标，绘制一条直线，效果如图 4.62 所示。

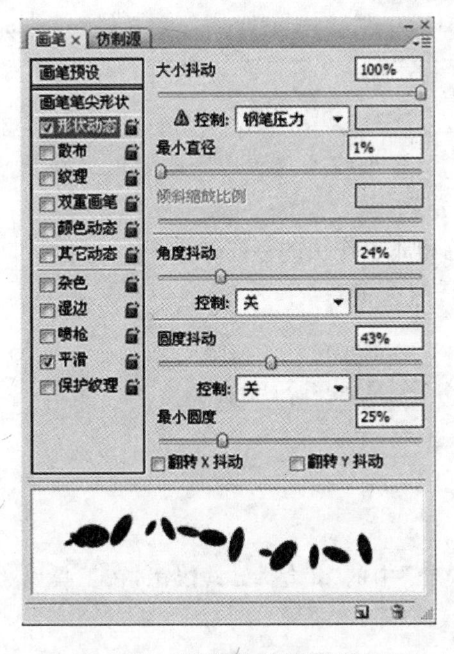

图 4.61　“形状动态”选项设置

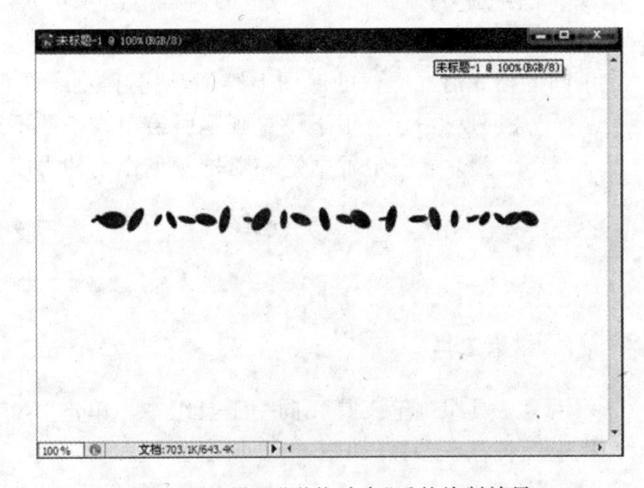

图 4.62　设置“形状动态”后的绘制效果

3）设置“散布”选项

由于散布效果是随机的，得到效果也比较自然。

(1) 将图像复原。单击“画笔”调板中的“散布”选项，设置参数如图 4.63 所示。

“散布”文本框：控制散布程度。勾选“两轴”复选框，画笔标记点呈放射状分布；不勾选“两轴”复选框，画笔标记点分布和画笔绘制的线条方向垂直。

“数量”文本框：表示每个空间间隔中画笔标记点的数量。

“数量抖动”文本框：表示每个空间间隔中画笔标记点的数量变化。

(2) 在图像中，按住 Shift 键的同时拖拽鼠标，绘制一条直线，效果如图 4.64 所示。

其他“画笔”调板的选项大家自己尝试，体会其作用。

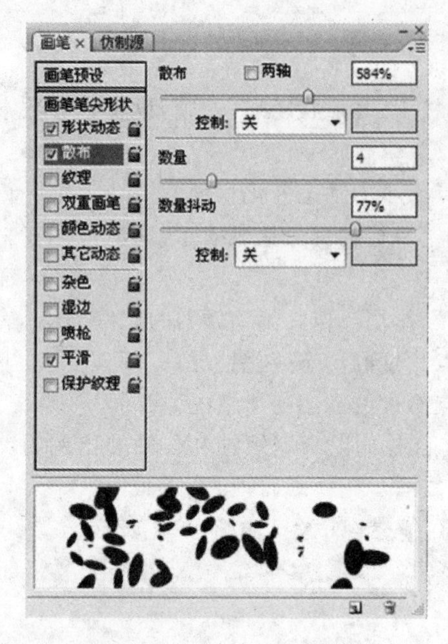

图 4.63 “散布”选项设置

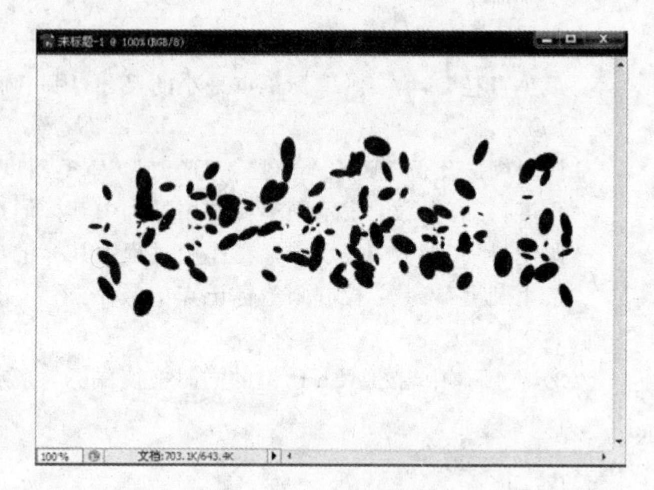

图 4.64 绘制效果

“画笔”选项栏(见图 4.65)中的“模式”选项决定了要添加线条与图像底图颜色之间是如何作用的。它们可以是正常、溶解、变暗、清除、正片叠底、颜色加深、变亮等不同模式，设定不同的模式后在图像的底图上绘图，便会得到绘图色和底色作用的不同效果。

“不透明度”滑块：用于设置画笔所绘制线条的不透明度。

“流量”滑块：决定了画笔和喷枪颜色作用的力度。

图 4.65 “画笔”选项栏

2. 铅笔工具

铅笔工具跟画笔工具在同一工具组中。单击“工具箱”中的“铅笔”工具按钮，在工具属性栏中设置各项参数，如图 4.66 所示。

图 4.66 “铅笔”选项栏

“自动抹除”选项是铅笔工具特有的，选中后，铅笔工具会根据绘画的起点决定绘图还是抹去。若初始点像素是背景色，则用前景色绘图，否则用背景色擦除。

3. 颜色替换工具

颜色替换工具可以快速对局部颜色进行替换，可以用来为图像局部上色。其选项栏如图 4.67 所示。

“画笔”下拉列表：设置画笔的样式。

图 4.67 “颜色替换工具”选项栏

“模式”下拉列表框：设置使用模式。

“取样”按钮：设定取样的方式。若取“连续”则随鼠标移动而不断进行颜色取样，所以光标经过的地方取样颜色会被替换。若取“一次”则表示第一次单击处是取样颜色，然后取同样颜色的部分替换，每次单击只执行一次连续的替换。如果要继续替换，则必须重新单击选择取样颜色。若取“背景色板”则在替换前选好背景色作为取样颜色，然后就可以替换与背景色相似的色彩范围。

“限制”下拉列表框：设置颜色替换方式，包括“邻近”、“不连续”和“查找边缘”3 种方式。“邻近”方式只将与替换区相连的颜色替换，“不连续”将图层上所有取样颜色替换，“查找边缘”则可以提供主体边缘较佳的处理效果。

“容差”输入框：设置替换颜色的范围，容差值越大，替换的颜色范围也越大。

4.4.2 图像修补工具

图像修补工具主要用来修复图像中的污点，包含污点修复画笔工具、修复画笔工具、修补工具、红眼工具，在同一个工具组中，如图 4.68 所示。

1. 污点修复画笔工具

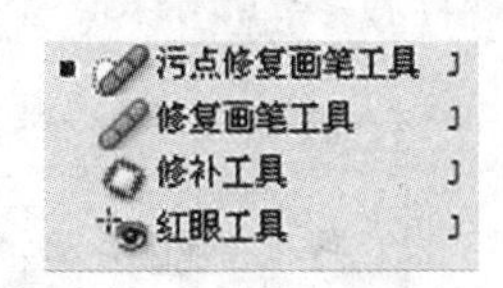

图 4.68 修补工具组

污点修复画笔工具能快速消除图像中的污点，使用前不需要进行取样操作。其选项栏如图 4.69 所示。

“画笔”：用来设置画笔的笔头大小及边缘虚实程度。

图 4.69 污点修复画笔工具的选项栏

“模式”：设置画笔修复时的合成模式。

“类型”：当选中“近似匹配”单选按钮时，可以使用污点周围的颜色像素来修复图像；当选中“创建纹理”单选按钮时，在修复的同时还添加一定的纹理效果。

“对所有图层取样”：图像修复操作对所有可见图层起作用。

用法是：直接在图中需要修复的位置单击，即可修复污点。

2. 修复画笔工具

修复图像污点，并能使修复后的效果自然融入到周围图像中。其选项栏如图 4.70 所示。

图 4.70 修复画笔工具的选项栏

"源"单选框：当选择"取样"单选按钮时，可以用单击的源点来修复图像；当选择"图案"单选按钮时，则使用系统自带或自定义的图案来修复图像。

"对齐"复选框：勾选该复选框时，被修复的部位按顺序整齐排列。

用法：确定修复的源点，按住 Alt 键单击，把鼠标放置在要修复的污点处单击，即可消除照片中的污点。

3. 修补工具

修补工具可以使用周围图像或其他图案来修补当前选中的区域，修复同时保留原图像的纹理、亮度信息。其选项栏如图 4.71 所示。

图 4.71 修补工具的选项栏

"选区运算"按钮：作用同选区建立工具。

"修补"单选框：控制修复方法。选择"源"单选按钮，可用其他区域的图像对所选区域进行修复；选择"目标"单选按钮，可用所选区域的图像对其他区域进行修复。

"透明"复选框：勾选此复选框，可在修复过程中产生透明效果。

"使用图案"按钮：图像中有选区存在时，此按钮才能变为可用的状态。选择好要使用的图案，单击该按钮就可以用选择的图案修复图像。

4. 红眼工具

红眼工具能快速消除图像中的红眼现象。其选项栏如图 4.72 所示。

"瞳孔大小"滑块：用来设置红眼修复的范围。

"变暗量"滑块：用来控制红眼修复后的明暗程度。

把鼠标放在图像中红眼的位置处单击，即可消除红眼现象。

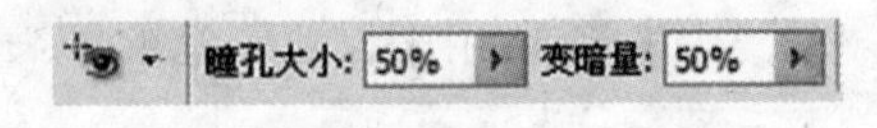

图 4.72 红眼工具的选项栏

4.4.3 图章工具

图章工具有两种，即仿制图章工具和图案图章工具。

1. 仿制图章工具

仿制图章工具可将图像的局部复制到图像的另一部分或另一个图像中。其选项栏如图 4.73 所示。

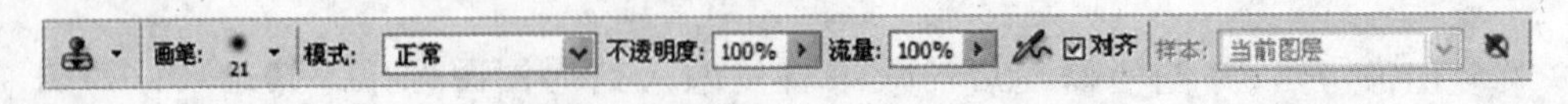

图 4.73 仿制图章工具的选项栏

"画笔"下拉列表框：决定了仿制图章画笔的大小和样式，最好选择较大的画笔尺寸。

"模式"下拉列表框：选择颜色的混合模式，默认为正常。

“不透明度”滑块：设置复制图像的不透明度。

“流量”滑块：确定画笔绘制的流量，数值越大，颜色越深。

“喷枪”按钮：加入喷枪效果。

“对齐”复选框：此复选框很重要。若选择，表示始终是一个印章，否则每次停顿后会重新开始另一次复制。

“样本”下拉列表框：若选择“当前图层”，表示只对当前图层起作用；若选择“当前和下方图层”，表示只对当前和下方图层起作用；若选择“所有图层”，表示对所有图层起作用。

使用步骤如下。

(1) 打开带有取样图案的图像。选择仿制图章工具，把光标移到图像中要复制的部分准备开始取样。

(2) 按 Alt 键同时单击，选取要取样部分的起始点。

(3) 松开 Alt 键，即可在原图另一部分或另一新图像中，按下和拖动鼠标以选中画笔的笔触复制图像。如同图章一样，也可在目标图像中定义选区，只把图章复制在选区中，如图 4.74 所示。

图 4.74 仿制图章工具作用结果

2. 图案图章工具

图案图章工具与仿制图章工具作用相似，只是复制部分的来源是图案。图案图章工具的选项栏如图 4.75 所示。

图 4.75 图案图章工具选项栏

“图案”下拉列表：表示复制要使用的图案，可以选中下拉菜单中预设的图案，也可以使用自定义的图案。

“印象派效果”复选框：使用此项时，绘制的图案具有印象派画的效果。

若要使用自定义的图案建立图案图章，操作步骤如下。

(1) 打开含有取样图案的图像，如图 4.76 所示。

(2) 用“矩形选框工具”选取要作为图章的图案。

注意：只有矩形选区才能定义为图案。

(3) 执行【编辑】|【定义图案】命令，将选区内容定义为图案，在弹出的图案名称对话框中填入图案名称，或用系统默认名称，单击“好”按钮，新定义好的图案就出现在预置图案管理器中。

(4) 打开一个新文件，选择“图案图章工具”，选择自定义的图案，然后在新建的文件中拖动图案图章,效果如图 4.77 所示。

图 4.76 素材图像

图 4.77 图案图章工具应用效果

4.4.4 橡皮擦工具

橡皮擦工具主要是用来擦除图像中的画痕、污点和图像背景,尤其在效果图后期处理中,这类工具的应用频率非常高。橡皮擦工具组中包含 3 个工具,如图 4.78 所示。

图 4.78 橡皮擦工具组

橡皮擦工具用来擦除图像中的图案和颜色,同时用背景色填入。其选项栏如图 4.79 所示。参数中的“模式”设置橡皮擦的笔触特性,可选“画笔”、“铅笔”和“块”。“抹到历史记录”复选框若选中,则被擦拭的区域会自动还原到最近一次执行存储命令后的状态。

图 4.79 橡皮擦工具选项栏

背景橡皮擦工具主要用来擦除图像背景,并将擦除的区域变为透明状态。其选项栏如图 4.80 所示。其中“保护前景色”可使与前景色相同的区域不被擦除。其他参数意义与颜色替换工具类似。

图 4.80 背景橡皮擦选项栏

魔术橡皮擦工具用来擦除图像背景。其选项栏如图 4.81 所示。选中该工具,在图像上要擦除的颜色范围单击,魔术橡皮擦工具就会自动擦除颜色相近的区域。

图 4.81 魔术橡皮擦工具选项栏

4.4.5 油漆桶工具和渐变工具

油漆桶工具和渐变工具在同一个工具组中。

1. 油漆桶工具

油漆桶工具能快速将前景色填入选区,也可以把容差范围内的色彩或图案填入选区。其选项栏如图 4.82 所示。

图 4.82 油漆桶工具选项栏

填充:若选择"前景"色填充,用前景色填充选区。若选择"图案",则在图案的下拉列表框中选择某一图案进行填充。

2. 渐变工具

渐变工具能实现一种颜色向另一种颜色的渐变过渡。其选项栏如图 4.83 所示。

图 4.83 渐变工具选项栏

渐变有 5 种类型:线性渐变、径向渐变、角度渐变、对称渐变、菱形渐变。从某一点开始拖拽直线可以应用渐变效果。

应用渐变填充时,首先确定需填充的区域。若填充图像的一部分,则需先建立选区,否则将应用于整个图像。

渐变工具的使用方法如下。

(1) 选择渐变工具,在选项栏单击"渐变编辑器"按钮,在弹出的对话框中设置需要的渐变类型。

(2) 在 5 种渐变填充效果中选择其中一种。

(3) 设置其他渐变参数,如"混合模式"、"透明度"。

(4) 在图像中按鼠标在选区中拖出一条直线,直线的长度决定了渐变填充的区域和方向(按住 Shift 键可得 45°整数倍角度的直线),就可在选区内看到渐变的效果。

下面简单介绍渐变编辑器的编辑方法。"渐变编辑器"窗口如图 4.84 所示。

可以先选择一个预设的样本作为编辑新渐变的基础,然后对它进行修改并保存为新的渐变样本,渐变编辑器可以编辑颜色的过渡变化,同时也可以编辑透明度的变化。下方有一个展开的渐变条,其下部滑块是渐变颜色色标,用来控制渐变的颜色,上部滑块是不透明度色标,可以控制透明度渐变。颜色滑标中间的小菱形用来控制颜色过渡的节奏。

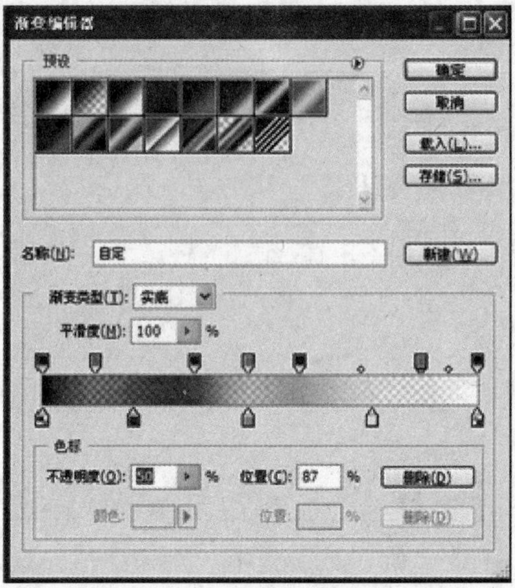

图 4.84 “渐变编辑器”窗口

渐变编辑器还允许杂色渐变。杂色渐变的颜色在设定的颜色范围内随机分布。在现有的“预设”部分选择一种渐变，然后将“渐变类型”选择为“杂色”，如图 4.85 所示。设置“粗糙度”控制颜色的层次。

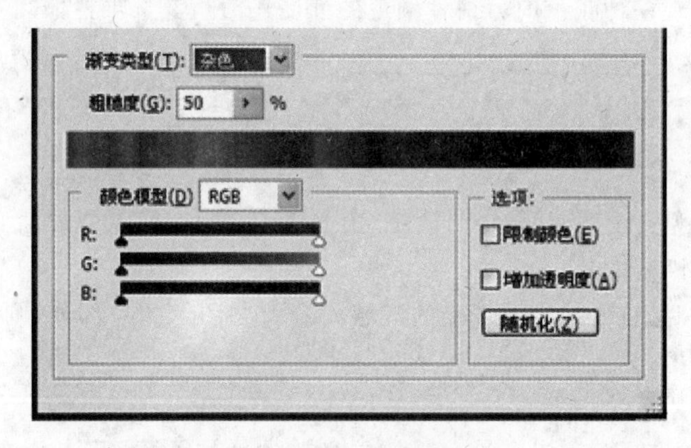

图 4.85 杂色渐变

可以基于不同的颜色模式来控制杂色随机变化的范围，如 RGB 模式，则可拖动 R、G、B 各色下的滑块来定义杂色的范围。设置好后保存自定义的渐变样本。

4.4.6 清晰化工具

图像清晰化工具可以对图像进行模糊、锐化和涂抹效果的处理，包括如图 4.86 所示的 3 个工具。

模糊工具：通过把突出颜色进行分解，使图像的局部模糊，可柔化图像中的硬边缘和区域，以减小细节。其选项栏如图 4.87 所示。

图 4.86 清晰化工具组

图 4.87 模糊工具选项栏

锐化工具：与模糊工具相反，是通过增加颜色的强度，以提高图像中柔和边界或区域的清晰度和聚焦强度。其选项栏与模糊工具相同。

涂抹工具：通过涂抹图像中的像素，达到柔和或模糊的效果。在拖拽鼠标时，笔触周围的颜色像素将会随笔触一起移动并互相融合。其选项栏如图 4.88 所示。涂抹工具不能用于 BMP 和索引颜色模式的图像。若选择“手指绘画”，该工具使用前景色开始涂抹，否则涂抹工具会拾取开始位置的颜色涂抹。

图 4.88 涂抹工具选项栏

4.4.7 润色工具

图像润色工具主要用来调整图像局部的亮度、暗度及色彩饱和度，包含如图 4.89 所示的 3 个工具。

减淡工具：用来提亮图像局部。

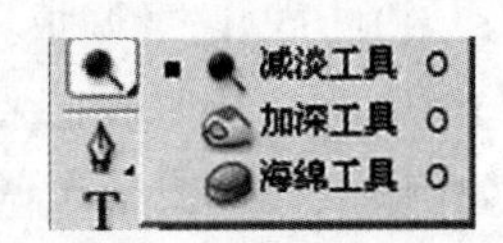

图 4.89 润色工具组

加深工具：用来使图像局部变暗。其选项栏与减淡工具相同，如图 4.90 所示。参数“范围”用来选择要处理的特殊色调范围，可以选择“阴影”、“中间调”、“高光”3 个不同的区域。“曝光度”用来设定曝光的程度，值越大，亮度越大，颜色越浅。设定好参数后，把光标放置在要处理的部分，单击并拖动光标即可达到效果。

图 4.90 加深工具选项栏

海绵工具：用来提高或降低图像的色饱和度。选项栏如图 4.91 所示。参数“模式”有“加色”和“去色”两个选项。“去色”可以降低图像颜色的饱和度，使图像中的灰度色调增加。“加色”可以提高图像颜色和饱和度，使图像中的灰色色调减少。设定好参数后，将光标放在要加色或去色的部位，单击并拖动光标即可。

图 4.91 海绵工具选项栏

4.4.8 恢复命令和复原工具

1. 恢复命令

在进行图像处理时，常会发生操作上的错误或因参数设置不当造成效果不满意的情况，

这时就需要恢复到前一次或前若干次操作的状态。Photoshop 中执行【编辑】|【还原】命令可以恢复前一次的操作，而执行【文件】|【恢复】命令可以恢复前若干次的状态。

1）还原和重做

执行【编辑】|【还原】命令可以还原上一次进行的操作状态，执行【编辑】|【重做】命令可以重做已还原的操作，虽然随着操作的不同命令会变成“还原移动”等。但本质都是撤销或重做这一步操作。另外，还可以执行【编辑】|【向前】或【编辑】|【返回】命令。每执行一次【编辑】|【向前】命令，历史记录控制面板向下跳一次，而相反，每次执行【编辑】|【返回】命令，历史记录控制面板向上跳一次。

2）图像恢复命令

执行【文件】|【恢复】命令，或按 F12 快捷键可以将图像恢复到刚打开文件的状态。如果在图像编辑过程中进行了保存，那么执行【文件】|【恢复】命令可将文档恢复到最近一次保存的状态。未经保存的信息就丢失了。

2. 复原工具

恢复命令使用方便，但有一定局限性。要么只能回复一次操作，要么回复所有操作之前的状态。而复原工具则可以恢复状态到某一指定的操作前，而不会取消全部已做的操作，非常灵活。

1）历史记录调板

历史记录调板记录了所有的操作步骤，因此可以很灵活地指定恢复到图像处理的某一步操作上。历史记录调板可以记录最近 20 步操作。若超过 20 步，以前的操作记录会被删除。使用历史记录调板可以回到所记录的任何一个前面的状态中，并重新从此状态继续工作。

执行【窗口】|【历史】命令可以显示“历史记录”调板。图像处理每进行一次操作，就会在“历史记录”调板上增加一条记录，如图 4.92 所示。

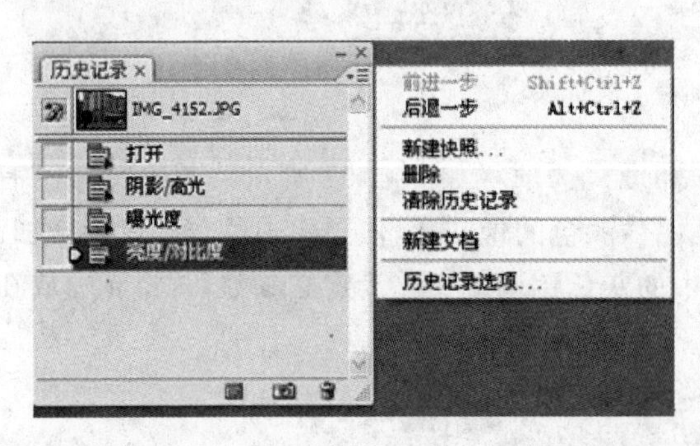

图 4.92 “历史记录”调板

“历史记录”调板分上、下两部分，上部分为快照区，下部分为历史记录区。图像处理的每一步操作均顺序记录和显示在历史记录区中。每条“历史记录”前方小方框可显示“设置历史记录画笔的源”图标，单击即显示此图标。它表示在此设置了“历史记录”画笔。

“历史记录”调板底部有 3 个按钮。从左到右分别是“从当前状态创建新文档”、“创建新快照”和“删除当前状态”按钮。

“历史记录”调板右上侧的黑三角按钮可弹出历史记录调板的命令菜单，如图 4.92 所示。【新建快照】命令是将要保留的状态存储为快照状态并保存在内存中，以备恢复和对照使用。“新建快照”的弹出对话框可以选择将“全文档”、“当前图层”或“合并的图层”作为快照。

【删除】命令用来删除历史记录调板上的快照和历史记录操作。

【清除历史记录】命令只清除历史记录面板上所有的历史操作记录，保留快照。

2) 历史记录画笔工具

工具箱中的“历史记录画笔”工具组包含两项：“历史记录画笔工具”和“历史记录艺术画笔工具”，如图 4.93 所示。

“历史记录画笔工具”可以将“历史记录”调板中记录的任一状态或快照显示到当前窗口中。“历史记录画笔”必须与“历史记录”调板同时使用。下面举例说明。

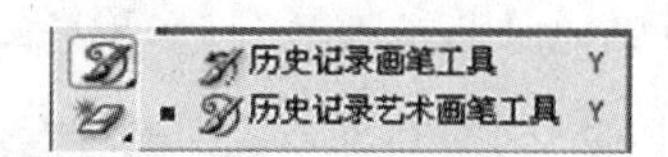

图 4.93 历史记录画笔工具

(1) 打开文件。

(2) 对图像应用“扭曲”滤镜。

(3) 执行【窗口】|【历史】命令，在“历史记录”调板中单击前面的小方框，则“历史记录画笔”图标显示。

(4) 选择工具箱的“历史记录画笔”工具，选项栏设置如图 4.94 所示。对图像中局部进行绘制，得到效果如图 4.95 所示。

图 4.94 历史记录画笔工具选项栏

(a) 原始图像

(b) 扭曲滤镜应用效果

(c) 历史记录画笔效果

图 4.95 历史记录画笔应用效果

“历史记录艺术画笔工具”的使用与“历史记录画笔工具”相同，只是“历史记录画笔工具”是将局部图像恢复到历史指定的某一步操作，而“历史记录艺术画笔工具”却是将局部图像依照指定的历史记录状态转换成手工绘图的效果。“历史记录艺术画笔工具”可以设置不同的艺术风格（见选项栏的“模式”下拉列表框），但是它也必须与“历史记录”调板一起使用。“历史记录艺术画笔”的选项栏如图 4.96 所示。

图 4.96　历史记录艺术画笔选项栏

4.5 文　　字

如果说图像设计过程中最重要的是图像要素的整体布局和颜色的搭配，那么第二重要的就是文字的处理了。Adobe Photoshop CS3 是功能强大的图形图像编辑软件，在文字处理方面也毫不逊色。

Adobe Photoshop CS3 的文本制作工具有 4 种，如图 4.97 所示。“横排文字工具”可以沿水平方向输入文字，“直排文字工具”可以沿垂直方向输入文字，“横排文字蒙版工具”可以沿水平方向输入文字并最终生成文字选区，“直排文字蒙版工具”可以沿垂直方向输入文字并最终生成文字选区。

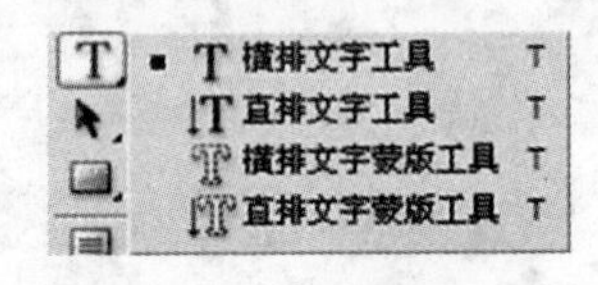

图 4.97　文字制作工具组

4.5.1 文本参数的设置

以“横排文字工具”为例，单击“横排文字工具”选项，其选项栏如图 4.98 所示。

图 4.98　横排文字工具选项栏

其中，各按钮或下拉列表框的含义，从左到右依次是改变文字的排列方向、设置字体 Arial Black、设置字型 Regular、设置字体大小 10点、设置消除锯齿的方式 浑厚、设置文字对齐方式、设置文字颜色、设置文字变形效果、单击弹出“字符”面板和“段落”面板。

4.5.2 文字的输入方法

(1) 点输入法：选择合适的文字工具，在图像需要输入文字的地方单击，会出现闪动的光标，此时可以选择合适的文字输入法输入文字。

(2) 框选输入法：在需要输入较多文字的地方，按住鼠标拖拽出现文本框，就可以在文字框中输入文字。

(3) 沿路径输入文字：完成绘制路径后，选择文字工具，即可在沿路径的任意位置输入文字。

4.5.3 文字的编辑

(1) 文字输入后,单击选项栏中的“变形文本”按钮,即可对文字进行变形操作。
(2) 文本图层可以缩放、旋转和倾斜。

4.5.4 文字的转换

确认文字输入后会生成新的文字图层,对文字图层的操作有别于普通图层,有时,需要对文字图层进行转换。文字的转换有两种:一是从矢量转换为点阵文字(栅格化),另一种是转换为矢量路径。

4.6 矢量图形的绘制与编辑

4.6.1 路径

1. 路径的作用及组成

路径这个概念相对比较简单,在屏幕上表现为一些不可打印的、不活动的矢量形状。主要由钢笔工具建立,钢笔工具能精确选择任意形态的图像,比之前学习的选区工具具备更强的优势。

路径是矢量图形,由路径绘制的图形,其清晰度分辨率不会随图像放大或缩小而变化,绘制路径的主要目的是转换为选区,再进行其他处理。所以 Photoshop 中路径的主要作用是绘制矢量图形、构建复杂选区。

路径是使用贝塞尔曲线构成的闭合或开放的曲线段,贝塞尔曲线可以是直线,也可以是曲线。路径分为开放路径和闭合路径,主要组成部分是锚点、路径线段、方向线和方向点。

路径可以由互相独立的子路径组成,在 Adobe Photoshop CS3 中,路径可以是一个点、一条直线或是一条曲线,用户可以沿着这些线段或曲线填充颜色、描边,然后绘制出图像。编辑好的路径可以保存在图像中。图 4.99 所示是路径组成示意图。

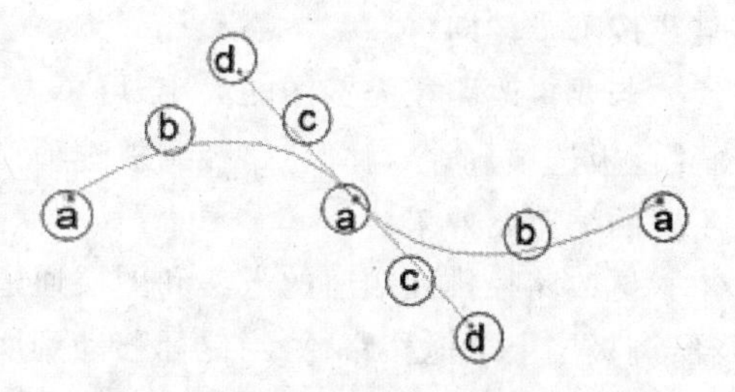

图 4.99 路径组成示意图

a—锚点; b—路径线段; c—方向线; d—方向点

锚点 a:用来连接路径线段。

路径线段 b:锚点和锚点之间的连线,用于绘制轮廓的曲线段。

方向线 c:由锚点延伸的两条线段,与路径线段相切,用于控制路径线段的走向。

方向点 d:位于方向线两端,与方向线一起控制路径线段的弯曲程度。

路径的锚点分为平滑锚点、角点。

平滑锚点:曲线线段平滑地通过平滑锚点。平滑锚点两端有两段曲线的方向线,移动平滑锚点，两侧曲线的形状都会发生变化。

角点锚点：锚点处的路径形状急剧变化。

2."路径"调板

"路径"调板中列出了存储的路径、当前工作路径和当前矢量蒙版的名称和缩览图。与图层调板一样，"路径"调板可以执行所有涉及路径的操作。"路径"调板如图 4.100 所示。

图 4.100 "路径"调板

"路径"调板各选项意义如下：

"路径"调板菜单：单击右上角的按钮，弹出"路径"调板菜单。

"用前景色填充路径"按钮：单击该按钮，将以前景色、背景色或图案填充路径所包围的区域。

"用画笔描边路径"按钮：单击该按钮，将以当前选定的前景色对路径进行描边操作。

"将路径作为选区载入"按钮：单击该按钮，可将当前选中的路径转换为选区。

"从选区生成工作路径"按钮：单击该按钮，可将当前选区转换为工作路径。

"创建新路径"按钮：每单击一次生成新的工作路径。

"删除当前路径"按钮：单击该按钮，可以删除当前选中的路径。

下面介绍"路径"调板的简单操作。

执行【窗口】|【路径】命令，即可显示"路径"调板。如果要选择路径，单击"路径"调板中相应的路径名，一次只能选择一条路径。如果要取消选择路径，单击"路径"调板中的空白区域或按 Esc 键即可。

若要更改路径缩览图的大小，可单击"路径"调板上的扩展按钮，在弹出的菜单中选择【调板选项】命令，弹出"路径调板选项"对话框，从中选择不同大小的缩览图，会对应得到不同的缩览图效果。

更改路径排列顺序的方法和图层通道相同。首先在"路径"调板中选择路径，然后在"路径"调板中上下拖移路径，当鼠标移动到所需要的位置时松开鼠标，即可改变路径的顺序。

3. 路径的创建

路径主要由钢笔工具创建，钢笔工具的用法与多边形套索工具相似，每单击一次鼠标会自动在锚点间生成路径线段。Photoshop 中的路径编辑工具共有 7 个，如图 4.101 所示。

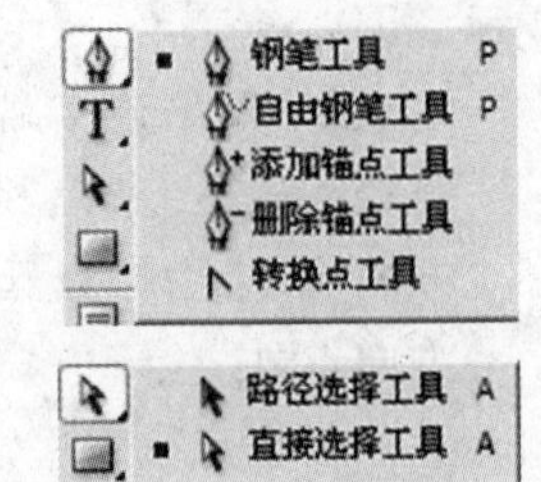

图 4.101 路径编辑工具

"钢笔工具"：这是最常用的路径创建工具。

"自由钢笔工具"：用于创建随意路径或沿图像轮廓创建路径，使用方法类似于套索工具和磁性套索工具。

"添加锚点工具"：用于添加路径锚点。

"删除锚点工具"：用于删除路径锚点。

“转换点工具”：调节锚点的平滑形态和角点形态。

“路径选择工具”：用于选取整个路径。

“直接选择工具”：用于选择锚点。

1）钢笔工具

钢笔工具的具体设置是在工具选项栏中完成的，每在工具箱中选中一种工具，界面上方都会出现工具选项栏，现在对钢笔工具的选项栏进行简单介绍，如图4.102所示。

图4.102　钢笔工具选项栏

“形状图层”按钮：单击该按钮，则绘制的路径将以前景色填充路径内部区域，并且在图层调板中生成一个名为“形状1”的新图层。

“路径”按钮：这个按钮是钢笔工具最常用的，单击该按钮，则在绘制路径的过程中只生成路径而没有其他。

“钢笔工具”按钮：单击此按钮，绘制路径时就遵循钢笔工具的原则进行绘制。

“自由钢笔工具”按钮：单击该按钮，路径的绘制将完全由鼠标控制。

“形状路径”按钮：6种直接应用的路径工具，当选定一种形状，使用钢笔工具绘制时，直接以所选形状出现。

自动添加/删除 复选框：选择此复选框可以直接使用钢笔工具添加或删除锚点。

“添加到路径区域”按钮：单击此按钮，则新添加的路径将与原路径相加，建立一个新的路径。

“从路径区域减去”按钮：单击此按钮，则新添加的路径将与原路径相减，建立一个新的路径。

“交叉路径区域”按钮：单击此按钮，则保留新添加的路径与原先存在的路径相叠加的部分，建立一个新的路径。

“重叠路径区域除外”按钮：单击此按钮，则保存新添加的路径与原先存在的路径相叠加以外的区域，并建立一个新的路径。

2）自由钢笔工具

自由钢笔工具的功能和钢笔工具基本一样。区别主要在于建立路径的操作方式不同。自由钢笔工具主要由鼠标控制。其选项栏中有一个“磁性的”复选框，选择该选项，“自由钢笔工具”就变成“磁性钢笔工具”，使用方法与磁性套索相似，都是根据图像色彩对比度自动产生路径或选区。

使用自由钢笔工具的绘制步骤如下。

选择自由钢笔工具，在选项栏中设置自由钢笔工具的属性，单击“几何选项”按钮，弹出下拉选项，将“曲线拟合”输入0.5～10.0像素之间的值。此值越高，创建的路径锚点越少，路径越简单、平滑。在图像中拖移指针，在用户拖移时，会有一条路径尾随指针，释放鼠标，工作路径创建完毕。

“自由钢笔工具”的“磁性的”复选框，可以绘制与图像中定义区域的边缘对齐的路径。要完成路径，释放鼠标。要创建闭合路径，单击路径的初始点（当它对齐时在指针旁边会出现一个圆圈)。

“宽度”文本框:该参数用于设定磁性钢笔工具探测的宽度,数值越大探测的宽度越大。在实际应用中,如果图像的对比度较高,该数值的大小对路径精确度不会产生太大影响,如果图像对比度较低,该数值最好设置得小一些,这样可以最大程度地排除图像其他区域对路径生成的影响。可输入的数值范围在1～256之间的像素值。

“对比”文本框:用户设定像素之间被认为是边缘所需的对比度,图像的对比度越低,该数值应该设置得越大。数值范围为1%～100%。

“频率”文本框:输入介于5～40之间的值,用于定义绘制路径时锚点的密度,数字设置得越大,路径上的锚点就越多。

4. 路径创建举例

钢笔工具绘制心形路径的步骤如下:

(1) 打开素材文件。

(2) 选中钢笔工具,设置选项栏如图4.103所示。

图4.103 钢笔工具选项栏

(3) 把鼠标放在图像中单击,确定路径第一个锚点,如图4.104所示。

图4.104 第一个锚点的位置

(4) 按住Shift键的同时沿水平方向右移鼠标,在合适位置再单击,确定路径的第二个锚点,锚点间自动生成路径线段,如图4.105所示。

(5) 绘制第三个锚点,方法同上,如图4.106所示。

(6) 把鼠标移动到第一个节点位置处,当鼠标变成右下角带小句点时单击,闭合路径,同时路径上的锚点自动隐藏。至此,绘制了一个三角形的路径区域,如图4.107所示。

(7) 选择“直接选择工具”,在绘制的路径上单击,锚点重新显示,如图4.108所示。

图 4.105　第二个锚点位置

图 4.106　第三个锚点位置

图 4.107　封闭路径区域

图 4.108　显示路径锚点

(8) 选择“添加锚点工具”，把鼠标放置在水平路径线段的中心处单击，添加锚点，如图 4.109 所示。

图 4.109　添加锚点

下面调整路径的平滑程度。

(9) 用“直接选择工具”选中刚刚添加的锚点，敲击键盘上的向下箭头键，向下移动添加的锚点，如图 4.110 所示。

(10) 选择“转换点工具”，用鼠标拖曳右侧的方向点，出现平滑效果，如图 4.111 所示。

(11) 调整左侧方向点，方法同上，如图 4.112 所示。

(12) 把鼠标放在原路径的第二个节点处，按住鼠标左键拖拽，调整心形路径右侧平滑效果，如图 4.113 所示。

(13) 同理，调整左侧，如图 4.114 所示。

图 4.110 移动锚点位置

图 4.111 调整锚点右侧的平滑效果

图 4.112 调整锚点左侧平滑效果

图 4.113　调整心形路径右侧平滑效果

图 4.114　调整心形路径左侧平滑效果

(14) 选择“直接选择工具”,精细调整各锚点位置,使心形路径更加饱满,效果如图 4.115 所示。

(15) 执行“路径”调板菜单的【存储路径】命令,将路径保存命名,如图 4.116 所示。

(16) 保存图像文件。

5. 路径的编辑

执行【窗口】|【路径】命令可显示“路径”调板,单击右上角的黑三角按钮,弹出“路径”调板菜单,如图 4.116 所示。利用此菜单可以对路径进行新建、复制、填充、描边等操作。

图 4.115　心形路径最终效果

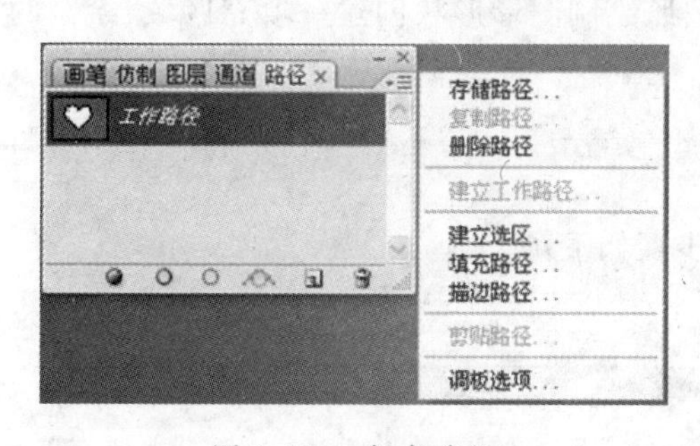

图 4.116　保存路径

同样,在“路径”调板的底部有 6 个按钮,可以对路径进行各种操作,它们从左往右依次为：

“用前景色填充路径”按钮：单击该按钮可以用当前设置的前景色对当前路径进行填充。

“用画笔描边路径”按钮：单击该按钮将使用已设置好的画笔对路径描边。

“将路径作为选区载入”按钮：将当前路径转换为选区。

“从选区创建路径”按钮：把选区转换为路径。

“新建路径”按钮：生成新的路径。

“删除路径”按钮：直接拖动路径到垃圾桶图标,或选中路径后单击垃圾桶图标删除路径。

可见,路径与选区之间是可以相互转化的,可以得到这样的启示：如果对已经建立的选区不满意,可以将其转换为路径进行精确调整,然后再将调整过的路径转换为选区,结果就能令人满意了。

4.6.2　矢量绘图工具

前面介绍了创建路径的基本方法,Photoshop 中还提供了一组矢量图形绘制工具,如图 4.117 所示。

图 4.117　矢量绘图工具组

矩形工具：绘制矩形路径或矢量图形或填充像素。

圆角矩形工具：绘制圆角矩形路径或矢量图形或填充像素。

椭圆工具：绘制椭圆形路径或矢量图形或填充像素。

多边形工具：绘制多边形路径或矢量图形或填充像素。

直线工具：绘制直线路径或矢量直线或填充像素。

自定形状工具：可以选择系统自带的形状或自己定义形状来绘制路径或矢量图形或填充像素。

1. 规则图形绘制工具

矢量绘图工具组的前5种工具用来绘制规则矢量图形。其选项栏如图4.118所示。

图4.118　矩形工具选项栏

值得注意的是，属性栏左边的3个按钮，决定了绘制图形的存在形式：

"形状图层"按钮：在该状态下绘制图形，将生成新的形状图层，在形状图层上，以路径的方式创建该图形，并以前景色填充路径内部区域，可以更改样式。

"路径"按钮：在该状态下绘制图形，不生成新的图层，以路径的方式创建该图形，且不填充。

"填充像素"按钮：不创建新路径新图层，只按照绘制图形形状创建一填充区域，绘制的图形位于当前图层上。

2. 自定形状工具

该工具可以将自己绘制的图形保存、应用。步骤如下。

(1) 绘制一个如图4.119所示的路径区域。

图4.119　自定义形状图形

(2) 执行【编辑】|【定义自定形状】命令，在弹出的对话框中设置自定义形状名称，如图4.120所示。

图4.120　设置自定义形状名称

(3) 确定名称后，选中工具箱的自定形状工具，在选项栏中设置各项参数，并找到刚刚定义好的形状，如图 4.121 所示。

(4) 在图像中拖拽应用，如图 4.122 所示。

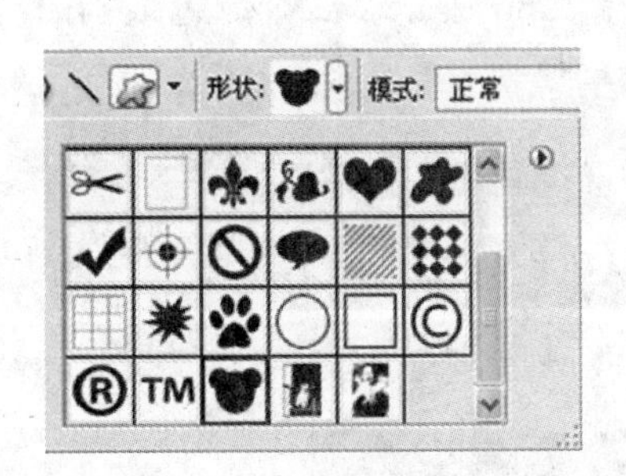

图 4.121 定义好的自定义形状

图 4.122 自定义形状的绘制效果

4.7 色彩调整

4.7.1 色彩基础

色彩激发人的情感，色彩的处理对于图像设计人员、艺术家等尤为重要，通过色彩的处理，可以使一幅本来黯淡的图像明亮绚丽，使一幅本来毫无生气的图像充满活力，使得图像显得更加美丽。例如，如果要设计环保主题的海报或是公益广告，绿色常被拿来作为主色调，绿色是充满生命力的颜色，是环保的颜色。再例如，儿童食品的包装袋常用橘黄色作为主色调，因为橘黄色是带有味觉感受的颜色，能让人感觉温暖并激起食欲。所以要设计出优良的作品，必须对每种色彩的信息把握准确，正确应用，还应当能对色彩不和谐的图像进行调整，使之符合人们的审美要求。

1. 颜色相关术语

色相：色彩的颜色，调整色相就是在多种颜色中变化。

亮度：颜色的明暗程度。最亮的是白色，最暗的是黑色。

饱和度：图像颜色的纯度。调整饱和度就是调整颜色的纯度。当饱和度降为零时，图像变为灰度图像。

对比度：不同颜色之间的差异。对比度越大，两种颜色的差异就越大。可以细分为色相对比、亮度对比、饱和度对比。

2. 图像的色彩模式及特点

RGB 模式：红、绿、蓝相加混色。最多可实现 24 位真彩色。

CMYK 模式：青、洋红、黄、黑相减混色。通常人们在 RGB 模式下进行图像编辑，转换为 CMYK 模式打印输出。

HSB 模式：根据人类感觉颜色的方法来表示颜色。H 表示色调，S 表示饱和度，B 表示亮度。

LAB 模式：是国际照明委员会规定的与设备无关的颜色模式。由 3 个通道组成：光照强度通道、A 色调通道、B 色调通道。

索引颜色模式：用有限的颜色，如 8bit、256 个颜色级别描述一幅彩色图像。

灰度颜色模式：用不同的黑白灰度表示图像，一般用 8bit 表示 256 个颜色级别的灰度变化。

4.7.2 图像色彩调整依据

怎样判定一幅图像存在哪些色彩问题？首先必须了解直方图。

(1) 首先打开一幅色彩存在问题的图像，如图 4.123 所示。

图 4.123 打开的图像

(2) 执行【窗口】|【直方图】命令，显示“直方图”调板，如图 4.124 所示。

“通道”下拉列表框：下拉列表框中可以选择每一个单色通道图像中的明暗分布状态。通常情况下选择 RGB 通道。

“平均值”示数：显示图像像素亮度的平均值。

“标准偏差”示数：显示图像像素颜色值的变化范围。

“中间值”示数：显示图像像素亮度的中间值。

“像素”示数：显示图像中总的像素数量。

“色阶”示数：显示光标所在位置的灰度色阶值。

“数量”示数：显示光标所在位置的像素数量。

“百分位”示数：显示光标所在位置的像素数量占图像总像素数量的百分位数。

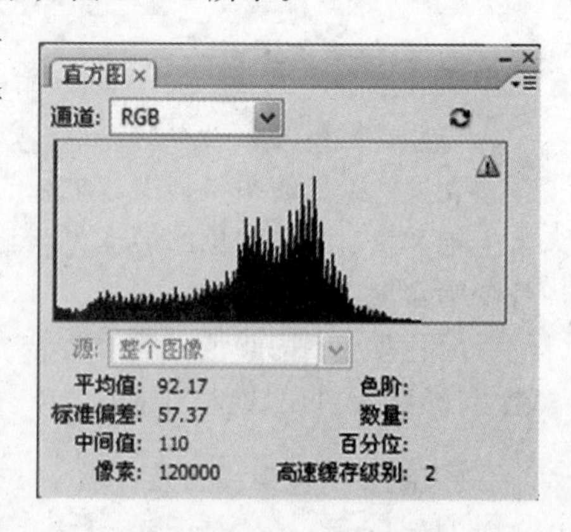

图 4.124 “直方图”调板

"高速缓存级别"示数：显示图像高速缓存的设置。

(3) 以上直方图显示，打开的这幅图像峰值处于中间位置，中间调的颜色像素比较多，缺乏明暗对比，故可以采用调整图像明暗的命令进行调整。

(4) 执行【图层】|【新调整图层】|【亮度/对比度】命令，在弹出的对话框中设置参数如图 4.125 所示。

(5) 显然，调整后的图像明暗对比就比较鲜明了，如图 4.126 所示。

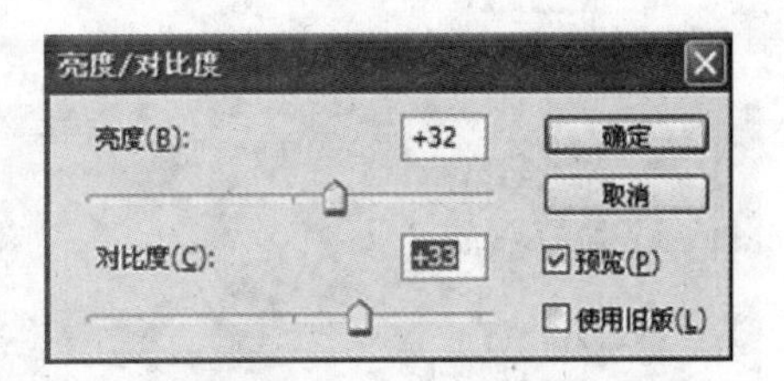

图 4.125 "亮度/对比度"对话框

图 4.126 调整后的效果

4.7.3 快速色彩调整

Photoshop 提供 4 种快速色彩调整命令，它们是位于【图像】|【调整】子菜单下的【自动色阶】、【自动对比度】、【自动颜色】、【亮度/对比度】、【变化】这几个命令，"亮度/对比度"调整上文已举例，此处不再赘述。

(1) 自动颜色：自动调整图像颜色，主要指增强图像的亮度和颜色之间的对比度，效果如图 4.127 所示。

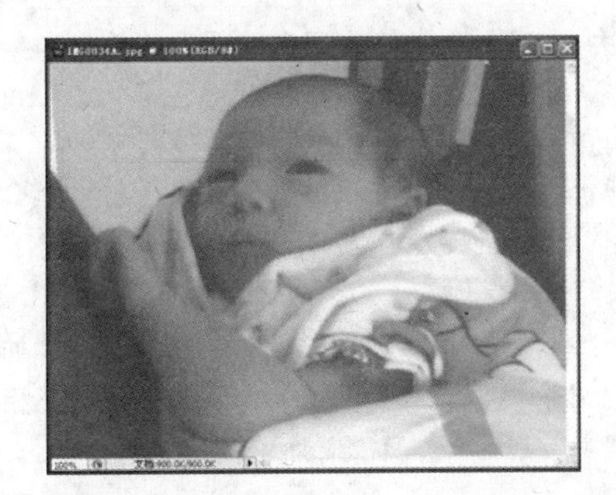

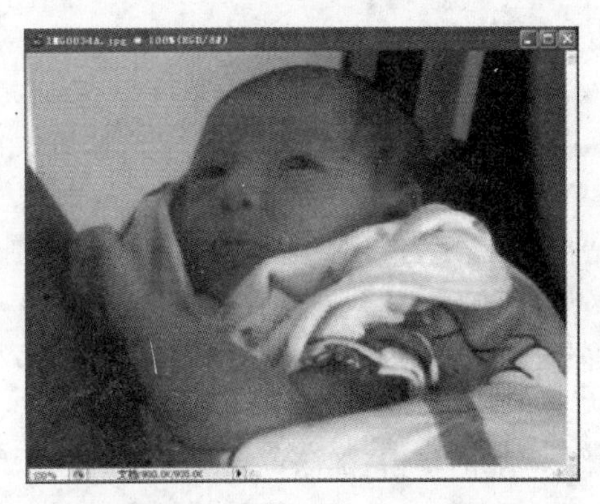

图 4.127 自动颜色调整效果

(2) 自动对比度：可自动增强图像亮度和暗部对比度，使图像边缘更加清晰，效果如图 4.128 所示。

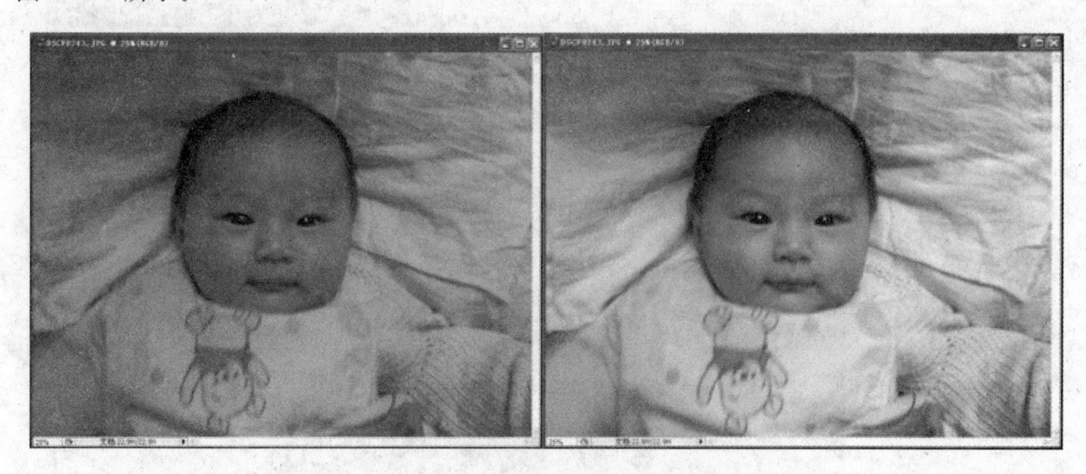

图 4.128　自动对比度调整效果

(3) 自动色阶：当所处理的图像对比度不强时，选用【自动色阶】命令自动增加图像对比度，效果如图 4.129 所示。

图 4.129　自动色阶调整效果

(4) 变化：最直观、最方便的色彩调整方法，不适合要求精确调整的图像。效果和参数如图 4.130 所示。

"阴影"、"中间色调"、"高光"单选按钮：由用户设定的需要调整图像的色调区。

"饱和度"单选按钮：表示对图像的饱和度进行调整。

"精细/粗糙"滑块：色彩调整的变化级别。滑块向左移，图像色彩调整的差别变小；反之，图像色彩调整的差别变大。

该对话框中，带图像的小按钮包括"原稿"、"当前挑选"、"加深绿色"、"加深黄色"、"加深青色"、"加深红色"、"加深蓝色"、"加深洋红"、"较亮"、"较暗"，单击这些小图像会出现相应的操作。例如，单击"加深黄色"小图像，除原稿外，所有小图像都增加了黄色。

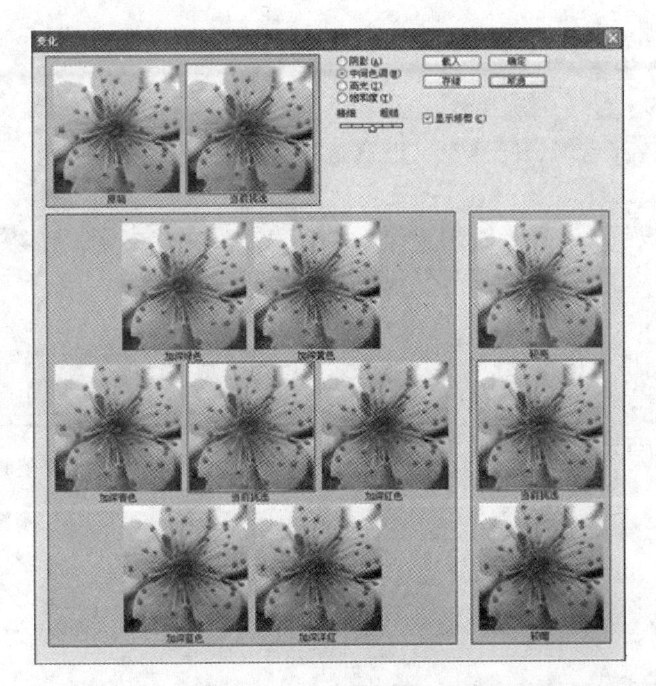

图 4.130 “变化”色彩调整

4.7.4 精确色彩调整

如果要对图像进行精细调整，则上述的快速调整命令不能满足要求，需要用到 Adobe Photoshop CS3 的图像精确调整命令，这些命令包括“色阶”、“曲线”、“色相/饱和度”、“色彩平衡”等多个命令。

1. 色阶

该命令是通过调整图像的明暗度、色调范围和色彩平衡来加强图像的反差效果。Adobe Photoshop CS3 可对整个图像、某个选取范围、某个图层或者某个颜色通道进行色调调整。其功能十分强大。

打开一个图像，执行【图像】|【调整】|【色阶】命令，打开“色阶”对话框，如图 4.131 所示。

“通道”下拉列表框：在下拉列表框中选择要进行色调调整的通道，如果选中 RGB 通道，调整对所有通道都起作用，在处理照片时通常只调整 RGB 复合通道。若选择 R、G、B 通道中的任一单一通道，则只对当前所选通道起作用。

“输入色阶”文本框：使用“输入色阶”直方图两端的滑块可以设置图像中的高光和暗调。每个通道中最暗的像素和最亮的像素分别映射为黑色和白色，从而扩大了图像的色调范围。中间滑块可以设置中间调。

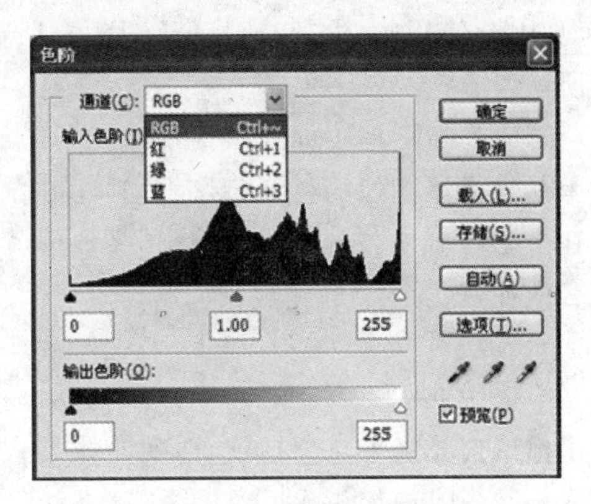

图 4.131 “色阶”对话框

“输出色阶”滑块：功能与“输入色阶”相反。在左边文本框中输入 0～255 的数值可以调整亮部色调；在右边文本框中输入 0～255 的数值可以调整暗部色调。同样也可以通过移动下方滑块进行调整。

“吸管工具”按钮：黑色吸管用来设置黑场，灰色吸管用来设置灰场，白色吸管用来设置白场。

“自动”按钮：单击该按钮，将以 0.5%的比例调整图像亮度，图像中最亮的像素向白色变换，最暗的像素向黑色变换，这样图像的亮度分布更加均匀。

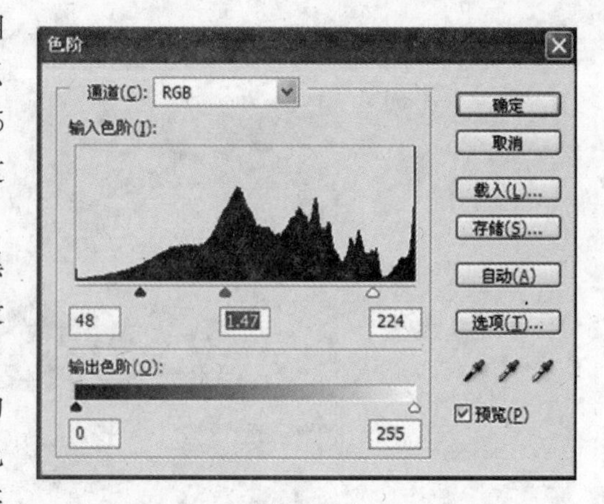

图 4.132　色阶调整的参数设置

图 4.132 是色阶调整的参数设置，图 4.133 是调整效果。

图 4.133　色阶调整效果

2. 曲线

该命令功能十分强大，常用于调整图像的整个色调范围。不但可以调整图像的亮度、对比度及控制色彩，还可以调整灰阶曲线中的任意一点。“曲线”比“色阶”命令功能更多、更全面，因此使用非常广泛。执行【图像】|【调整】|【曲线】命令，弹出“曲线”对话框，如图 4.134 所示。

改变对话框中曲线表格中的线条形状，就可以调整图像的亮度、对比度及色彩平衡。横坐标表示原图像的色调，对应值显示在“输入”文本框中，变化范围为 0～255。将鼠标放置在坐标区域内，“输入”和“输出”文本框就会显示当前鼠标所在处的坐标值。调整曲线形状有两种方法。

方法一：

选中曲线工具，在“曲线”对话框中按图 4.135 所示标注，将光标移动到曲线表格中，用鼠标单击添加节点并拖拽，改变曲线形状，如图 4.136 所示。

曲线向左上角弯曲，色调变亮；曲线向右下角弯曲，色调变暗。原始图片如图 4.137 所示。

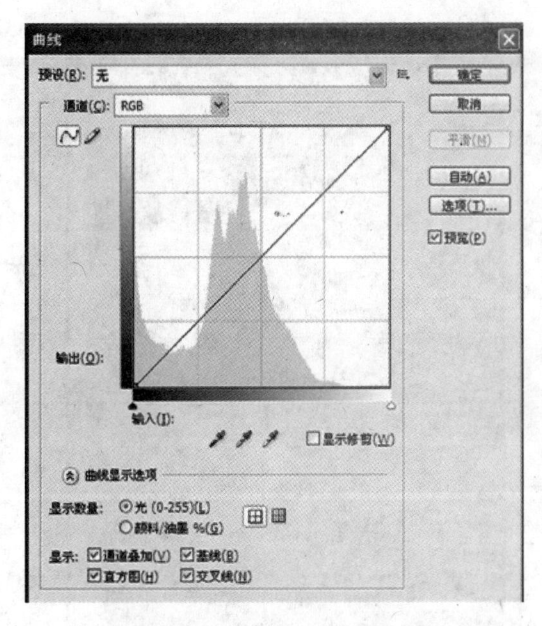

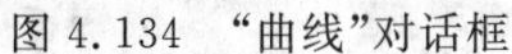
图 4.134 “曲线”对话框

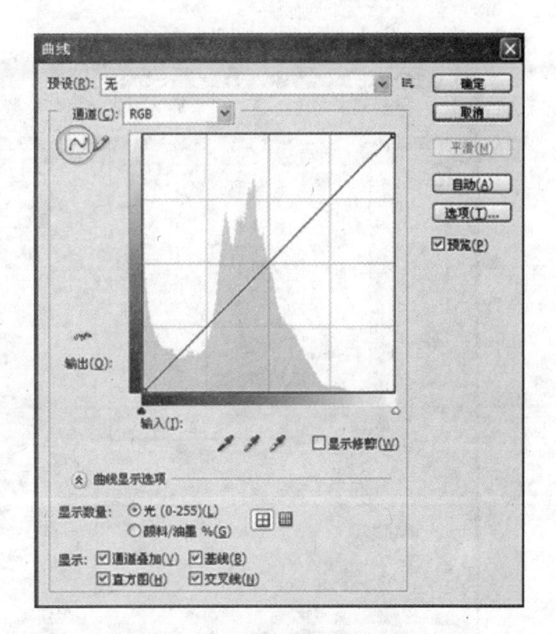

图 4.135 选择“曲线”工具

方法二：

选择铅笔工具，在对话框中按图 4.138 所示标注。在曲线表格内移动鼠标可以绘制曲线，调整曲线形状如图 4.139 所示。这样手动绘制的线条往往不很平滑，这种情况可以通过单击对话框中的“平滑”按钮解决，如图 4.140 所示。

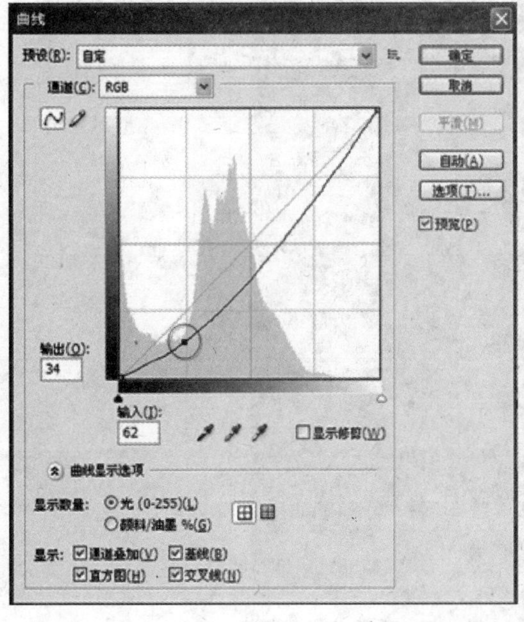

图 4.136 添加节点改变曲线形状

图 4.136 （续）

图 4.137 原始图片

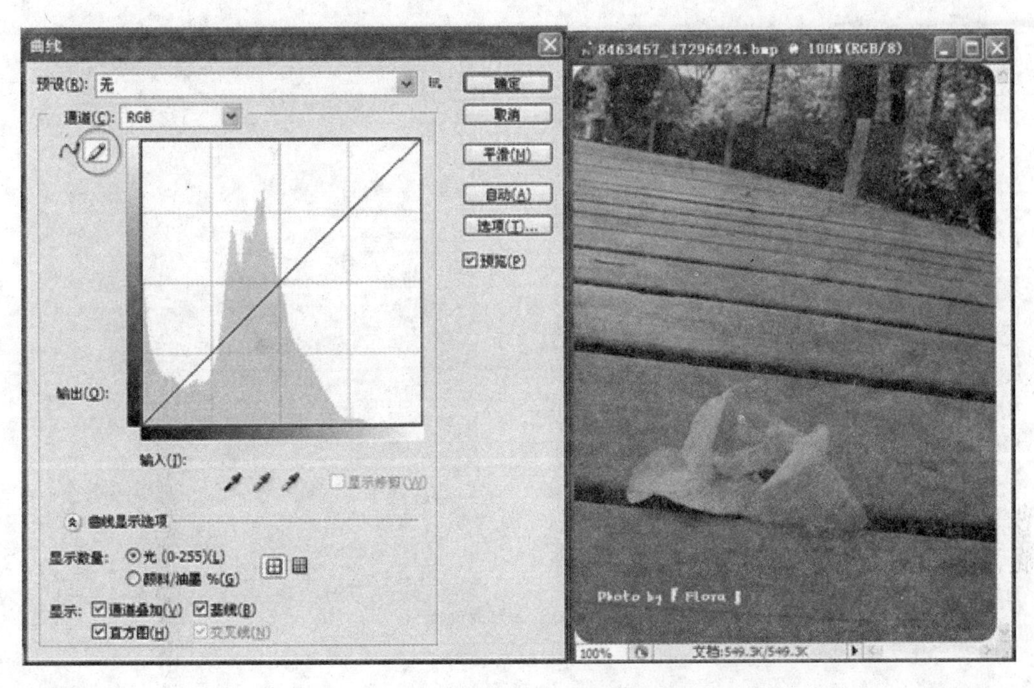

图 4.138 在对话框中选择铅笔工具

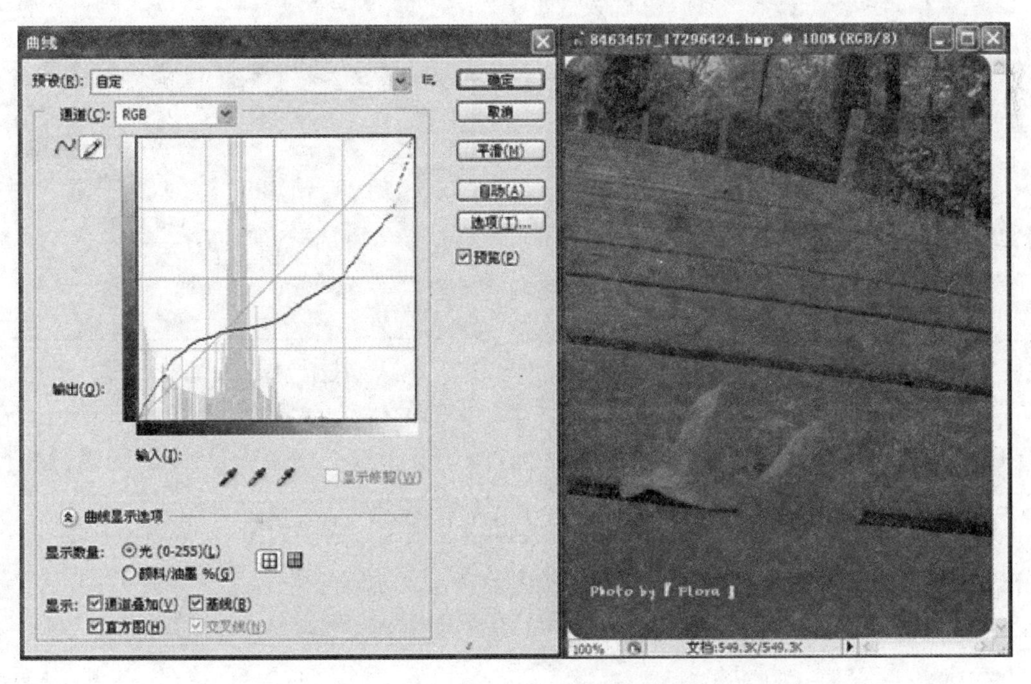

图 4.139 用铅笔工具绘制曲线

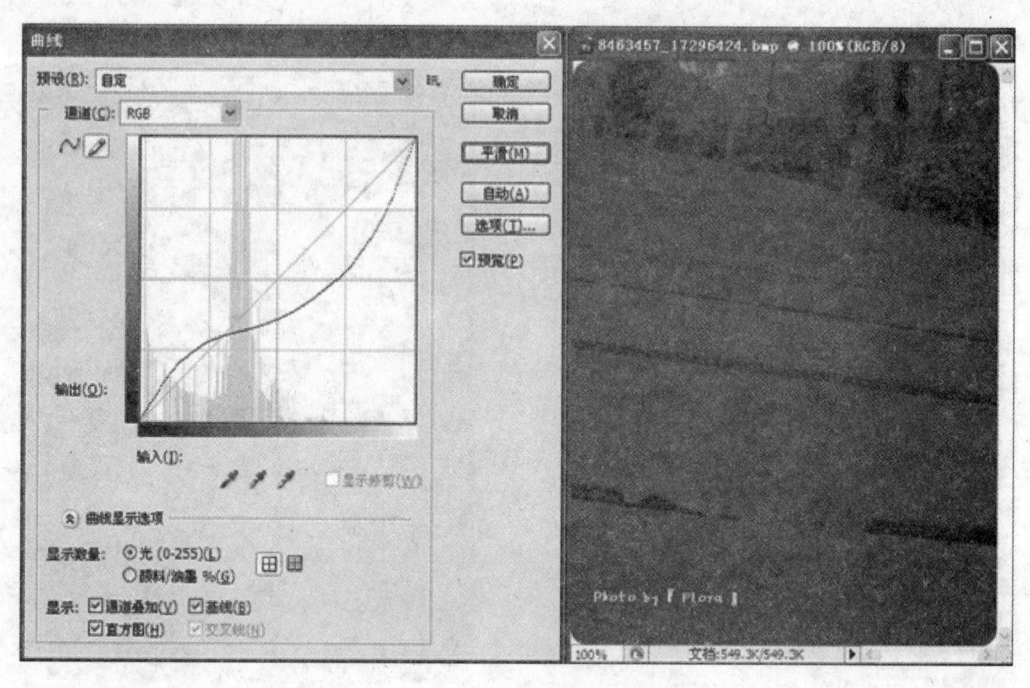

图 4.140　平滑铅笔绘制曲线

3. 色彩平衡

通过在彩色图像中改变颜色的混合进行色彩调整,使图像各种色彩达到平衡。常用于局部偏色的图像。

执行【图像】|【调整】|【色彩平衡】命令,弹出“色彩平衡”对话框,如图 4.141 所示。

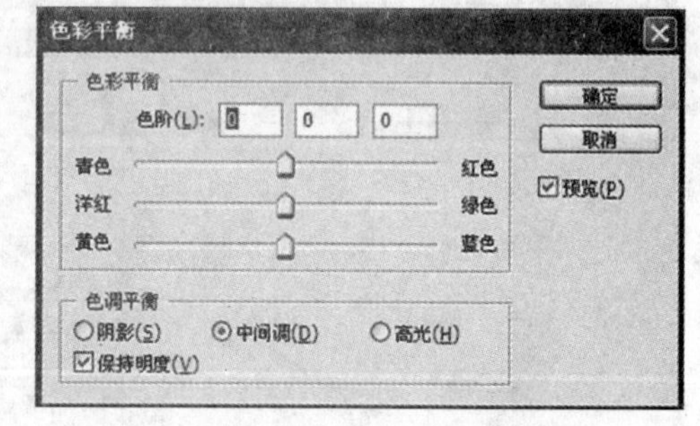

图 4.141　“色彩平衡”对话框

“保持明度”复选框：调整 RGB 色彩模式的图像时,为了保持图像整体亮度,都要勾选此复选框。

“色阶”文本框：这是该对话框的主要部分。色彩校正就是通过在色阶文本框输入数值或拖动滑块实现的。

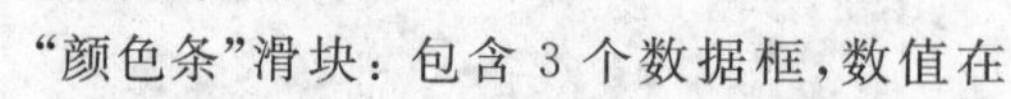

“颜色条”滑块：包含 3 个数据框,数值在“－100～＋100”之间不断变化出现相应的数值,3 个数值框分别表示 R、G、B 通道的颜色变化。

“色调平衡”单选按钮：确定需要进行更改的颜色范围,包括“阴影”、“中间调”、“高光”。

打开一幅图像,如图 4.142 所示,该图像主要颜色成分是蓝、绿。

调整色彩平衡,设置参数如图 4.143 所示,效果如图 4.144 所示。

4. 黑白

该命令是 Adobe Photoshop CS3 中新增加的。使用该命令可以将彩色图像转换为黑白图像,同时保持对各颜色转换方式的完全控制。也可以通过对图像应用色调来为灰度着色。

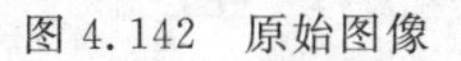
图 4.142　原始图像

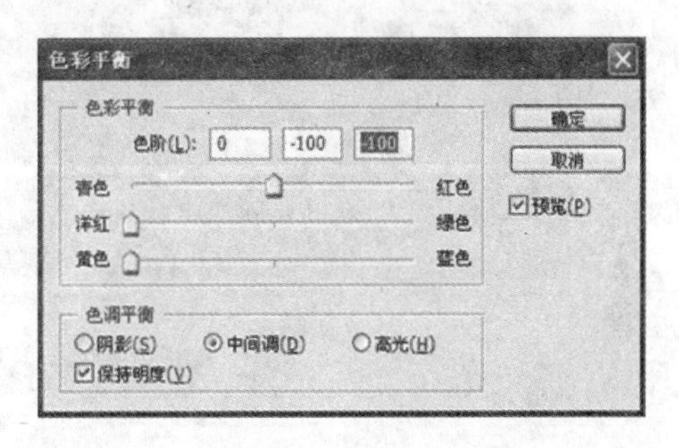

图 4.143　设置“色彩平衡”对话框参数

例如，创建综合色效果，该命令功能与后面的“通道混合器”命令相似，也可以将彩色图像转换为单色图像，并允许调整颜色通道输入。

打开一个图像文件，如图 4.145 所示，执行【图像】|【调整】|【黑白】命令，弹出“黑白”对话框，且此时 Photoshop 已对图像进行了默认的灰度转换，如图 4.146 所示。

图 4.144　调整效果

图 4.145　原始图像

图 4.146　默认参数设置下的图像变换效果

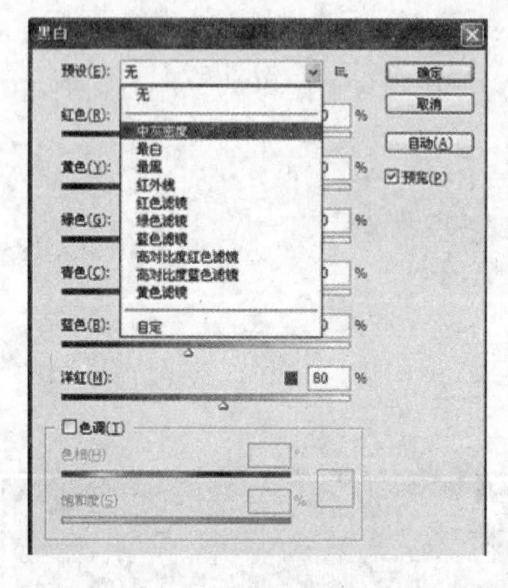

图 4.147　预设可选内容

“预设”下拉列表框：在该下拉列表框中可以选择一个预设的调整设置，如图 4.147 所示，如果要存储当前的设置结果，可单击下拉列表框右边的小按钮，执行“存储预设”的命令。

“颜色”滑块：拖动滑块可以调整图像中特定颜色的灰色调，滑块向左移，原色的灰色调变暗，反之变亮。若将鼠标移至图像上，光标变为吸管状，单击某个图像区域并按住鼠标可以高亮显示该位置的主色色卡，单击移动该颜色滑块，可以使得该颜色在图像中变暗或变亮。

“色调”复选框：若要对灰度应用色调，可勾选“色调”复选框，并相应调整“色相”滑块和“饱和度”滑块，也可以单击色卡，打开拾色器进一步微调色调。

“自动”按钮：单击该按钮，可设置基于图像的颜色值的灰度混合，并使灰度值的分布最大化。

5. 色相/饱和度

“色相/饱和度”命令用于调整图像的色相、饱和度和亮度。执行【图像】|【调整】|【色相/饱和度】命令，弹出对话框如图 4.148 所示。移动 3 个滑标就可以实现调整。如果要调整某一种颜色的范围，可在“编辑”下拉列表框中选取。这时在下部两个颜色条之间会出现 4 个调整滑块，如图 4.149 所示，用来编辑任何范围的色调。若调整中间的深灰色滑块，将会移动调整块的颜色区域，若移动白色滑块，将调整颜色的成分范围。

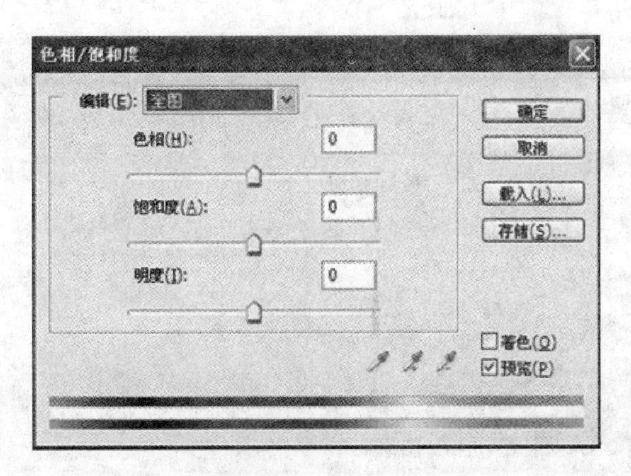

图 4.148 “色相/饱和度”对话框

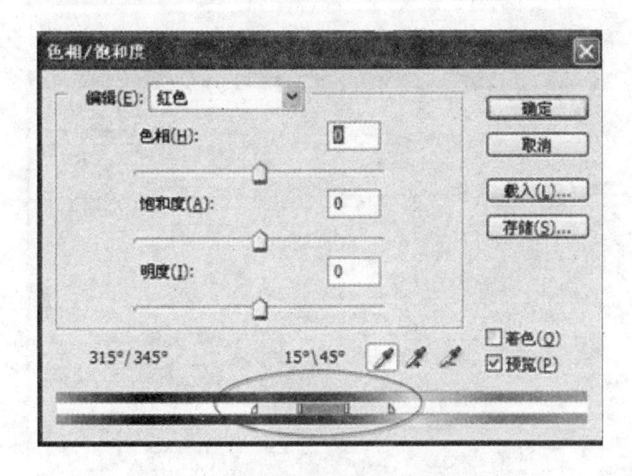

图 4.149 调整某种颜色时的滑块

若选中右下角的“着色”复选框，可以把颜色重新恢复到已转换为 RGB 的灰度图像中。

“载入”和“存储”按钮将所有设置进行载入和存储，存储的文件扩展名为 *.AHU。

6. 去色

该命令的操作结果是使得图像接近黑白效果，但不改变图像原先的色彩模式。若要将原图像变成灰度模式的黑白灰度图像，则需执行【图像】|【调整】|【灰度】命令。

7. 匹配颜色

使用该命令可以在多个图像、图层或色彩选区之间进行颜色匹配，在进行图像合成时十分有用。

若要将两张色调不同的照片进行图像合成，首先打开两个图像，如图 4.150 所示，执行【图像】|【调整】|【匹配颜色】命令，弹出对话框如图 4.151 所示。调整效果如图 4.152 所示。

8. 替换颜色

该命令可以替换图像中某个特定范围的颜色，将所选颜色替换为其他颜色。该命令可

图 4.150　原始图像素材

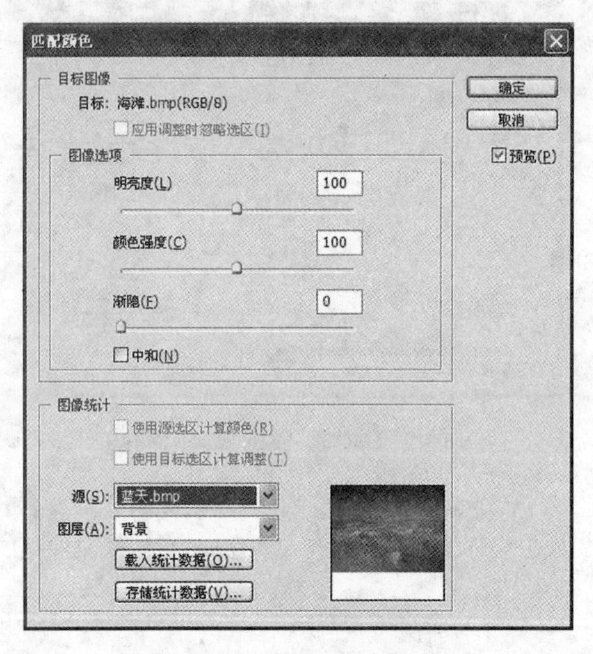

图 4.151　“匹配颜色”对话框

以围绕要替换的颜色创建一个暂时的蒙版，并用其他颜色替换所选的颜色，还可以设置替换颜色区域内图像的色相、饱和度及亮度。还能在图像中基于某特定颜色来调整色相、饱和度和亮度值。同时具备了与“色彩范围”和“色相饱和度”命令相同的功能。替换颜色的方法如下。

打开一幅图像，如图 4.153 所示，对图像中的西瓜颜色进行替换。执行【图像】|【调整】|【替换颜色】命令，弹出如图 4.154 所示的“替换颜色”对话框进行设置。

“吸管”按钮：位于对话框左上方，“吸管工具”按钮可以到图像中单击进行颜色吸取，“添加到取样”按钮可以连续取色增加选区，“从取样中减去”按钮可以连续取色用以减少选区，进行修改。

图 4.152 匹配颜色调整效果

图 4.153 原始图像

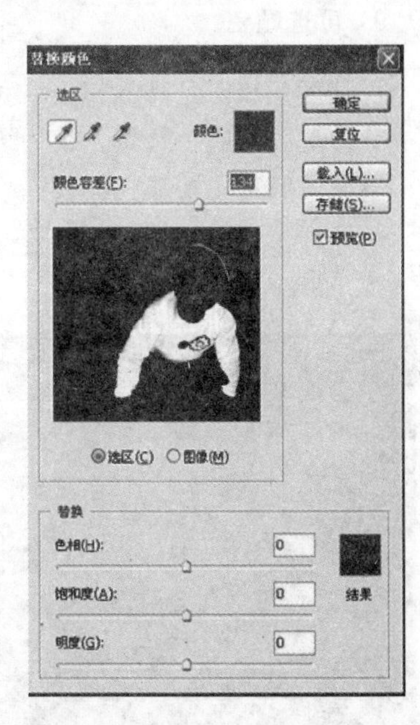

图 4.154 “替换颜色”对话框参数设置

“颜色”框：颜色框显示当前选中的颜色。

“颜色容差”文本框：与魔术棒含义类似。

“替换”栏：设定好要替换的区域后，在“替换”栏内移动三角形滑块，对选区区域的“色相”、“饱和度”、“明度”进行调节。

“结果”框：结果框显示经过调整色相、饱和度、明度后的颜色，也就是用来替换选取色的颜色。

设置好各项参数后，调整效果如图 4.155 所示。

图 4.155　调整效果

9. 可选颜色

可选颜色校正是高端扫描仪和分色程序使用的一项技术。用于在图像中的每个主要原色成分中更改印刷色数量。使用该命令可以有选择地修改任何主要颜色中的印刷色数量，而不会影响其他主要颜色。

打开一个图像文件，如图 4.156 所示，执行【图像】|【调整】|【可选颜色】命令，对话框如图 4.157 所示。

图 4.156　原始素材

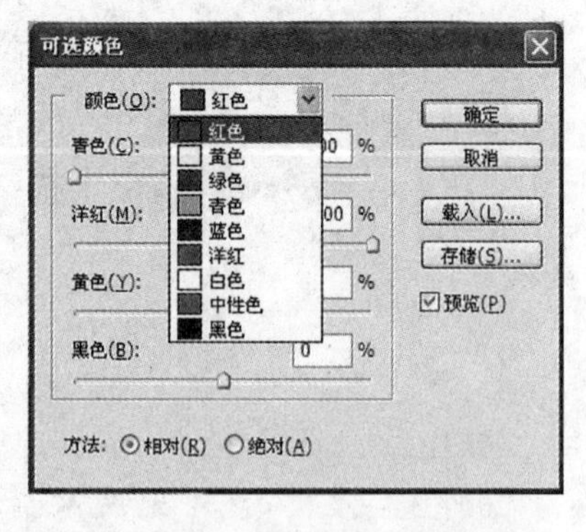

图 4.157　“可选颜色”对话框

“颜色”下拉列表框：可选定需要调整的颜色区域，颜色列表框中列出了 9 种颜色，按照从上往下的顺序依次是红、黄、绿、青、蓝、洋红、白、中性、黑，选择任意颜色，表示接下来的调整只调整此种色域中的色素程度。

“方法”单选按钮：若选择“相对”单选按钮，则按照总量的相对百分比更改现有的青色、洋红、黄色和黑色的量。若选择“绝对”单选按钮，是以绝对值的形式调整颜色。

如图 4.157 所示，在“可选颜色”对话框中调整“红色”色域中的色素参数，降低青色色值并增加洋红色值，突出图像中鲜艳的花色。这项调整选择在“红色”色域中进行，所以并不影响图像中原有“绿色”和“青色”的值，即在保证叶子色值不变的情况下调整了花的颜色。调整效果如图 4.158 所示。

图 4.158 可选颜色调整效果

10. 通道混合器

该命令可以混合当前通道颜色像素与其他通道的颜色像素，从而改变主通道的颜色。

打开一幅图像，如图 4.159 所示，执行【图像】|【调整】|【通道混合器】命令，其对话框如图 4.160 所示。

图 4.159 素材图像

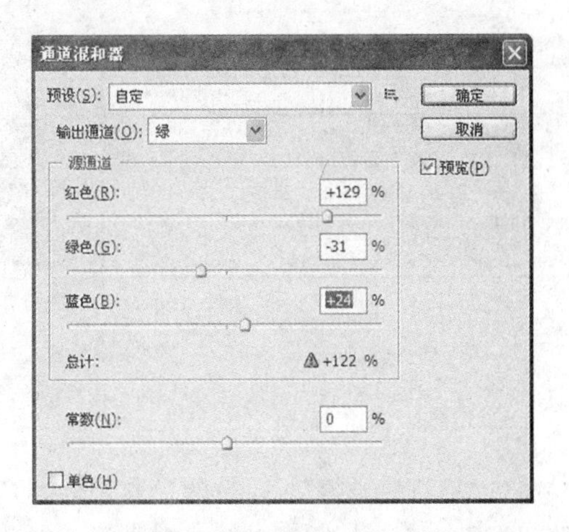

图 4.160 “通道混合器”对话框

图 4.161 调整效果

“输出通道”下拉列表框：设置要调整的色彩通道。

“源通道”栏：设置要用来调整的颜色通道，可以拖动滑块实现。

“常数”滑块：用来增减该通道的互补颜色成分。若输入负值，则增加该通道的互补色；反之，则减少该通道的互补色。

“单色”复选框：对所有通道使用相同的设置，可将彩色图像变成灰度图像，而色彩模式不变。

调整效果如图 4.161 所示。

11. 渐变映射

“渐变映射”是以索引颜色的方式来给图像着色。它以图像的灰度色为依据，使颜色以设置的渐变色彩取代调整，使图像产生渐变的单色调效果，如棕色。其对话框如图 4.162 所示。在其对话框下拉列表框中可以选择多种渐变颜色。单击颜色条将会弹出“渐变编辑器”窗口，从中可以设置更多渐变颜色。若想进一步改善调整图像的颜色效果，选中“仿色”复选框可以使颜色平缓；选中“反向”复选框可使渐变的颜色前后倒置。

打开图像如图 4.163 所示，设置渐变编辑器如图 4.164 所示，图 4.165 所示为调整效果。

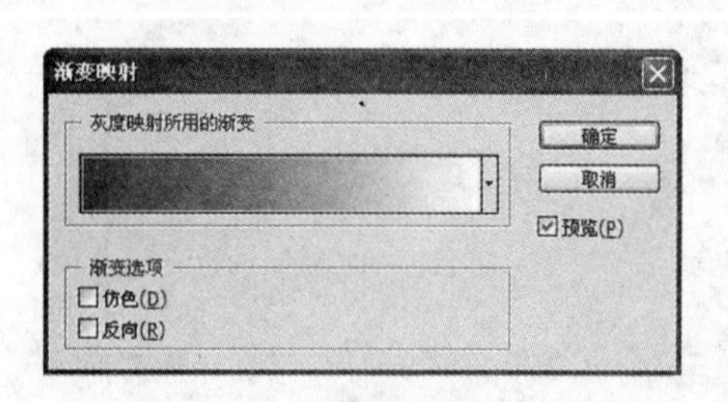

图 4.162 “渐变映射”对话框

图 4.163 原始图像

12. 照片滤镜

使用“照片滤镜”可以选择色彩预置，对图像应用色相调整，相当于把有颜色的滤镜放在照相机镜头前来调整穿过镜头曝光光线的色彩平衡和色彩温度的技术。

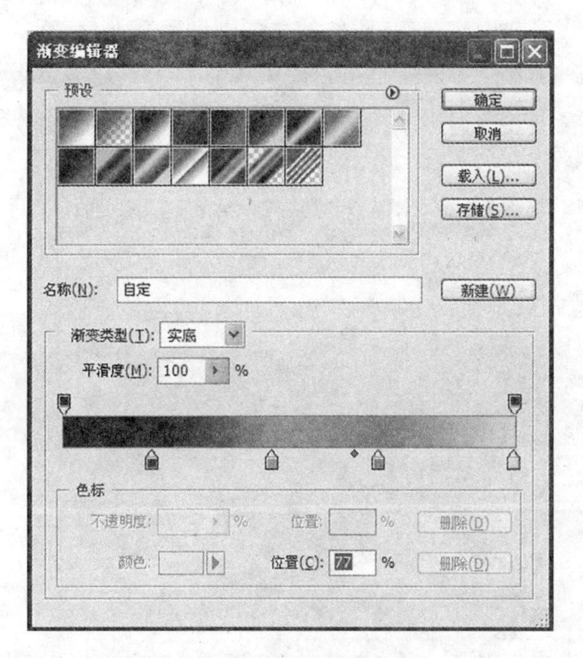

图 4.164 “渐变编辑器”窗口

图 4.165 编辑效果

执行【图像】|【调整】|【照片滤镜】命令，弹出对话框如图 4.166 所示。

“滤镜”单选框：右边的下拉列表框中可以选择为照片添加的滤镜类型。

“颜色”单选框：当“滤镜”选项中的滤镜不能满足需要，可选中“颜色”复选框，并单击右侧的“自定滤镜颜色”图标，打开“拾色器”对话框，从中自行选择需要的滤镜颜色。

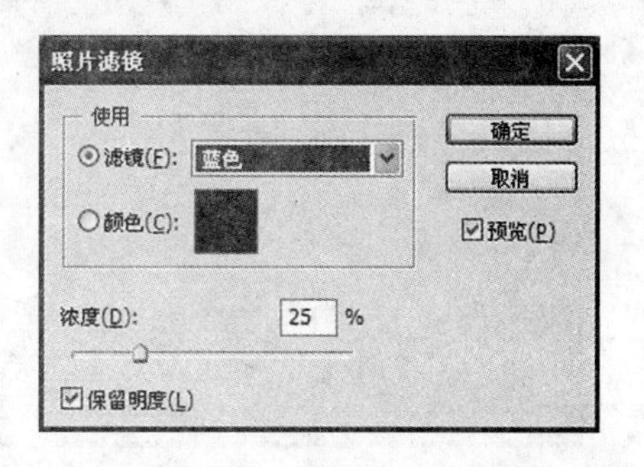

图 4.166 “照片滤镜”对话框

"浓度"滑块：调整图像中的色彩量，值越高色彩越浓。

"保留明度"复选框：勾选该复选框可以使图像在添加色彩滤镜后保持明度不变。

图 4.167 所示为素材图片，图 4.168 所示为添加 25％蓝色滤镜效果，图 4.169 所示为添加 90％蓝色滤镜效果。

图 4.167　素材图像

图 4.168　添加 25％蓝色滤镜效果

图 4.169　添加 90％蓝色滤镜效果

13. 阴影/高光

“阴影/高光”能快速改善图像曝光过度或曝光不足区域的对比度，同时保持照片的整体平衡。“阴影/高光”对话框如图 4.170 所示。在其对话框调整“阴影”框的滑块：向左则图像高光区减弱，向右则图像高光区增强。如果选中“显示其他选项”复选框，会弹出更多调整选项的对话框，如图 4.171 所示，此时“阴影”和“高光”框不仅有“数量”选项，而且有“色调宽度”和“半径”选项可供用户调整。另外，还有“颜色校正”、“中间调对比度”、“修剪黑色”、“修剪白色”等选项。

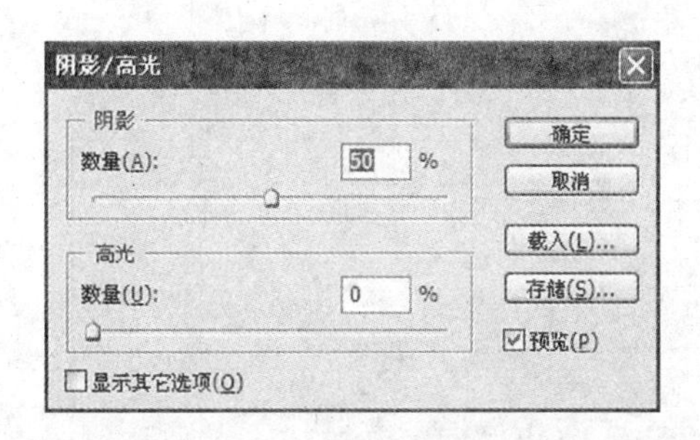

图 4.170　“阴影/高光”对话框

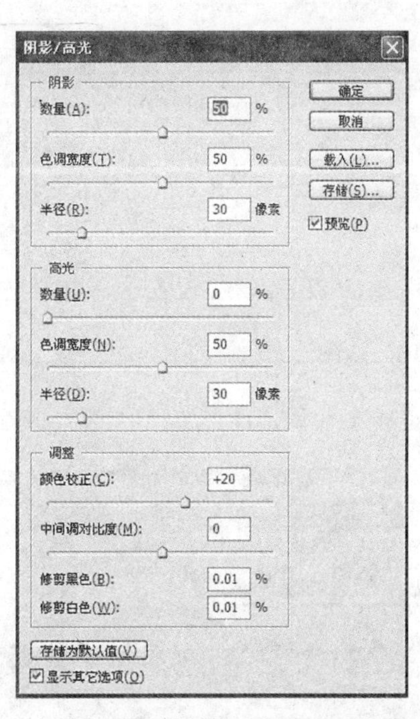

图 4.171　选中“显示其他选项”复选框

调整“阴影/高光”对话框设置对图像调整效果是很明显的，如图 4.172 所示。

图 4.172　阴影/高光调整效果

14. 曝光度

“曝光度”是专门用于调整 HDR 图像色调的命令，但它也可以用于 8 位和 16 位图像。执行【图像】|【调整】|【曝光度】命令，可以打开“曝光度”对话框，如图 4.173 所示。

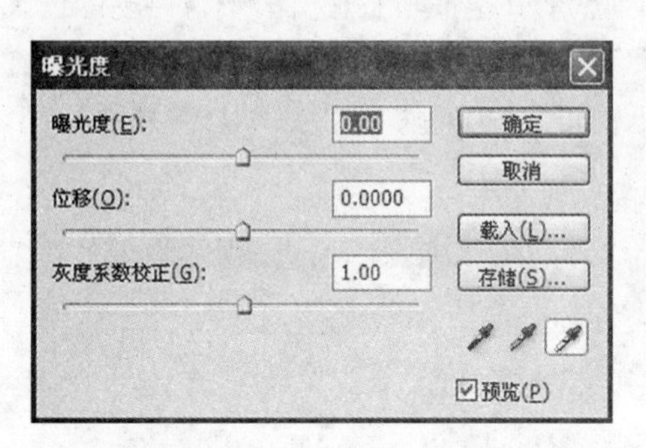

图 4.173 “曝光度”对话框

“曝光度”文本框：可调整色调范围的高光端，对极限阴影的影响很轻微。

“位移”文本框：可以使阴影和中间调变暗，对高光影响轻微。

“灰度系数校正”文本框：使用简单的乘方函数调整图像灰度系数。负值会被视为它们的相应正值。

“吸管工具”按钮：使用“设置黑场”吸管工具在图像中单击，可以使单击点的像素变为黑色；“设置白场”吸管工具可以使单击点的像素变为白色；“设置灰场”吸管工具可以使单击点的像素变为中度灰色。

15. 反相

反转图像像素的颜色值，类似于照片的底片效果。图 4.174 给出“反相”前后效果。

图 4.174 “反相”前后效果

16. 色调均化

色调均化可使图像亮度值均匀分布，使图像的明度更加平衡。图像色调均化效果如

图 4.175 所示。

图 4.175　“色调均化”前后效果

17. 阈值

“阈值”命令可将一个彩色或灰度图像转换为一个“阈值”的黑白图像。当设置一个“阈值”后，比该阈值亮的像素均变为白色，比阈值暗的像素均为黑色，使图像变为黑白二值图像。

执行【图像】|【调整】|【阈值】命令，弹出对话框如图 4.176 所示。图中直方图表示图像亮度分布。用滑块或输入数值设置好阈值后，看到“阈值”命令的效果如图 4.177 所示。

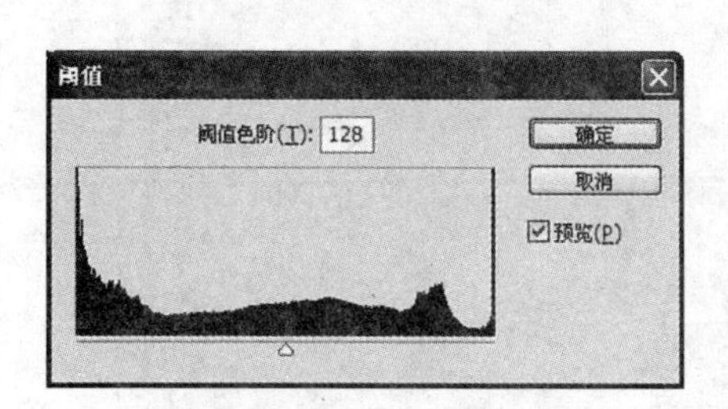

图 4.176　“阈值”对话框

图 4.177　“阈值”命令效果

18. 色调分离

“色调分离”命令可以按照指定的色阶数减少图像的颜色，在照片中创建特殊效果，如创建大的单调区域时，该命令非常有用，它也会在彩色图像中产生有趣的效果。

打开一个图像文件，如图 4.178 所示。执行【图像】|【调整】|【色调分离】命令，可以打开“色调分离”对话框，如图 4.179 所示。图 4.180 所示为设置色阶数为 2 的图像效果，图 4.181 所示为设置色阶数为 4 时图像效果。

图 4.178　原始图像素材

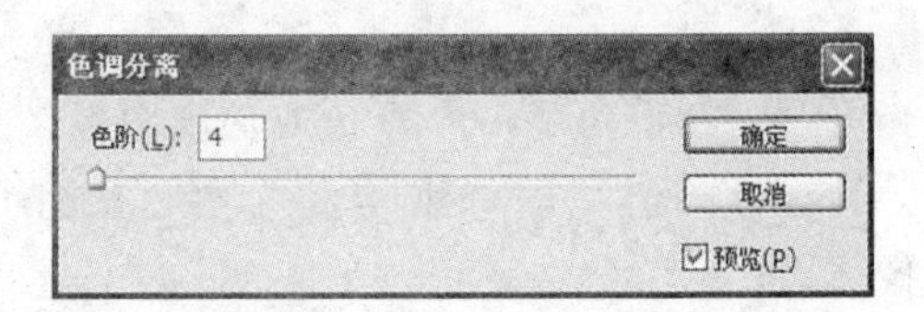

图 4.179　“色调分离”对话框

图 4.180　设置色阶数为 2 时的图像效果

图 4.181　设置色阶数为 4 时的图像效果

4.8 图 层

Photoshop 中的图像可以由多个图层组成。图层是创造复杂图像、方便反复修改图像的强大工具。图层概念和技术的引入，给图像的编辑处理带来了极大的方便。可以使用图层来执行多种任务，如复合多个图像、向图像添加文本或添加矢量图形形状等，还可以应用图层样式来添加特殊效果，如投影或发光等。从理论上说，Photoshop 中最多可以建立无限个图层。

4.8.1 概念

图层就像一张张透明纸，供用户在上面作图，如果图层上没有图像，就可以一直看到底下的图层。在一个图层上作图不会影响其他图层，但上面一层会遮挡下面的图像，按照上下顺序叠放在一起就组成了一幅图像，如图 4.182 所示。

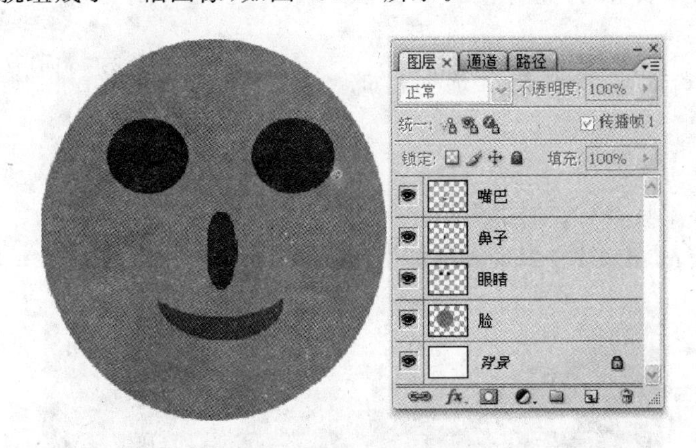

图 4.182 图层概念

在 Photoshop 中，多图层的图像保存时应以 PSD 或 TIF 等格式保存，图层越多，所占空间越大。PSD 格式是 Photoshop 专用的文件格式，能保存所有图层信息，并方便分图层编辑修改。若图像编辑完成，可保存为 JPG、BMP、PNG 等格式以节省存储空间，同时 Photoshop 会将多图层进行拼合。

Photoshop 的图层包含很多类型，其基本种类如下：

(1) 基本图层：最基本和最常用的图层。空白的基本图层默认用灰白棋盘格表示。

(2) 背景图层：永远位于图像的最底层，对基本图层的许多操作都不能在背景图层上完成。双击背景图层可转换为基本图层。

(3) 文字图层：利用文字工具创建的图层，用“T”表示，一幅图像可以有多个文字图层。

(4) 形状图层：利用形状工具创建的图层。

(5) 填充图层：在填充图层中可以填充纯色、渐变和图案。

(6) 调整图层：可选择调整类型对该图层以下图层的图像进行色彩调整，而不影响各图层的内容。

(7) 智能图层：可以将当前图层转换为智能对象。

4.8.2 “图层”调板

“图层”调板包含基本的图层使用、操作、管理等功能。由图层、图层混合模式、不透明度、快捷图标等构成，如图 4.183 所示。

“混合模式”用于为图层设置不同的混合模式。“锁定图标”可以依次锁定透明像素、锁定图像像素、锁定位置和锁定所有设置。每个图层前的眼睛图标表示该图层是否可见，可隐藏眼睛图标表示该图层不可见。“不透明度”用于设置图层图像的透明度，设置为 1%时完全透明，设置为 100%时完全不透明。“填充程序”设置图层的填充不透明度，只影响图层上的图像像素，不影响图层的混合模式和图层样式。

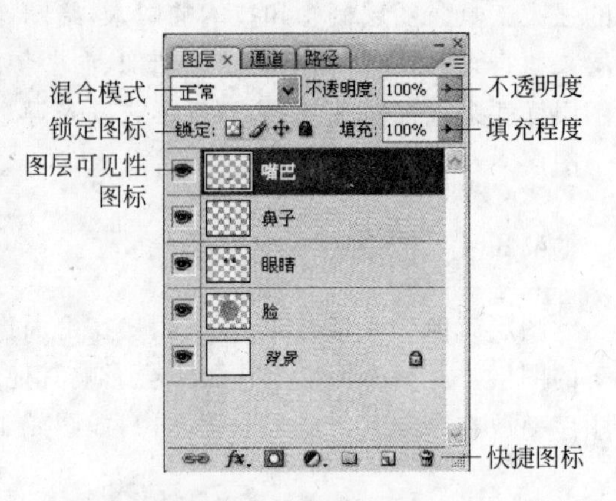

图 4.183 “图层”调板

举例说明不透明度和填充不透明度的区别。

(1) 打开一幅背景图像。

(2) 选择文字工具，输入“竹海”两个字。

(3) 为文字设置“投影”、“斜面和浮雕”、“描边”图层样式，效果如图 4.184 所示。

图 4.184 文字效果

(4) 在“图层”调板中将“不透明度”降低到 60%，如图 4.185 所示。可以看到，文字及文字的图层样式都变得有些透明。

(5) 将“不透明度”恢复到 100%，再将“填充”参数设置为 60%，如图 4.186 所示。可以看到，文字内部变得透明，但其图层样式效果并没有改变。

在“图层”调板下端有 7 个快捷图标。分别如下。

链接图层：表示当前图层与其他图层产生链接关系。

图 4.185　降低“不透明度”的效果

图 4.186　降低“填充”的效果

添加图层样式：为当前图层选择新的图层样式。

添加图层蒙版：为当前图层添加蒙版。

创建填充或调整图层：单击可在下拉菜单中选择要创建的填充或调整图层。

创建新组：在当前图层上添加一个图层组。

创建新图层：创建一个新图层。

删除图层：将当前图层删除。

单击“图层”调板右上角的黑三角按钮，将弹出“图层”命令菜单可进行选择。如可以选择调板选项设置缩览图方式等。

4.8.3　图层的基本操作

常见的图层的基本操作如下。

1. 选择当前图层

每个图像有许多图层，在操作前需将当前要修改编辑的图层选择为当前图层。在图 4.183 中，“嘴巴”图层为当前图层，以蓝色标示。按住 Ctrl 键可以选择多个图层。

2. 新建图层

单击“图层”调板下方的“创建新图层”按钮，就可以在当前图层的上方创建一个新图层，双击该图层的名字可以更名，或者更改图层的颜色标识。也可以执行【图层】|【新建】|【图层】命令，创建新的图层。

3. 复制图层

将现有图层复制副本作为一个新图层。方法有以下几种。

(1) 将选中的图层拖到“创建新图层”按钮上，这是最基本的方法。

(2) 可以执行【图层】|【复制图层】命令，创建图层副本。

(3) 可以在“图层”调板中按 Ctrl+J 组合键进行图层的复制。

(4) 可以使用工具箱的移动工具，按下 Alt 键进行移动复制。

4. 删除图层

将要删除的图层拖放到“图层”调板下方的“删除图层”按钮上，就可以删除图层。

5. 排列图层

在图像处理过程中，需要经常改变图层的排列顺序来产生不同的图像效果。其方法有：用鼠标拖动要改变位置的图层到新的位置；或者执行【图层】|【排列】命令改变位置；还可以利用快捷方式 Ctrl+“]”上移一层，Ctrl+“[”下移一层。

图 4.187 链接图层

6. 链接图层

若需要将某些操作同时作用于一些图层，可以将这些图层进行链接。选中需要链接的图层，单击“图层”调板下方的“链接图层”按钮，就可以进行图层的链接，如图 4.187 所示。

7. 对齐图层

选择需要对齐的图层，然后执行【图层】|【对齐】命令，在其后的子菜单中可以选择如图 4.188 所示的 6 种对齐方式。也可以使用工具箱中的移动工具单击各对齐图标，如图 4.189 所示。图 4.190(a)～(g)所示为举例说明。

在对齐图层时可显示“智能参考线”以方便对齐操作。

8. 合并图层

在图像处理过程中，分层操作给其带来了很大的方便。但有时也需要将部分图层进行合并以方便操作或节省空间。在“图层”主菜单中提供了【合并图层】、【合并可见图层】、【拼合图像】等命令，也可以从“图层”调板的弹出菜单中进行选择。

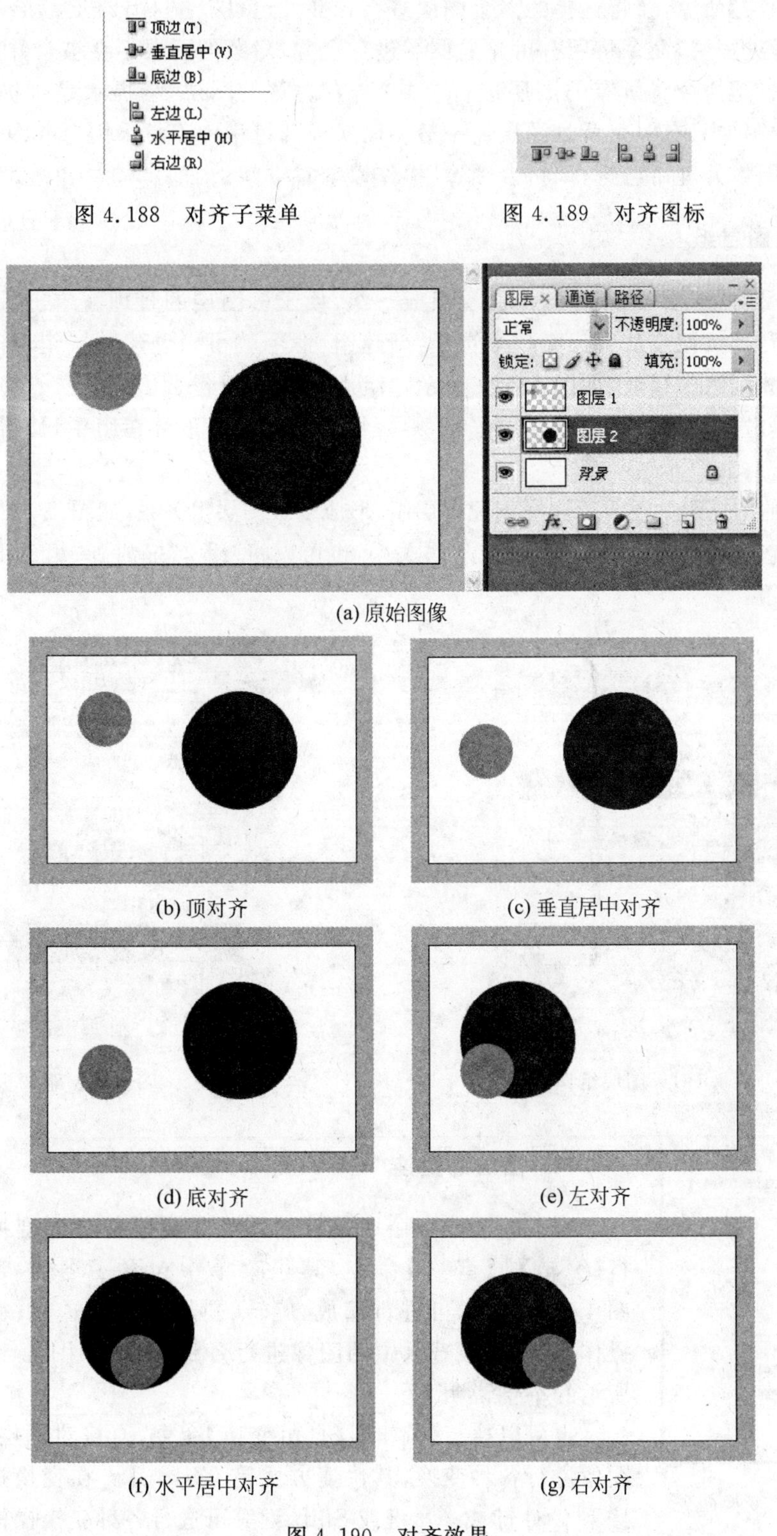

图 4.188　对齐子菜单

图 4.189　对齐图标

(a) 原始图像

(b) 顶对齐

(c) 垂直居中对齐

(d) 底对齐

(e) 左对齐

(f) 水平居中对齐

(g) 右对齐

图 4.190　对齐效果

在选择当前一个图层后，可执行【图层】|【合并图层】命令，将当前图层与其下边的一个图层进行合并，若下一图层被隐藏则不能进行该操作；若当前选择了多个图层，则执行【图层】|【合并图层】命令，会将选择的多个图层进行合并。也可以按 Ctrl＋E 组合键完成合并。

【合并可见图层】命令将所有可见的图层进行合并，隐藏的图层不会被合并。

【拼合图像】命令将所有的图层进行合并，若有隐藏的图层，会提示是否扔掉隐藏的图层，合并后的图像只有一个背景图层。一般在图像处理过程中不常采用合并图层的操作，但在完成所有图像处理后可进行"拼合图像"操作以节省空间。

9. 创建图层组

图层组是将"图层"调板中若干图层组成一组，便于多图层的管理。单击"图层"调板下方的"创建新组"按钮或从弹出菜单中选择"新建组"命令就可以创建图层组，将"图层"调板中的图层拖放到组中存放，如图 4.191 所示，"组 1"图层组下包含了"嘴巴"、"鼻子"、"眼睛"图层，如果单击图层组左侧的下三角按钮，则会将组下的图层重叠在组中，使得整个图层更易于管理。

在新建的图层组中还可以嵌套创建图层组，形成多级图层组关系，如图 4.192 所示，"组 1"图层组下又包含了"组 2"图层组，形成从属关系，也可以将"组 2"拖放到"组 1"外，形成平行的两个图层组。

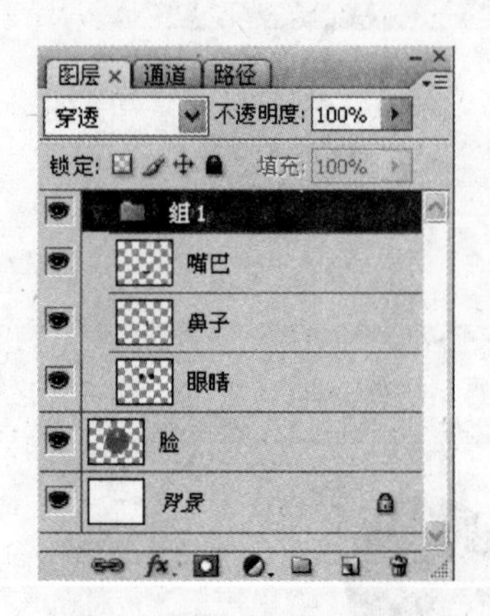

图 4.191　图层组调板

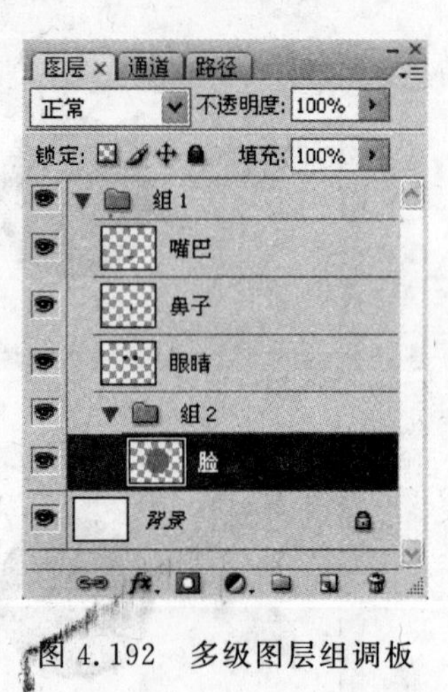

图 4.192　多级图层组调板

10. 图层的变换

当前图层或图层中选区的图像需要进行某些变换时，可以执行【编辑】|【变换】命令，其子菜单中包含了各种变换命令，如图 4.193 所示，可进行缩放、旋转、斜切、扭曲、透视、变形、翻转等操作，将图层或选区中的图像进行各种变换，如图 4.194(a)～(h)所示的举例说明。

再次(A)　Shift+Ctrl+T
缩放(S)
旋转(R)
斜切(K)
扭曲(D)
透视(P)
变形(W)
旋转 180 度(1)
旋转 90 度(顺时针)(9)
旋转 90 度(逆时针)(0)
水平翻转(H)
垂直翻转(V)

图 4.193　变换命令

也可以执行【编辑】|【自由变换】命令，直接对图层或选区中的图像进行各种变换，其快捷方式是 Ctrl＋T。在变换过程中，同时按下 Ctrl 键或 Alt 键或 Shift 键等可进行各种变换操作。

(a) 原始图像 (b) 缩放变换

(c) 旋转变换 (d) 斜切变换

(e) 扭曲变换 (f) 透视变换

(g) 变形变换 (h) 垂直翻转变换

图 4.194 自由变换效果

11. 图层编组

图层之间可以形成编组关系，让上一图层的图像只在下一图层的形状中显示。例如，一个图层上可能有某个形状，上层图层上可能有纹理，而最上面的图层上可能有一些文本。如果将这 3 个图层进行编组，则纹理和文本只在下层图层上的形状中显示，并具有该图层的不透明度。

按住 Alt 键，将鼠标光标放在"图层"调板上分隔两个图层的线上（指针变成两个交叠的圆），然后单击，就可以产生图层编组。图层编组后效果如图 4.195 所示，调板如图 4.196 所示，下一图层名称带下划线，上层图层的缩览图是缩进的，同时显示图标。

图 4.195 图层编组效果

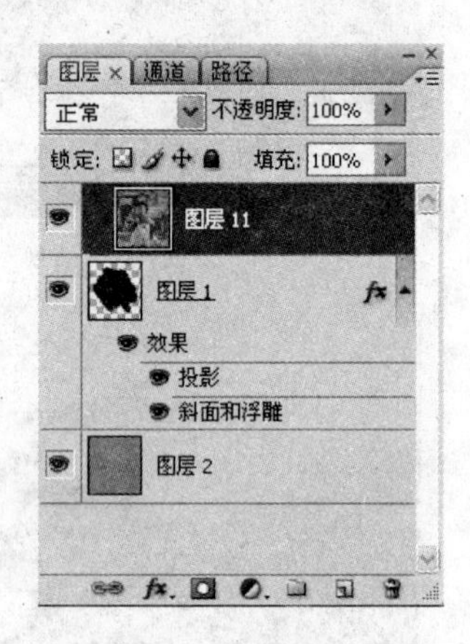

图 4.196 图层编组调板

12. 智能对象的使用

从 Adobe Photoshop CS2 开始引入了一个称之为智能对象图层的新型图层，智能对象缩览图为。智能对象可以基于像素内容或矢量内容组成，就像 Illustrator 图像置入了 Photoshop 文档中。使用智能对象，可以对单个对象进行多重复制，并且当复制的对象其中之一被编辑时，所有的复制对象都可以随之更新，但是仍然可以将图层样式和调整图层应用到单个的智能对象，而不影响其他复制的对象，这给方便工作提供了极大的弹性。基于像素的智能对象还能记住它们的原始大小并能无损地进行多次变换。

以前版本的 Photoshop 可能会发现一个问题，在处理一个多图层的图像时，先把其中一个图层中的图像缩小，确定以后再把它放大，它不能恢复到以前的效果，因为当把它缩小时它的分辨率已经降低了，再放大就有马赛克了，如图 4.197 所示。智能对象就能解决这一问题，可以把智能对象任意地放大与缩小多次，它的分辨率不会有损失，但也不可能将它放大到超过最初的大小。调板设置如图 4.198 所示，效果如图 4.199 所示。

(a) 原图

(b) 缩小后

(c) 再次放大

图 4.197　非智能对象效果

图 4.198　智能对象“图层”调板

(a) 原图

(b) 缩小后

(c) 再次放大

图 4.199　智能对象效果

4.8.4　图层的混合模式

1. 基本概念

图层混合模式与前面介绍的画笔选项中的绘画模式相似，一般采用默认值“正常”，也可以设置“溶解”、“变暗”、“变亮”等不同模式，使图层与其他图层之间产生不同的混合效果。在设置图层混合效果时，选定图层的颜色称为混合色，选定图层下方的图层颜色称为基色，混合后得到的颜色称为结果色。

除了“正常”和“溶解”混合模式外，其他的混合模式可根据应用场合的不同进行适当的划分。

(1) 黑暗的合成：设置混合模式为“变暗”、“正片叠底”、“颜色加深”、“线性加深”、“深色”。

(2) 明亮的合成：设置混合模式为“变亮”、“滤色”、“颜色减淡”、“线性减淡”、“浅色”。

(3) 光的混合：设置混合模式为“叠加”、“柔光”、“强光”、“亮光”、“线性光”、“点光”、“实色混合”。

(4) 其他混合：设置混合模式为“差值”、“排除”、“色相”、“饱和度”、“颜色”、“亮度”。

2. 常见的混合模式

下面具体介绍常用的一些混合模式。

1) 正常模式

这是图层混合模式的默认方式，使用该模式可以用当前图层像素的颜色覆盖下一图层的颜色。

2) 溶解模式

使用该模式，可以把当前图层的像素以一种颗粒状的方式作用到下一图层。将“图层”调板中不透明度值降低，溶解效果就变得明显。

3) 变暗模式

查看每个通道中的颜色信息，并选择基色或混合色中较暗的颜色作为结果色。比混合色亮的像素被替换，比混合色暗的像素保持不变。用白色去合成图像时不会产生效果。

4) 变亮模式

查看每个通道中的颜色信息，并选择基色或混合色中较亮的颜色作为结果色。比混合色暗的像素被替换，比混合色亮的像素保持不变。用黑色合成图像时不会产生效果。

变暗和变亮两种混合模式可用来作平调之用，其使用步骤如下。

(1) 打开一幅素材图像。

(2) 新建一个图层，用吸管工具在图像中较暗处吸取颜色作为前景色，用该色填充新建的图层，如图 4.200 所示。

(3) 更改图层的混合模式为“变暗”或“变亮”，前后对比效果如图 4.201 所示。

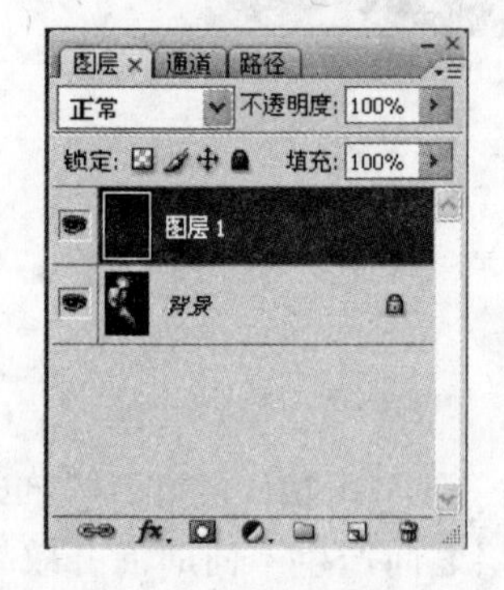

图 4.200 平调实例“图层”调板

图 4.201 平调前后效果对比

5) 正片叠底模式

将混合色叠加在底色上，将混合色和底色的色相、亮度相加产生结果色，通常结果色会变深，可用来屏蔽白色。举例说明如下。

(1) 打开素材正片叠底 1.jpg 和正片叠底 2.jpg，并用移动工具将正片叠底 1 图像移动到正片叠底 2 中。

(2) 设置混合模式为“正片叠底”，效果如图 4.202 所示。

图 4.202 “正片叠底”效果

6) 滤色模式

查看每个通道的颜色信息，并将混合色的互补色与基色复合。通常结果色会变亮，可用于屏蔽黑色。举例说明如下。

(1) 打开素材滤色 1.jpg 和滤色 2.jpg，并用移动工具将滤色 1 图像移动到滤色 2 中。

(2) 设置混合模式为“滤色”，效果如图 4.203 所示。

图 4.203 “滤色”效果

7) 叠加模式

叠加模式合成图层的效果是显示两图层中较高的灰阶，较低的灰阶则不显示。

8) 柔光

柔光模式的效果如同打上一层色调柔和的光，因而被称为柔光。图案或颜色在现有像素上叠加，同时保留基色的明暗对比。不替换基色，但基色与混合色相混以反映原色的亮度或暗度。使颜色变暗或变亮，具体取决于混合色。此效果与发散的聚光灯照在图像上的柔焦镜的效果相似。如果混合色(光源)比 50% 灰色亮，则图像变亮，就像被减淡了一样。如果混合色(光源)比 50% 灰色暗，则图像变暗，就像被加深了一样。用纯黑色或纯白色绘画会产生明显较暗或较亮的区域，但不会产生纯黑色或纯白色。可用于屏蔽灰色。通常与“高反差保留”滤镜配合使用可使模糊图像变清晰。

9) 差值

查看每个通道中的颜色信息，并从基色中减去混合色，或从混合色中减去基色，具体取决于哪一个颜色的亮度值更大。与白色混合将反转基色值得到负片效果的反相图像；与黑色混合则不产生变化。如黄色与白色产生结果色为蓝色。

10) 排除

创建一种与“差值”模式相似但对比度更低的效果，使用接近中间色调颜色时效果有区别，比“差值”模式要柔和。

11) 色相

色相模式，用基色的亮度和饱和度以及混合色的色相创建结果色。

12) 饱和度

该模式是用基色的亮度和色相以及混合色的饱和度创建结果色。在 0 饱和度(灰色)的区域上用此模式绘画不会产生变化。

13）颜色

该模式是用基色的亮度以及混合色的色相和饱和度创建结果色。这样可以保留图像中的灰阶，并且对于给单色图像上色和给彩色图像着色都会非常有用。

14）亮度

该模式是用基色的色相和饱和度以及混合色的亮度创建结果色。此模式创建与“颜色”模式相反的效果。

4.8.5 图层的样式

1. 基本概念

Photoshop 提供了一系列专为图层设计的特殊效果，称为图层样式。在每一个图层上可以同时添加多个样式进行效果的设置，也可以随时增加或删除，但图层样式不能应用于背景图层。

选择某一个图层，单击“图层”调板的“添加图层样式”按钮，就会弹出图层样式子菜单供选择，如图 4.204 所示。选择某种图层样式后，即可弹出“图层样式”对话框对参数进行设置，如图 4.205 所示。设置好参数后，单击“确定”按钮，即可为该图层应用图层样式。

混合选项...
投影...
内阴影...
外发光...
内发光...
斜面和浮雕...
光泽...
颜色叠加...
渐变叠加...
图案叠加...
描边...

图 4.204 图层样式子菜单

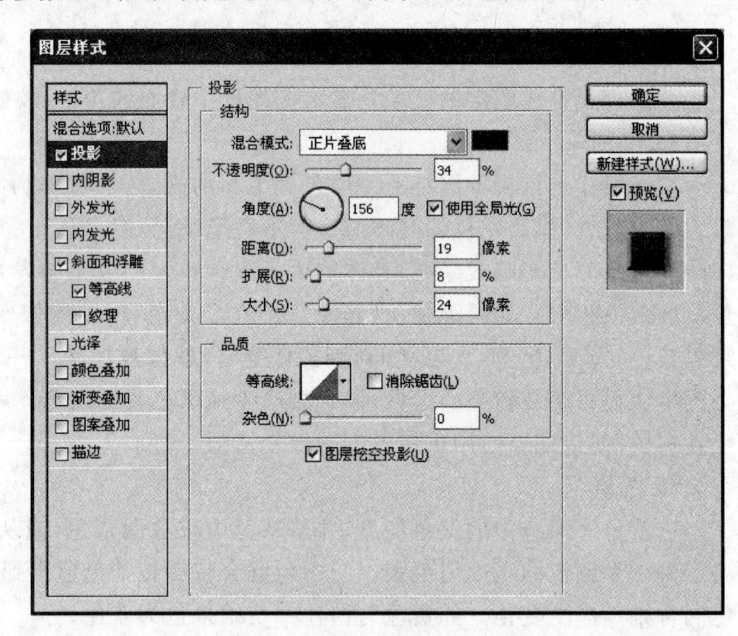

图 4.205 “图层样式”对话框

添加的图层样式会显示在“图层”调板中，如图 4.206 所示。应用了图层样式的图层后面会有一个 *fx* 标记，单击标记旁边的三角形标记，可在图层下显示或隐藏所应用的样式名称，如图 4.207 所示。

2. 设置图层样式

为图层添加了图层样式后，可以通过再次打开“图层样式”对话框来对图层样式进行编

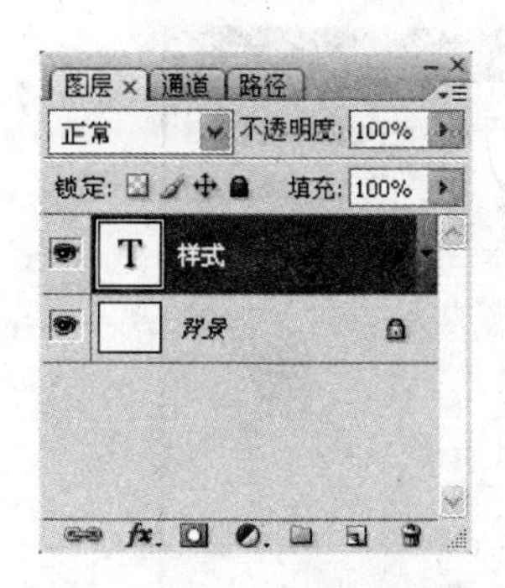

图 4.206 图层样式标记

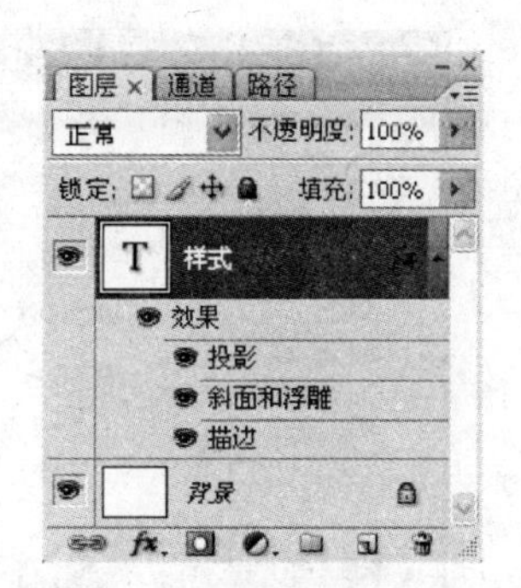

图 4.207 显示所应用的样式名称

辑修改。在“图层样式”对话框中，可以选择需要的样式，还可以具体设置各种参数。可以选择“混合选项：默认”，设置的参数如图 4.208 所示，可设置“常规混合”、“高级混合”、“混合颜色带”栏。其中，“高级混合”栏可进行挖空的设置，“混合颜色带”栏的设置可以实现两图层间的融合效果。

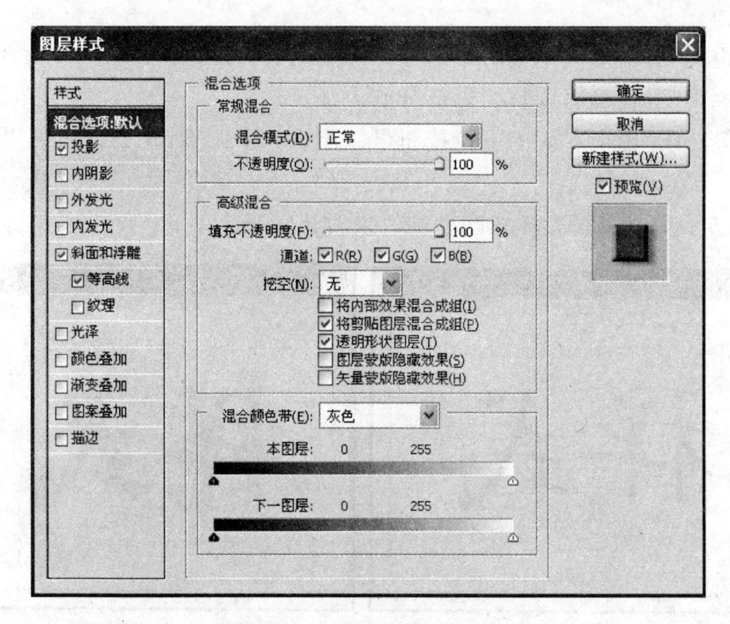

图 4.208 “混合选项”参数设置

在图层样式中，常用的样式有如下几种：

(1) 投影：给图像后侧增加阴影，让平面图像具有立体感。可以设置灯光照射的角度、阴影与图像的距离、阴影的大小等参数。参数设置如图 4.209 所示，使用这些选项可以设置出各种各样的投影效果。下面详细介绍一下投影样式的参数设置方法。

① 单击“混合模式”下拉列表框后面的颜色块可以打开“拾色器”对话框，从中选择需要的阴影颜色。

② 拖动“不透明度”滑块可以调整阴影部分的不透明度。

③ “使用全局光”复选框用于设置是否采用整个图层的统一光源来投射投影，选中该复选框后，“角度”文本框中的数值将改变全局光的照射角度。

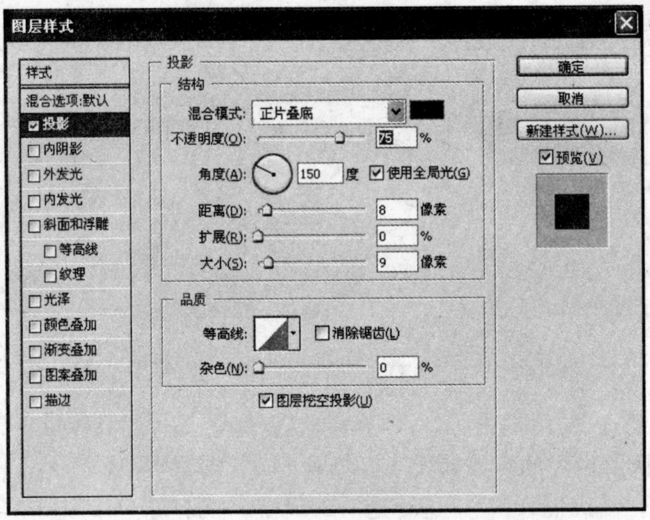

图 4.209 “投影”参数设置

④ 拖动“距离”滑块可以调整阴影部分距图层内容的距离。

⑤ 拖动“大小”滑块可以调整阴影部分的大小。

⑥ 单击“等高线”选项右端的下拉按钮可以出现一个调板，在调板中可以选择需要的阴影样式。

图 4.210 所示为应用投影样式前后的效果对比。

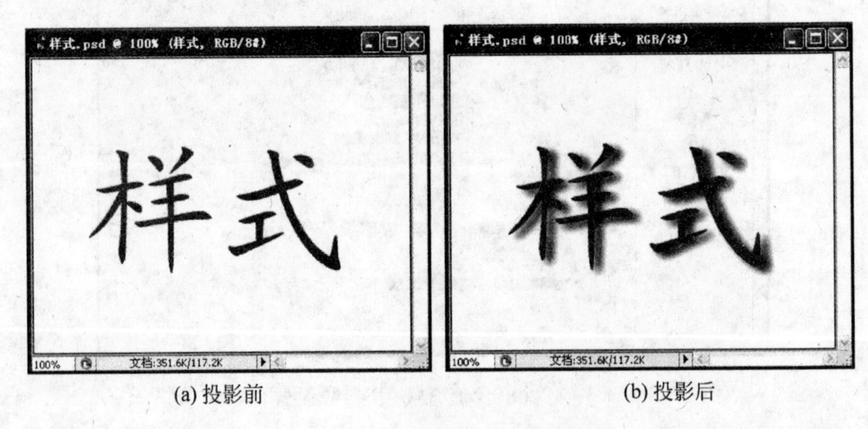

(a) 投影前　　(b) 投影后

图 4.210 应用投影样式效果对比

(2) 内阴影：在图像内侧边缘增加阴影，其参数类似投影。

(3) 外(内)发光：在图像的外(内)侧产生发光效果。

(4) 斜面和浮雕：使图像产生不同的浮雕效果，其“样式”下拉列表框中可选择“外斜面”、“内斜面”、“浮雕效果”、“枕状浮雕”、“描边浮雕”等，如图 4.211 所示，“方法”下拉列表框中可设置光

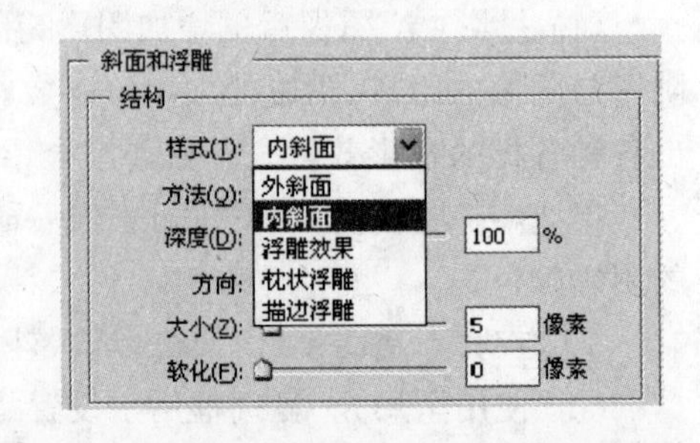

图 4.211 斜面和浮雕“样式”下拉列表框

源的衰减模式，还可设置浮雕的深度、阴影的角度、高度等不同参数，得到各种浮雕效果，如图 4.212 所示。

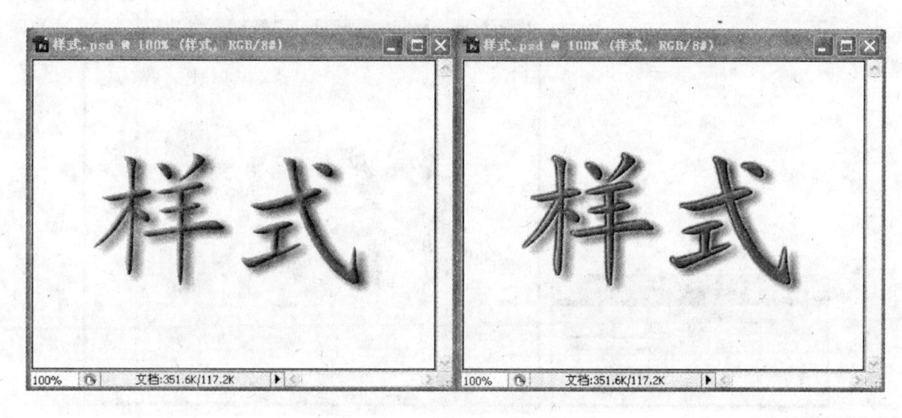

图 4.212　斜面和浮雕效果

(5) 颜色叠加、渐变叠加和图案叠加：分别给图层添加颜色、渐变效果或图案。在这 3 种样式中，如不降低某种样式的不透明度，则会遮挡其他两种样式的效果。

(6) 描边：给图层内容增加描边效果。可以选择的类型有颜色、渐变和图案。效果如图 4.213 所示。

图 4.213　渐变描边效果

3. 管理图层样式

为图层添加图层样式后，还可以进行缩放、复制、删除等操作。

1) 缩放图层样式

为图层添加图层样式后，可以对图层样式进行缩放，具体步骤如下。

(1) 在“图层”调板中选择已添加样式的图层，如图 4.214 所示。

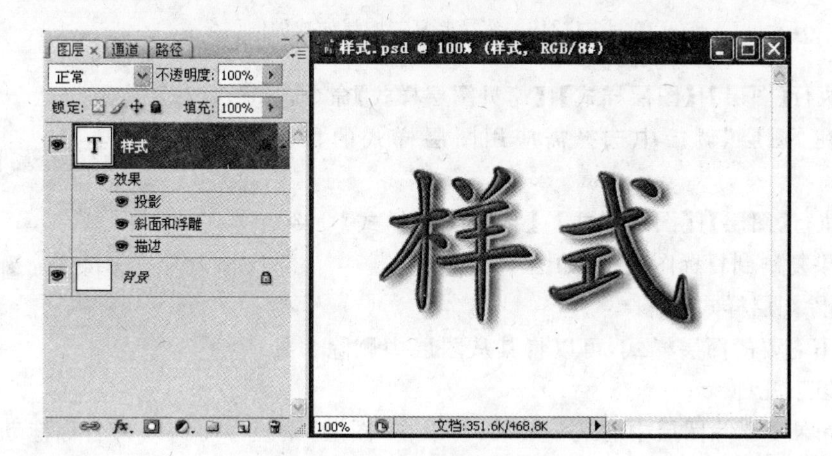

图 4.214　选择已添加样式的图层

(2) 执行【图层】|【图层样式】|【缩放效果】命令，弹出“缩放图层效果”对话框，在该对话框中输入缩放比例，单击“确定”按钮就可以按指定的比例缩放图层样式，如图 4.215 所示。

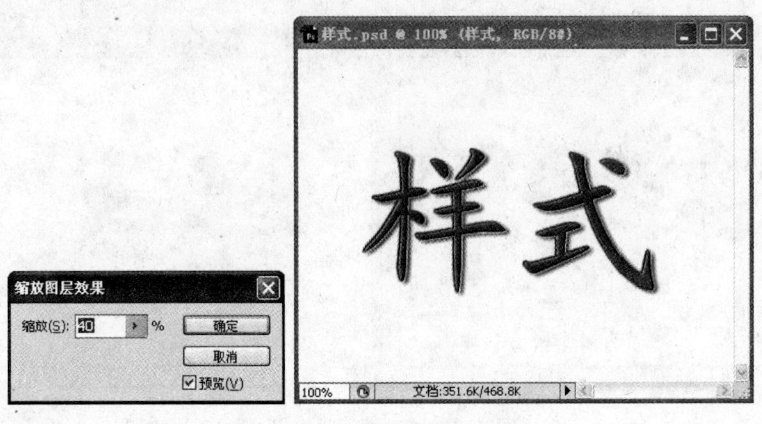

图 4.215　缩放图层样式效果

2) 复制图层样式

复制图层样式可以将某个图层上已经应用了的图层样式应用到其他图层，操作步骤如下。

(1) 在“图层”调板中选择要复制图层样式的图层，如图 4.216 所示。

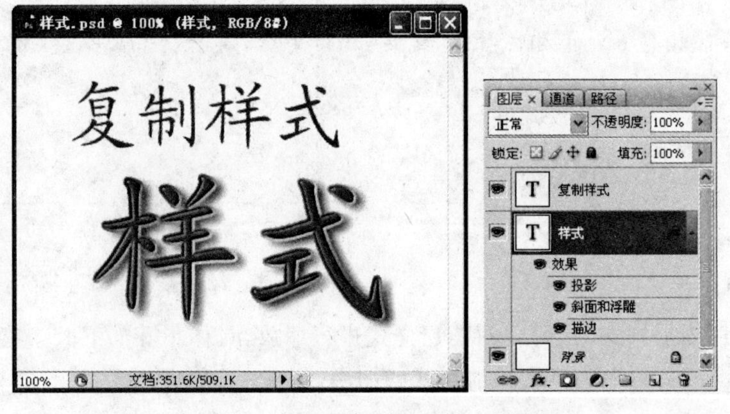

图 4.216　选择要复制图层样式的图层

(2) 执行【图层】|【图层样式】|【拷贝图层样式】命令，如图 4.217 所示。

(3) 在“图层”调板中选择需应用图层样式的目标图层。

(4) 执行【图层】|【图层样式】|【粘贴图层样式】命令，将所有效果复制到目标图层中，如图 4.218 所示。

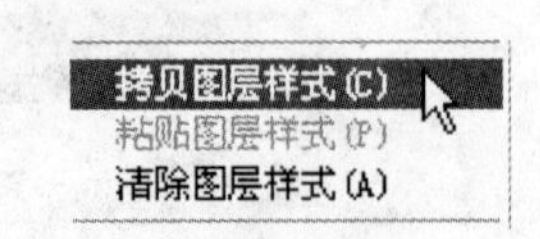

图 4.217　选择【拷贝图层样式】命令

3) 删除图层样式

对于不需要的图层样式，可以将其从图层中删除。具体方法有以下几种。

(1) 如果要删除图层中的某一效果，可以在“图层”调板中将该效果名称拖动到调板底部的 按钮上。

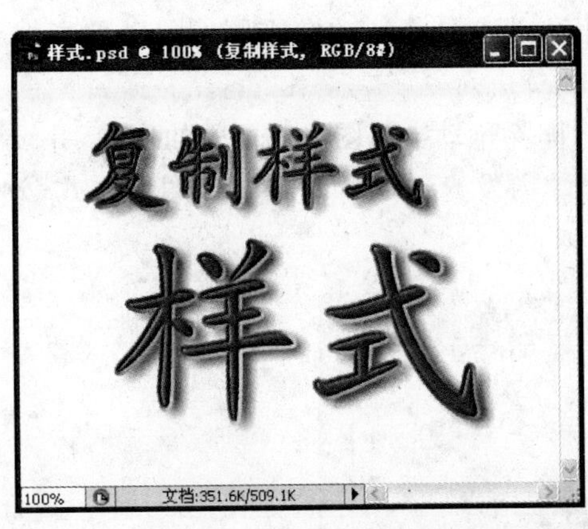

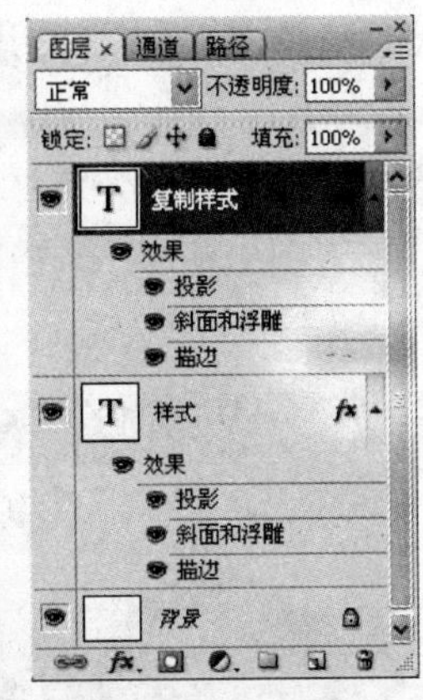

图 4.218 “粘贴图层样式”效果

(2) 如果要删除图层中的全部效果,可以将“效果”栏拖动到调板底部的 按钮上。

(3) 在“图层”调板中选中需删除效果的图层后,执行【图层】|【图层样式】|【清除图层样式】命令,可将该图层上的全部效果删除。

4. 使用“样式”调板

除了自己设置不同的样式,也可以从“样式”调板中套用已有的样式,“样式”调板如图 4.219 所示。

Adobe Photoshop CS3 中带有大量已设置好的样式,可以从“样式”调板的命令中载入样式库,也可以从外部载入样式文件,只需要单击某个样式按钮就可以直接套用这些样式。

【实例 4.1】 制作个性光盘封面。

(1) 新建一个 400×400 像素大小、白色背景的文件,文件名为“个性光盘封面”。将背景图层转换为普通图层,更改图层名为“光盘底”。

(2) 创建同心圆相减的选区,填充颜色(R: 220; G: 220; B: 250),并删除选区外图像,效果如图 4.220 所示。

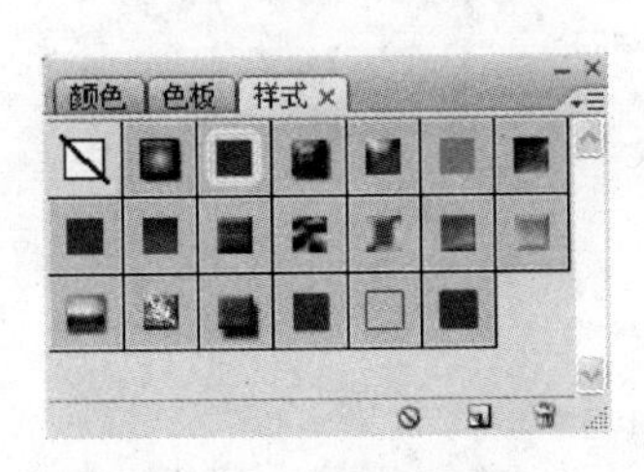

图 4.219 “样式”调板

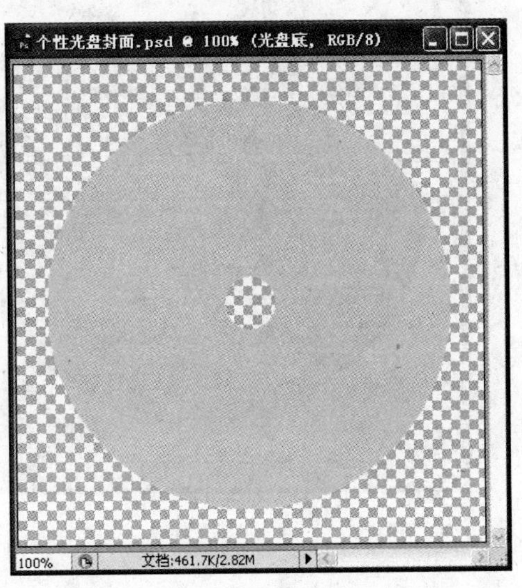

图 4.220 光盘底

(3) 打开素材运动宝宝.jpg,并用移动工具将运动宝宝图像移动到个性光盘封面文件中,自由变换调整大小。

(4) 创建光盘底图层的图像选区,删除运动宝宝图像选区外的像素,并设置图层混合模式为“线性加深”。为图层添加“投影”、“内发光”、“斜面和浮雕”图层样式,效果如图 4.221 所示。

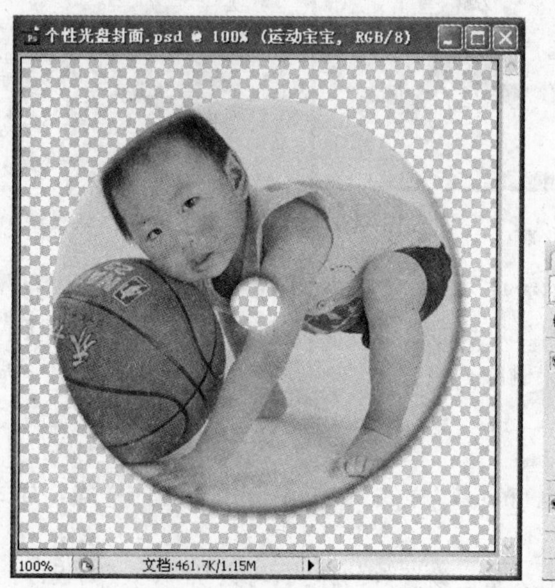

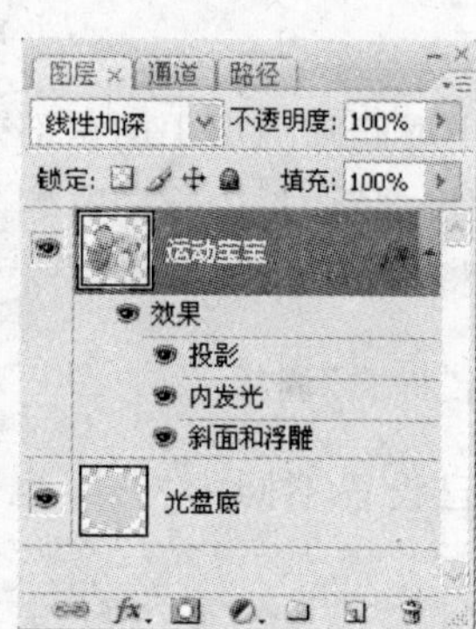

图 4.221　添加图层样式效果

(5) 为个性光盘添加两个中心环,如图 4.222 所示。

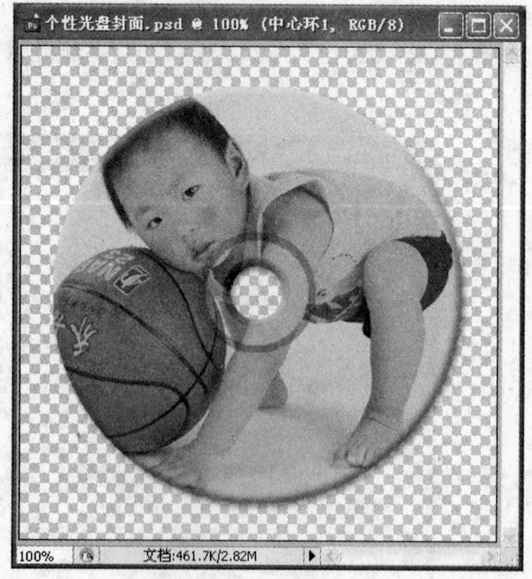

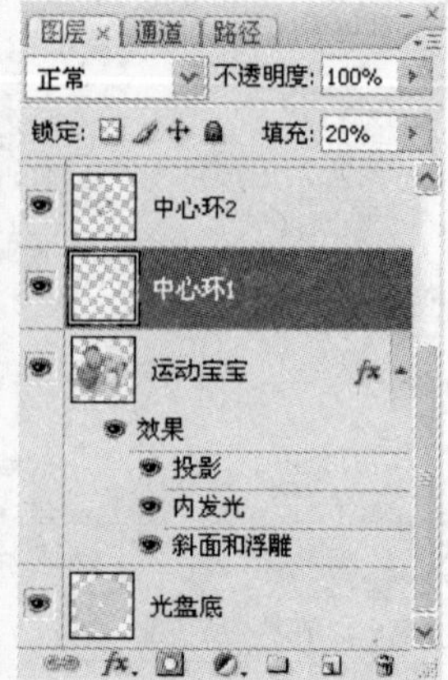

图 4.222　添加中心环效果

(6) 打开蝴蝶.jpg文件,使用选择工具选取蝴蝶到个性光盘封面文件中,放到合适位置。

(7) 在适当位置输入文字,调整大小和位置,并为文字添加图层样式,效果如图4.223所示。

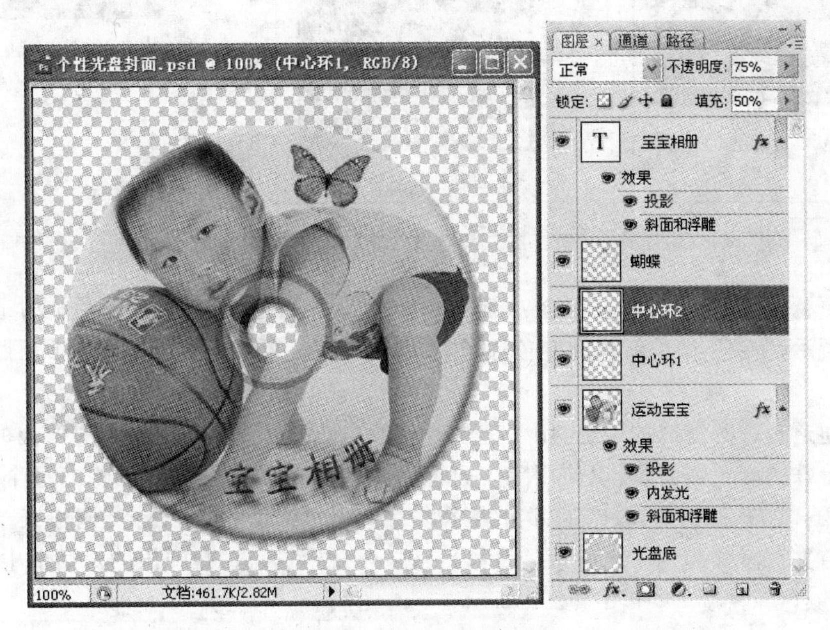

图4.223 个性光盘封面效果

4.9 通道与蒙版

在Photoshop中,通道与蒙版是深入进行图像处理的必备工具,是Photoshop的重要功能。通道与蒙版技术的引入,给图像的编辑处理带来了极大的方便,灵活运用通道与蒙版将产生很多特殊效果。

4.9.1 通道概念

图像可以有很多种不同的颜色模式来显示或打印,任何颜色都可以由基本的颜色调配而成,如RGB模式的图像由红色、绿色和蓝色3种颜色混合而成,这几种基本的颜色称为"原色",而记录这些原色信息的对象就是"通道(channel)"。例如,一幅RGB模式的图像有红、绿、蓝3个原色,那么这幅图像就有3个原色通道,如图4.224所示,位于最上面的通道称为RGB复合通道。若一幅CMYK模式的图像,其原色通道如图4.225所示,可看到青色(cyan)、洋红(magenta)、黄色(yellow)和黑色(black)4个原色通道和一个CMYK复合通道。

原色通道就是用来记录一幅图像的颜色信息的,图像的颜色模式决定了其构成的原色通道的数量和模式,如灰度图只有1个"灰色"通道,如图4.226所示。每个原色通道都是描述该原色的一幅灰度图像,用8bit,即256个灰度表示该原色的明暗变化。例如,在RGB模式下,原色通道较亮的部分表示该原色用量大,而较暗的部分表示该原色用量小。在

CMYK 模式下与此正好相反。

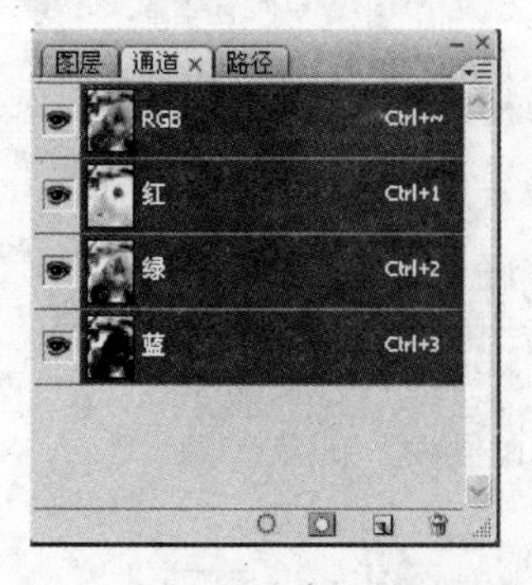

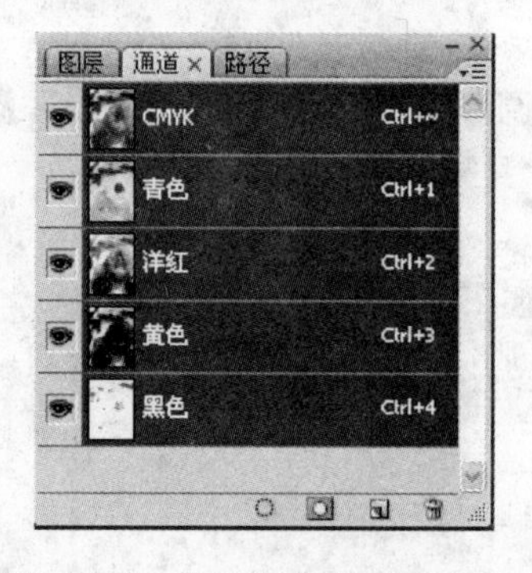

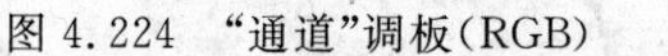

图 4.224 “通道”调板(RGB)　　图 4.225 “通道”调板(CMYK)　　图 4.226 “通道”调板(灰度)

除了原色通道外，在“通道”调板中还可以看到专色通道、Alpha 通道和临时通道等，如图 4.227 所示，“专色 1”是新建的专色通道，“Alpha1”是 Alpha 通道，“图层 1 蒙版”是临时通道。

专色通道是一类特殊的通道，用于记录专色颜色信息，是压印在合成图像上的，为了满足印刷时特殊的颜色需要，可以使用除了原色以外的其他颜色来绘制图像。每个专色通道也是一幅 8bit 的灰度图像，较暗的部分表示该专色用量大。执行“通道”调板菜单中的【新建专色通道】命令，如图 4.228 所示，就可以创建一个专色通道，在弹出的对话框中可以设定专色名称、颜色和密度等，如图 4.229 所示。

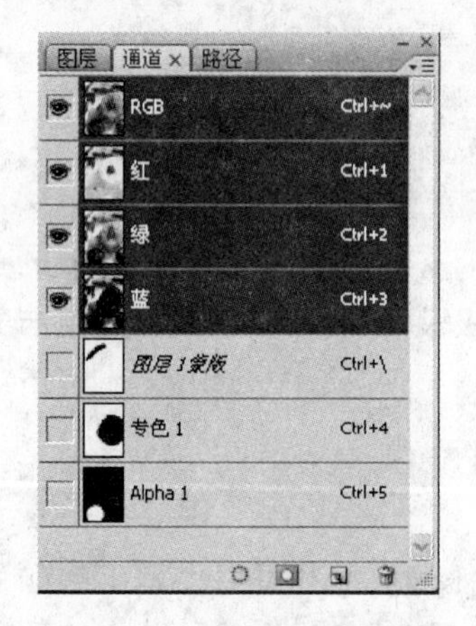

图 4.227 包含各种通道

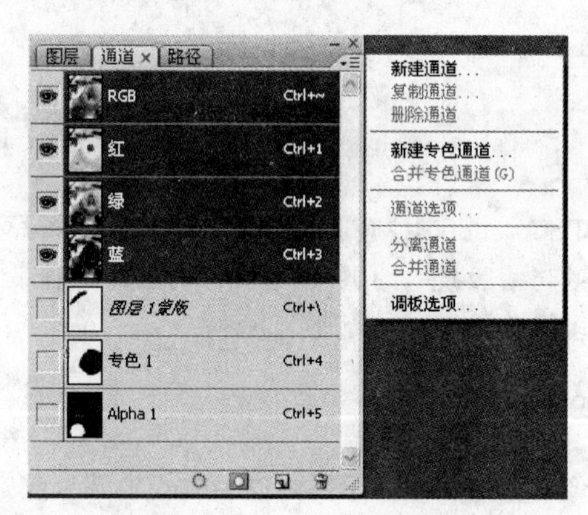

图 4.228 “通道”调板下拉菜单

Alpha 通道主要用于存储选区，不会对图像的颜色产生影响。也是 8bit 灰度图，用 256 个不同的层次表示选择信息，白色表示选择的区域，黑色表示未选择的区域，即遮罩的区域，而灰色则表示半透明或带有羽化的区域。单击“通道”调板下方的“创建新通道”按钮就可以创建一个 Alpha 通道，如图 4.230 所示，或者先创建一个选区，可以将选区存储在 Alpha 通道中。

临时通道是在“通道”调板中暂时存在的通道，在创建图层蒙版或进入快速蒙版时就会在通道中自动生成临时通道，如图 4.231 所示。当删除图层蒙版或者退出快速蒙版时，临时通道就会消失。

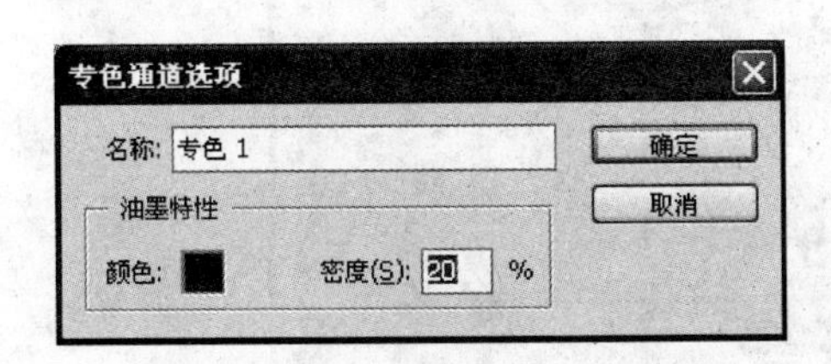

图 4.229 “专色通道选项”对话框

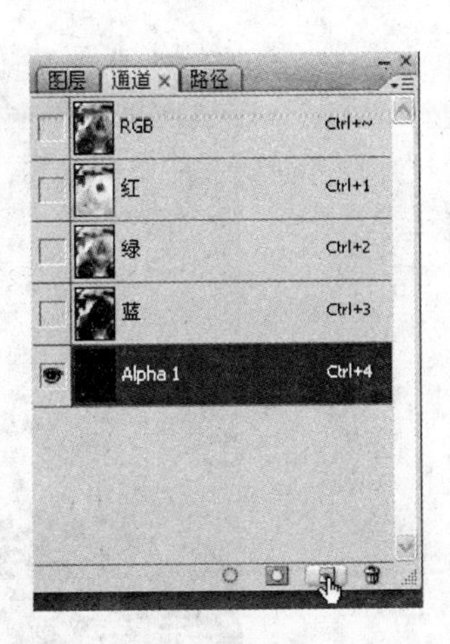

图 4.230 创建 Alpha 通道

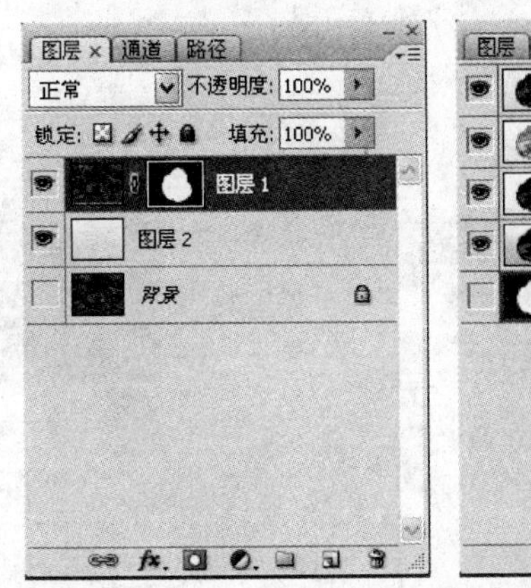

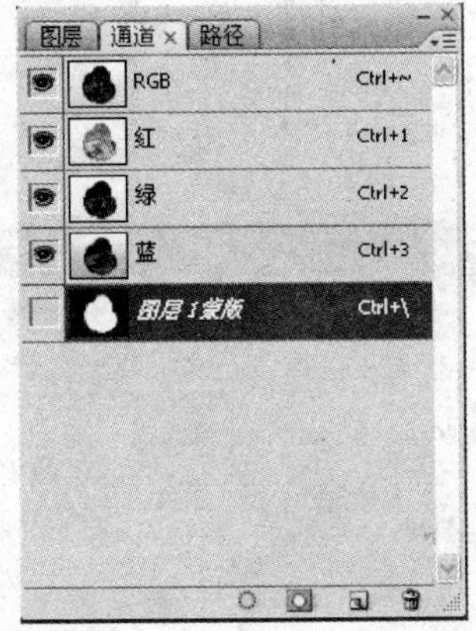

图 4.231 临时通道图层和“通道”调板

4.9.2 Alpha 通道

Alpha 通道也叫选区通道，主要用于存储和修改选区，不会直接对图像的颜色产生影响。Alpha 通道是应用最广泛、变化最丰富的一种通道，许多图像特殊效果的制作都会使用 Alpha 通道来完成。但生成图像时并不是必须产生 Alpha 通道，因此在输出图像时，Alpha 通道会因为与最终生成的图像无关而被删除。但也有时，比如在三维软件最终渲染输出时，会附带生成一张 Alpha 通道，用以在平面处理软件中作后期合成。除了 Photoshop 的文件格式 PSD 外，GIF 与 TIFF 格式的文件都可以保存 Alpha 通道。而 GIF 格式的文件还可以用 Alpha 通道作图像的去背景处理。

在图像中创建了一个选区，如图 4.232 所示，执行【选择】|【存储选区】命令，弹出“存储选区”对话框，如图 4.233 所示，设置新通道名称，就可以将选区存为一个 Alpha 通道，或者与原有通道进行运算，存为一个新的 Alpha 通道，如图 4.234 所示。单击“通道”调板的“将选区存储为通道”按钮 ，也可以直接将选区存储为 Alpha 通道。Alpha 通道经过一定的变换后可以再转换为选区。

图 4.232 创建选区

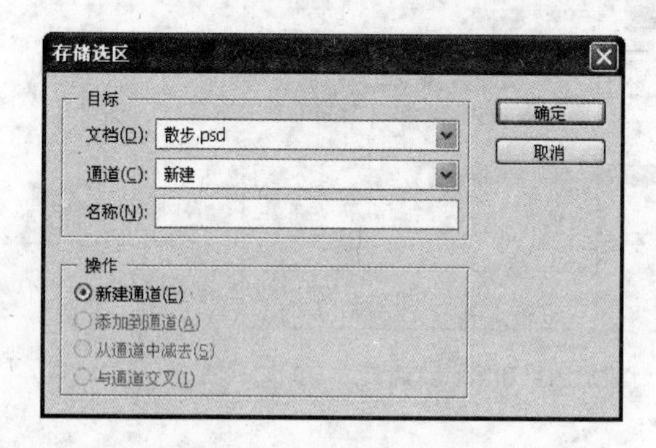

图 4.233 “存储选区”对话框

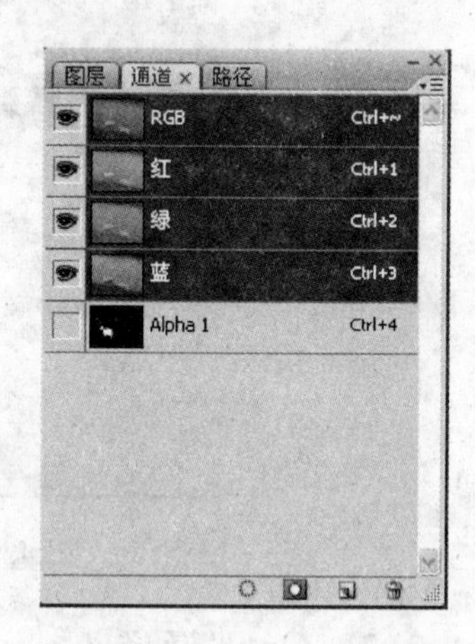

图 4.234 存储为 Alpha 通道调板

4.9.3 “通道”调板

“通道”调板可以创建并管理通道，以及监视编辑效果。该调板列出了图像中的所有通道，首先是复合通道(对于 RGB、CMYK 和 Lab 图像)，然后是原色通道、专色通道、Alpha 通道、临时通道等。通道内容的缩览图显示在通道名称的左侧；缩览图在编辑通道时自动更新，如图 4.235 所示。

可以使用调板查看单个通道的任何组合。例如，可以同时查看 Alpha 通道和复合通道，观察 Alpha 通道中的更改与整幅图像是怎样的关系。默认情况下，单个通道以灰度显示，如图 4.236 和图 4.237 所示。

当通道在图像中可见时，在调板中该通道的左侧将出现一个眼睛图标，取消该图标即可隐藏该通道。单击复合通道的眼睛图标，可以查看所有的默认原色通道，只要所有的原色通道可见，就会显示复合通道。

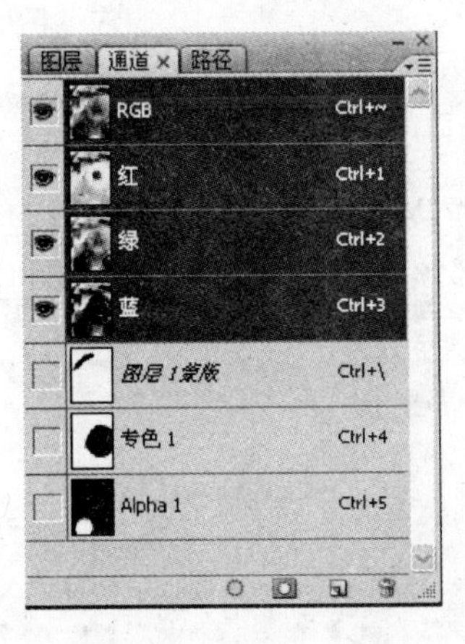

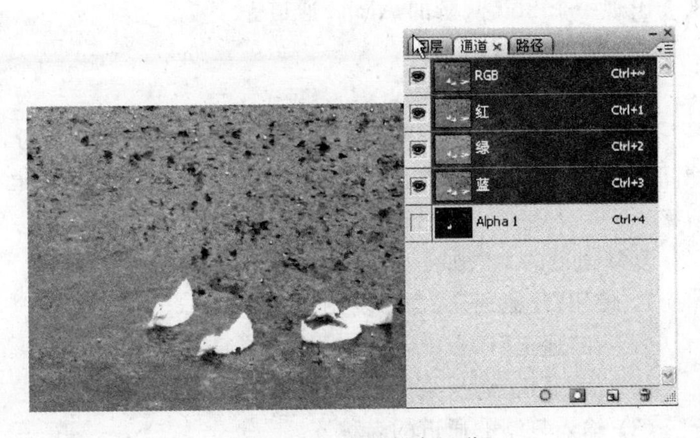

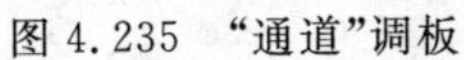
图 4.235 “通道”调板

图 4.236 选择复合通道

在“通道”调板下端有 4 个快捷图标，分别是“将通道作为选区载入”、“将选区存储为通道”、“创建新通道”、“删除当前通道”。

单击调板右上角的黑三角按钮，即可弹出“通道”命令菜单，如图 4.238 所示。

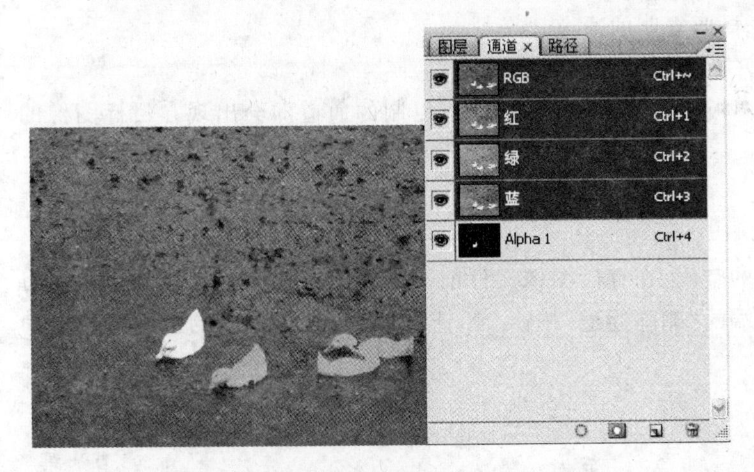

图 4.237 同时查看复合通道和 Alpha 通道

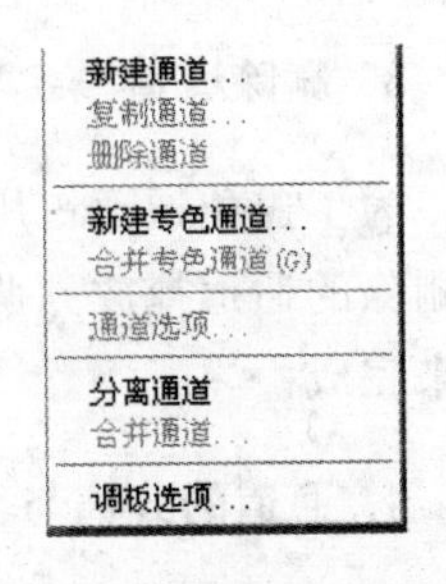

图 4.238 “通道”命令菜单

4.9.4 通道的基本操作

常见通道的基本操作如下。

1. 创建新通道

单击“通道”调板的“创建新通道”按钮就可以创建一个 Alpha 通道，但不能设置参数；也可以在弹出菜单中选【新建通道】命令，即可弹出“新建通道”对话框，如图 4.239 所示。在对话框中可以设置 Alpha 通道的“名称”、“色彩指示”、“颜色”等。单击“确定”按钮后，在“通道”调板底

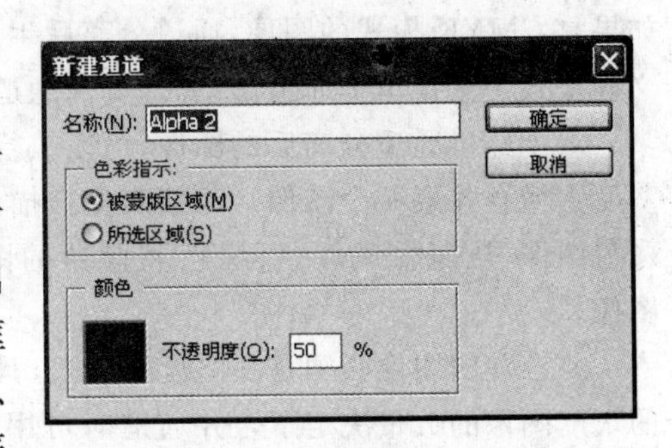

图 4.239 “新建通道”对话框

部会出现一个 8bit 灰阶的 Alpha 通道。

2. 复制通道

在编辑通道之前,可以复制图像的通道以创建一个备份,可以在同一图像或在不同的图像间复制通道。如果要在图像之间复制 Alpha 通道,则通道必须具有相同的图像尺寸和分辨率。

复制通道的方法如下。

1) 使用【复制通道】命令复制通道

(1) 在“通道”调板中,选择要复制的通道。

(2) 从“通道”调板菜单中选取【复制通道】命令。

(3) 输入复制的通道的名称。

2) 通过拖放操作在图像内复制通道

(1) 在“通道”调板中,选择要复制的通道。

(2) 将该通道拖移到调板底部的“创建新通道”按钮 上。

3) 通过拖放或粘贴操作将通道复制到另一个图像

(1) 在“通道”调板中,选择要复制的通道。

(2) 确保目标图像已打开。

(3) 将该通道从“通道”调板拖移到目标图像窗口,复制的通道即会出现在目标图像的通道调板的底部。

3. 删除通道

为了避免通道占用太大的空间,在存储图像文件前可以将不必要的通道删除。只要将要删除的通道拖放到调板下端的“删除通道”按钮 上,或者执行菜单中的【删除通道】命令来完成。

4. 通道的分离与合并

在 Photoshop 中,可以将拼合图像的通道分离为单独的图像。执行“通道”调板弹出菜单中的【分离通道】命令,原文件被关闭,单个通道出现在单独的灰度图像窗口中。如一幅 RGB 模式的图像,分离通道为 3 幅独立的图像,并以“素材_R”、“素材_G”和“素材_B”命名,如图 4.240 所示。如果图像中有专色通道或 Alpha 通道,则生成的灰度图像会多于 3 个。如果是 CMYK 模式的图像,通道分离后生成 4 个灰度图像文件。当需要在不能保留通道的文件格式中保留单个通道信息时,分离通道非常有用。

对于经过通道分离后的图像,可以执行弹出菜单中的【合并通道】命令进行合并,将多个灰度图像合并成一个图像。某些灰度扫描仪可以通过红色滤镜、绿色滤镜和蓝色滤镜扫描彩色图像,从而生成红色、绿色和蓝色的图像。该功能可以将单独的扫描合成一个彩色图像。

要合并的图像必须是在“灰度”模式,具有相同的像素尺寸并且处于打开状态。已打开的灰度图像的数量决定了合并通道时可用的颜色模式。例如,不能将 RGB 图像中分离的通道合并到 CMYK 图像中,这是因为 CMYK 需要 4 个通道,而 RGB 只需要 3 个。

(a) 原始图像

(b) 分离通道_R

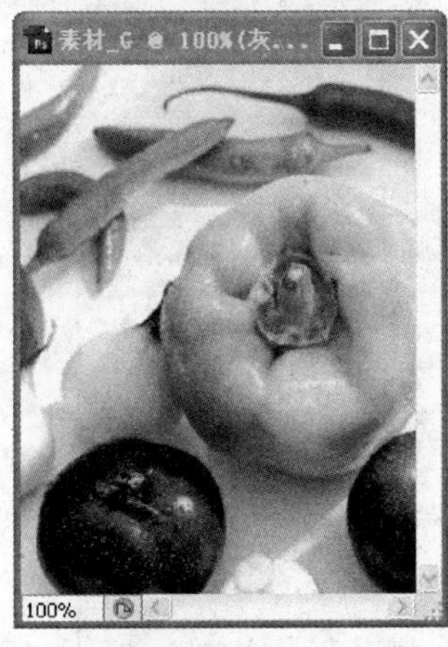

(c) 分离通道_G

(d) 分离通道_B

图 4.240　通道分离

合并通道的具体步骤如下。

(1) 打开包含要合并的通道的灰度图像，并使其中一个图像成为当前选中图像(为使【合并通道】命令可用，必须打开一个以上的图像)。

(2) 执行“通道”调板弹出菜单中的【合并通道】命令，即可弹出“合并通道”对话框，如图 4.241 所示。

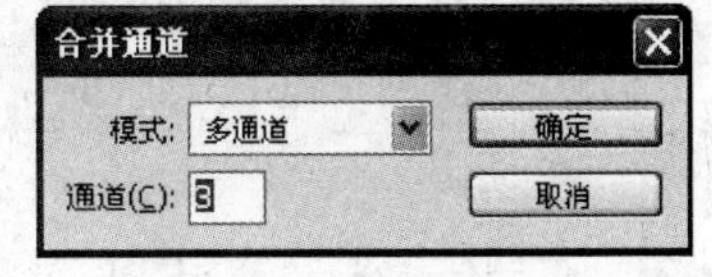

图 4.241　“合并通道”对话框

(3) 在“模式”下拉列表框中选取要创建的颜色模式。如果某图像模式不可用，则该模式将变暗。适合模式的通道数量出现在“通道”文本框中，也可自行输入一个数字。

(4) 单击“确定”按钮后，选中的通道合并为指定类型的新图像，原图像则在不做任何更改的情况下关闭。新图像出现在未命名的窗口中。多通道图像的所有通道都是 Alpha 通道或专色通道。

5. 图层与通道的混合

执行【图像】|【应用图像】命令(在单个和复合通道中)和【图像】|【计算】命令(在单个通

道中),可以使与图层关联的混合效果将图像内部和图像之间的通道组合成新图像。通道中的每个像素都有一个亮度值。这两个命令处理这些数值以生成最终的复合像素,叠加了两个或更多通道中的像素,因此,用于计算的图像必须具有相同的图像尺寸和分辨率。执行命令后的对话框设置如图 4.242 和图 4.243 所示。

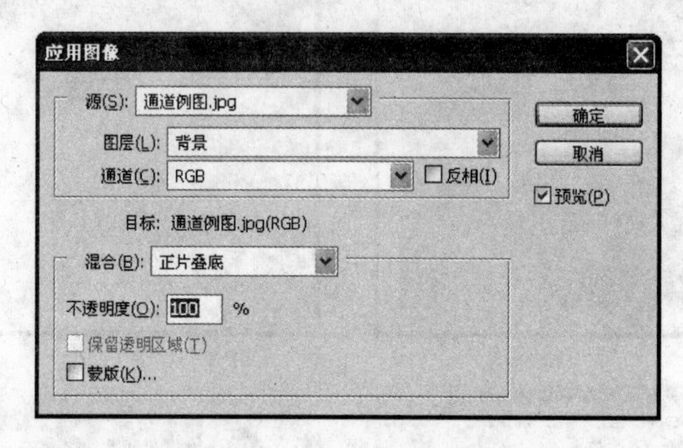

图 4.242 “应用图像”对话框

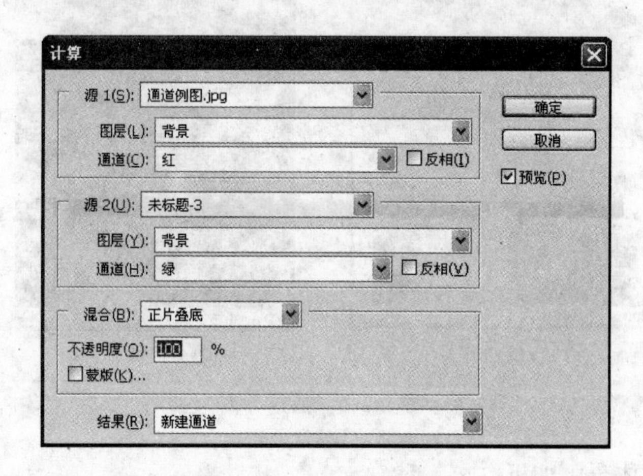

图 4.243 “计算”对话框

6. 通道与选区的转换

1) 将选区存为通道

将选区存为通道的方法如下。

(1) 创建一个选区,如图 4.244 所示,执行【选择】|【存储选区】命令,可以将现有选区保存为一个通道。

(2) 创建一个选区,单击“通道”调板下端的“将选区存为通道”按钮,选区就被保存为通道。

选区内的部分在 Alpha 通道中以白色表示,选区外区域以黑色表示,如图 4.245 所示。若选区有一定的羽化,则通道中以灰色表示,如图 4.246 所示。

2) 将通道载入选区

在需要时可以将通道转换成图像上的选区。将通道载入选区的方法有以下几种。

(1) 选择通道,执行【选择】|【载入选区】命令,弹出“载入选区”对话框,如图 4.247 所示,可以将通道载入为选区。

图 4.244 创建选区

图 4.245 Alpha 通道效果

图 4.246 羽化后 Alpha 通道效果

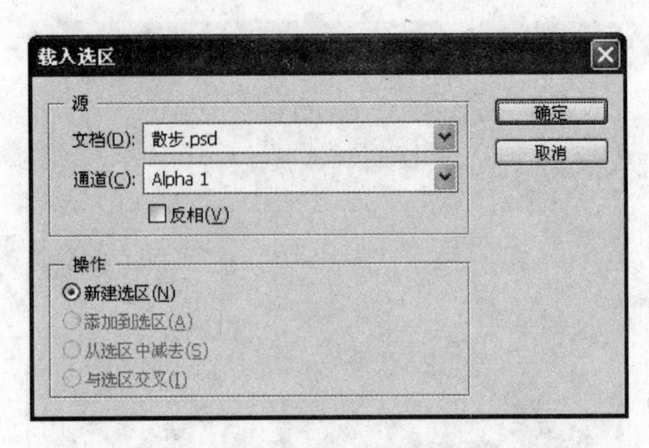

图 4.247 “载入选区”对话框

(2) 选择通道，单击“通道”调板下端的“将通道作为选区载入”按钮，通道就被转换为选区。

(3) 按住 Ctrl 键，单击通道，就可以将通道载入为选区。这种方法最简单、快捷。

4.9.5 蒙版

蒙版控制图层或图层组中的不同区域如何隐藏和显示。通过更改蒙版，可以对图层应用各种特殊效果，而不会实际影响该图层上的像素。然后可以应用蒙版并使这些更改永久生效，或者删除蒙版而不应用更改。

Photoshop 中主要有两种类型的蒙版：图层蒙版和矢量蒙版。除此之外，还有快速蒙版、剪贴蒙版、文字选区蒙版等。

图层蒙版是位图图像，与分辨率相关，并且由绘画或选择工具创建。矢量蒙版与分辨率无关，它是由钢笔或形状工具创建的。

在“图层”调板中，图层蒙版和矢量蒙版都显示为图层缩览图右边的附加缩览图。对于图层蒙版，此缩览图代表添加图层蒙版时创建的灰度通道，如图 4.248 所示。矢量蒙版缩览图代表从图层内容中剪下来的路径，如图 4.249 所示。

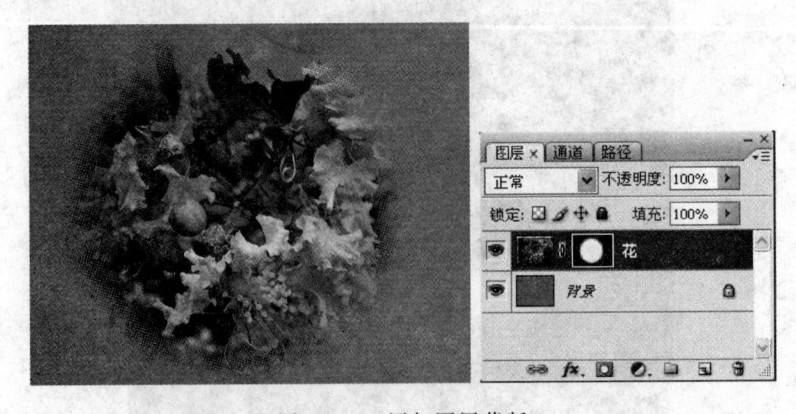

图 4.248 添加图层蒙版

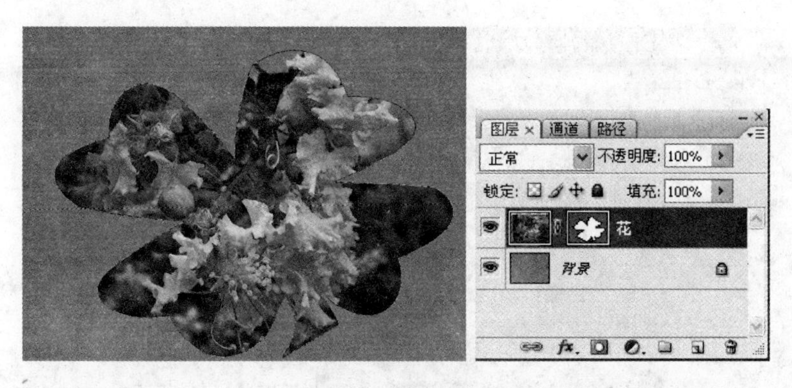

图 4.249 添加矢量蒙版

4.9.6 快速蒙版

快速蒙版是一种特殊的蒙版，它是选择复杂图像的有效手段，可以通过画笔等绘图工具自由控制选择区域及边缘。单击工具箱中的“以快速蒙版模式编辑”按钮，或者按下Q键，就可以由标准编辑状态进入快速蒙版编辑状态。

例如，在一幅图像上制作一个选区(可以使用磁性套索工具)，以流动的虚线框表示，如图 4.250 所示，可以看出选区不是十分精确。然后按下Q键，图像进入快速蒙版编辑状态，虚线框消失，非选区部分被半透明的红色遮板遮盖，图像的标题显示“快速蒙版”字样，如图 4.251 所示。同时在“通道”调板会多出一个“快速蒙版”的临时通道，如图 4.252 所示。

图 4.250 创建选区

在快速蒙版状态下，只能通过黑、白、灰 3 类颜色对图像进行操作，使用各种绘图工具改变蒙版形状，控制选择区域的改变。黑色缩小选择区域，白色扩大选择区域，将图像选区修改精确后，按下Q键退出快速蒙版编辑状态，可再次看到流动的虚线框，图中的牛被准确选定，如图 4.253 所示。最后可执行【选择】|【存储选区】命令，将选区保存在文件中。

通常蒙版是以透明度为 50% 的红颜色来表示，图像的非选择区域会用红色遮盖。但是，在编辑图像时，可以通过“快速蒙版选项”对话框进行参数的设置，如图 4.254 所示。“色

图 4.251 进入"快速蒙版"状态进行编辑

图 4.252 "快速蒙版"临时通道

图 4.253 退出"快速蒙版"状态

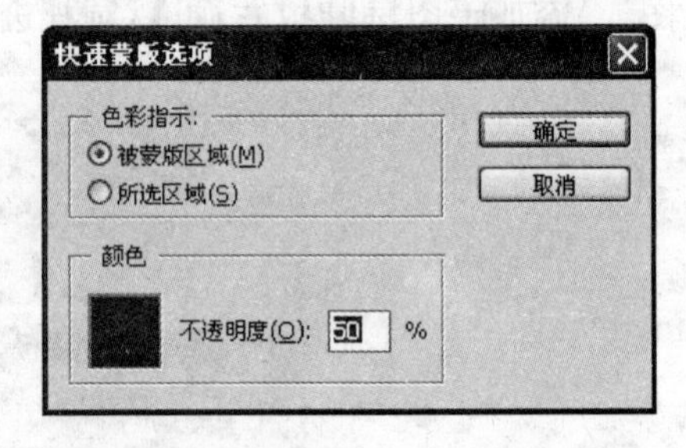

图 4.254 "快速蒙版选项"对话框

彩指示"选项表示遮盖的区域是选择区域还是非选择区域,通常快速蒙版遮盖的部分表示图像编辑的非选择区域,"颜色"和"不透明度"也可以自由设置。

从理论上说,运用快速蒙版是 Photoshop 制作选区最精确的工具。可以把图像的现实比例设置得很大,将绘图工具的笔形和直径设置得很小,以像素为单位精确地修改蒙版的形状和边缘,从而制作精确的选区。

4.9.7 图层蒙版

图层蒙版是图层与蒙版功能相结合的工具,可以使用图层蒙版遮住整个图层或图层组,或者只遮住其中的所选部分。也可以编辑图层蒙版,向蒙版区域中添加内容或减去内容。图层蒙版是灰度图像,因此用黑色绘制的内容将会隐藏,用白色绘制的内容将会显示,而用灰色色调绘制的内容将以各级透明度显示。

添加图层蒙版的方法有两种:

1. 为整个图层添加蒙版

(1) 取消所有选区。

(2) 在"图层"调板中,选择要添加图层蒙版的图层或图层组。

(3) 执行下列操作之一:

① 执行【图层】|【图层蒙版】|【显示全部】命令,或者单击"图层"调板下方的"添加图层蒙版"按钮,就可以创建显示整个图层的图层蒙版。

② 执行【图层】|【图层蒙版】|【隐藏全部】命令,或者按住 Alt 键,同时单击"图层"调板下方的"添加图层蒙版"按钮,就可以创建隐藏整个图层的图层蒙版。

2. 为图层中的选区添加蒙版

(1) 在"图层"调板中,选择要添加图层蒙版的图层或图层组。

(2) 在图像中创建选区。

(3) 执行下列操作之一:

① 执行【图层】|【图层蒙版】|【显示选区】命令,或者单击"图层"调板下方的"添加图层蒙版"按钮,就可以创建显示选区内图像的图层蒙版。

② 执行【图层】|【图层蒙版】|【隐藏选区】命令,或者按住 Alt 键,同时单击"图层"调板下方的"添加图层蒙版"按钮,就可以创建隐藏选区内图像的图层蒙版。

添加了图层蒙版后,可以对其进行编辑,单击图层蒙版缩览图,使之成为当前选中状态,选择任何绘图工具都可以对图层蒙版进行编辑,如可以使用画笔工具、渐变工具、添加滤镜效果等。

若要取消图层和蒙版之间的链接,可以单击"图层"调板中的链接图标取消链接关系。

若要停用图层蒙版,可执行【图层】|【图层蒙版】|【停用】命令,或者按住 Shift 键单击图层蒙版缩览图,图层蒙版缩览图上会出现一个大红叉,表示停用图层蒙版,如图 4.255 所示。执行【图层】|【图层蒙版】|【启用】命令,或者再次按住 Shift 键单击图层蒙版缩览图,就可以重新显示图层蒙版。

图 4.255 停用图层蒙版

若要删除图层蒙版,可执行【图层】|【图层蒙版】|【删除】命令,或者将其拖到"图层"调板下方的"删除图层"按钮。也可以执行【图层】|【图层蒙版】|【应用】命令,使图层蒙版和图层合在一起成为新的图层。

【实例 4.2】 利用图层蒙版进行抠图。

(1) 打开图像文件,如图 4.256 所示。

(2) 设置"图层 1"为当前图层,创建选区,如图 4.257 所示。

(3) 单击"图层"调板下方的"添加图层蒙版"按钮,在"图层 1"上添加图层蒙版,如图 4.258 所示。

(4) 选中图层蒙版缩览图,可选择画笔工具进行修改。

【实例 4.3】 利用图层蒙版创建边缘效果。

(1) 打开图像文件,如图 4.259 所示。

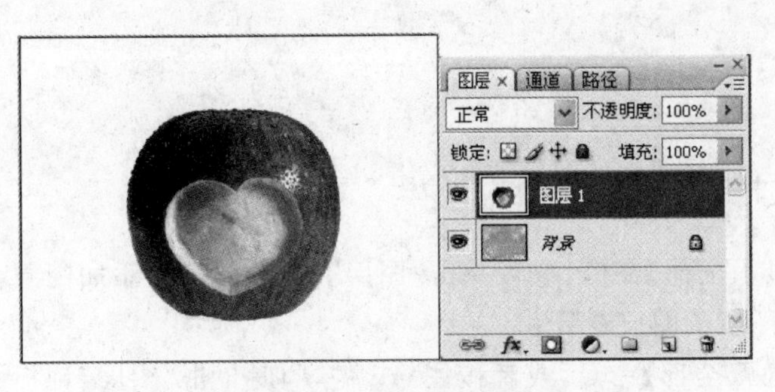

图 4.256 打开图像文件

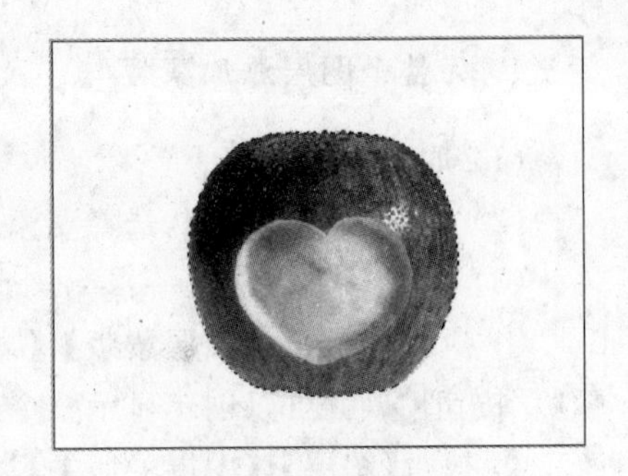

图 4.257 创建选区

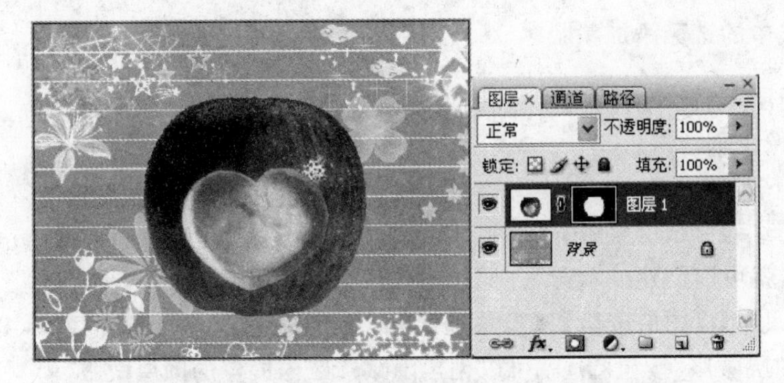

图 4.258 添加图层蒙版效果

图 4.259 打开的图像文件

(2) 在背景图层上进行渐变填充,"图层"调板如图 4.260 所示。

(3) 创建一个矩形选区,如图 4.261 所示。

(4) 设置"图层 1"为当前图层,单击"图层"调板下方的"添加图层蒙版"按钮,在"图层 1"上添加图层蒙版,如图 4.262 所示。

(5) 选中图层蒙版缩览图,同时执行【滤镜】|【画笔描边】|【喷色描边】和【喷溅】命令,应用两种滤镜,效果如图 4.263 所示。

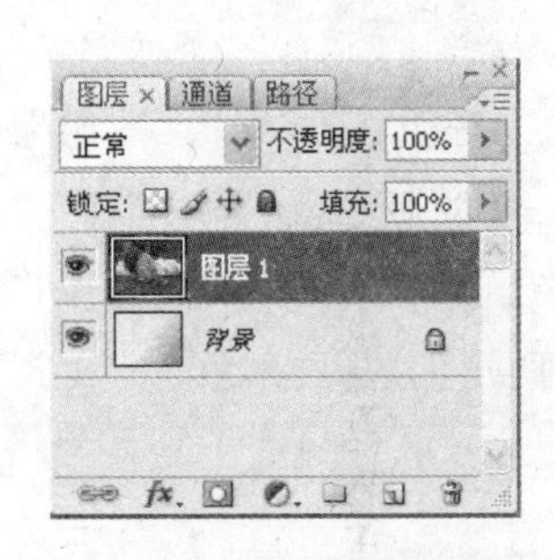

图 4.260　背景图层渐变填充

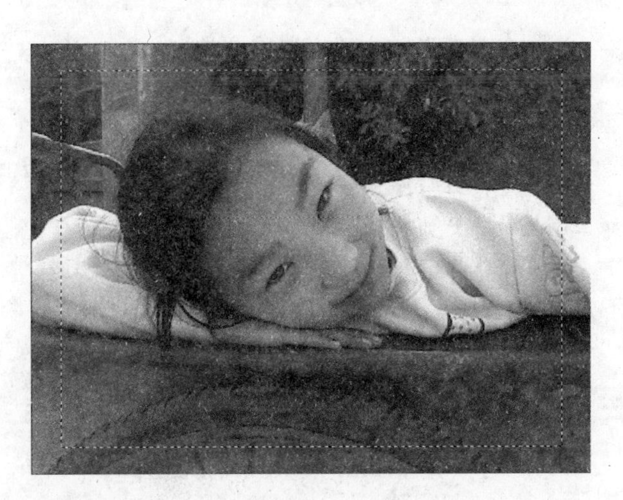

图 4.261　创建一个矩形选区

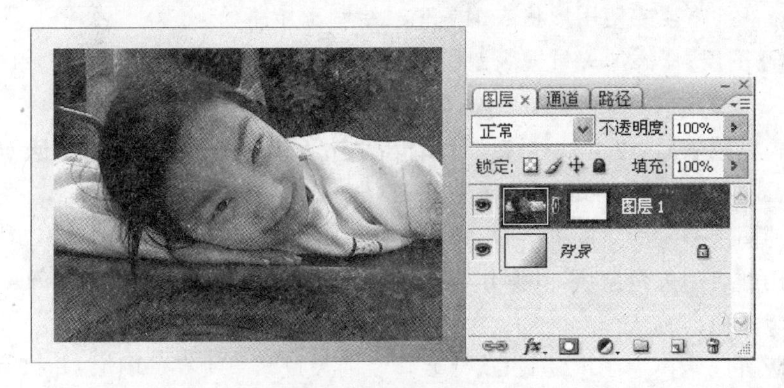

图 4.262　图层蒙版效果

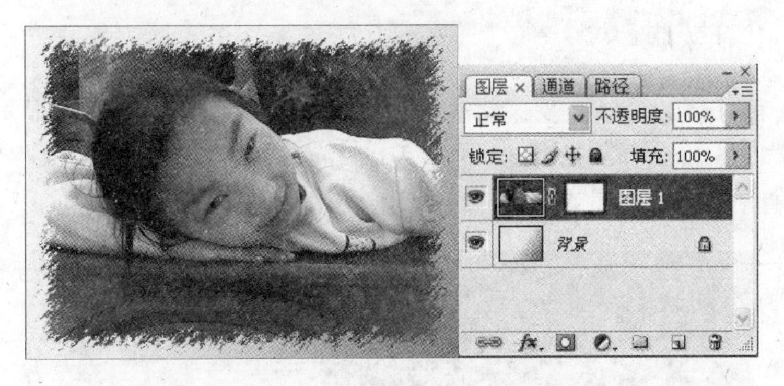

图 4.263　图层蒙版应用滤镜效果

4.9.8　矢量蒙版

矢量蒙版是由钢笔或形状工具创建的蒙版，与分辨率无关。可以使用矢量蒙版遮住整个图层或图层组，或者只遮住其中的所选部分。也可以编辑矢量蒙版，向蒙版区域中添加或减去内容。

添加矢量蒙版的方法有以下两种。

1. 为整个图层添加矢量蒙版

(1) 在图层调板中,选择要添加矢量蒙版的图层或图层组。

(2) 执行下列操作之一:

① 执行【图层】|【矢量蒙版】|【显示全部】命令,或者按住 Ctrl 键,同时单击"图层"调板下方的"添加图层蒙版"按钮,就可以创建显示整个图层的矢量蒙版。

② 执行【图层】|【矢量蒙版】|【隐藏全部】命令,或者按住 Alt 键和 Ctrl 键,同时单击"图层"调板下方的"添加图层蒙版"按钮,就可以创建隐藏整个图层的矢量蒙版。

2. 添加显示形状内容的矢量蒙版

(1) 在"图层"调板中,选择要添加矢量蒙版的图层或图层组。

(2) 选择一条路径或使用形状或钢笔工具绘制工作路径。

(3) 执行【图层】|【添加矢量蒙版】|【当前路径】命令,就可以创建显示形状内图像的矢量蒙版。

添加了矢量蒙版后,也可以对其进行编辑,单击矢量蒙版缩览图,使之成为当前选中状态,使用形状或钢笔工具就可以对矢量蒙版进行更改。

若要取消图层和蒙版之间的链接,可以单击"图层"调板中的链接图标取消链接关系。

若要停用和启用矢量蒙版,其操作方法和图层蒙版类似。删除和应用矢量蒙版的方法也与图层蒙版类似。

矢量蒙版可以转换为图层蒙版,选择要转换的矢量蒙版所在的图层,并执行【图层】|【栅格化】|【矢量蒙版】命令,一旦栅格化了矢量蒙版,就无法再将它改回矢量对象。

4.9.9 其他蒙版

其他蒙版有剪贴蒙版、文字选区蒙版等,其中剪贴蒙版在 4.8 节已作了介绍,即图层编组。文字选区蒙版是图层蒙版的特例,蒙版中以文字作为边界,可先利用文字蒙版工具创建文字选区,再为图层添加图层蒙版,效果和"图层"调板如图 4.264 所示。

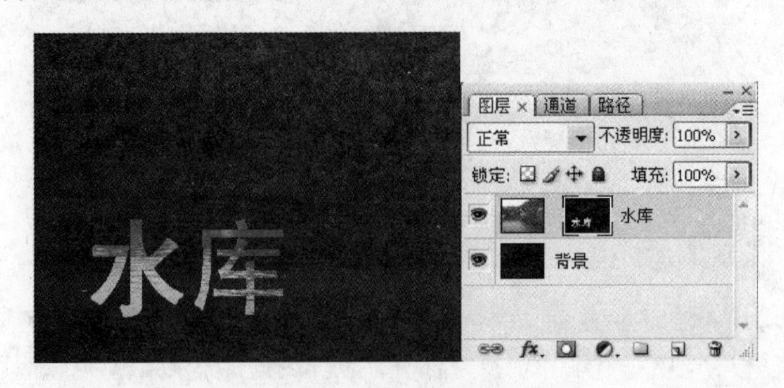

图 4.264 文字选区蒙版效果

4.10 滤 镜

滤镜是 Photoshop 中最具吸引力的工具之一,具有非常神奇的作用,可以在普通图像上快速实现艺术化、抽象化等效果。需要使用滤镜时,直接从“滤镜”菜单中执行相应命令,通常还会将多个滤镜组合使用以产生特殊效果。

4.10.1 滤镜的概念

从原理上讲,滤镜是一种植入 Photoshop 的外挂功能模块,是一种开放式的程序。在 Photoshop 中使用的滤镜包括内置滤镜和外挂滤镜,内置滤镜是安装软件时自带的一系列滤镜,外挂滤镜是由第三方厂商为 Photoshop 所生产的滤镜,数量庞大,种类繁多,用户可以根据需要安装和更新外挂滤镜。

在摄影技术中,为了丰富照片的图像效果,摄影师们在照相机的镜头前加上各种特殊镜片,这样拍摄得到的照片就包含了所加镜片的特殊效果,即称为“滤色镜”。

特殊镜片的思想延伸到计算机的图像处理技术中,便产生了“滤镜(filer)”,也称为“滤波器”,是一种特殊的图像效果处理技术。Photoshop 中的滤镜是一种插件模块,通过改变位图图像像素的位置和颜色生成各种效果。

Photoshop 中的滤镜功能是通过如图 4.265 所示的“滤镜”菜单来实现的,用户可以根据需要方便地选择不同的滤镜。内置滤镜的功能各异,大致可分为 3 种类型,第 1 类是修改类滤镜,它们可以修改图像中的像素,如素描、扭曲、纹理等滤镜,此类滤镜数量最多;第 2 类是复合类滤镜,此类滤镜有自己的工具和独特的操作方法,相对较独立,因此它们在“滤镜”菜单上被单独列出,如抽出、液化、消失点、图案生成器;第 3 类是创造类滤镜,此类滤镜不需要借助任何像素便可以产生效果,但其数量偏少,如云彩等滤镜。在后面会讲解各个典型滤镜的用法和效果。

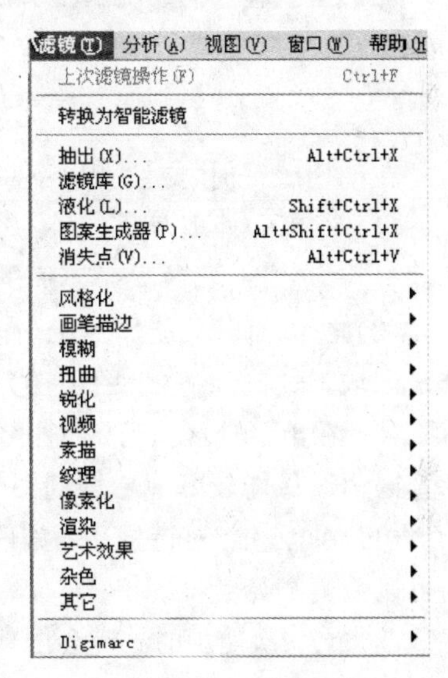

图 4.265 “滤镜”菜单

4.10.2 滤镜的基本操作

Adobe Photoshop CS3 提供了 3 种不同类型的执行滤镜的方法。部分滤镜只需直接从“滤镜”菜单中选择该命令即可执行,另一部分滤镜需要在出现的滤镜对话框中设置好参数后实现效果,还有一部分滤镜是通过“滤镜库”来实现参数设置。

下面通过一个例子来熟悉滤镜的基本操作。

首先打开一个文件,执行【滤镜】|【画笔描边】|【成角的线条】命令,弹出“滤镜库”对话框,如图 4.266 所示。设置好参数后单击“确定”按钮实现效果。大多数滤镜在预览框中可直接看到图像处理后的效果。

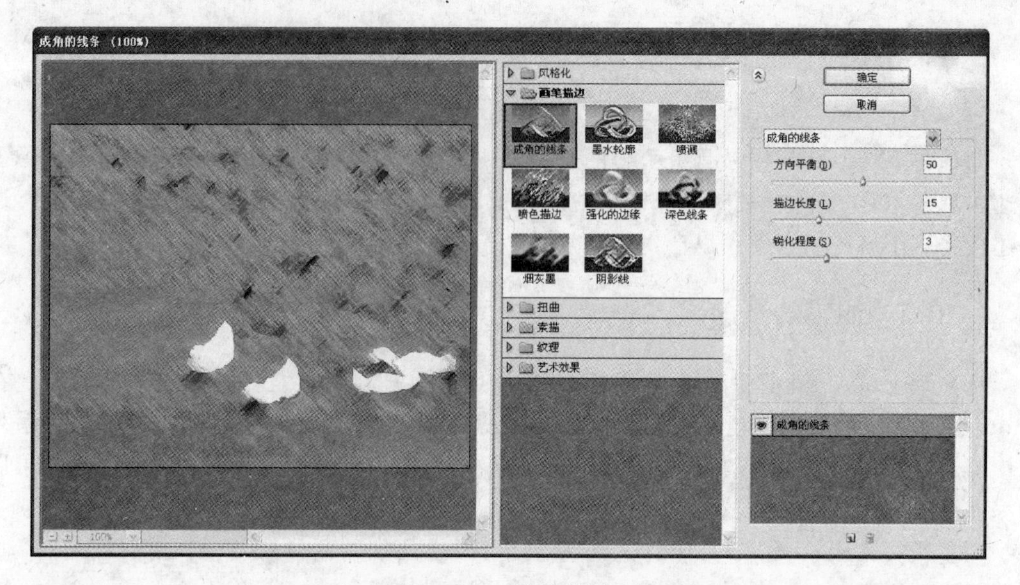

图 4.266　滤镜举例

在使用滤镜时,应注意以下事项。

(1) 滤镜的处理对象是每一个像素,处理效果与图像分辨率有关,用相同的参数来处理不同分辨率的图像,效果是不同的。

(2) 滤镜命令只能作用于当前正在编辑的、可见的图层或图层中的选定区域,如果没有选定区域,系统会将整个图层视为当前选定区域。

(3) 在某一选区执行滤镜命令前,最好先对选区执行【羽化】命令,这样使经过滤镜处理的选区内图像能较好地融合到图像中。

(4) 在"滤镜"对话框中,按下 Alt 键,"取消"按钮就会变成"复位"按钮,单击"复位"按钮可以恢复初始状况。

(5) 上一次使用的滤镜会出现在"滤镜"菜单的顶部,可以单击该命令,或者按下 Ctrl+F 组合键重复执行刚使用过的滤镜命令,但参数不能再调整。

(6) 按下 Ctrl+Alt+F 组合键,可以再次打开上次使用的"滤镜"对话框,再次调整参数。

(7) 要对图像使用滤镜,必须要了解图像色彩模式与滤镜的关系。RGB 颜色模式的图像可以使用 Adobe Photoshop CS3 下的所有滤镜,而不能使用滤镜的图像色彩模式有位图模式、16 位灰度图、索引模式、48 位 RGB 模式。有的色彩模式图像只能使用部分滤镜,如在 CMYK 模式下不能使用画笔描边、素描、纹理、艺术效果和视频类滤镜。

4.10.3　滤镜库

Photoshop 在平常的平面处理中,只有部分滤镜被经常使用,为了便于快速找到并使用它们,开发商将它们放在滤镜库中,这样极大地提高了图像处理的灵活性、机动性和工作效率。

执行【滤镜】|【滤镜库】命令,打开"滤镜库"对话框,如图 4.267 所示。

(1) 预览区:预览滤镜效果。

(2) 滤镜组/参数设置区:"滤镜组"中共包含 6 组滤镜,单击一个滤镜组前的 ▶ 按钮,

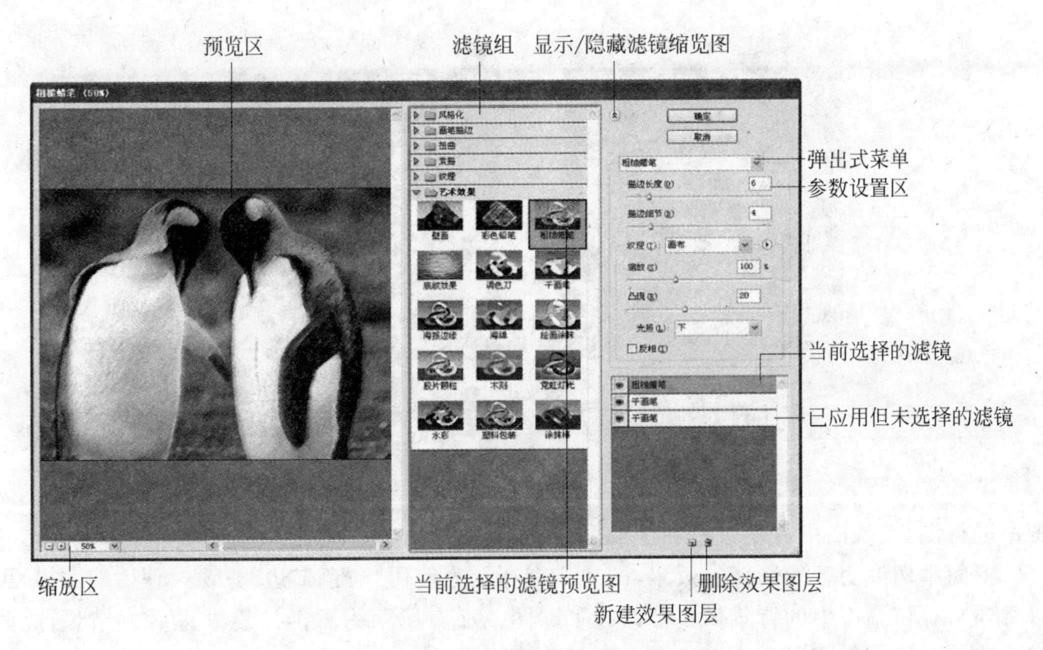

图 4.267 “滤镜库”对话框

可以展开或收缩该滤镜组，单击此滤镜组中一个滤镜便可使用该滤镜。右侧的参数设置区内会显示该滤镜的参数选项。

（3）当前选择的滤镜缩览图：显示当前使用的滤镜。

（4）显示/隐藏滤镜缩览图：单击该按钮，可以隐藏/显示滤镜组。

（5）弹出式菜单：单击按钮，可在打开的下拉菜单中选择一个滤镜。

（6）缩放区：单击 + 按钮，可放大预览区图像的显示比例，单击 − 按钮可缩小图像显示比例，也可以在其右边的本框中输入数值进行精确缩放。

另外，滤镜库提出了一个滤镜效果图层的概念，即可以为图像同时应用多个滤镜，每个滤镜被认为是一个滤镜效果图层，与普通图层一样，它们也可以进行复制、删除或隐藏等，从而将滤镜效果叠加起来，得到更加丰富的特殊图像。

当在“滤镜库”中选择一个滤镜后，该滤镜便会以效果图层的形式出现在对话框右下角的效果图层编辑区中，如图 4.268(a)所示。单击“新建效果图层”按钮，可添加一个效果图层，新效果图层会自动使用上一个效果图层的滤镜，可以选择图层，然后单击其他滤镜设置效果，如图 4.268(b)所示。

4.10.4 智能滤镜

1. 智能滤镜的概念

智能滤镜是 Adobe Photoshop CS3 中新增的功能，它兼具了滤镜和智能对象两种功能的特点，既体现了滤镜的外观，又具备智能对象可恢复原始数据的优势，可以随时修改滤镜参数，隐藏或者删除滤镜，或者按照图层蒙版的工作原理对其进行显示或隐藏等编辑。智能滤镜还具备了与混合模式相同的混合选项，可以直接将滤镜产生的效果与原智能对象中的

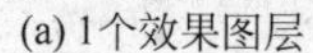

(a) 1个效果图层

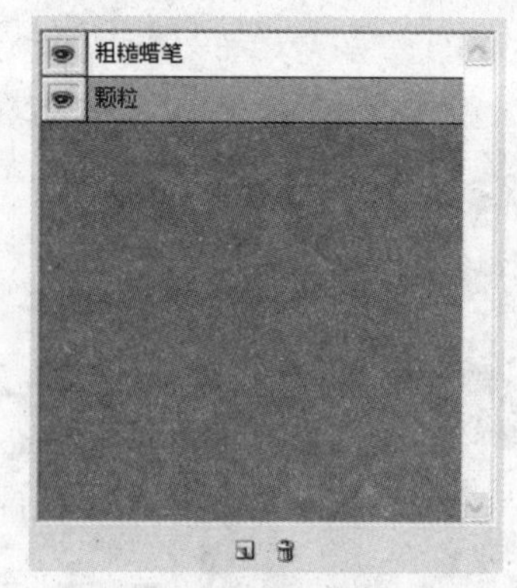

(b) 2个效果图层

图 4.268 滤镜效果图层

图像进行混合,从而更方便进行图像的融合。

下面举例说明智能滤镜的效果,图 4.269 所示为使用“喷色描边”滤镜处理后的效果,可以看到“图层”调板中的背景像素被修改了。图 4.270 所示为智能滤镜处理后的结果,此时图层调板中的背景图层的像素没有发生变化,将智能滤镜隐藏后,即可恢复图像。

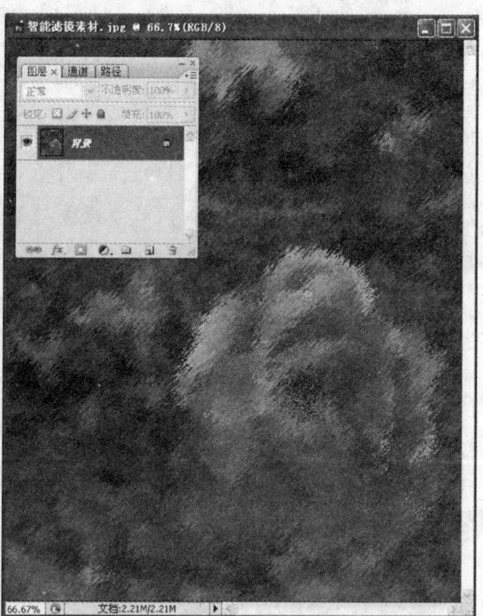

图 4.269 “喷色描边”效果

Adobe Photoshop CS3 中除“抽出”、“液化”、“图案生成器”和“消失点”之外的任何滤镜都可以作为智能滤镜应用,其中也包括支持智能滤镜的外挂滤镜。

2. 智能滤镜的使用方法

1) 应用智能滤镜

下面举例说明应用智能滤镜的操作步骤。

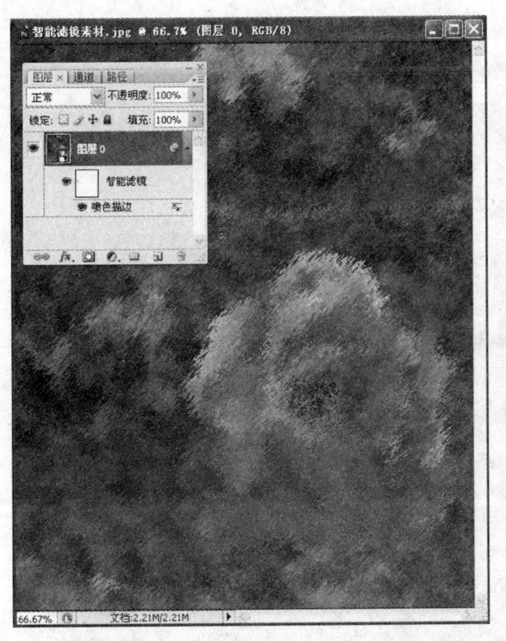

图 4.270 智能滤镜处理后的效果

(1) 打开一个素材文件。

(2) 将图像转换为智能对象，可以执行【图层】|【智能对象】|【转换为智能对象】命令，或者执行【滤镜】|【转换为智能滤镜】命令，将所选图层转换为智能对象，图层缩览图上出现一个图标，“图层”调板如图 4.271 所示。

图 4.271 智能滤镜素材和“图层”调板

(3) 用“多边形套索”工具选取车身，如图 4.272 所示。执行【选择】|【修改】|【羽化】命令，在打开的对话框中设置“羽化半径”为 50 像素，对选区进行羽化。

图 4.272 “多边形套索”选区效果

(4) 执行【滤镜】|【模糊】|【径向模糊】命令，在打开的“径向模糊”对话框中选择“缩放”单选按钮，设置数量为 30，然后在“中心模糊”设置框的右下角单击，设置此处为模糊的原点，如图 4.273 所示。单击“确定”按钮，即可对对象应用智能滤镜，使用后的效果如图 4.274 所示。在“图层”调板中可以看到，智能图层的下面出现了一个与图层样式相似的列表，列表中显示了滤镜的名称。

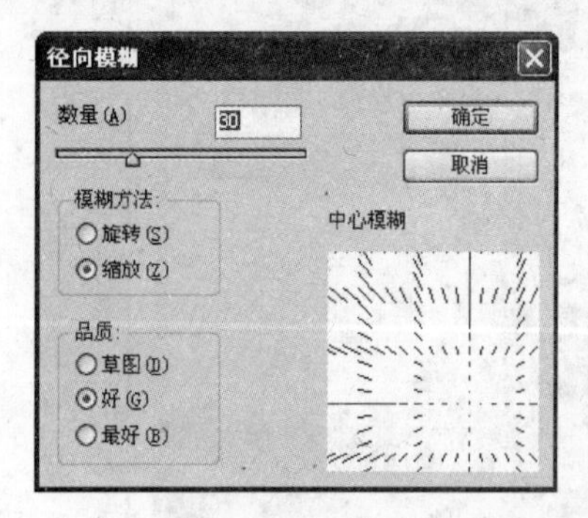

图 4.273 “径向模糊”对话框

2) 编辑智能滤镜

为图像添加了智能滤镜后可以对其进行编辑，在“图层”调板中双击智能滤镜，会弹出该滤镜的对话框，在对话框中可以修改滤镜的各种参数。

双击智能滤镜旁边的编辑混合选项图标，打开“混合选项”对话框，在该对话框中可以设置滤镜效果的不透明度和混合模式，如图 4.275 所示。混合模式和不透明度的设置与图层混合模式的相关设置方法类似。

单击“图层”调板中的“滤镜效果蒙版缩览图”按钮，可以利用画笔等绘图工具对蒙版进行修改，以改变滤镜的作用范围。其使用方法也与图层蒙版的使用类似。

3) 启用和停用智能滤镜

在“图层”调板的智能滤镜列表中，每一个滤镜的名称前面都有一个眼睛图标，如图 4.276(a)所示，如果要隐藏单个智能滤镜，可单击该滤镜旁的眼睛图标，如图 4.276(b)所

图 4.274 “径向模糊”智能滤镜效果

示；如果要隐藏当前图层中的所有智能滤镜，可单击智能滤镜旁边的眼睛图标，如图 4.276(c)所示；如果要重新显示智能滤镜，可在原眼睛处单击，重新显示眼睛图标即可。

图 4.275 “混合选项”对话框

4）复制与删除智能滤镜

在“图层”调板中，按住 Alt 键将智能滤镜从一个智能对象拖动到另一个智能对象，或拖动到智能滤镜列表中的新位置，即可复制智能滤镜。如果要复制所有智能滤镜，可按住 Alt 键拖动智能滤镜图标 。

如果要删除单个智能滤镜，可将该滤镜拖动到“图层”调板中的“删除图层”按钮 上。如果要删除一个图层的所有滤镜，可选择该图层，然后执行【图层】|【智能滤镜】|【清除智能滤镜】命令，如图 4.277 所示。

4.10.5 特殊滤镜

在 Adobe Photoshop CS3 的滤镜菜单中提供了 4 个特殊的滤镜，包括“抽出”、“液化”、“图案生成器”、“消失点”等。

1. 抽出滤镜

抽出滤镜可以快速而准确地将复杂的物体与其背景进行分离，下面举例说明该滤镜的

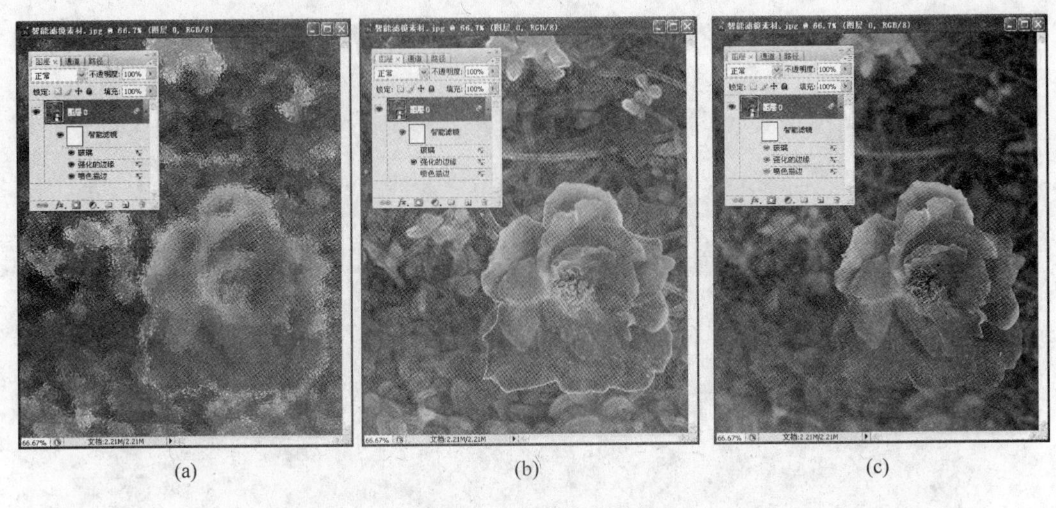
(a) (b) (c)

图 4.276 隐藏智能滤镜

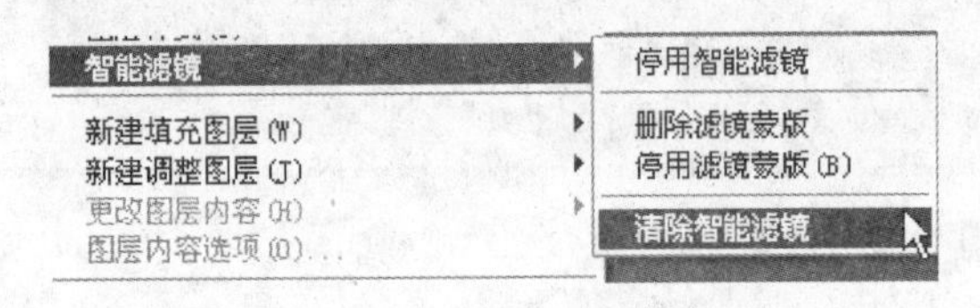

图 4.277 选择【清除智能滤镜】命令

使用方法。

(1) 打开一张素材图片。

(2) 执行【滤镜】|【抽出】命令，出现如图 4.278 所示的“抽出”对话框。

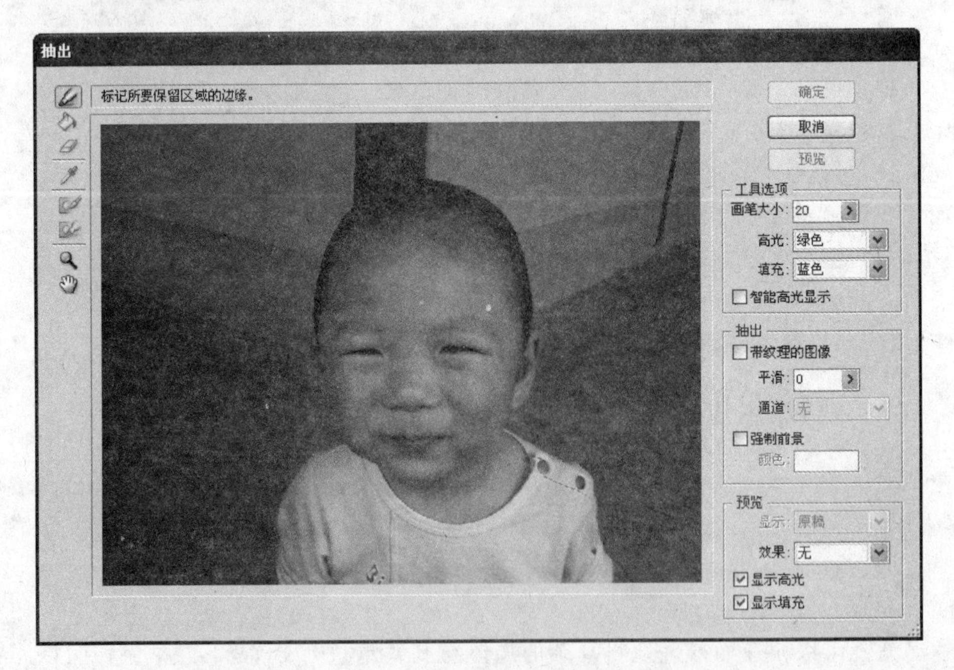

图 4.278 “抽出”对话框

(3) 单击该对话框左侧的“边缘高光器工具”图标按钮，在右侧选择合适的“画笔大小”，绘制轮廓，效果如图 4.279 所示。

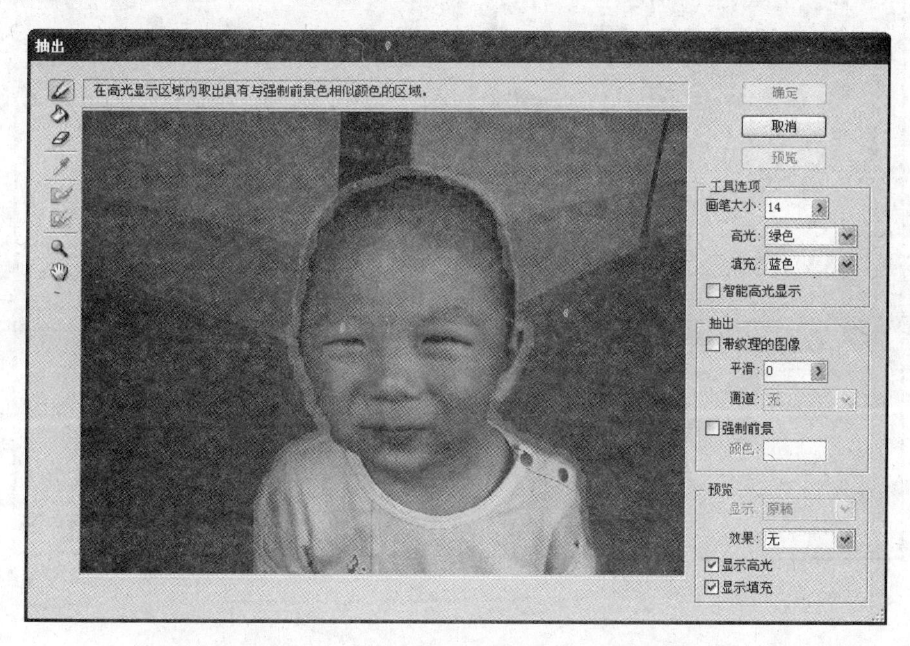

图 4.279 绘制轮廓

(4) 单击“填充工具”图标按钮，单击对象内部进行填充，如图 4.280 所示。

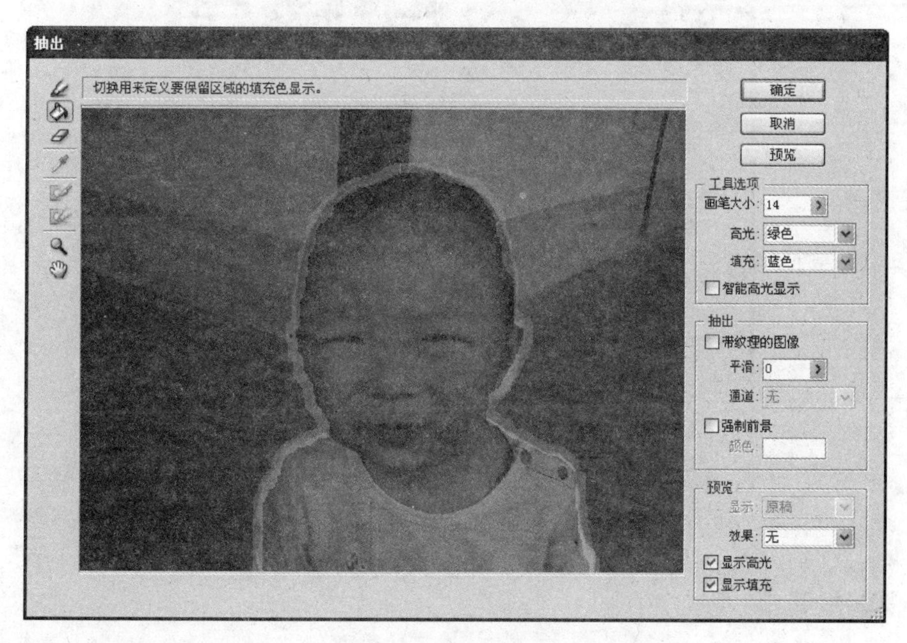

图 4.280 填充轮廓内部

(5) 单击“预览”按钮就可以预览到抽出的效果，如图 4.281 所示。如果不满意，可以单击“橡皮擦工具”、“清除工具”、“边缘修饰工具”等图标按钮进行修饰。

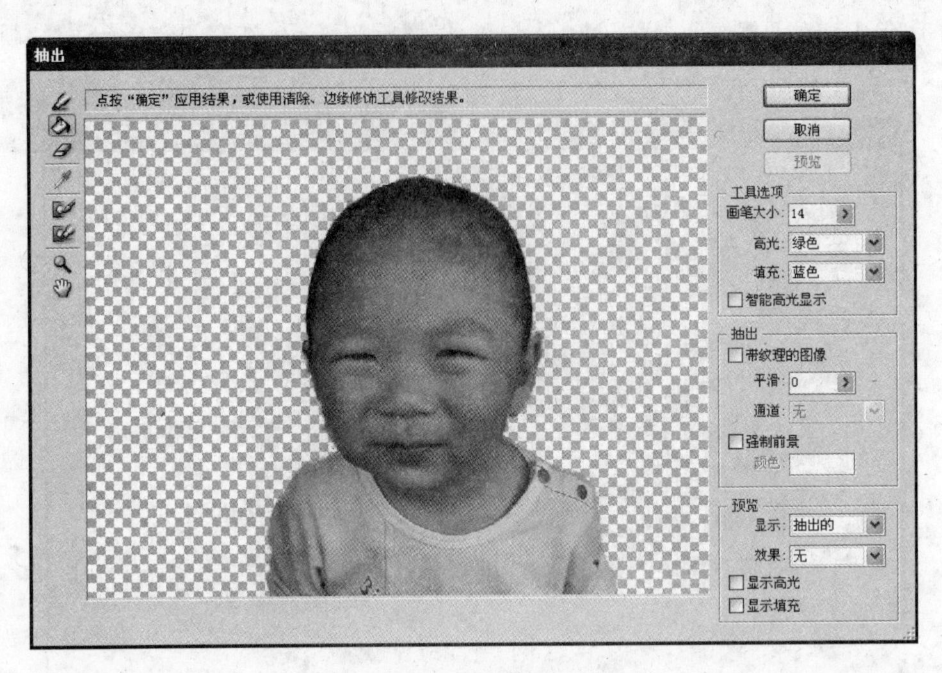

图 4.281　预览“抽出”效果

(6) 预览满意后，单击“确定”按钮，便可得到抽取出来的图像，如图 4.282 所示。也可以按住 Alt 键并单击“复位”按钮重新开始抽出命令。

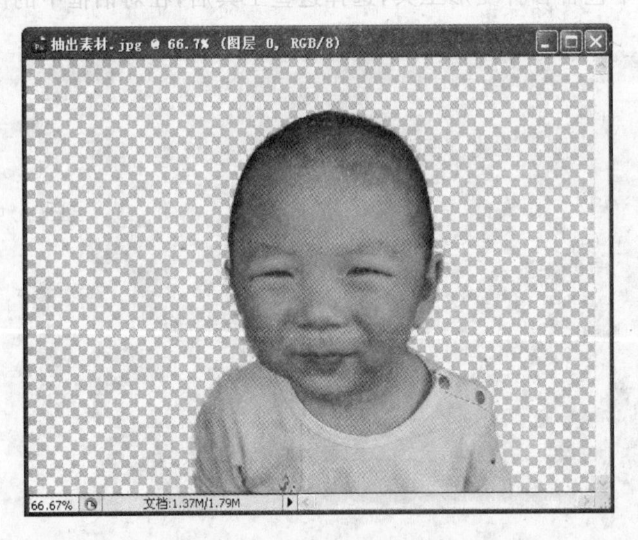

图 4.282　“抽出”最终效果

2. 液化滤镜

液化滤镜是修饰图像和创建艺术效果的强大工具，使用该滤镜可以非常灵活地创建推拉、扭曲、旋转、收缩等效果。下面也举例说明该滤镜的使用方法。

(1) 打开一张素材图片。

(2) 执行【滤镜】|【液化】命令，出现如图 4.283 所示的“液化”对话框。

图 4.283　“液化”对话框

“液化”对话框中包含各种变形工具，选择这些工具后，在对话框中的图像上单击并拖动鼠标涂抹即可进行变形处理，效果将集中在画笔区域的中心，并会随着鼠标在某个区域中的重复拖动而得到增强。介绍以下各种变形工具的作用。

① 向前变形工具：拖动鼠标时可以向前推动像素。

② 重建工具：在变形区域单击或拖动鼠标进行涂抹，可恢复图像。

③ 顺时针旋转扭曲工具：在图像中单击或拖动鼠标可以顺时针旋转像素（按住 Alt 键可逆时针旋转）。

④ 褶皱工具：在图像中单击或拖动鼠标，可以使像素向画笔中心移动，使图像产生向内收缩的效果。

⑤ 膨胀工具：在图像中单击或拖动鼠标，可以使像素向画笔区域以外的方向移动，使图像产生向外膨胀的效果；按住 Alt 键垂直向上拖动时，像素向右移动；按住 Alt 键向下拖动时，像素向左移动。如果围绕对象顺时针拖动，则可增加其大小，逆时针拖动时则减小其大小。

⑥ 左推工具：垂直向上拖动鼠标时，像素向左移动；向下推动，则像素向右移动；按住 Alt 键垂直向上拖动时，像素向右移动；按住 Alt 键向下拖动时，像素向左移动。如果围绕对象顺时针拖动，则可增加其大小，逆时针拖动则减小其大小。

⑦ 镜像工具：在图像上拖动时可以将像素复制到画笔区域，创建镜像效果。

⑧ 湍流工具：在图像上按住鼠标可以平滑地混杂像素。

⑨ 冻结蒙版工具/解冻蒙版工具：在对部分图像进行处理时，如果不希望影响其他区域，可以使用冻结蒙版工具在图像绘制出冻结区域（要保护的区域），然后使用变形工具处

理图像，被冻结的区域就不会受影响了。如果要解冻，就使用解冻蒙版工具涂抹冻结区域。

⑩ 缩放工具 /手抓工具 ：用于缩放图像和移动画面，也可以通过快捷键来操作。

(3) 单击左侧的“向前变形工具”图标按钮 ，在右侧“工具选项”中设置好参数，就可以使用该工具在图像上根据需要拖动，沿鼠标拖动方向图像被推开。产生如图 4.284 所示的效果。

图 4.284 “液化”效果 1

(4) 单击“膨胀工具”图标按钮对图像中的嘴巴进行处理，单击“褶皱工具”图标按钮对鼻子进行操作后，产生如图 4.285 所示效果。

3. 图案生成器滤镜

图案生成器滤镜可以将选取的图像重新组合起来以生成图案。下面举例说明其使用方法。

(1) 打开一个素材文件，执行【滤镜】|【图案生成器】命令，打开“图案生成器”对话框，如图 4.286 所示。

(2) 单击“矩形选框工具”图标按钮 选择一处图像，如图 4.287 所示。

(3) 在“图案生成器”对话框右侧设置合适的“宽度”和“高度”，用于指定拼贴大小，然后单击“生成”按钮，即可基于所选图像生成图案，如图 4.288 所示。

(4) 单击“再次生成”按钮，直到制作出满意的图案。

(5) 单击“存储预设图案”图标按钮 ，可将当前拼贴存储为预设图案。当生成多个图案后，可以单击切换按钮 1 / 1 切换图案。也可以选择“从历史记录中删除拼贴”删除当前图案。

图 4.285 “液化”效果 2

图 4.286 “图案生成器”对话框

图 4.287 “图案生成器”创建选区

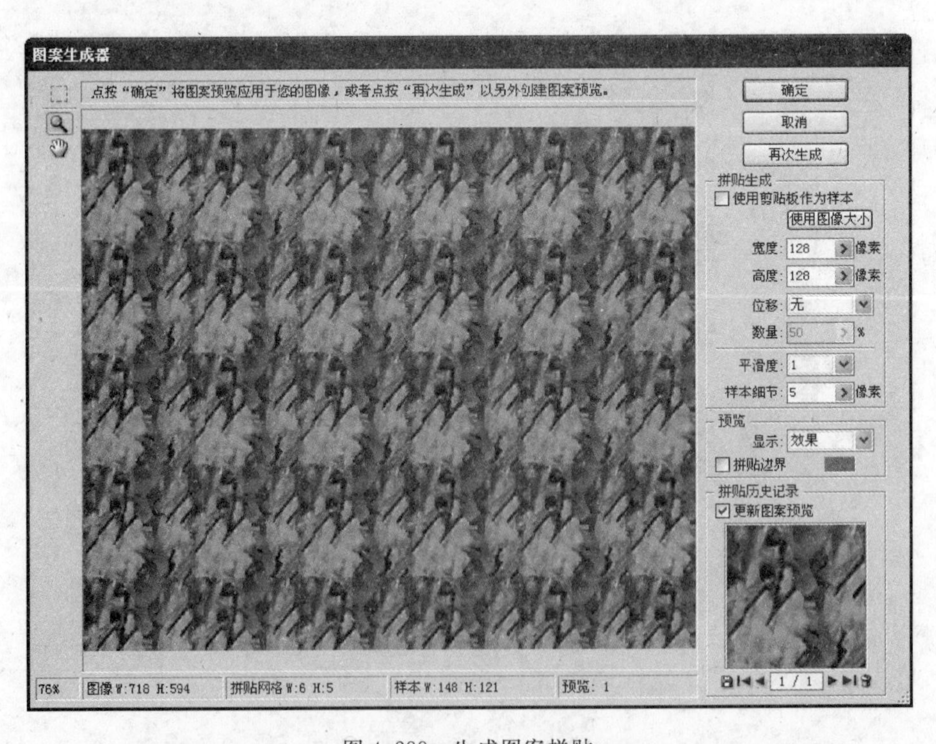

图 4.288 生成图案拼贴

4. 消失点滤镜

消失点滤镜可以在包含透视平面的图像中进行透视校正编辑。首先要在图像中指定透视平面，然后再进行绘画、仿制、复制或粘贴及变换等操作，所有的操作都采用该透视平面来处理，Photoshop 可以确定这些编辑操作的方向，并将它们缩放到透视平面，可以使编辑结果更加逼真。下面举例说明其使用方法。

(1) 打开一个素材文件，添加文字图层，并将文字图层栅格化，如图 4.289 所示。

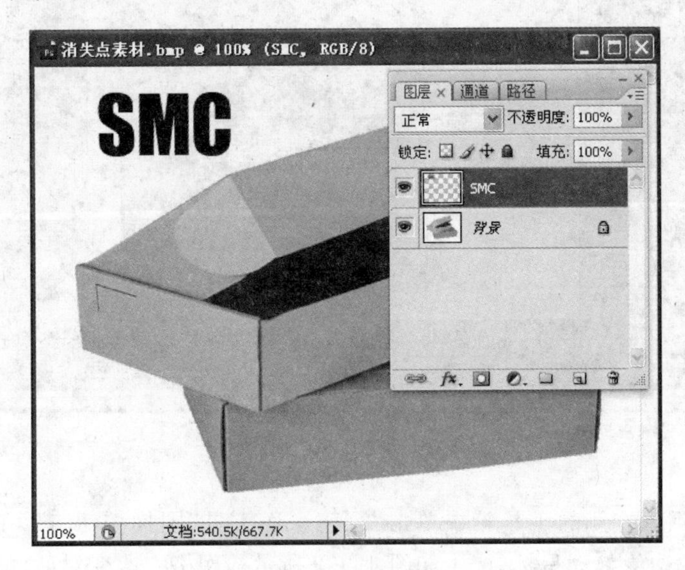

图 4.289 创建新图层

(2) 按下 Ctrl＋C 组合键将该图层内容复制到剪贴板中备用，并隐藏该图层，如图 4.290 所示。

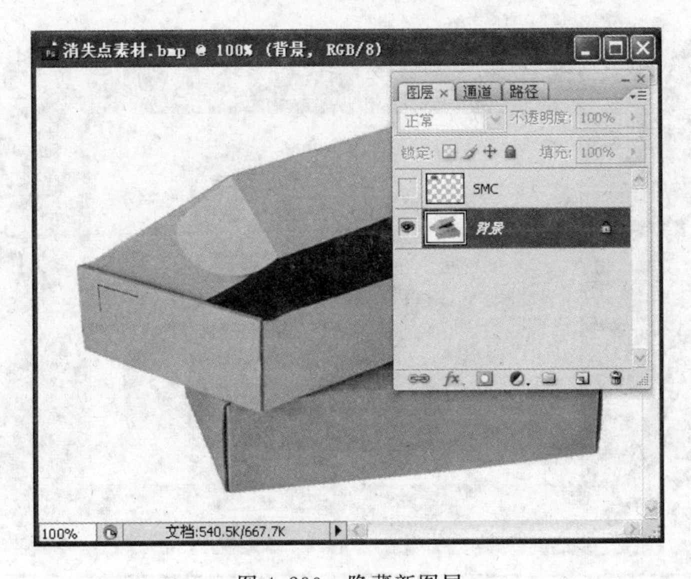

图 4.290 隐藏新图层

(3) 执行【滤镜】|【消失点】命令,打开“消失点”对话框,如图 4.291 所示。

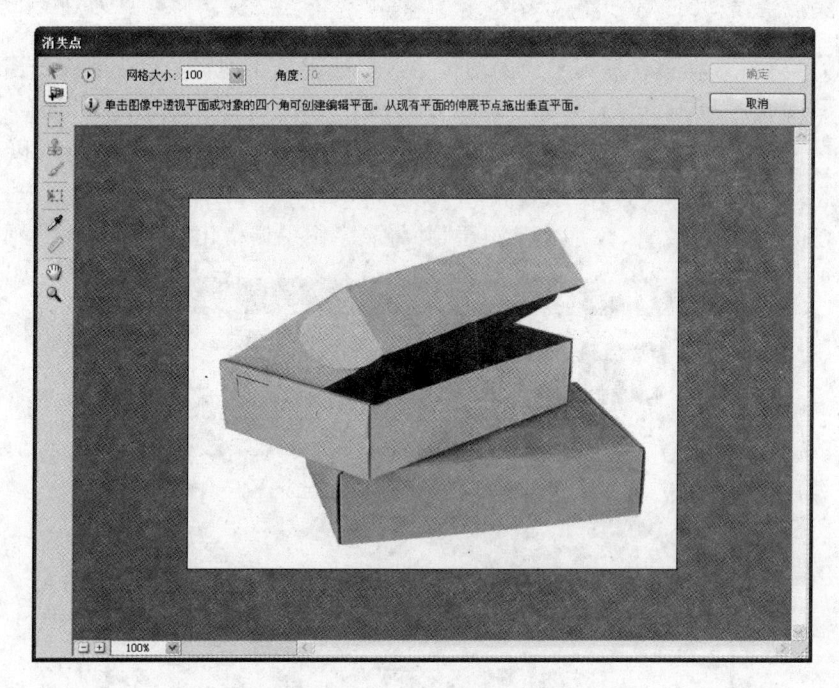

图 4.291 “消失点”对话框

(4) 从该对话框左侧的工具箱中单击“创建平面工具”图标按钮 ,在纸箱的一侧单击,然后沿纸箱的边缘拖动鼠标,产生如图 4.292 所示的网格。改变对话框上端“网格大小”的参数,可调节平面中的网格数量,如图 4.293 所示。

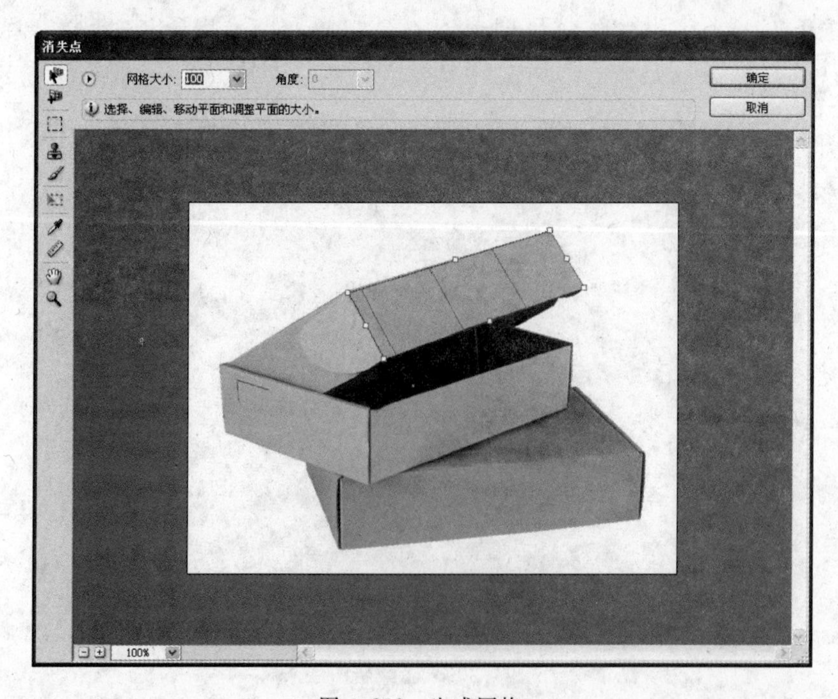

图 4.292 生成网格

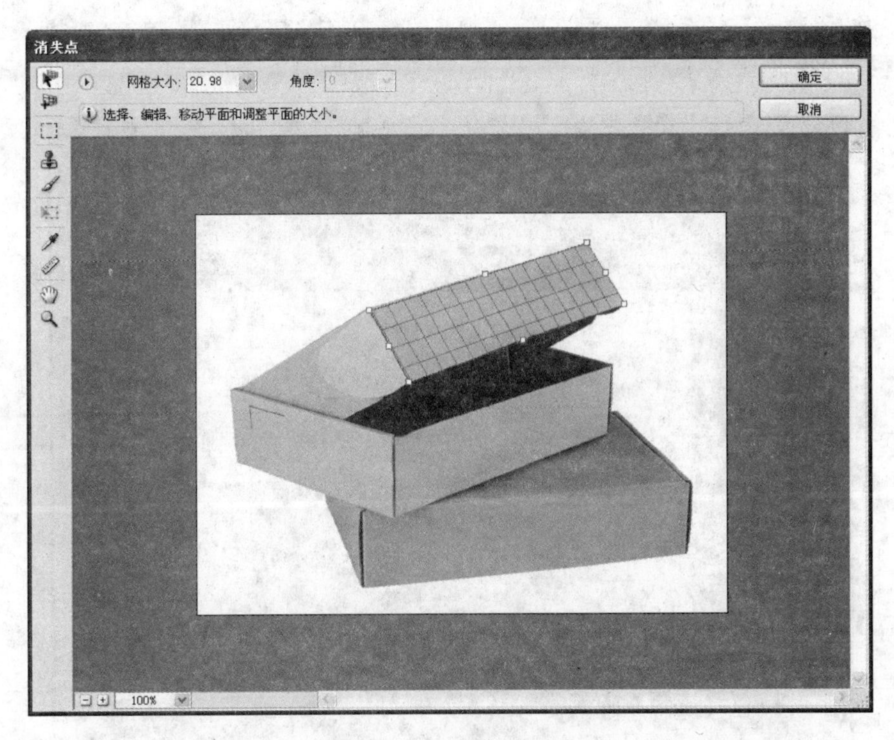

图 4.293 调节网格数量

(5) 按下 Ctrl+V 组合键,将复制到剪贴板中的内容粘贴到窗口,如图 4.294 所示。

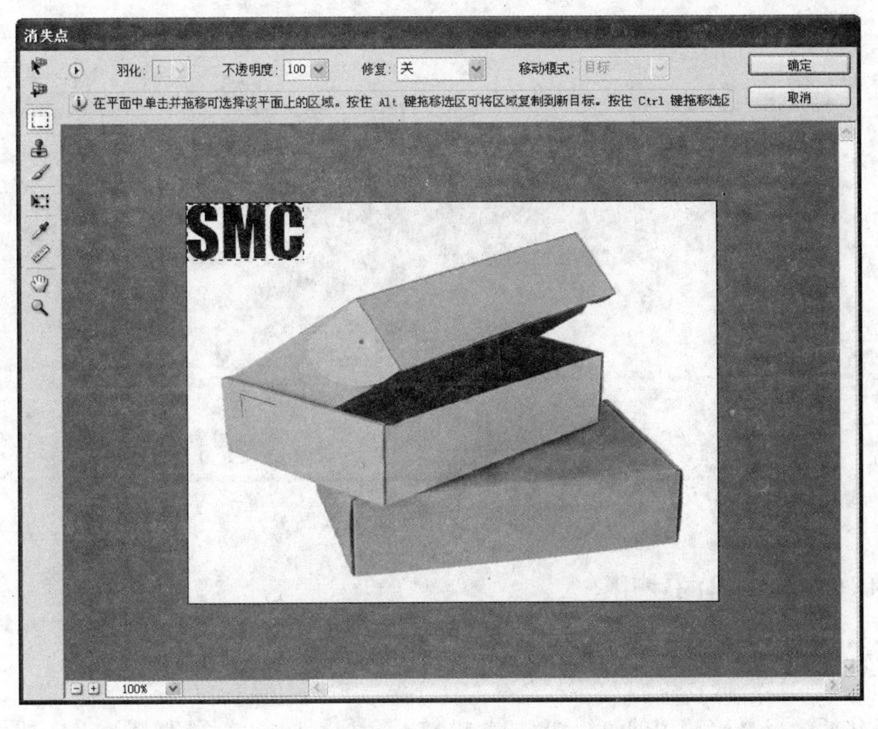

图 4.294 粘贴效果

(6) 拖动鼠标，将文字拖入网格平面中，系统将自动适应该平面，单击"变换工具"图标按钮 ，可变换图像大小，如图 4.295 所示，最终效果如图 4.296 所示。

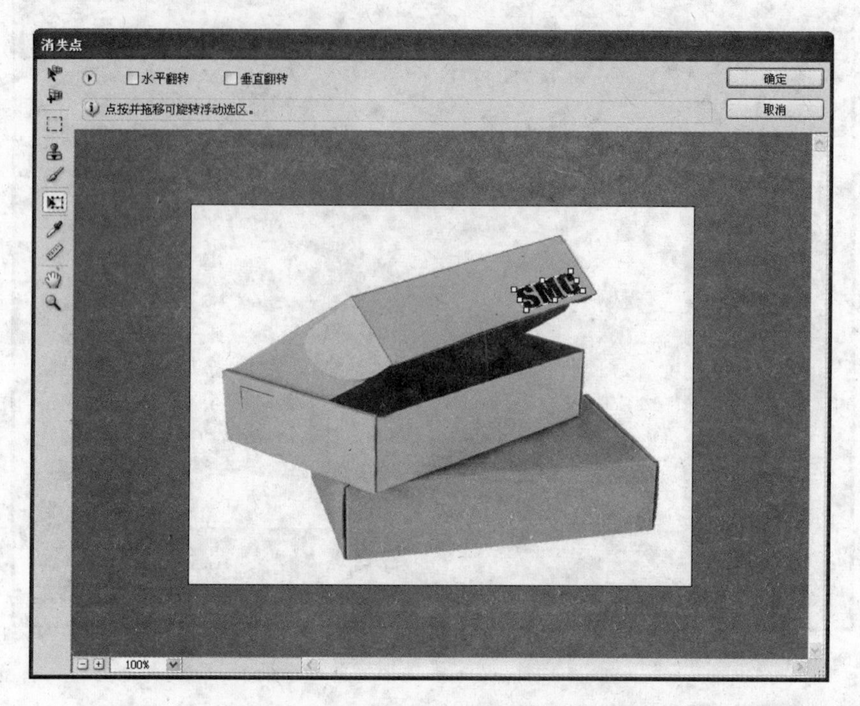

图 4.295 图像拖入网格调整大小后效果

图 4.296 "消失点"最终效果

4.10.6 滤镜组的使用

1. 风格化滤镜组

风格化滤镜组是较常用的一组滤镜，共提供了 9 种不同的滤镜，如图 4.297 所示，这些滤镜可以轻松地为图像添加绘画或印象派的艺术风格效果。

1）查找边缘

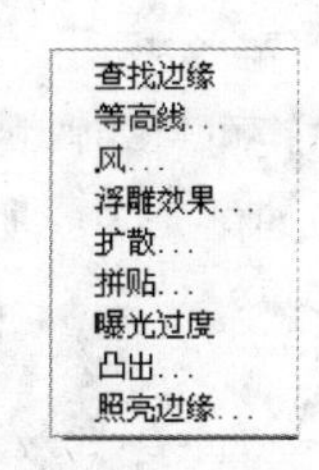

图 4.297 “风格化”滤镜组菜单

该滤镜的作用是自动搜索相邻像素对比度的变化比较大的边线，并将高反差区域变亮，低反差区域变暗，其他的介于两者之间，硬边变成线条，柔边变粗，形成清晰的轮廓。此滤镜对不同模式的彩色图像的处理效果不同。该滤镜无对话框。效果如图 4.298 所示。

2）等高线

该滤镜与查找边缘滤镜相似，所不同的是它围绕图像边缘勾画出一条较细的线，它要在每一个彩色通道内搜索轮廓线。

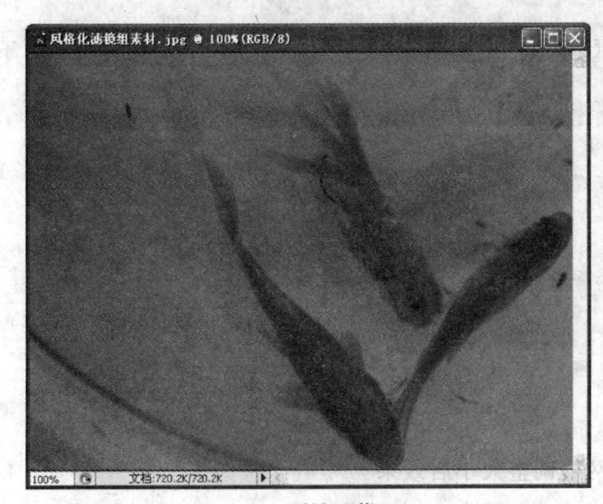

(a) 原始图像

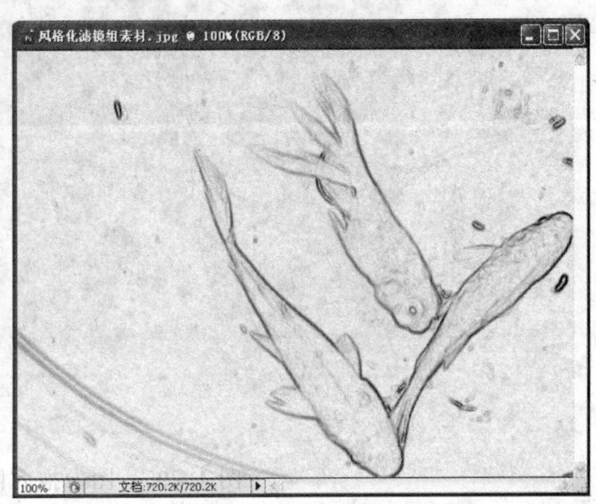

(b) 效果

图 4.298 “查找边缘”效果

3）风

该滤镜只在水平方向起作用。通过一些细小的水平线模拟风的效果。对话框和效果如图 4.299 所示。

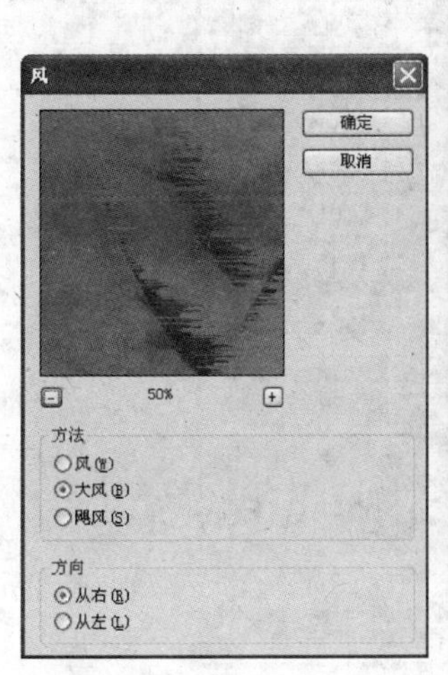

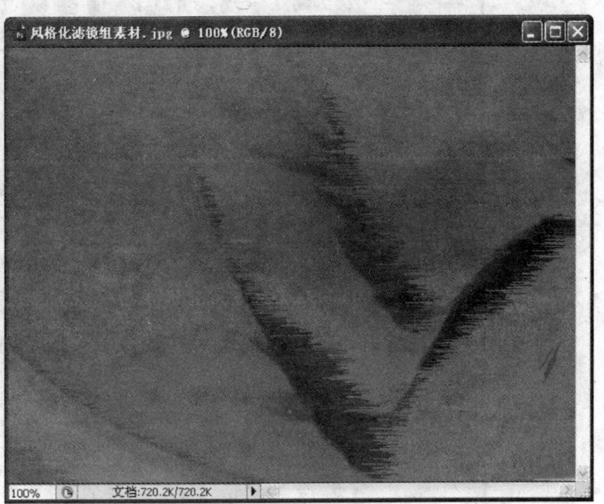

图 4.299 “风”效果

4）浮雕效果

该滤镜可以勾画图像或选区的轮廓，或降低周围色值来产生不同程度的凸起和凹陷效果。效果如图4.300所示。

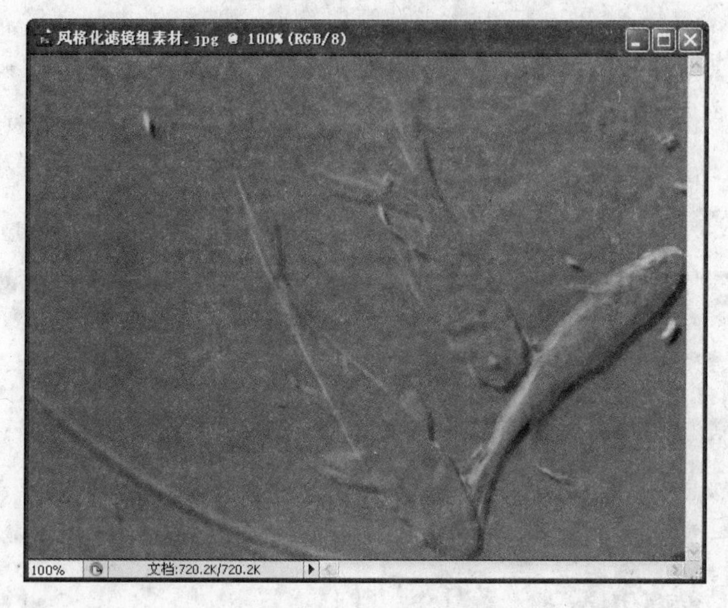

图4.300 浮雕效果

5）扩散

该滤镜可以实现磨砂玻璃的效果，将图像中相邻的像素随机替换使图像扩散。

6）拼贴

该滤镜可以实现图像分割的效果，使图像就像是白瓷砖拼贴在一起一样。效果如图4.301所示。

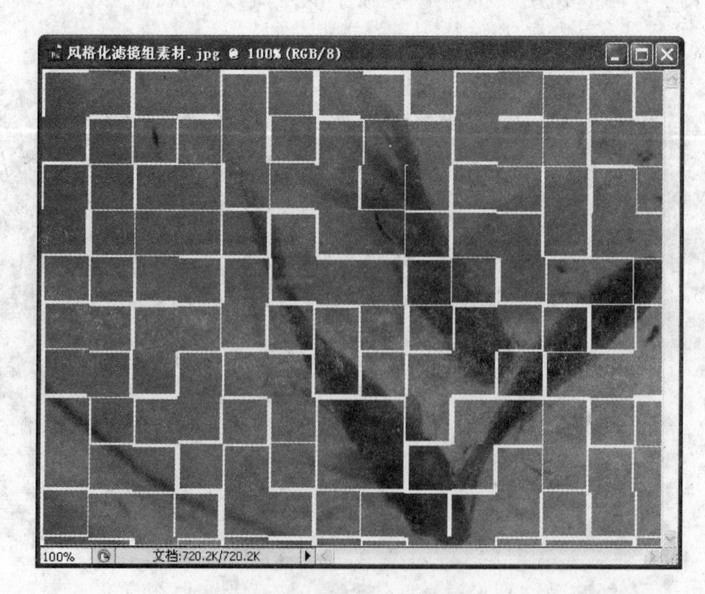

图4.301 “拼贴”效果

7）曝光过度

将图像的正片与负片混合，产生就像在摄影中增加光线强度的过度曝光的效果，使用一次该滤镜和多次使用该滤镜的效果相同。

8）凸出

该滤镜可以用来制作处于三维空间的物体，用户可以将图像转化为一系列的三维物体。

9）照亮边缘

该滤镜可以制造发光效果，搜索图像边缘，并加强其过渡像素。

2. 画笔描边滤镜组

画笔描边滤镜组可使图像具有多种手绘式或艺术画的外观，还可通过增加笔触、笔纹杂点润化细节加上材质而做出点描式绘画效果。滤镜组共提供了8种滤镜，如图4.302所示。

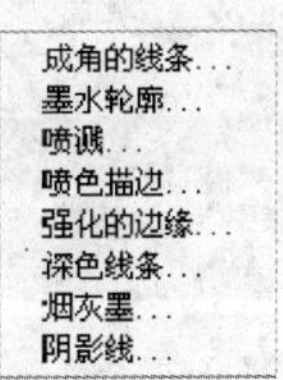

图4.302 “画笔描边”滤镜组菜单

下面简单介绍几种画笔描边滤镜。

1）成角的线条

该滤镜产生倾斜笔画的效果。在图像中产生倾斜的线条。“成角的线条”对话框如图4.303所示。在该对话框中可以设置“方向平衡”、“描边长度”、“锐化程度”等参数。

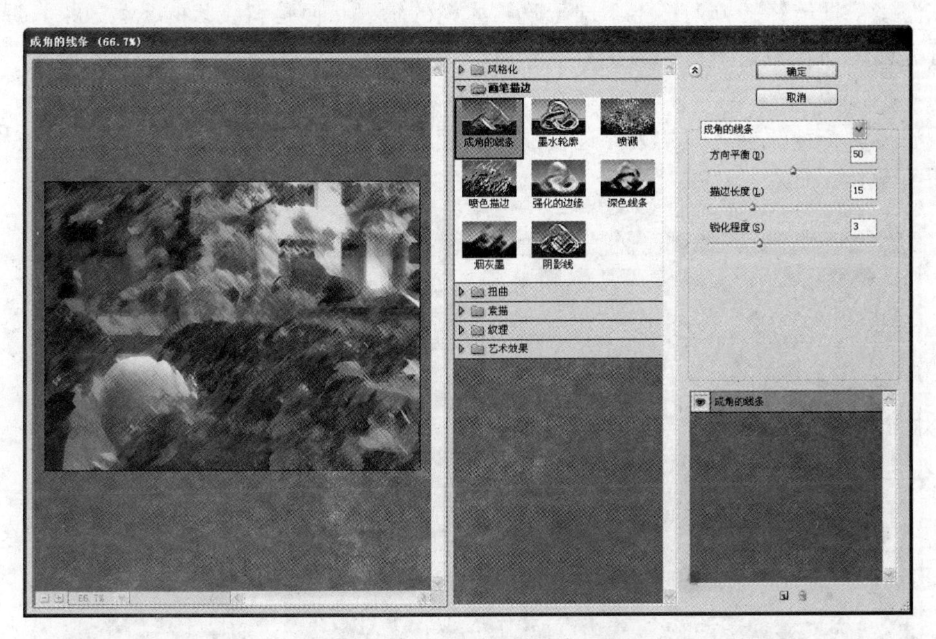

图4.303 “成角的线条”对话框

2）墨水轮廓

该滤镜可以产生类似钢笔描绘的图像，“墨水轮廓”对话框如图4.304所示。

3）喷溅

该滤镜产生辐射状的笔墨溅射效果，可使用喷溅滤镜做水中倒影。

图 4.304 “墨水轮廓”对话框

4）喷色描边

该滤镜依据笔锋的方向产生不同于喷溅滤镜的辐射状而是斜纹状的飞溅效果。原理是用带有方向的喷点覆盖图像中的主要颜色。

5）强化的边缘

该滤镜对各种颜色之间的边界进行强化处理，从而突出图像的边缘。“强化的边缘”对话框如图 4.305 所示。在该对话框中可以设置 3 个参数。

图 4.305 “强化的边缘”对话框

(1)“边缘宽度”文本框：设置描画的图像边缘的宽度，值越大，边缘线条越宽。

(2)“边缘亮度”文本框：设置描画的图像边缘的亮度，值越大，边缘越亮。

(3)“平滑度”文本框：设置边缘与图像间的平滑程度。

6）深色线条

该滤镜产生很强的黑色阴影，用柔和且短的线条使暗调区变黑，用白色长线条填充亮调区。

7）烟灰墨

该滤镜产生像蘸满墨水的画笔在传统的纸上作画一样，使图像具有模糊的边缘和大量的黑色墨迹。

8）阴影线

该滤镜产生交叉网状的笔画，给人随意编织的感觉。

3. 模糊滤镜组

模糊滤镜组中共提供了11种滤镜，如图4.306所示。主要用来修饰边缘过于清晰或对比过于强烈的图像或选区，达到柔化选区或整个图像的效果。下面主要介绍几种滤镜的使用方法。

1）表面模糊

使用该滤镜后，在保留边缘的同时模糊图像，还可以用来创建特殊效果并消除杂色和颗粒。

2）动感模糊

该滤镜用于沿特定的方向，以特定的强度对图像或选区进行模糊。效果类似于固定的曝光时间给一个正在运动的对象拍照所形成的残影效果。“动感模糊”对话框如图4.307所示。

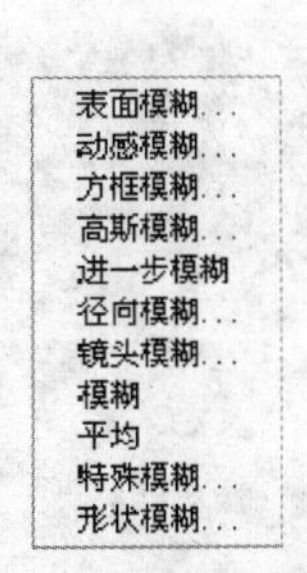

图4.306 “模糊”滤镜组菜单

图4.307 “动感模糊”对话框

“角度”文本框：设置动感模糊的方向，取值范围为360°～－360°，可在文本框中直接输入数值，也可拖动右边的指针，以确定残影的方向。

“距离”文本框：设置动感模糊的强度，取值范围为1～999。数值越大，模糊程度越大。

3）方框模糊

该滤镜可以根据相邻像素的平均颜色值来模糊图像。

4）高斯模糊

该滤镜是比较常用的一种。通过拖动“半径”滑块，可以快速而方便地调整图像的模糊程度，能够产生较强烈的模糊效果。使用高斯模糊可以减弱甚至消除图像的杂点效果；该滤镜还常常用于虚化图像中的背景部分，使主题对象更加突出，如图 4.308 所示。

5）模糊与进一步模糊

这两个命令都可以用来消除杂色。“模糊”可以对边缘过于清晰、对比度过高的区域进行光滑处理，能产生轻微的模糊效果，“进一步模糊”效果比“模糊”要强三四倍。

6）径向模糊

模仿使用旋转的相机或前后移动的相机拍摄所产生的模糊效果。“径向模糊”对话框如图 4.309 所示。

图 4.308 “高斯模糊”对话框

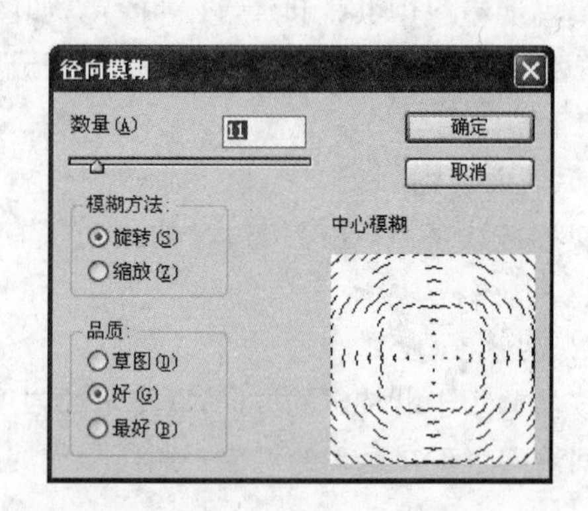

图 4.309 “径向模糊”对话框

(1)“数量”文本框：设置模糊的程度，取值范围是 1～100。数值越大，模糊程度越高。

(2)“模糊方法”单选框：选择模糊的方法，包括“旋转”和“缩放”两种。旋转方法是沿同心圆环线模糊；缩放方法则沿径向线模糊，好像在放大或缩小。实现效果如图 4.310 所示。

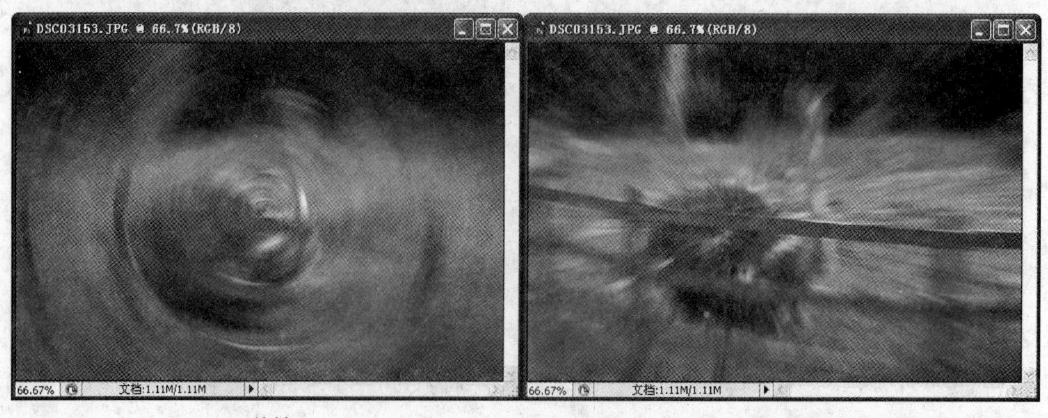

(a) 旋转 (b) 缩放

图 4.310 “径向模糊”效果

（3）“品质”单选框：选择模糊效果的品质，包括“草图”、“好”和“最好”3 种。

7）镜头模糊

通过模糊图像中的指定区域，产生较窄的景深效果。就像使用调焦相机拍照一样，使图像中的主题对象位于焦距内而清晰，其他对象因位于焦距外而变得模糊。

使用该滤镜时，可以利用简单的选区来确定图像的哪些区域变模糊，或者利用 Alpha 通道深度映射来准确描述模糊的程度及需要模糊区域的位置。可以使用 Alpha 通道和图层蒙版来创建深度映射；在 Alpha 通道中，黑色区域即图像中位于焦距内的区域，白色区域是要被模糊的区域。

8）平均

该滤镜用于查找图像平均颜色，用该颜色填充图像，可创建平滑外观。

9）特殊模糊

该滤镜提供半径、阈值和模糊品质等设置选项，可以更加精确地模糊图像。

10）形状模糊

该滤镜用于指定形状的特殊模糊的创建。

4. 扭曲滤镜组

扭曲滤镜用来创建各式各样的扭曲效果，从水滴形成的波纹到水面的旋涡效果都可以处理，它是模拟三维建模效果，还可以单独地对图像中选择的区域进行变形扭曲。包含的滤镜组如图 4.311 所示。

1）波浪

该滤镜产生具有波纹效果的图像，使图像产生扭曲摇晃的效果。“波浪”对话框如图 4.312 所示，可设置的主要参数有：

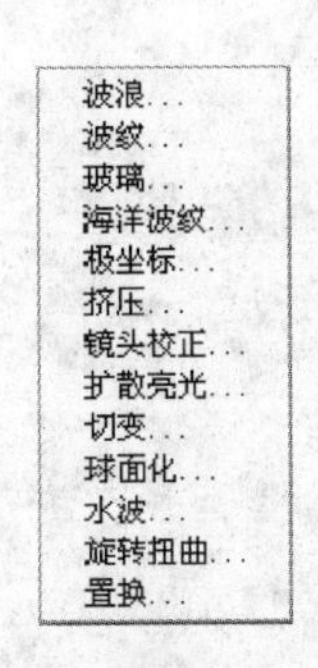

图 4.311　“扭曲”滤镜组菜单

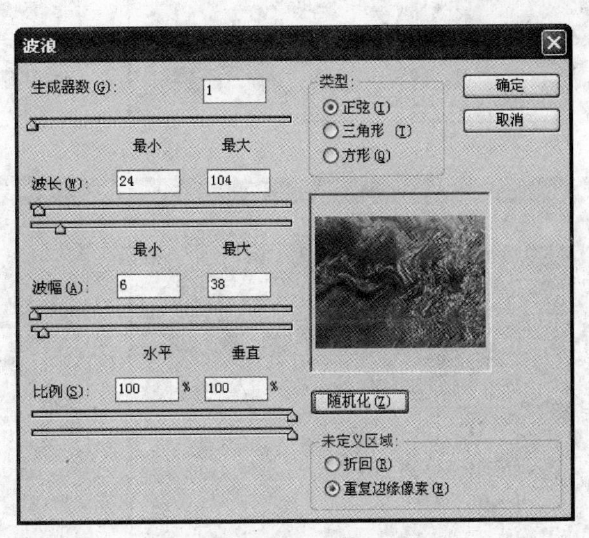

图 4.312　“波浪”对话框

（1）“生成器数”文本框：产生波浪的生成参数，范围为 1～999。

（2）“波长”文本框：设置最大和最小的波长。

（3）“类型”单选框：波浪的波动方式可选“正弦”、“三角形”或“方形”。

(4)"随机化"按钮：设置随机化值，随机改变波浪效果，若用户对波浪效果不满意，可多次单击此按钮得到不同的波浪效果。

2）波纹

该滤镜产生如同水面波纹的效果。

3）玻璃

该滤镜产生的效果如同在图像的正前方有层玻璃。其参数"纹理"可设置"结霜"、"块状"、"画布"、"小镜头"、"载入纹理"几种。

4）海洋波纹

该滤镜产生水面涟漪的效果。可设置波纹大小和波纹幅度。

5）水波

该滤镜产生的图像具有波纹效果，好像水中泛起的涟漪。

以上扭曲滤镜产生的效果如图 4.313 所示。

6）极坐标

该滤镜可以将图像由直方坐标转换为极坐标系，能将直的物体拉弯，圆形物体拉直。

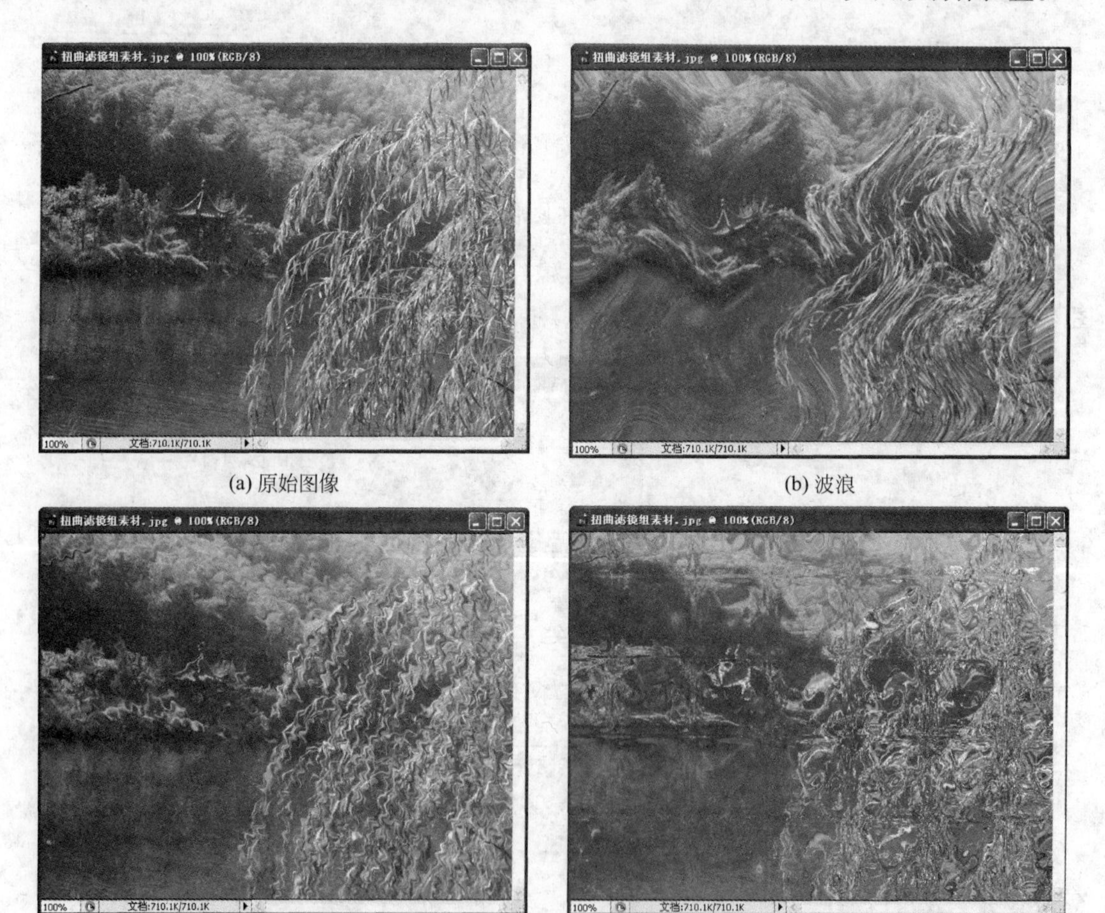

(a) 原始图像　　(b) 波浪

(c) 波纹　　(d) 玻璃

图 4.313 "扭曲"滤镜组部分效果

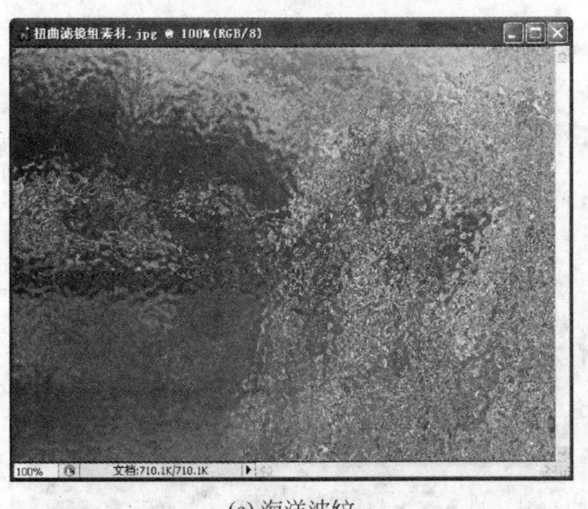

(e) 海洋波纹

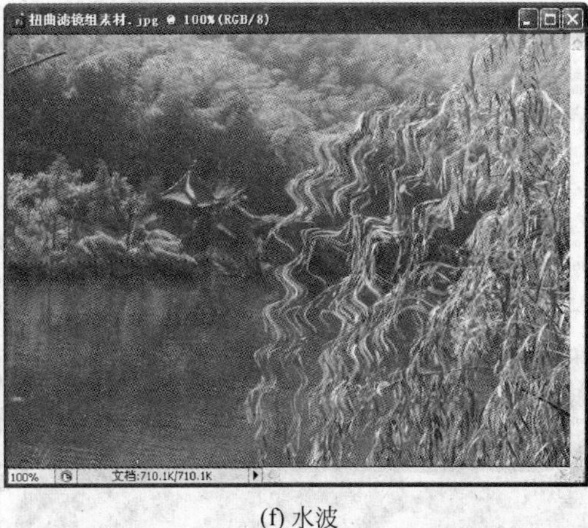

(f) 水波

图 4.313 (续)

7) 挤压

该滤镜产生从内到外或从外到内的挤压效果。

8) 镜头校正

该滤镜校正普通相机的镜头变形失真的缺陷。

9) 扩散亮光

该滤镜产生一种弥散着光和热的效果。在图像的亮调区添加柔和的灯光效果,灯光的颜色由背景决定,而且灯光的强度随着远离亮调中心而逐渐减弱。

10) 切变

该滤镜可以通过调整对话框中的曲线扭曲图像,实现将图像中的物体拉长和弯曲的效果。

11) 球面化

该滤镜将图像包在球面上的立体效果。

12) 旋转扭曲

该滤镜可以旋转选区,中心的旋转程度比边缘的旋转程度大,指定角度时可生成旋转扭曲图案,在"旋转扭曲"对话框中可以设置角度值。

以上滤镜产生的效果如图 4.314 所示。

13) 置换

该滤镜可以使图像产生位移,它和其他滤镜的工作方式有所不同,它不但依赖于参数的决定,更依赖于位移图的选取,主要是根据另一图像的亮度值将现在的图像重新排列为另外的形状。

5. 锐化滤镜组

锐化滤镜组中包含 5 种滤镜,它们可以通过增强相邻像素间的对比度来聚焦模糊的图像,使图像更清晰。菜单如图 4.315 所示。

(a) 原始图像

(b) 极坐标

(c) 挤压

(d) 镜头校正

(e) 扩散亮光

(f) 切变

图 4.314 “扭曲”滤镜组部分效果

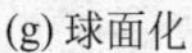
(g) 球面化

(h) 旋转扭曲

图 4.314 （续）

1）锐化

通过增加像素间的对比度使图像变得清晰，该滤镜无对话框，锐化效果不是很明显。

USM 锐化...
进一步锐化
锐化
锐化边缘
智能锐化...

图 4.315 “锐化”滤镜组菜单

2）进一步锐化

比“锐化”滤镜的效果强烈些，相当于应用了两三次“锐化”滤镜。

3）锐化边缘

查找图像中颜色发生显著变化的区域，但只锐化图像边缘，同时保留总体平滑度。

4）USM 锐化

查找图像中颜色发生显著变化的区域，具有更多功能选项。“USM 锐化”对话框如图 4.316 所示。

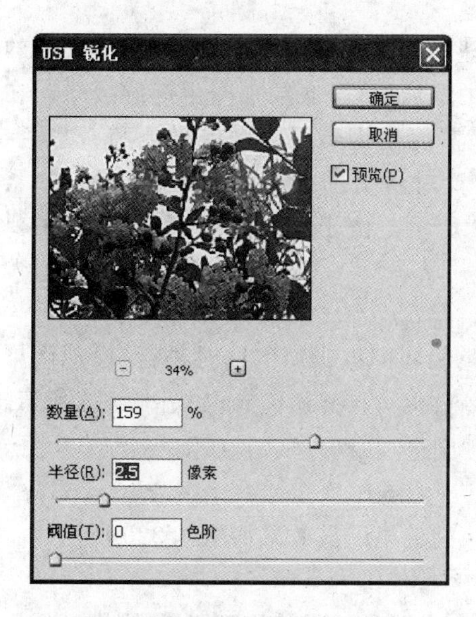

图 4.316 “USM 锐化”对话框

（1）“数量”文本框：设置相邻像素增加对比度的数量，也可以移动滑块来调整。

（2）“半径”文本框：设置锐化影响的边缘像素的数目。

（3）“阈值”文本框：设置锐化的像素与周边像素相差的数值。

5）智能锐化

与“USM 锐化”滤镜有些相似，但它具有独特的锐化控制功能，通过该功能可设置锐化算法，或控制在阴影和高光区域中进行的锐化量。操作时，可以将文档窗口缩放到 100%，以便精确地查看锐化效果。“智能锐化”对话框如图 4.317 所示。

6. 视频滤镜组

视频滤镜组中包含两种滤镜，它们可以将普通

图 4.317 “智能锐化”对话框

的图像转换为视频设备可以接收的图像。

“NTSC 颜色”滤镜会将色域限制在电视机重现可以接受的范围内，以防止过饱和的颜色渗到电视扫描行中，这样 Photoshop 中的图像便可以被电视接收。

通过隔行扫描方式显示画面的电视，以及视频设备中捕捉的图像都会出现扫描线，“逐行滤镜”可以移去视频图像中的奇数或偶数隔行线，使在视频上捕捉的运动图像变得平滑。

半调图案...
便条纸...
粉笔和炭笔...
铬黄...
绘图笔...
基底凸现...
水彩画纸...
撕边...
塑料效果...
炭笔...
炭精笔...
图章...
网状...
影印...

图 4.318 “素描”滤镜组菜单

7. 素描滤镜组

“素描”滤镜可以将纹理添加到图像，使图像产生类似素描的艺术效果。还可以在图像中增加纹理、底纹来产生三维效果。在“素描”滤镜组中，一些滤镜需要使用到图像的前景色和背景色，因此前景色和背景色的设置对滤镜的效果起到很大作用。“素描”滤镜组菜单如图 4.318 所示。由于滤镜数量较多，下面主要介绍几种常用滤镜的效果。

1）半调图案

该滤镜可以保持连续色调和模拟半调网同时进行，模拟网屏效果。打开一个文件，执行【滤镜】|【素描】|【半调图案】命令，打开滤镜库，如图 4.319 所示。在“图案类型”下拉列表框中可以选择模拟的网屏，如“圆形”、“网点”、“直线”。

2）便条纸

该滤镜使图像变成像是在便条簿上快速随意涂抹的效果。其效果如图 4.320 所示。

3）粉笔和炭笔

该滤镜中的高光和中间调可以重绘，纯中间调的灰色背景用粗糙粉笔绘制，阴影区域用

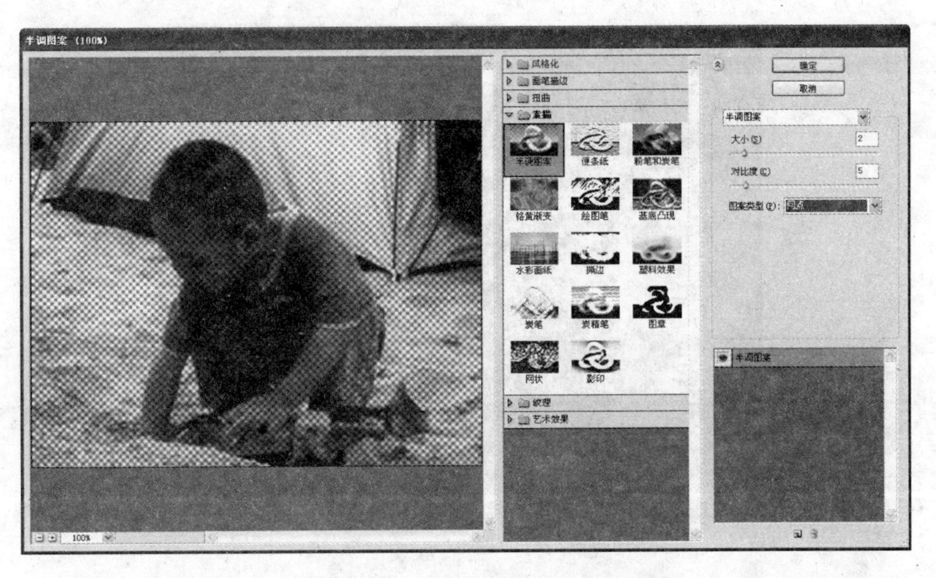

图 4.319 “半调图案”对话框

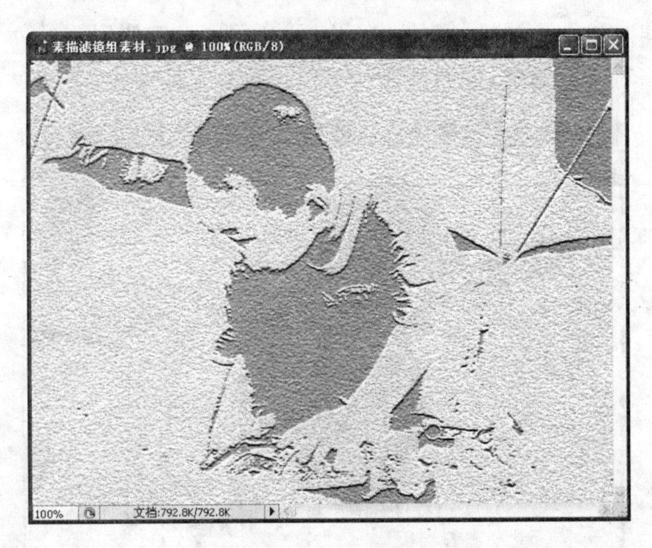

图 4.320 “便条纸”效果

黑色对角炭笔条替换，炭笔用前景色，粉笔用背景色绘制。其效果如图 4.321 所示。

4）铬黄

使用该滤镜可呈现擦亮的铬黄表面般的金属效果，高光表面上是高点，暗区相反。还可以使用色阶增加对比度。

5）基底凸现

该滤镜可以变换图像，使图片突出光照下各异的表面。

6）水彩画纸

该滤镜是素描滤镜组中唯一能够保留原图像的滤镜，它还可以用有污点的、像画在潮湿的纤维纸上的涂抹，使颜色流动并混合。

图 4.321 “粉笔和炭笔”效果

7）撕边

该滤镜可以使图像产生粗糙、撕破的纸片形状效果，然后使用前景色与背景色为图像着色。对于文本或高对比度图像，该滤镜尤其有用。其效果如图 4.322 所示。

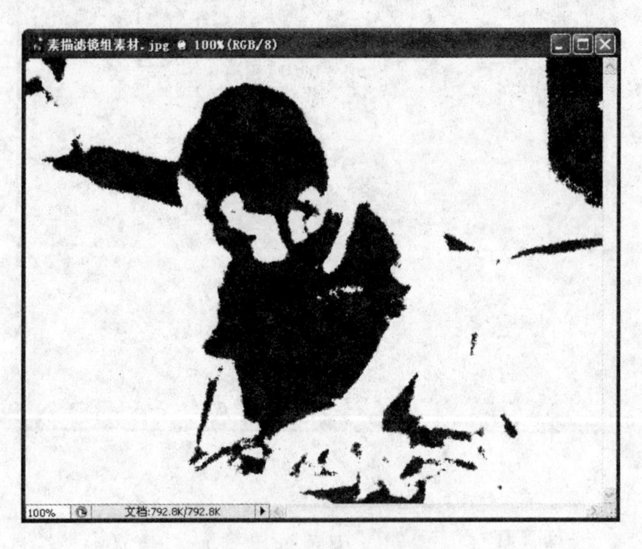

图 4.322 “撕边”效果

8）塑料效果

该滤镜可以按三维塑料效果塑造图像，然后使用前景色与背景色为结果图像着色，图像中的暗区凸起，亮区凹陷。其效果如图 4.323 所示。

9）图章

该滤镜可以使图像产生类似于木制图章盖印的效果。“图章”对话框如图 4.324 所示。该滤镜的参数如下。

(1)“明/暗平衡”文本框：设置图章明度与亮度的比例值。

图 4.323 “塑料”效果

图 4.324 “图章”对话框

(2)“平滑度”文本框：设置图像颜色边界像素的光滑程度。

8. 纹理滤镜组

“纹理”滤镜可以为图像应用多种纹理的效果，使图像表面具有深度感或物质感，或添加一种器质外观。“纹理”滤镜组菜单如图 4.325 所示。

1) 龟裂缝

该滤镜可以使图像产生类似龟甲的裂纹效果。可以将图像绘制在一个高凸现的石膏表面上，以循着图像等高线生成精细的网状裂缝。

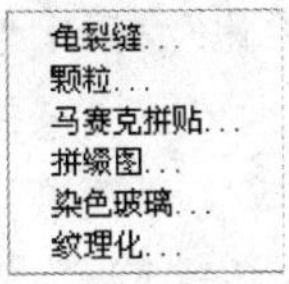

龟裂缝...
颗粒...
马赛克拼贴...
拼缀图...
染色玻璃...
纹理化...

图 4.325 “纹理”滤镜组菜单

2）颗粒

该滤镜可通过在图像中添加不规则的颗粒，使图像产生颗粒的纹理效果。

3）马赛克拼贴

该滤镜用于使图像产生马赛克网格的效果，使图像分解成各种颜色的像素块。

4）拼缀图

该滤镜可以使图像产生由多个方块拼缀的效果，每个方块的颜色由该方块中像素的平均颜色决定。

5）染色玻璃

该滤镜可以使图像产生由不规则的玻璃网格拼凑出来的效果。其可将图像分成规则排列的正方形块，每一个正方形块使用该区域的主色填充。

6）纹理化

该滤镜可以为图像添加各种纹理的效果，使图像呈现纹理质感。

以上滤镜产生的效果如图 4.326 所示。

(a) 龟裂缝　(b) 颗粒　(c) 马赛克拼贴

(d) 拼缀图　(e) 染色玻璃　(f) 纹理化

图 4.326 “纹理”滤镜组效果

9. 像素化滤镜组

“像素化”滤镜中包含 7 种滤镜，它们可以通过使单元格中颜色相近的像素结成块来清晰定义一个选区，可以创建彩块、点状、晶格和马赛克等特殊效果。“像素化”滤镜组菜单如图 4.327 所示。

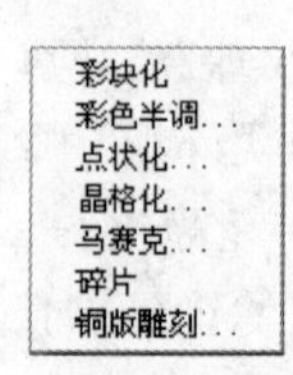

图 4.327 “像素化”滤镜组菜单

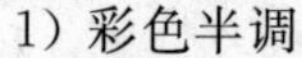

1）彩色半调

该滤镜执行后在图像的每个通道上呈现出半调网屏的效果，

将每一个通道分解为若干个矩形栅格，然后将像素添加进每一个栅格，并用圆形替换矩形，模仿半色调色点，圆形的大小与矩形的亮度成正比。"彩色半调"对话框如图 4.328 所示，滤镜效果如图 4.329 所示。

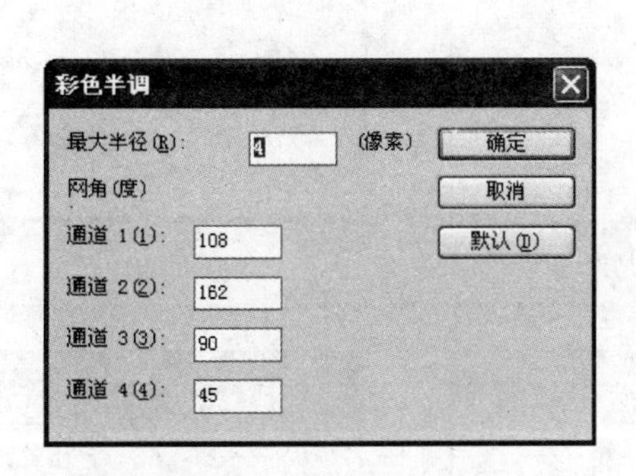

图 4.328 "彩色半调"对话框

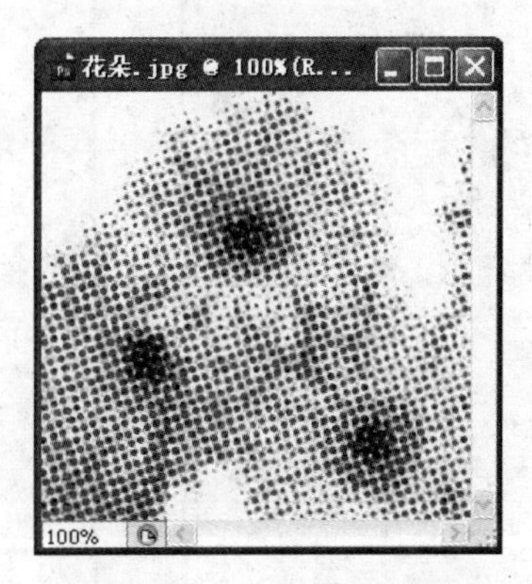

图 4.329 "彩色半调"效果

(1) "最大半径"文本框：设置半调网屏的大小数值。

(2) "网角"选项：只使用通道 1，则对应灰色通道；使用 1、2、3，分别对应 RGB 3 个通道；使用所有 4 个通道，分别对应 CMYK 4 个通道。

2) 彩块化

该滤镜使纯色或相似颜色的像素结块，看起来像是手绘的图像，或类似抽象的效果。

3) 点状化

该滤镜用于将图像进行随机分布网点的操作，模拟点状绘画的效果，然后使用背景色来填充网点之间的空隙。

4) 晶格化

利用多边形的纯颜色的结块来重新绘制图像。

5) 马赛克

该滤镜用于将像素分组并转换为颜色单一的方块，从而产生马赛克效果。

6) 碎片

该滤镜用于将像素复制 4 次，再将图像产生相互位移的副本，使之呈现类似重影的效果。

7) 铜版雕刻

使用黑色、白色或色彩完全饱和的网点图案重新绘制图像。铜版雕刻共有 10 种类型。

以上滤镜产生的效果如图 4.330 所示。

10. 渲染滤镜组

"渲染"滤镜用于在图像中创建三维、云彩以及模拟场景中的光照效果。共提供了 5 种滤镜。"渲染"滤镜组菜单如图 4.331 所示。

1) 云彩和分层云彩

"云彩"滤镜可以使用介于前景色与背景色之间的随机值，生成柔和的云彩图案。"分层云彩"滤镜可以将某些部分被反相为云彩图案，多次应用后，会创建出与大理石的纹理相似的凸缘与叶脉图案。

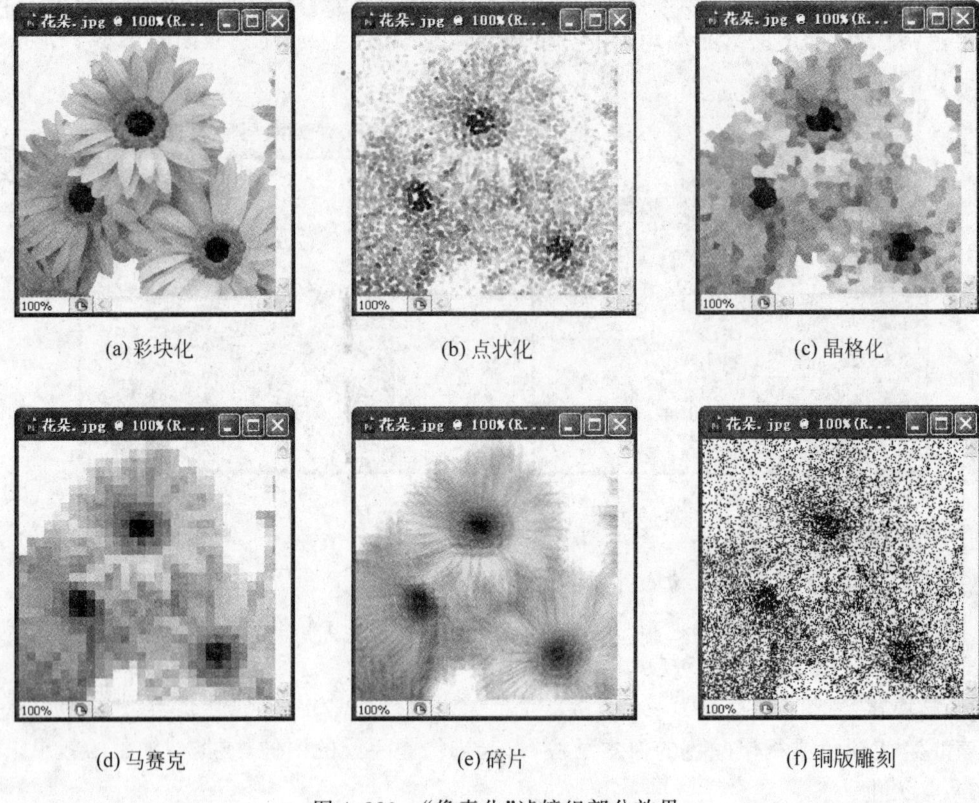

(a) 彩块化　(b) 点状化　(c) 晶格化

(d) 马赛克　(e) 碎片　(f) 铜版雕刻

图 4.330 “像素化”滤镜组部分效果

2）光照效果

该滤镜包含 17 种光照样式、3 种光照类型和 4 套光照属性，可以在 RGB 图像上产生无数种光照效果。

分层云彩
光照效果...
镜头光晕...
纤维...
云彩

图 4.331 “渲染”滤镜组菜单

3）镜头光晕

模拟光亮照射到相机镜头所产生的折射，常用在表现玻璃、金属等反射的反射光，或用来增强日光和灯光效果。

4）纤维

该滤镜可以使用前景色和背景色创建编织纤维效果。在其对话框中可以拖动“差异”滑块来控制颜色的变化方式，较低的值会产生较长的颜色条纹，反之则会产生非常短且颜色分布变化更大的纤维。

11. 艺术效果滤镜组

“艺术效果”滤镜组中包含 15 种滤镜，它们可以模仿自然或者传统介质的效果，使图像看起来更贴近绘画或艺术效果。使用该滤镜组的每一种滤镜都会打开“滤镜库”对话框进行参数设置，如图 4.332 所示。

1）壁画

该滤镜使用短而圆的、粗略涂抹的小块颜料，以一种粗糙的风格绘制图像，使图像呈现一种古壁画般的效果。

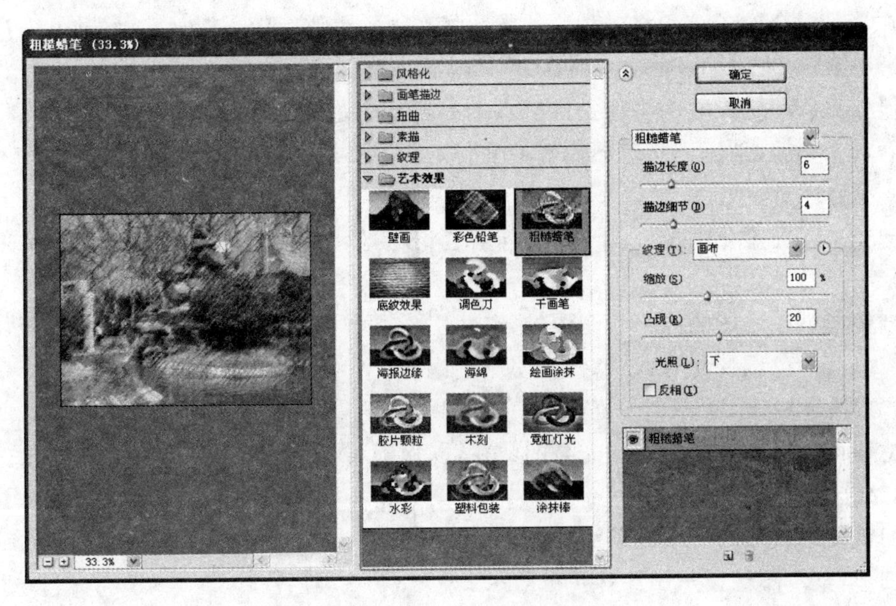

图 4.332 “艺术效果”滤镜组对话框

2）彩色铅笔

该滤镜使用彩色铅笔在纯色背景上绘制图像，并保留重要边缘，外观呈阴影线，纯色背景色会透过比较平滑的区域显示出来。

3）粗糙蜡笔

该滤镜可以在带纹理的背景上应用粗糙蜡笔描边，在亮色区域，粉笔看上去很厚，几乎看不见纹理，在深色区域，粉笔似乎被擦去了，纹理会显露出来。

4）底纹效果

该滤镜可以在带纹理的背景上绘制图像，然后将最终图像绘制在该图像上。

5）调色刀

该滤镜可以减少图像中的细节，以生成描绘得很淡的画布效果，并显示出下面的纹理。

6）干画笔

该滤镜使用干画笔技术（介于油彩和水彩之间）绘制图像边缘，并通过将图像的颜色范围降到普通颜色范围来简化图像。

7）海报边缘

该滤镜可以按照设置的选项自动跟踪图像中颜色变化剧烈的区域，在边界上填入黑色的阴影，大而宽的区域有简单的阴影，而细小的深色细节遍布图像，使图像产生海报效果。

8）海绵

该滤镜使用颜色对比强烈、纹理较重的区域创建图像，以模拟海绵绘画的效果。

9）绘画涂抹

该滤镜可以使用简单、未处理光照、暗光、宽锐化、宽模糊和火花等不同类型的画笔创建绘画效果。

10）胶片颗粒

该滤镜将平滑的图案应用于阴影和中间色调，将一种更平滑、饱和度更高的图案添加到亮区。在消除混合的条纹和将各种来源的图素在视觉上进行统一时，该滤镜非常有用。

11）木刻

该滤镜可以使图像看上去像是由从彩纸上剪下的边缘粗糙的剪纸片组成的，高对比度的图像看起来呈剪影状，而彩色图像看上去是由几层彩纸组成的。

12）霓虹灯光

该滤镜可以在柔化图像外观时给图像着色，在图像中产生彩色氖光灯照射的效果。

13）水彩

该滤镜能够以水彩的风格绘制图像，它使用蘸了水和颜料的中号画笔绘制以简化细节，当边缘有显著的色调变化时，该滤镜会使颜色饱满。

14）塑料包装

该滤镜可以给图像涂上一层光亮的塑料，以强调表面细节。

15）涂抹棒

该滤镜使用较短的对角线条涂抹图像中暗部的区域，从而柔化图像，亮部区域会因变亮而丢失细节，整个图像显示出涂抹扩散效果。

以上部分滤镜的效果如图 4.333 所示。

(a) 粗糙蜡笔　　(b) 干画笔

(c) 海报边缘　　(d) 塑料包装

图 4.333 “艺术效果”滤镜组部分效果

12. 杂色滤镜组

“杂色”滤镜组中共包含 5 种滤镜，它们可以添加或去除杂色或带有随机分布色阶的像素，创建与众不同的纹理，也用于去除有问题的区域。“杂色”滤镜组菜单如图 4.334 所示。

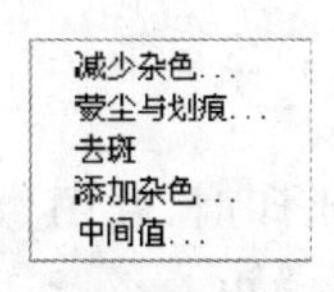

图 4.334 “杂色”滤镜组菜单

1）减少杂色

该滤镜用于在用户设置保留边缘的同时减少杂色。

2）蒙尘与划痕

该滤镜可通过更改相异的像素来减少杂色，对于去除扫描图像中的杂点和折痕特别有效。

3）去斑

该滤镜可以检测图像边缘发生显著颜色变化的区域，并模糊除边缘外的所有选区，消除图像中的斑点，同时保留细节。

4）添加杂色

该滤镜可以将随机的像素应用于图像，模拟在高速胶片上拍照的效果，该滤镜也可用来减少羽化选区或渐变填充中的条纹，或使经过重大修饰的区域看起来更加真实。

5）中间值

该滤镜通过混合选区中像素的亮度来减少图像的杂色。其可以搜索像素选区的半径范围，以查找亮度相近的像素，扔掉与相邻像素差异过大的像素，并用搜索到的中间亮度值替换中心像素，用于消除或减少图像的动感效果。

13. 其他滤镜组

在“其他”滤镜组菜单中提供了 5 种滤镜，其菜单如图 4.335 所示。

1）高反差保留

该滤镜可以在有强烈颜色转变发生的地方按指定的半径保留边缘细节，并不显示图像的其余部分，该滤镜对于从扫描图像中取出艺术线条和大的黑白区域非常有用。

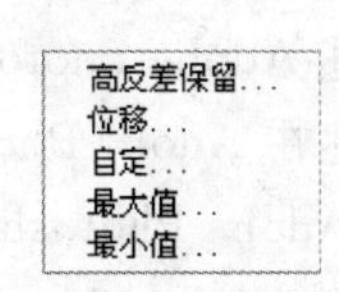

图 4.335 “其他”滤镜组菜单

2）位移

该滤镜可以水平或垂直偏移图像，对于偏移生成的空缺区域，还可以用不同的方式来填充。

3）自定

该滤镜可以提供自定义效果的滤镜，它根据预定义的数学运算，更改图像中每个像素的亮度值。用户可以存储创建的自定滤镜，并将它们用于其他 Photoshop 图像。

4）最大值和最小值

这两种滤镜可以在指定的半径内，用周围像素的最高和最低亮度值替换当前像素的亮度值。“最大值”具有应用阻塞的效果，可以扩展白色区域、阻塞黑色区域，“最小值”则具有相反的作用。

14. Digimarc 滤镜组

Digimarc 滤镜组中包含两个滤镜，它们用于读取水印和在图像中嵌入水印。水印是一种以杂色方式添加到图像中的数字代码，用于保护图像的版权，我们的肉眼是看不到这些代码的。添加数字水印后，无论进行图像编辑，还是转换文件格式，水印始终都存在，复制带有水印的图像时，水印及与水印相关的信息也同时被复制。

1）读取水印

读取水印用来查找图像中的数字水印。当一个图像中含有数字水印时，在图像窗口的标题栏和状态栏上会显示一个 C 状符号。如果该滤镜找到水印，则会弹出一个对话框以显示创作者 ID、版权年份和图像属性。

2）嵌入水印

嵌入水印用于在图像中加入著作权信息。在嵌入水印前，用户必须先向 Digimarc Corporation 公司注册一个 Digimarc ID(需要支付一定费用)，然后将这个 ID 号码随同著作权信息，如创建年度与时间等一并嵌入到图像中。

思 考 题

1. 改变画布尺寸对图像质量有何影响？改变图像大小对图像质量有何影响？

2. 在 Adobe Photoshop CS3 中，图章工具有哪几种类型？它们的功能是什么？

3. 在 Adobe Photoshop CS3 中，输入文本有哪几种方式？请说明这几种方式的特点是什么？

4. 在 Adobe Photoshop CS3 中，图层可分为哪几类？请分别概括它们的定义并简述其作用。

5. 简述 Adobe Photoshop CS3 中蒙版的种类。

6. 简述在 Adobe Photoshop CS3 中通道的分类及其作用。

7. 在 Adobe Photoshop CS3 中创建路径有几种方法？

8. 简述 Adobe Photoshop CS3 中的图像模式分类及其特点。

9. 在 Adobe Photoshop CS3 中有哪些创建选区的方法？

10. 在 Adobe Photoshop CS3 中，如何使用智能对象？有何优点？

11. 在 Adobe Photoshop CS3 工具箱中，修复画笔工具与仿制图章工具有何异同？

CHAPTER 5

第5章 数字音频技术

学习目标

- 熟悉声音的特点、声音三要素
- 掌握声音数字化的过程
- 掌握数字音频的质量和数据量
- 熟悉数字音频的各种格式
- 了解音频卡的工作原理

声音作为一种携带信息的重要媒体形式，无论是人们日常交谈、自然之声还是影视作品，声音无处不在，发挥着重要作用。多媒体音频技术作为多媒体技术的一个重要分支，主要任务之一即是对数字音频信号的处理。数字音频信号的处理主要包括采样和编辑两方面。对数字音频信号的采样主要是指将人声、环境声等自然声转换为计算机能够直接处理的数字音频信号；对数字音频信号的加工主要是利用音频处理软件(如 Audition 等)对数字声音进行合成、去噪等多项操作。

5.1 数字音频基础

5.1.1 模拟音频

声音来自机械振动，并通过周围的弹性介质以波的形式向周围传播。声音是随时间连续变化的模拟量。声音的 3 个重要指标如下。

(1) 频率：振动的快慢。它决定了声音的高低。频率越高，振动越快，声音越尖。描述频率的单位是赫兹 (Hz)，1kHz 表示每秒振动 1000 次。人耳能听到的范围为 20Hz～20kHz。通常以声音信号的带宽来描述声音的质量。高保真音响的频率范围应当在 10Hz～20kHz。

(2) 振幅：振动的大小。它决定了声音的强弱。振幅越大，能量越高，声音越强，传播越远。振幅的大小用分贝(dB)作为单位。

(3) 周期：声源振动一次所经历的时间，单位为秒(s)。周期与频率互为倒数。

5.1.2 数字音频

数字音频是一种利用数字化手段对声音进行录制、存放、编辑、压缩或播放的技术，它是随着数字信号处理技术、计算机技术、多媒体技术的发展而形成的一种全新的声音处理手段。

数字音频的主要应用领域是音乐后期制作及录音。

计算机数据的存储是以二进制数存取的，数字音频就是首先将模拟的声音转换为模拟电平，再转化成二进制数据保存，播放时再把这些数据转换为模拟的电平信号再送到喇叭播出，数字音频具有存储方便、存储成本低廉、传输的过程中没有声音的失真、编辑和处理方便等特点。

5.2 声音的基本特点

5.2.1 声音的频率范围

声音是依靠介质的振动进行传播的。声音在不同介质中的传播速度和衰减率不一样，导致声音在不同介质中传播的距离不同。声音按频率分为 3 种：次声波、可听声波和超声波。人耳的可听域是 20Hz ～ 20kHz，低于 20Hz 的为次声波，高于 20kHz 的为超声波。常见声源的频带宽度如表 5.1 所示。

表 5.1 部分常见声源的频带宽度

声源类型	频带宽度/Hz	声源类型	频带宽度/Hz
男性语音	100～9000	调幅广播	50～7000
女性语音	150～10 000	调频广播	20～15 000
电话语音	200～3400	高级音响	10～40 000

5.2.2 声音的传播方向

声音以振动波的形式从声源向四周传播，从声源直接到达人类听觉器官的声音是“直达声”。人类在辨别声源位置时，首先依靠声音到达左、右两耳的微小时间差和强度差异进行辨别，然后经过大脑综合分析而判断出声音来自何方。声音从声源发出后，经过多次反射到达人类听觉器官的声音是“反射声”。

5.2.3 声音的三要素

1. 音强

音强，又称响度或音量，它表示的是声音能量的强弱程度，主要取决于声波振幅的大小。单位是分贝(dB)。音强是听觉的基础。正常人听觉的强度范围为 0～140dB(也有人认为是 －5～130dB)。

2. 音调

音调也称音高,表示人耳对声音调子高低的主观感受。客观上,音调大小主要取决于声波基频的高低,频率高则音调高,反之则低,单位用赫兹(Hz)表示。人耳对频率的感觉有一个从最低可听频率 20Hz 到最高可听频率 20kHz 的范围。响度的测量是以 1kHz 纯音为基准。

3. 音色

音色又称音品,由声音波形的谐波频谱和包络决定。声音波形的基频所产生的听得最清楚的音称为基音,各次谐波的微小振动所产生的声音称泛音。单一频率的音称为纯音,具有谐波的音称为复音。每个基音都有固有的频率和不同响度的泛音,借此可以区别其他具有相同响度和音调的声音。声音的音色色彩纷呈,变化万千,高保真音响的目标就是要尽可能准确地传输、还原重建原始声场的一切特征,使人们其实地感受到诸如声源定位感、空间包围感、层次厚度感等各种临场听感的立体环绕声效果。

5.2.4 声音的质量

所谓声音的质量,是指经传输、处理后音频信号的保真度。目前,业界公认的声音质量标准分为 4 级,即数字激光唱盘 CD-DA 质量,其信号带宽为 10Hz～20kHz;调频广播 FM 质量,其信号带宽为 20Hz～15kHz;调幅广播 AM 质量,其信号带宽为 50Hz～7kHz;电话的话音质量,其信号带宽为 200Hz～3400Hz。可见,数字激光唱盘的声音质量最高,电话的话音质量最低。除了频率范围外,人们往往还用其他方法和指标来进一步描述不同用途的音质标准。

对模拟音频来说,再现声音的频率成分越多,失真与干扰越小,声音保真度越高,音质也就越好。例如,在通信科学中,声音质量的等级除了用音频信号的频率范围外,还用失真度、信噪比等指标来衡量。对数字音频来说,再现声音频率的成分越多,误码率越小,音质就越好。通常用数码率(或存储容量)来衡量,采样频率越高、量化比特数越大,声道数越多,存储容量越大,当然保真度就越高,音质也就越好。音质还与声音还原设备有关,音响放大器和扬声器的质量能够直接影响重放的音质。

5.3 声音的数字化

声音信号的数字化,归结为如何将随时间连续变化的声音波形信号进行量化。从技术上说,就是将连续的模拟声音信号通过模拟/数字(A/D)转换电路转换成计算机可以处理的数字信号。先用话筒将模拟的声音信号转换为模拟的电信号,计算机不能直接对其进行处理,必须经过数字化,即将模拟的声音信号经过模数转换变换成计算机能够直接处理的数字信号,然后用计算机进行存储、加工处理。数字声音回放时,则执行相反的过程,将数字声音信号转换为实际的模拟声音信号,经放大由扬声器播出,如图 5.1 所示。

在时间和幅度上都连续的模拟声音信号,经过采样、量化和编码后,才能得到用离散的数字表示的数字信号。把模拟的声音信号转变为数字声音信号的过程称为声音的数字化,如图 5.2 所示。

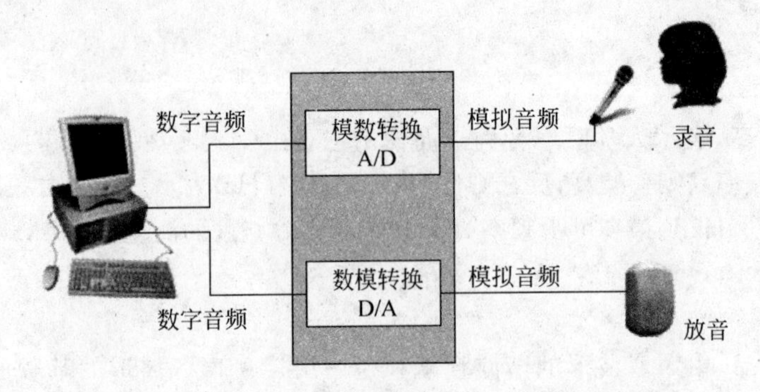

图 5.1　声音转换回放的一般过程

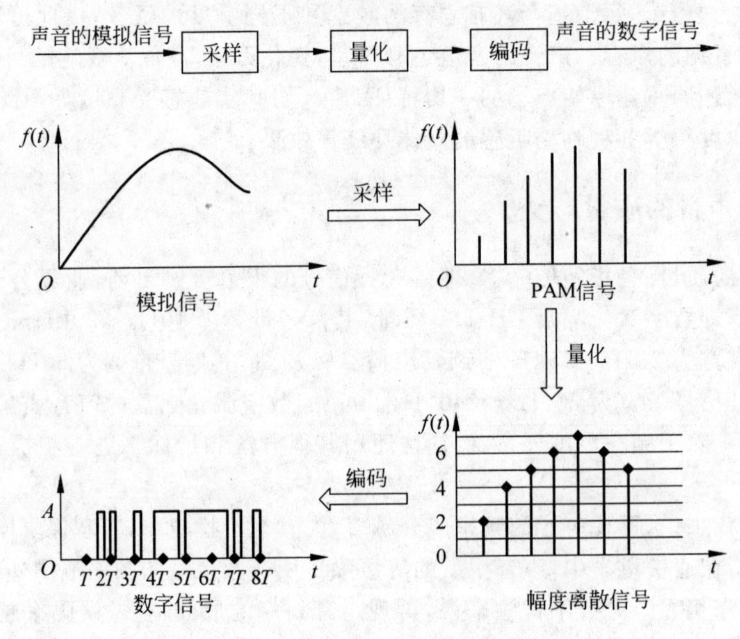

图 5.2　声音的数字化过程

1. 采样

采样就是在某些特定的时刻对模拟信号进行测量，对模拟信号在时间上进行量化。具体方法是：每隔相等或不相等的一小段时间采样一次。标准的采样频率有 3 个，即 44.1kHz、22.05kHz、11.025kHz。

2. 量化

分层就是对信号的强度加以划分，对模拟信号在幅度上进行量化。具体方法是：将整个强度分成许多小段。如果分成小段的幅度相等称为线性分层，分成的小段不相等称为非线性量化。量化位数越高，表示声音的动态范围就越广，音质就越好，但是同样的储存的数据量也越大。例如，16 位量化，即是在最高音和最低音之间有 65 536 个不同的量化值。

3. 编码

编码就是将量化后的整数值用二进制数来表示。若分成 128 级，量化值为 0～127，每个样本用 7 个二进制位来编码。若分成 32 级，则每个样本只需用 5 个二进制位来编码。

采样频率越高，量化数越多，数字化的信号越能逼近原来的模拟信号，而编码用的二进制位数也就越多。此外，声道数，即使用的声音通道的个数，也是声音数字化的主要指标。在记录音频时，每次生成一个声波数据称为单声道，每次生成两个声波数据称为双声道(又称立体声)，立体声更贴近人耳的听觉要求，更加逼真。除了单声道和双声道之外，目前还有多声道，主要是 5.1 声道。其原理也是一样的，只是记录音频时同时从不同的多个位置生成多个声波数据。

5.4 数字音频的质量和数据量

声音数字化数据量的计算公式为

数据量(bit/s)＝采样频率(Hz) * 量化位数(bit) * 声道数

根据上述公式，可以计算出不同的采样频率、量化位数和声道数的各种组合情况下的数据量，如表 5.2 所示。

表 5.2 声音质量和数字音频参数的关系

采样频率/kHz	数据位数	声道形式	数据量/KB/s	音频质量
8	8	单声道	8	一般质量
	8	立体声	16	
	16	单声道	16	
	16	立体声	32	
11.025	8	单声道	11	电话质量
	8	立体声	22	
	16	单声道	22	
	16	立体声	44	
22.05	8	单声道	22	收音质量
	8	立体声	44	
	16	单声道	44	
	16	立体声	86	
44.1	8	单声道	44	
	8	立体声	88	
	16	单声道	88	
	16	立体声	172	CD 质量

音质越好，音频文件的数据量越大。因此，为节省存储空间，应当在保证基本音质的前提下尽量采用较低的采样频率。

5.5 声　　卡

声卡 (sound card)也叫音频卡，声卡是多媒体技术中最基本的组成部分，是实现声波/数字信号相互转换的一种硬件。声卡的基本功能是把来自话筒、磁带、光盘的原始声音信号加以转换，输出到耳机、扬声器、扩音机、录音机等音响设备，或通过音乐设备数字接口(MIDI)使乐器发出美妙的声音。

1. 声卡的基本功能

声卡是计算机进行声音处理的适配器。它有3个基本功能：一是音乐合成发音功能；二是混音器(mixer)功能和数字声音效果处理器(DSP)功能；三是模拟声音信号的输入和输出功能。声卡处理的声音信息，在计算机中以文件的形式存储。声卡工作应有相应的软件支持，包括驱动程序、混频程序(mixer)和CD播放程序等。

声卡是多媒体计算机中用来处理声音的接口卡。声卡可以把来自话筒、收/录音机、激光唱机等设备的语音、音乐等声音变成数字信号交给计算机处理，并以文件形式存盘，还可以把数字信号还原成为真实的声音输出。声卡尾部的接口从机箱后侧伸出，上面有连接话筒、音箱、游戏杆和MIDI设备的接口。

2. 声卡的工作原理

话筒和喇叭所用的都是模拟信号，而计算机所能处理的都是数字信号，两者不能混用，声卡的作用就是实现两者的转换。从结构上分，声卡可分为模数转换电路和数模转换电路两部分，模数转换电路负责将话筒等声音输入设备采集到的模拟声音信号转换为计算机能处理的数字信号；而数模转换电路负责将计算机使用的数字声音信号转换为喇叭等设备能使用的模拟信号。

3. 声卡的类型

声卡发展至今，主要分为板卡式、集成式和外置式3种接口类型，以适用不同用户的需求，3种类型的产品各有优、缺点。

(1) 板卡式声卡：卡式产品是现今市场上的中坚力量，产品涵盖低、中、高各档次，售价从几十元至上千元不等。早期的板卡式产品多为ISA接口，由于此接口总线带宽较低、功能单一、占用系统资源过多，目前已被淘汰；PCI则取代了ISA接口成为目前的主流，它们拥有更好的性能及兼容性，支持即插即用，安装使用都很方便。

(2) 集成式声卡：声卡只会影响到计算机的音质，对用户较敏感的系统性能并没有什么妨碍。因此，大多用户对声卡的要求都满足于能用就行，更愿将资金投入到能增强系统性能的部分。虽然板卡式产品的兼容性、易用性及性能都能满足市场需求，但为了追求更为廉价与简便，集成式声卡出现了。

此类产品集成在主板上，具有不占用PCI接口、成本更为低廉、兼容性更好等优点，能够满足普通用户的绝大多数音频需求，自然就受到市场青睐。而且集成声卡的技术也在不断进步，PCI声卡具有的多声道、低CPU占有率等优势也相继出现在集成声卡上，它也由此占据了主导地位，占据了声卡市场的大半壁江山。

(3) 外置式声卡：是创新公司独家推出的一个新兴事物，它通过USB接口与PC连接，具有使用方便、便于移动等优点。但这类产品主要应用于特殊环境，如连接笔记本实现更好的音质等。目前市场上的外置声卡并不多，常见的有创新的Extigy、Digital Music两款，以及MAYA EX、MAYA 5.1 USB等。

3种类型的声卡中，集成式产品价格低廉，技术日趋成熟，占据了较大的市场份额。随着技术进步，这类产品在中、低端市场还表现出很好的前景；PCI声卡将继续成为中、高端声卡领域的中坚力量，毕竟独立板卡在设计布线等方面具有优势，更适于音质的发挥；而外置式声卡的优势与成本对于家用PC来说并不明显，仍是一个填补空缺的边缘产品。

4. **声卡接口**

(1) 线性输入接口，标记为“Line In”。Line In端口将品质较好的声音、音乐信号输入，通过计算机的控制将该信号录制成一个文件。通常该端口用于外接辅助音源，如影碟机、收音机、录像机及VCD回放卡的音频输出。

(2) 线性输出端口，标记为“Line Out”。它用于外接音箱功放或带功放的音箱。

(3) 第二个线性输出端口，一般用于连接四声道以上的后端音箱。

(4) 话筒输入端口，标记为“Mic In”。它用于连接话筒，可以将自己的歌声录下来实现基本的“卡拉OK”功能。

(5) 扬声器输出端口，标记为“Speaker”或“SPK”。它用于插外接音箱的音频线插头。

(6) MIDI及游戏摇杆接口，标记为“MIDI”。几乎所有的声卡上均带有一个游戏摇杆接口来配合模拟飞行、模拟驾驶等游戏软件，这个接口与MIDI乐器接口共用一个15针的D形连接器(高档声卡的MIDI接口可能还有其他形式)。该接口可以配接游戏摇杆、模拟方向盘，也可以连接电子乐器上的MIDI接口，实现MIDI音乐信号的直接传输。声卡的外形如图5.3所示。

图5.3　声卡的外形

思　考　题

1. 音频信号有什么特征？其特征与音频信号的应用有什么关系？
2. 怎样衡量音频信号音质的优劣？
3. 声音信号是怎样实现数字化变换的？
4. 如何计算数字音频的数据率和数据量？
5. 从哪几方面衡量一块音频卡的优劣？
6. MIDI、WAV与MP3文件有什么异同？

CHAPTER 6

第6章

音频编辑软件——Audition CS3

学习目标

- 掌握 Adobe Audition 的一般操作方法
- 应用 Adobe Audition 处理音频素材
- 掌握激光唱盘的设计与制作方法
- 初步了解广播节目的制作过程

6.1 Adobe Audition 3.0 概述

Audition 作为一款集音频的录制、混合、编辑和控制于一身的音频处理软件，它可录制、混合、编辑和控制数字音频文件，也可创作音乐、制作广播短片、修复录制缺陷，还可将它与 Adobe 视频软件集成，对多核心 CPU 进行优化，让音频和视频的制作流程完美结合在一起。Audition 3.0 的新增功能如下：支持 VSTi 虚拟乐器；新增吉他系列效果器；增强的频谱编辑器，通过声相在频谱编辑器里对周边平滑处理，避免产生爆音；增强的多轨编辑，可编组进行编辑，如剪切和淡化。拖拽波形混合，自动交叉淡化；增加了包括卷积混响、模拟延迟、母带处理系列工具、电子管建模压缩等工具；iZotope 授权的 Radius 时间伸缩工具，提高了音质效果；可快速对波形头部和尾部缩放，进行精细的淡化处理；增强了降噪工具和声相修复工具。

6.2 Adobe Audition 3.0 软件界面介绍

6.2.1 Audition 3.0 的界面概览

Audition 拥有 3 种专业的工作视图界面：编辑视图、多轨视图和 CD 视图。它们分别针对单轨编辑、多轨合成与刻录音乐 CD。这 3 种视图虽然工作的阶段不同，但一些基本元素还是相同的，如视图按钮、主群组和状态栏。

下面通过多轨视图来展示这 3 种视图的基本元素，如图 6.1 所示。

图 6.1 多轨视图

6.2.2 编辑视图和多轨视图

Audition 提供了独立的视图来编辑音频和创建多轨混音，编辑独立的音频文件使用编辑视图，而混合多轨文件或混合 MIDI 音乐及视频则使用多轨视图。

编辑视图采用的是破坏性编辑法，会将编辑后的独立音频文件直接保存到源文件中，如图 6.2 所示。而多轨视图采用的非破坏性编辑方法是对多轨道音频进行混合，如图 6.3 所示，编辑与添加的效果都是暂时性的且不影响源文件。多轨视图需要更为强大的编辑的灵

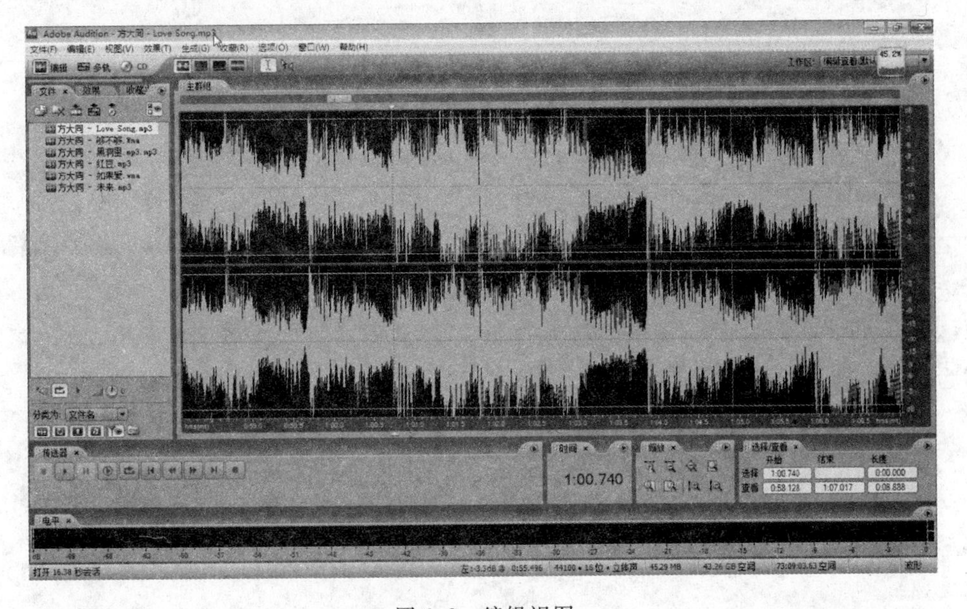

图 6.2 编辑视图

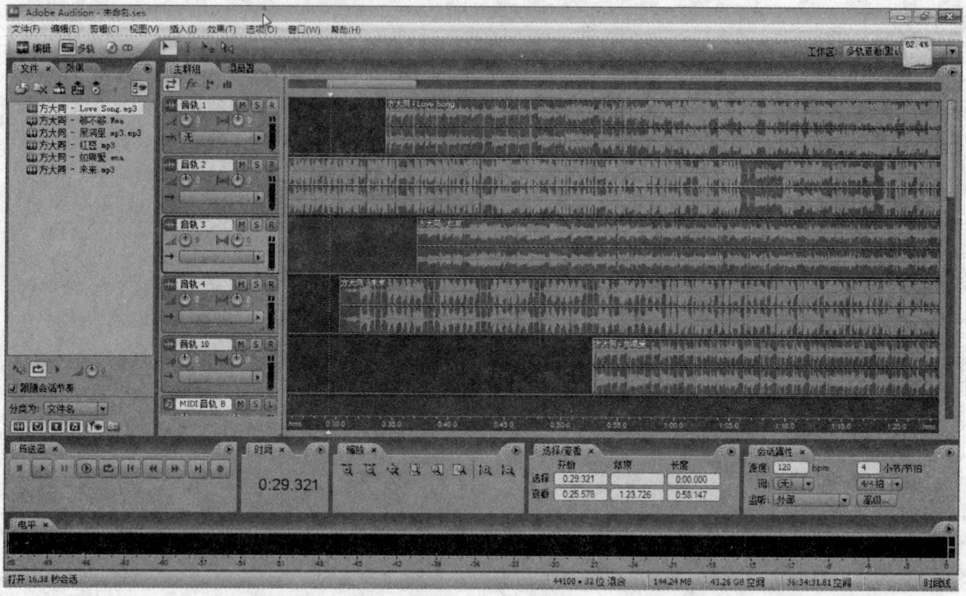

图 6.3　多轨视图

活性与复杂的处理能力，从而对处理器的能力要求也就提高了。

结合了这两种视图模式的特点，将可以进行相对复杂的音频和视频的编辑制作。

执行【视图】|【编辑视图】|【多轨视图/CD 视图】命令，可以在编辑视图、多轨视图和 CD 视图之间进行切换，对应的快捷键分别为 8、9 和 0。单击工具栏上的编辑视图按钮、多轨视图按钮和 CD 视图按钮也可进行相应的切换。

在多轨视图下，要使用编辑视图对一个音频素材片段进行编辑，可以双击该音频素材片段，也可以在文件调板中双击音频文件，还可以通过在主群组或文件调板中选择该音频文件，并在文件调板中单击编辑文件按钮。

6.2.3　使用工具栏中的工具处理音频素材

1. 选择音频素材

(1) 单击工具栏中"混合工具"按钮，然后拖动鼠标选择一段波形，呈高亮显示的即为所选波形。

(2) 单击工具栏中"时间选择工具"按钮，然后拖动鼠标选择一段波形，呈高亮显示的即为所选波形。

2. 移动音频素材

(1) 单击工具栏中"混合工具"按钮，按住鼠标右键拖动鼠标可移动音频素材。

(2) 单击工具栏中"移动/复制 剪辑工具"按钮，拖动鼠标，即可移动音频素材。

3. 对齐音频素材

在多轨界面中,可以将多个音频素材的左边界或右边界对齐,使其有同一起始点或结束点。具体步骤是:选中多个音频素材,然后执行【剪辑】|【左对齐(或右对齐)】命令即可。

4. 删除音频素材

删除是指将所选音频素材从轨道上删除,但文件并不关闭。具体步骤是:选中音频素材后,执行【编辑】|【删除】命令,或右击执行快捷菜单中的【删除】命令。

5. 锁定音频素材

如果某些音频素材已经编辑完毕,为了避免由于失误操作而遭到破坏,可以将这些音频素材锁定,被锁定的音频素材不能进行移动等操作。具体步骤是:选择要锁定的音频素材,然后执行【剪辑】|【锁定时间】命令,或右击执行快捷菜单中的【锁定时间】命令。被锁定的音频素材左下方会出现"锁定"标志。

6.3 获取音频素材的方法

6.3.1 下载音频素材

网上下载音频素材主要通过 HTTP 下载、FTP 下载和 BT 下载 3 种方式。在搜寻音频素材时可以利用专门的资源网站,也可以通过搜索引擎,下载素材时还常常要用到下载工具。常用的音频素材下载网址如下:

- 闪吧音效素材(http://www.flash8.net/sound.shtml#1084)
- 小旭游戏音乐制作(http://www.gamemusic.com.cn/yinxiao.htm)
- 数码资源网音效素材(http://www.smzy.com/smzy/dongwu-yx-711-1.html)
- 国外动感循环音乐(http://www.pocketfuel.com/gallery.php)
- 中国素材网音频素材(http://www.sucai.com/Audio/list.asp?id=73)
- 资源中国音频素材(http://www.ziyuancn.com/n2-3.html)

6.3.2 录音拾取

有些网页、计算机游戏或软件中包含一些声音素材,但没有提供下载地址,也没有在线播放的软件,这些声音素材用户可以通过录音拾取的方法来获得。因此,录音也成为了动漫作品的音频编辑中最基本的技能之一。

6.3.3 购买音频素材

有时自己所需的音频素材在网络中无法免费获得,就可以考虑在网络中付费获取,或到音像素材店购买。上述方式获得的声音素材质量更好,种类更多,更能满足要求。

6.4 录　　音

6.4.1 录音设备的准备

1. 话筒录制

使用计算机录音比较简单，只要有一块有声卡和一个普通的计算机话筒就可以完成，但这样录制的声音音质不高，如果用户对声音音质要求较高，则需要准备一块专业声卡(可以是外置的)，一个比较专业的电容话筒和话筒防喷罩，一个调音台，一对监听音箱或者一个监听耳机，并将这些设备正确连接，然后在一个比较安静、回声较小的录音环境里完成。

正确的连接方法：将话筒与计算机声卡的 MIC 输入接口连接。将专业话筒连接到声卡时，最直接的问题是，由于使用的连接器是各式各样的，它的宽度有限，计算机声卡通常只能容纳很小的连接器。用于一般随身听和便携 CD 等个人立体声设备的 2.5mm“微型插座”是最普遍的一种。但用于专业话筒的标准 6.3mm 和 XLR(卡侬)连接器太大，无法插入单个声卡插槽，这时就需要使用音频转换插头。

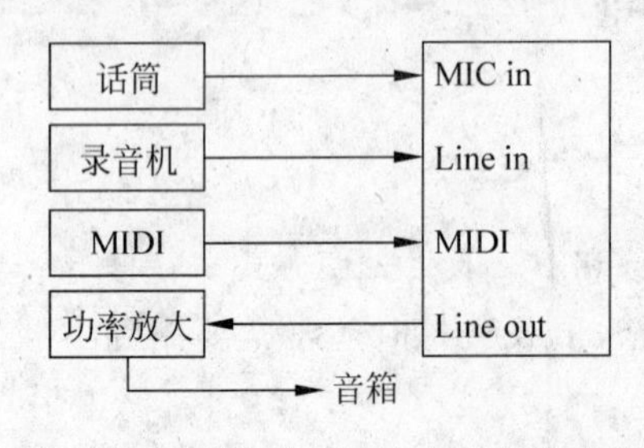

图 6.4　多媒体计算机声卡与外设连接

另外，由于计算机声卡的输入采用非对称接线，话筒的电缆长度若超过 15m，会产生电磁干扰，或使声音减弱。为了保证声音质量，应使用电缆尽可能短的话筒。图 6.4 所示是多媒体计算机声卡与外部设备连接示意图。

2. 线路输入

当需要录制的声音素材来自录音机、CD 机、VCD/DVD 机、电子琴等设备时，就需要用到声源输入线，即音频线。插头与声卡的 Line in 接口相连接，另一端与外部设备的 Line out 接口相连接。

6.4.2 录音选项的设置

用作录音的软、硬件准备完成之后，就需要对计算机声卡进行设置，具体步骤如下。

(1) 双击任务栏上的小喇叭图标，随后会弹出“主音量”窗口，如图 6.5 所示。

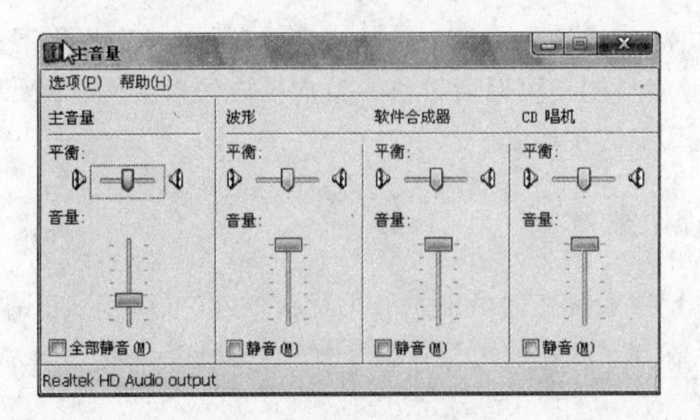

图 6.5 “主音量”窗口

(2) 执行【选项】|【属性】命令,弹出“属性”对话框,如图 6.6 所示。在“调节音量”栏中单击“录音”单选按钮,在下面的“显示下列音量控制”列表中选择必要的录音来源,也可以选择全部。音频输入接口的名称可能会因声卡的差异而不同,但是一般都包含单声道混音、立体声混音、线路输入和麦克风等选项。

(3) 单击“确定”按钮,弹出“录音控制”窗口。此时,根据需要选择“麦克风”、“线路输入”和“CD 唱机”等选项之一,如图 6.7 所示。例如,如果要使用麦克风录音,那么就选中“麦克风”项目下面的“选择”复选框;要使用音频线录制外部设备的声音,就选中“线路输入”项目下面的“选择”复选框;如果要录制 CD 唱机中的声音,就选中“CD 唱机”项目下面的“选择”复选框。

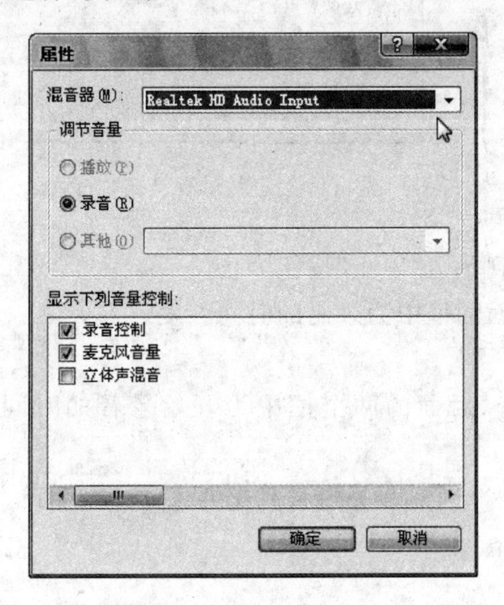

图 6.6 “属性”对话框

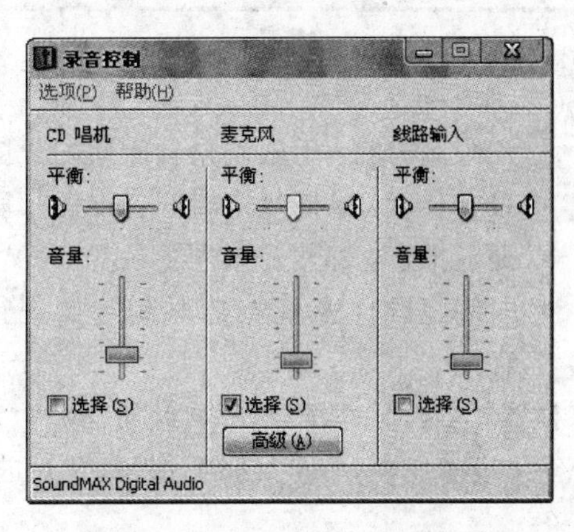

图 6.7 “录音控制”对话框

6.4.3 录音

可以使用麦克风或其他外部设备通过声卡录入音频。编辑视图与多轨视图均支持录音。

1. 单轨录音

在进行录音之前,首先需要配置声卡设置,调节信噪比。

(1) 执行【编辑】|【音频硬件设置】命令,弹出“音频硬件设置”对话框,在“编辑查看”标签下进行硬件设置,如图 6.8 所示。

(2) 执行【文件】|【新建会话】命令,新建一个空白文件。

(3) 在“传送器”调板中,单击“录音”按钮 开始录音。录音结束时,单击“停止”按钮。

使用计时录音模式:

(1) 在编辑视图下,执行【选项】|【时间录音模式】命令,或右击“录音”按钮 ,在弹出下拉列表框中选择“定时录音模式”,单击此选项进入倒计时录音模式。

(2) 在“传送器”调板中,单击“录音”按钮 ,弹出“定时录音模式”对话框。

(3) 在“定时录音模式”对话框中,设置录制的时间长度和开始录音的时间,如图 6.9 所示。

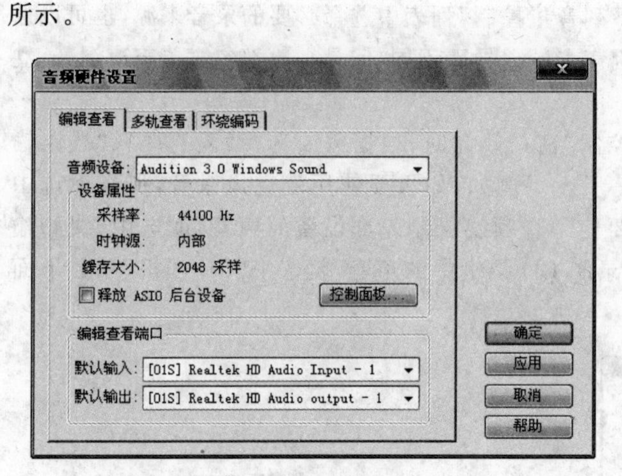

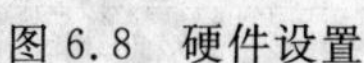
图 6.8 硬件设置

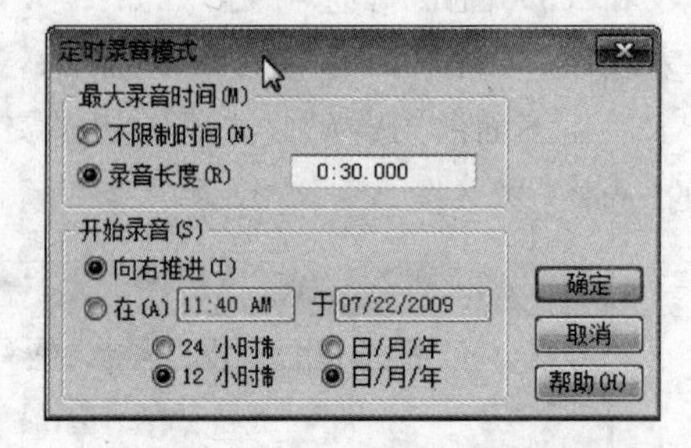

图 6.9 “定时录音模式”对话框

- 不限制时间:不限制录音时间的长度,直到单击“停止”按钮为止。
- 录音长度:录制规定时间长度的片段,后面的框中为录制的时间长度。
- 向右推进:即刻开始进行录音。
- 时间/日期:从规定的时刻开始进行录音,后面的两个框中为开始录音的时间和日期。

注意:当同时选择“不限制时间”和“向右推进”时,则与普通模式下的录音方式相同。

(4) 设置完毕,单击“确定”按钮,开始进行录音。

2. 多轨录音

多轨视图中,可以在多个轨道录制音频,以用于配音。多轨录音室里,可以听到其他轨道上的配乐和事先录制的声音,如果含有视频,还可以观看同步播放的视频。录制的音频将会在轨道上生成新的素材片段。

(1) 在多轨视图下,在主群组的“输入/输出区域 ⇄ ”中选择一个轨道输入的源。

在 Windows 的“录音控制”面板中也要进行相应的选择设置。

(2) 单击要进行录音轨道的“录音开关”按钮 R ,开启录音功能。

录音之前需对项目进行保存,欲在多个轨道进行录音,应分别打开其录音开关。

(3) 在“传送器”中,单击“录音”按钮 ● ,开始录音。录音结束时,单击“停止”按钮。

6.5 单轨编辑

6.5.1 波形编辑

在 Adobe Audition 3.0 中,如果想对音频文件的一部分进行编辑,应先选取该部分波形,然后再对其进行各种操作。

1. 选取单声道文件中的波形

单声道文件在视图中显示为一个波形，选取其中某段波形的步骤如下。

(1) 使用键盘选取。在选择区域的开始处单击鼠标，然后按住 Shift 键，在选择区域的结束处单击鼠标，如图 6.10 所示。

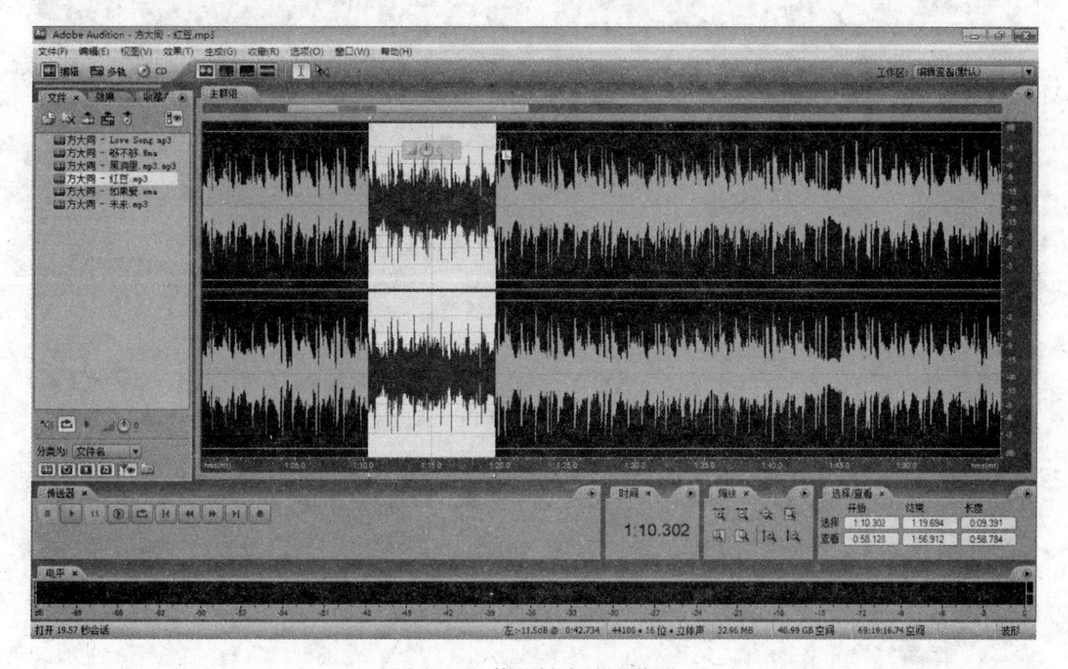

图 6.10 使用键盘选取波形

(2) 使用鼠标选取。在选取区域的开始处拖拽鼠标，直到松开鼠标。在需要调整选择区域的边界时，可以用鼠标拖拽的方法移动“选取区域边界调整点”对选取区域进行更改。

(3) 使用时间精准定位。执行【窗口】|【选择/查看控制】命令，显示出“选择/查看控制”窗口。然后输入所需要的选区开始时间和结束时间，输入完毕后，在“选择/查看控制”窗口的空白处单击鼠标或按 Enter 键，就完成了选取操作，如图 6.11 所示。

选取立体声文件中的两个声道：

立体声文件在视图中显示为上、下两个波形，上面的波形是左声道，下面的波形是右声道。可以使用鼠标同时选取其中两个声道的波形。

2. 删除波形

(1) 使用键盘删除。

(2) 执行【编辑】|【波纹删除】命令。

3. 复制波形

可以复制音频文件中的某段波形到剪贴板中，进行粘贴。

(1) 执行【编辑】|【复制】命令。

(2) 右击并在弹出的快捷菜单中执行【复制】命令。

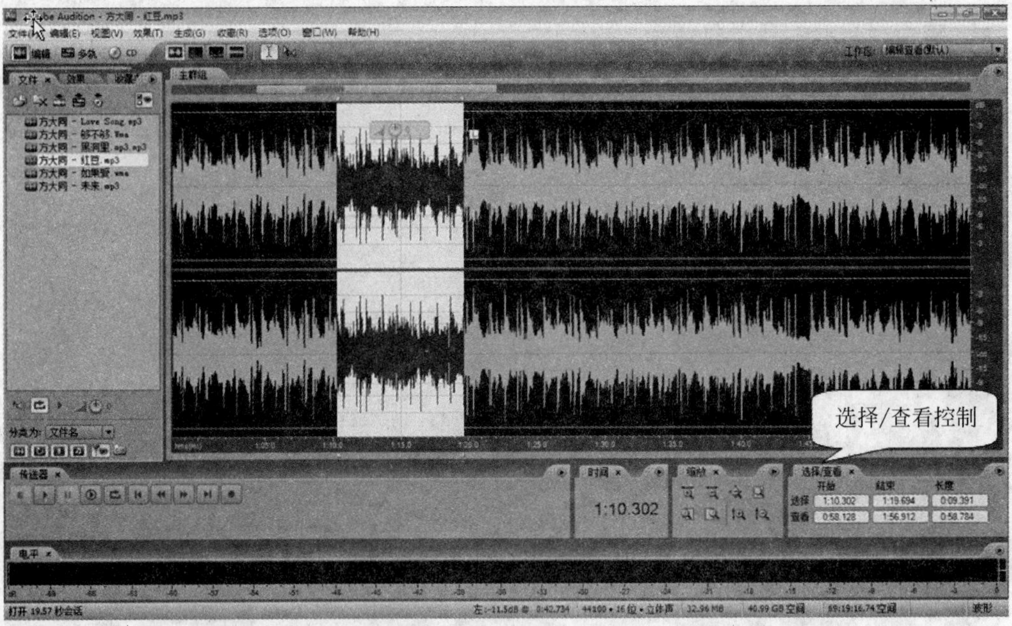

图 6.11 使用时间精准定位

(3) 单击工具栏上的“复制”按钮。

(4) 按 Ctrl+C 组合键。

4. 裁剪波形

裁剪波形是保留选取区域的波形，并删除其他区域的波形。

(1) 执行【视图】|【快捷栏】|【显示】命令，显示工具栏，选取要裁剪的波形，单击“裁剪”按钮。

(2) 执行【剪辑】|【修剪】命令，即完成裁剪操作。

(3) 右击并执行弹出快捷菜单中的【修剪】命令。

(4) 按 Ctrl+T 组合键。

5. 剪切波形

剪切波形步骤如下：

(1) 执行【编辑】|【剪切】命令。

(2) 右击并在弹出的快捷菜单中执行【剪切】命令。

(3) 单击工具栏上的“剪切”按钮。

(4) 按 Ctrl+X 组合键。

6. 粘贴波形

(1) 执行【编辑】|【粘贴】命令。

(2) 右击并在弹出的快捷菜单中执行【粘贴】命令。

(3) 使用工具栏中的粘贴工具。

(4) 按 Ctrl+V 组合键。

6.5.2 “转换”、“反相”和“生成”编辑

1. 转换采样类型

(1) 在编辑视图下执行【编辑】|【转换采样类型】命令。弹出“ 转换采样类型”对话框，如图 6.12 所示。

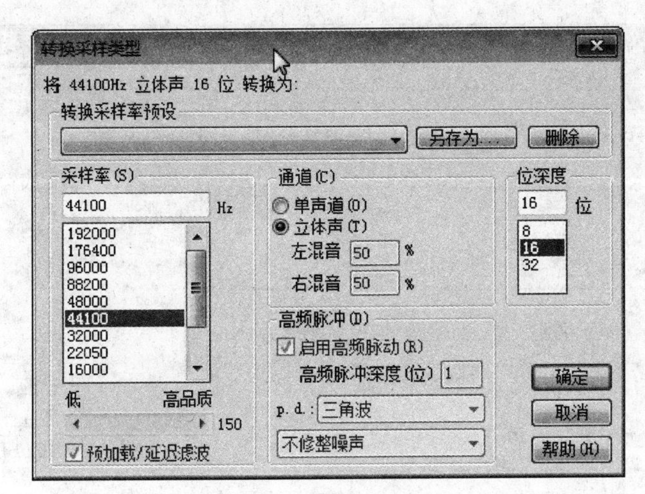

图 6.12 “转换采样类型”对话框

(2) 选择一个采样率或输入一个数值,用“低/高品质”滚动条调节转换的精度。

决定转换为单声道还是立体声,在“左混音”和“右混音” 文本框中输入适合比率。

选择一个位深度,当降低位深度时,还需要通过“高频脉冲”栏的设置选项来减少噪声和音频畸变。

2. 反相

反相音频是指将音频相位反转 180°,执行【效果】|【反转(进程)】命令可反转音频。

3. 倒置

倒置音频是在时间线的方向上,从右至左对音频进行翻转倒放。执行【效果】|【倒转(进程)】命令可倒置音频。

4. 生成

可以使用生成功能,自动生成音频。

(1) 执行【生成】|【脉冲信号】命令,生成脉冲信号模拟电话拨号的声音。

(2) 执行【生成】|【噪波】命令,弹出“生成噪波”对话框。生成自定义的噪声。

(3) 执行【生成】|【音调】命令,生成规律音频波形,可自定义其振幅和频率。

6.6 单轨音频效果处理

6.6.1 改变振幅

在编辑视图下，执行【效果】|【振幅和压限】|【振幅/淡化】命令，弹出“振幅/淡化”对话框，如图 6.13 所示。使用滑块改变音量，调整好之后，单击“试听”按钮可进行试听。

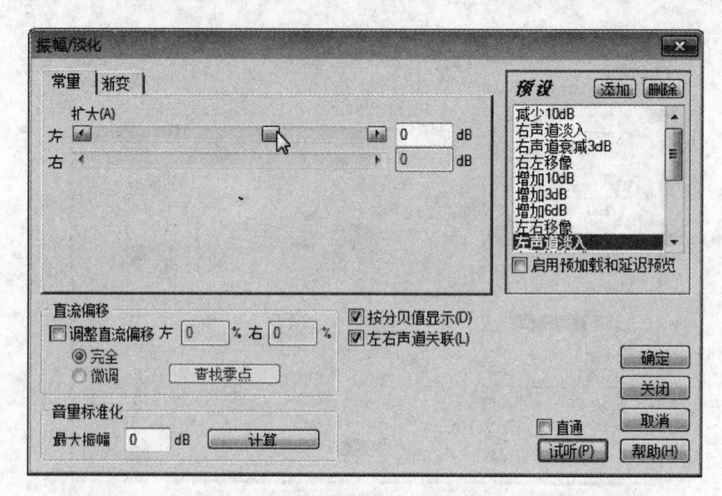

图 6.13 “振幅/淡化”对话框

在右侧的“预设”选项卡中，显示出已经预设的改变振幅的幅度。单击右侧的“添加”按钮，将自己设置的参数状态作为新的预设保存下来。要删除某预设，只需单击“删除”按钮。

6.6.2 降低噪声

Adobe Audition 3.0 的降噪类效果器包含“自动咔哒声/噗噗声消除器”、“爆音修复器”、“嘶嘶声降低器”和“噪声降低器”。可以通过菜单执行这些功能，也可以通过双击“效果”面板下的项目实现，如图 6.14 所示。

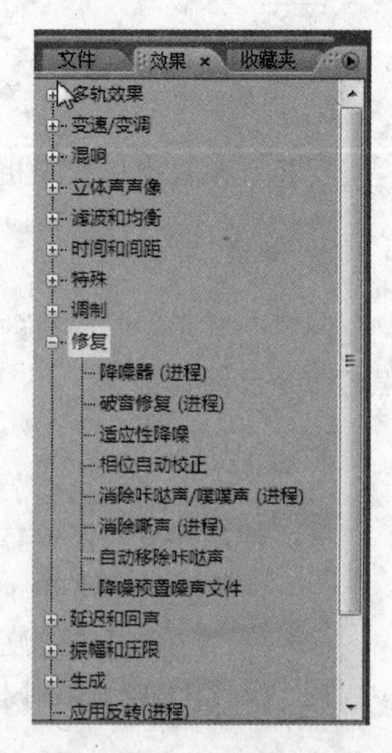

图 6.14 降噪类效果器

1. 自动咔哒声/噗噗声消除器

执行【效果】|【修复】|【消除咔哒声和噗噗声】命令，弹出“咔哒声和噗噗声消除器”对话框，如图 6.15 所示。

2. 爆音修复器

执行【效果】|【修复】|【破音修复】命令，弹出“破音修复”对话框，如图 6.16 所示。

(1) 输入衰减：决定效果器进行处理的最大电平，一般设置为 0dB。

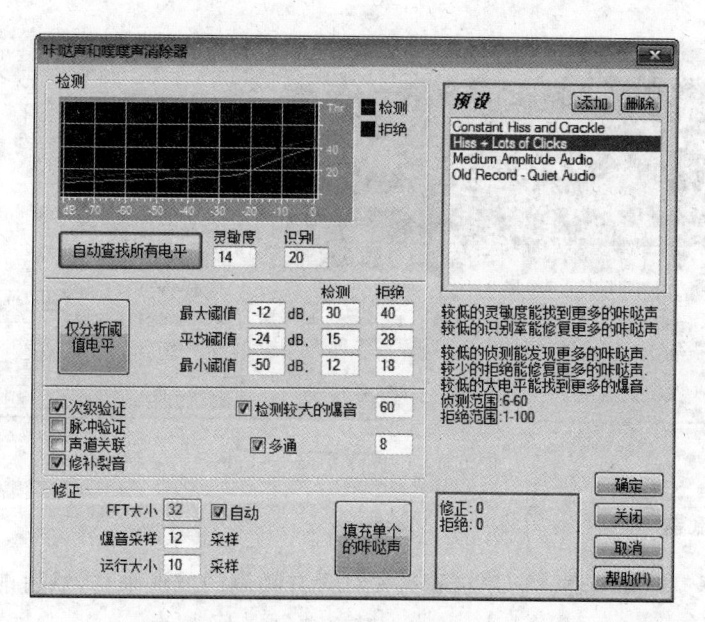

图 6.15 “咔哒声和噗噗声消除器”对话框

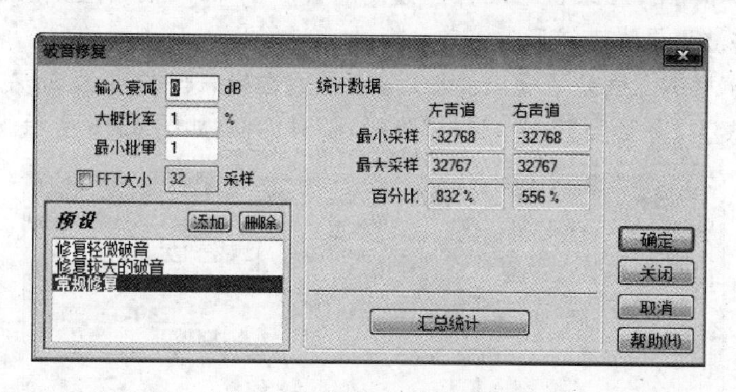

图 6.16 “破音修复”对话框

(2) 大概比率：决定爆破音区域变化百分比，推荐使用1%设置，在达到输入电平参数之前对爆破音进行探测。

(3) 最小批量：最小采样长度。如果输入“1”，表示需要有一个采样长度的爆破音被修复；如果输入“2”；表示需要有两个采样长度的爆破音被修复。

(4) FFT 大小：一般情况下不勾选。如果声音中含有大量的爆破音，可勾选并增加数值。

(5) 统计数据：此项目用来显示左、右声道的最小采样、最大采样和爆破音百分比。

3. 嘶嘶声降低器

用来改善素材中的高频嘶嘶声。选择一段波形后，执行【效果】|【修复】|【消除嘶声】命令，弹出“嘶声消除”对话框，如图 6.17 所示。单击“获取底噪”按钮，可获得分析结果；然后，单击“试听”按钮，通过手动调整部分曲线进行降噪，最后单击“确定”按钮完成操作。

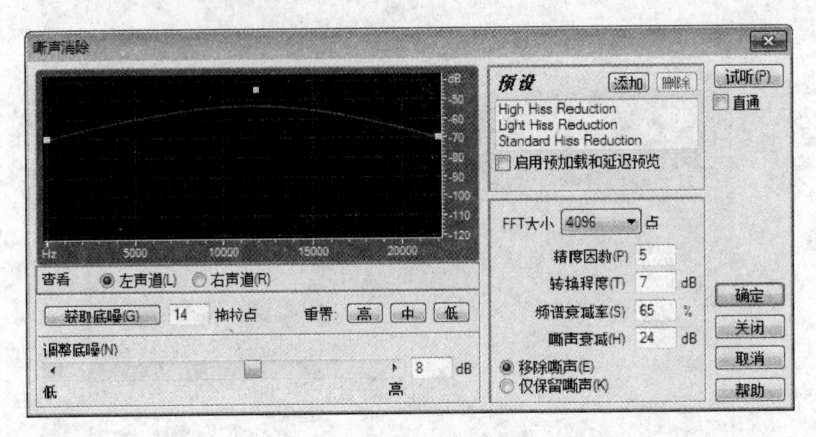

图 6.17 “嘶声消除”对话框

4. 噪声降低器

噪声降低器简称降噪器。使用步骤为先对含有噪声的波形采样，然后消除含有与样本相似的噪声。

(1) 确认噪声波形。在录音时声音停顿期间会产生噪声，使得应该表现平直的曲线显得不太平稳，这些波形是噪声波形。

(2) 采集噪声样本。确认了噪声波形后，用鼠标选择一段长度为 1s 左右的噪声波形。执行【效果】|【修复】|【降噪器】命令，弹出“降噪器”对话框，如图 6.18 所示。

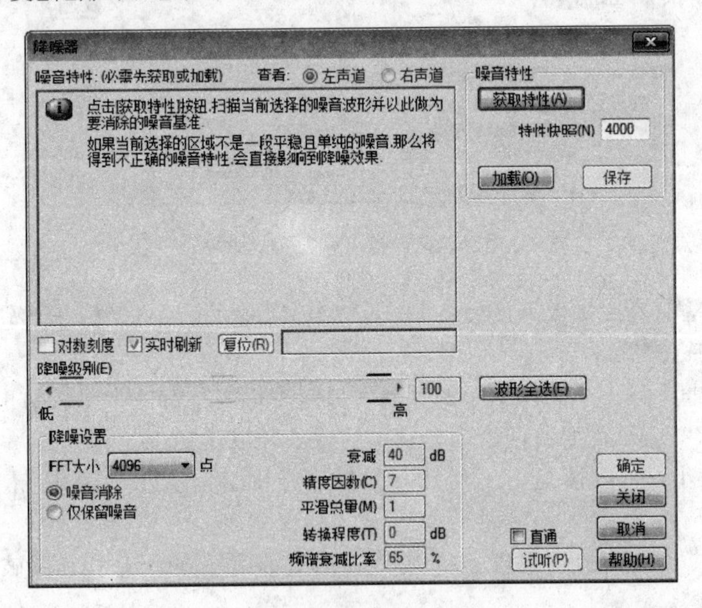

图 6.18 “降噪器”对话框

初次使用此功能时，“样本示意图”区域暂时不显示任何图形，而是显示一些操作提示。此时，单击“获取特性”按钮，出现采样进度。待采样完毕以后，就显示出所选波形的噪声样本示意图以及其他相关的参数信息，如图 6.19 所示。

单击“试听”按钮，适当地调整参数，试听满意再单击“关闭”按钮，样本仍被保留。

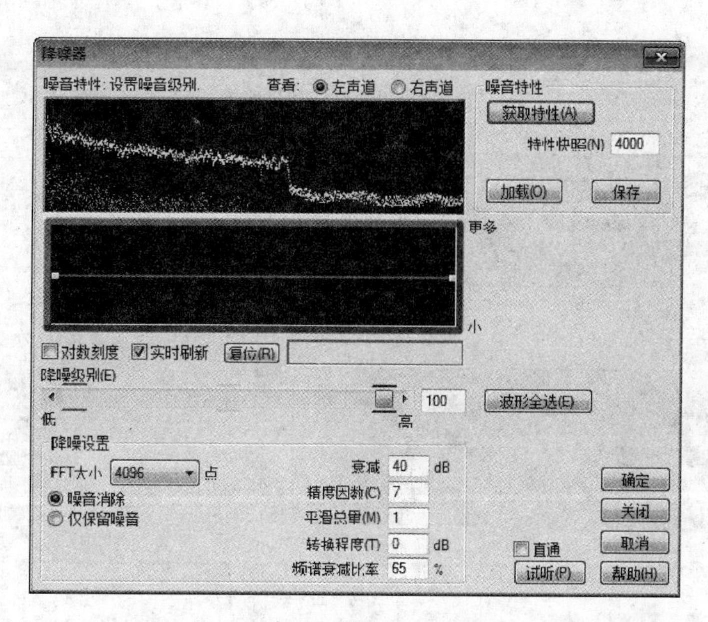

图 6.19　噪声样本示意图

(3) 降低噪声。选择要做降噪处理的全部波形。再次执行【效果】|【修复】|【降噪器】命令,“降噪器”对话框中保留并显示刚采集的样本。单击“确定”按钮完成操作。

6.6.3　延迟效果

延迟类效果主要包含“效果”菜单中的“延迟与回声”、“调制”、“混响”3 项功能。这些效果也可以通过双击“库面板”上对应的按钮来实现。

1. 延迟效果

执行【效果】|【延迟和回声】|【延迟】命令,弹出“延迟”对话框。“混合”是用来改变延迟效果的干湿比,干声指未经过延迟处理的声音,湿声表示经过延迟处理后的声音。

2. 动态延迟效果

“动态延迟”能够使声音在不同时间内添加不同的延迟效果,从而制作出较复杂的声音延迟效果。具体步骤是执行【效果】|【延迟和回声】|【动态延迟】命令,弹出“动态延迟”对话框,如图 6.20 所示。在“延迟”时间示意图中,可以通过拖动控制点来改变延迟时间;在“反馈”示意图中,可改变反馈量的大小。

3. 回声

回声效果相当于若干个延迟效果的叠加(用不同的延迟时间叠加而成的效果)。具体步骤是执行【效果】|【延迟与回声】|【回声】命令,弹出“回声”对话框。左声道和右声道分别包含有“延迟时间”、“回馈”、“回声电平”3 个参数的调节。“连续的均等回声”可以对回声进行快速滤波,模拟出更加真实的房间吸声的回声效果。

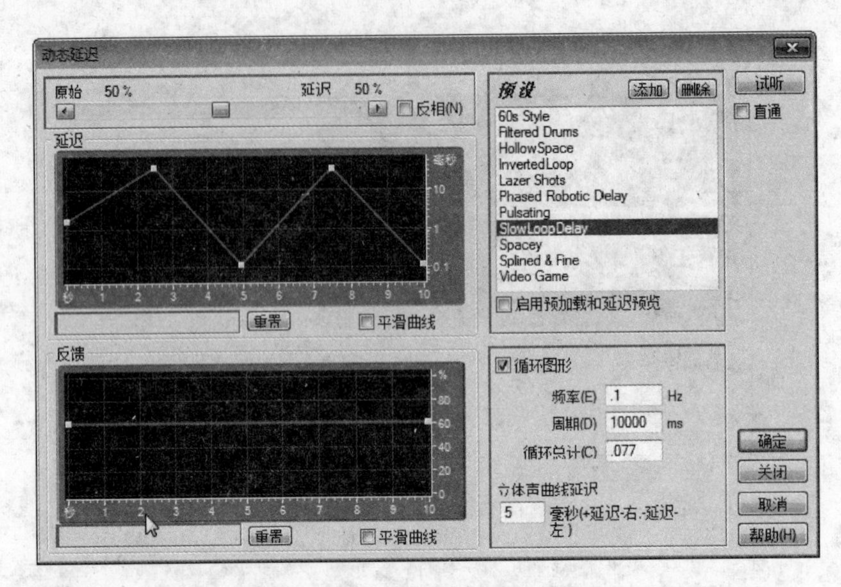

图 6.20 “动态延迟”对话框

4. 回声房间

执行【效果】|【延迟与回声】|【房间回声】命令，弹出“房间回声”对话框。

5. 多重延迟效果

回声效果中每次回声之间的时间间隔都是一样的，而多重延迟效果可以改变每次回声的间隔时间。执行【效果】|【延迟与回声】|【多重延迟】命令，弹出对话框。其中的“低切滤波”和“高切滤波”用来阻断声音的低频部分和高频部分。

6.6.4 时间拉伸变速变调

1. 变速

变速效果是使声音的速度变快或者变慢，具体步骤是执行【效果】|【时间和间距】|【变速】命令，在弹出的“变速”对话框内设定。

2. 变调

变调效果是使声音的音调变高或者变低的效果。具体步骤是执行【效果】|【时间和间距】|【变调】命令，在弹出的“变调”对话框中设定。

3. 消除人声

想要制作像卡拉 OK 一样的伴奏音乐，就需要将歌曲中的人声消除。主要有以下两种方法。

(1) 首先在单轨界面中打开需要消除人声的歌曲，然后执行【效果】|【立体声声像】|【声道重混缩】命令，弹出“声道重混缩”对话框，如图 6.21 所示。在左上角的“预设效果”下拉列

表框中选择“Vocal Cut(消除人声)”选项,“新建左声道”的参数是 Left100%,Right-100%,“新建右声道”的参数是 Left－100%,Right100%,反相,最后单击“确定”按钮即完成操作。

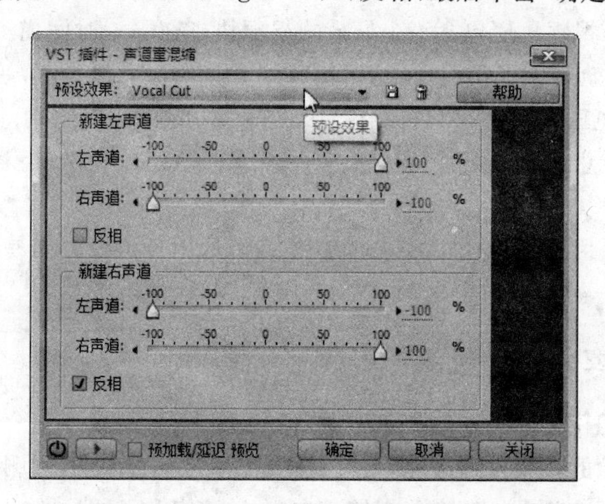

图 6.21 “声道重混缩”对话框

(2) 在单轨界面中打开需要消除人声的歌曲,然后执行【效果】|【立体声声像】|【析取中置通道】命令,弹出“析取中置通道”对话框。在左上角的“预设效果”下拉列表框中选择“Karaoke(卡拉 OK)”选项,频率范围选择“男声”,最后,单击“确定”按钮即完成操作。

6.7 多轨编辑界面

在多轨视图下,可以将多个音频和 MIDI 素材片段进行混合处理,形成分层音轨,制作音乐作品。在 Audition 中可以录制并混合无限多条音轨上的音频文件,并且每个音轨中包含所需的音频片段,唯一的限制只会是磁盘空间的不足和硬件处理能力无法满足需要。多轨视图编辑完毕后,会将源文件的信息和混合设置保存到项目(.ses)文件中。由于其中只包含了源文件的路径和相关的混合参数(如音量、声像和效果设置等),故项目文件所占的空间很小。另外,将它与所使用的素材文件放置在同一个文件夹内,可以更好地管理项目文件,在需要时只要通过移动此文件夹将项目文件移动到其他计算机系统中就可以了。

6.7.1 基本轨道控制

在多轨视图下,通过主群组中的轨道控制区域可以对轨道进行一些基本操作。

1. 多轨工程轨道类型

多轨工程包含 5 种类型的轨道。

(1) 音频轨道:该轨道是由当前工程导入的音频文件或者音频块组成的。这些音频轨道提供了最大范围的控制。例如,可以具体指定文件的输入和输出,可以添加效果,还可进行自动混缩等。

(2) MIDI 轨道:MIDI 轨道通过使用音序器可以导入、录制和编辑 MIDI 作品。Adobe

Audition 3.0 使用基于 VSTI 的虚拟乐器设备，可以将 MIDI 数据自动转换成音频，为用户提供了几乎和音频轨道控制一样的 MIDI 轨道。

(3) 视频轨道：视频轨道包含一个导入的视频块。在同一时间内一个工程最多只能包含一个视频块，视频轨道可以显示视频的缩略图，提供视觉上的参考，用户还可以通过视频窗口观看视频的预览画面。

(4) 总线轨道：总线轨道中，可以结合若干个音频轨道或发送，而且可以集中对它们进行控制。

(5) 主控轨道：每个工程文件都包含主控轨道，让用户可以更简易地完成结合多轨、多总线的输出等操作。

2. 添加、插入、复制、删除、命名轨道

(1) 执行【插入】|【添加音轨】命令，弹出“添加音轨”对话框。

(2) 选择要删除的轨道，执行【编辑】|【删除所选的音轨】命令，可删除轨道。

(3) 在多轨界面的“主群组”中单击轨道左侧“轨道名称”，即可输入新名称。

(4) 在“缩放”面板中，使用“垂直缩放”工具，可以同时垂直变宽或变窄所有轨道。只需要调整一条轨道时，把鼠标定位在轨道的上边界或下边界上下拖动改变垂直宽度。

3. 设置轨道输出音量

(1) 用鼠标上下、左右地拖动“主群组”中的轨道控制区的音量旋钮，就可以改变该轨道的音量。拖动鼠标的同时如果按下 Shift 键，可以较大幅度地调整音量；拖动鼠标的同时如果按下 Ctrl 键，可以较细微地调整音量。

(2) 在“混音器”面板中，按向上、向下方向键，或者在轨道的音量控制的滑块上面或下面单击鼠标，都可以改变轨道音量，或者按下 Alt 键，并在轨道音量控制的某数值处单击鼠标，音量就会直接更改为用户所选定的数值处。

6.7.2 插入素材

在多轨界面中，可以在轨道上插入如音频文件、MIDI 素材、视频文件及从视频中提取出的声音素材等。

(1) 插入音频文件：音频文件通常指除电子合成声音之外的各种波形声音，如 WAV、MP3、CDA、WMA 等格式的音频文件。在某一个轨道上插入音频文件的步骤是：确定插入点后，执行【插入】|【音频】命令，弹出“插入音频”对话框，如图 6.22 所示。选择要插入的音频文件，单击“打开”按钮，音频文件就会插入到轨道上。

(2) 插入 MIDI 文件：多轨界面能够插入 MIDI 文件，但是却无法对其数据进行编辑。步骤是：确定插入点，执行【插入】|【MIDI】命令，选择要插入的 MIDI 文件，单击“打开”按钮。

(3) 插入视频文件：在多轨界面中，可以支持的视频格式主要有 AVI、WMV、ASF 和 MOV。

步骤是：确定插入点，执行【插入】|【视频】命令，选择要插入的视频文件，单击“打开”按

图 6.22 “插入音频”对话框

钮。其画面将在“视频”轨道中显示，声音波形将在某一音频轨道中显示。另外，Adobe Audition 3.0 还会自动显示出“视频”窗口供预览使用，如果“视频”窗口关闭，可以执行【窗口】|【视频】命令打开。

(4) 插入视频中的音频：Adobe Audition 3.0 可以轻松提取出视频文件中的声音，主要能够提取 AVI、MPEG、WMV、ASF 和 MOV 几种视频格式的声音。具体步骤是确定插入点后，执行【插入】|【提取视频中的音频】命令，弹出“插入来自视频的音频”对话框，选择要提取声音的视频文件，单击“打开”按钮，此视频文件的声音就会被提取出来，并在轨道中显示其波形。

(5) 插入空白音频块：在多轨界面中可以插入一个空白的音频块。具体步骤是先在“主群组”中选择需要插入空白音频块的范围，然后执行【插入】|【空的音频剪辑】命令，在弹出的下一级菜单中选择【插入选择的音轨(单声道)】命令，那么该轨道就会生成单声道的空白音频块；如果选择【在所选音轨中(立体声)】命令，轨道上就会生成立体声的空白音频块。

6.7.3 组织音频素材

在多轨界面中，可以通过修剪或延长音频块来满足混音的需要。由于多轨界面中对声音的编辑是无损的，不会对声音波形本身造成破坏，所以经过处理的音频随时可恢复成源文件。如果在单轨界面对声音进行剪辑，则会永久改变音频块。

1. 通过选取进行剪裁、扩展音频块

(1) 在工具栏上单击“时间选择”按钮 或者“混合”按钮 ，并在轨道上选择一段需要保留的波形后，执行【剪辑】|【修剪】命令，就可以将选区外的波形删除。

(2) 选择要删除的波形，如果要删除的部分在时间上留有一段空白，可以通过执行【编辑】|【删除】命令进行删除。

(3) 要使删除的波形部分在时间轴上去除，则执行【编辑】|【波纹删除】命令。

(4) 要调整音频块的边界线，就执行【剪辑】|【调整边界】命令，然后在所选波形的边界处拖动鼠标，就可以改变所选区域的范围。

(5) 选择一段波形，然后在工具栏上单击“调整波形边界到选区”按钮。

2. 通过拖拽进行裁剪、扩展音频块

执行【视图】|【快捷栏】|【查看】|【固定拖拽剪辑边缘】命令，然后在“主群组”中音频块的左边界或右边界定位鼠标，当鼠标显示为“拖拽标志”（注意：不是标志）时拖动鼠标即可。

3. 移换已裁切的音频块内容

滑动着编辑一个已经裁切过的音频块的波形内容时，只会使音频块的内容发生移换，但不会改变其边界。具体步骤是在工具栏中单击“移动/复制”按钮，或者单击“混合”按钮，按下 Alt 键的同时右击，并在音频块范围内拖动鼠标，则音频块内的波形内容就会滑动着发生移换。

4. 恢复音频块初始的完整状态

一个被裁切过的音频块，可以再次恢复到初始状态。具体步骤是：选择此音频块，然后执行【剪辑】|【填充】命令即可。

5. 切分音频块

把音频块时间较长的文件切分成多个音频块，可以方便地对不同的音频块进行不同的操作。将音频块切分成两部分，具体步骤如下。

(1) 在波形上要切分的位置单击鼠标，确定好切分点，然后右击，在弹出的快捷菜单中选择【分离】命令，一个音频块就分成了两部分。

(2) 在波形上要切分的位置单击鼠标，确定好切分点，然后执行【剪辑】|【分离】命令。这样，一个音频块就分成了两部分。

(3) 在波形上要切分的位置单击鼠标，确定好切分点，然后单击工具栏上的“在指针处分割剪辑”按钮，一个音频块就分成了两部分。

6. 重组已切分的音频块

在工具栏上单击“移动/复制”按钮或者“混合”按钮，将已切分的音频块相邻地排列在同一个轨道上，然后选择某个音频块，执行【剪辑】|【合并/聚合分离】命令。

6.7.4 为音频块添加淡变效果

1. 在同一轨道为音频块添加淡变效果

为音频块上添加淡变效果能够让用户更为直接地观察和调整淡变的曲线和时间。淡入和淡出的控制会在音频块的左边和右边出现，交叉淡变则在音频块重叠时出现。

(1) 淡入淡出：拖动音频块左上角或右上角的淡变控制图标或，向内侧拖动为设置淡变的长度，向上或向下拖动可以调整淡变的曲线。

(2) 为重叠的音频块设置交叉淡变效果：同一个轨道上的音频块重叠在一起才可以进行交叉淡变效果的设置，重叠的部分就是可以进行淡变效果设置的范围。具体步骤是：单击“移动/复制”按钮将同一个轨道上两个音频块重叠，然后通过拖动重叠区域的上部，上下的淡变控制图标或，调整淡变效果曲线。

(3) 淡变选项：选择一个音频块后，执行【剪辑】|【剪辑淡化】命令，可根据需要选择不同的淡变效果选项。

2. 在不同轨道为音频添加淡变效果

具体步骤如下。

(1) 拖动两个音频块，使第一个音频块的结尾处与第二个音频块的开头处有时间上的重叠。

(2) 在两个音频块的时间重叠处选择需要设置淡变效果的区域，然后按下 Ctrl 键单击这两个音频块，即可同时选中这两个音频块。

(3) 执行【剪辑】|【剪辑淡化】命令，这时处于不同轨道上的两个音频块的重叠处中选中的区域，就设置成淡变效果。

3. 时间伸缩

时间伸缩技术的应用打破了传统的音频处理方法，该技术满足了用户对独立处理声音的速度和音高的需要。在多轨界面中只需用鼠标拖拽声音波形就可以对其进行时间伸缩，而不必打开音频效果。

(1) 设置音频块伸缩属性。执行【视图】|【启用剪辑时间伸展】命令，或执行【剪辑】|【剪辑时间伸展属性】命令，弹出“素材变速属性”对话框，如图 6.23 所示。

在该对话框中勾选“开启变速”复选框。当指在声音波形末尾右下角的鼠标光标变成秒表图标时开始拖拽，即可进行声音的拉伸和压缩。

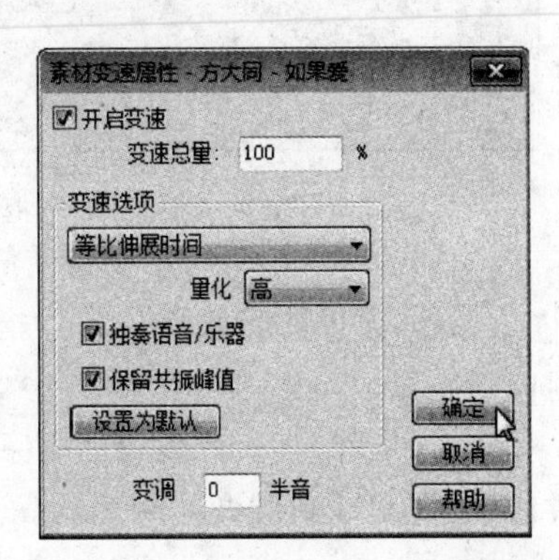

图 6.23 “素材变速属性”对话框

“变速选项”下拉列表框中还包括“等比伸展时间”、“重采样(影响音高)”、“交结节拍”、“混合”4 个选项的参数设置。

“等比伸展时间”选项适合伸缩和处理吉他、贝司和钢琴等一般乐器的声音。“量化”中有“低”、“中”、“高”3 个选项，一般选择“高”。

“重采样(影响音高)”选项用于让声音的音高随着音频波形速度的变化而改变，“量化”参数用于控制声音处理音量，一般选择“高”。

“交结节拍”选项适合处理像打击乐等节奏明快的音乐，当声音素材是从采样盘中获取时，最好勾选“使用文件的节拍标记”，如果是自己录制的打击乐器声音素材，一般选择“自动查找节拍”，默认的“10dB 增益 9 毫秒”表示每 9 毫秒内探测一次，其中有超过 10dB 音量的变化就认为是节奏点。这个参数一般推荐使用默认值。

“混合”选项比较适合处理各种乐器混合在一起的声音。

(2) 取消时间伸缩。取消时间伸缩是指音频块取消之前设置的时间伸缩效果,具体步骤是选择需要取消已经设置时间伸缩属性的音频块,然后执行【剪辑】|【剪辑时间伸展属性】命令,弹出"素材变速属性"对话框,将"开启变速"复选框取消。

4. 根据多个音频块创建一个音频块

在多轨界面中,通过将几个音频块的内容整合,创建出一个新的单独的音频块,可以在多轨界面或者单轨界面进行快速编辑。

具体步骤如下。

(1) 在"主群组"中,选择一个需要混缩的范围,或者选择一些需要混缩的音频块,或者什么都不选择——混缩成一个空白的工程。

(2) 执行【编辑】|【合并到新音轨】命令。

(3) 选择一种立体声或者单声道的混缩设置。

5. 设置音频块属性

在音频块的属性窗口中,可以改变音量、声相和音频块的颜色等的参数设置,具体步骤如下。

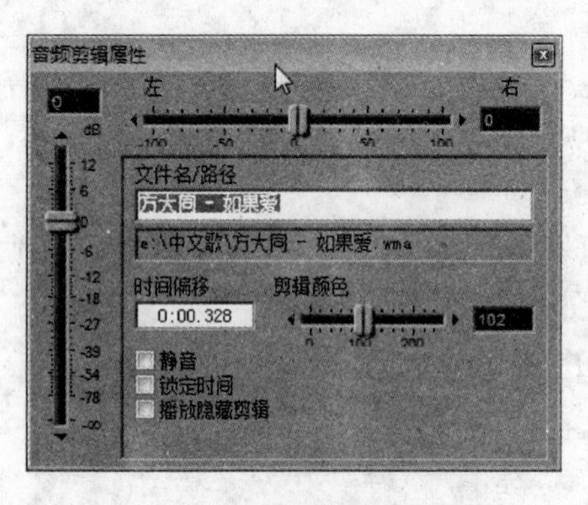

图 6.24 "音频剪辑属性"对话框

(1) 选择一个音频块,执行【剪辑】|【剪辑属性】命令,弹出"音频剪辑属性"对话框,如图 6.24 所示。

(2) 如果要改变音量、声相或者音频块的颜色,直接拖拽相应的滑块即可。

(3) 如果要将音频块在时间上锁定,勾选"锁定时间"复选框,随后音频块上将会出现锁定标志🔒。当音频块锁定后,只可以将其上下移动至其他的轨道上同样的时间位置,而无法将其左右移动至新的时间位置。

(4) 如果要使音频块静音,勾选"静音"复选框。

(5) 如果要将音频块移动到指定的时间位置,就在"时间偏移"文本框中输入一个起始时间。

(6) 如果要改变音频块的名字,在"文件名/路径"文本框中输入即可。当保存此工程文件时,会提示以新的音频块名字保存源文件的副本。

6.7.5 自动化混音:包络线混音

自动化混音可以改变整体的混音设置。

要使音频块的音量和声相设置自动化,可以使用音频块包络;要使轨道音量、声相和效果设置自动化,可以使用轨道包络;要使轨道的设置在混音时不断地变化,可以将轨道的自动操作录制下来。包络能够让用户直接观察到特定时间的设置,通过拖拽包络上的控制点可以编辑包络设置。包络编辑可以改变音频块的音量和声相设置。

1. 自动化音频块包络调整

音频块的音量包络和声相包络的初始颜色不同，音量包络是绿色线条，放置在音频块的顶部；声相包络是蓝色线条，放置在音频块中部。对于声相包络，将其放置在顶部，表示声相为左；将其放置在底部，则表示声相为右。

(1) 在多轨界面的"视图"菜单中勾选了"显示剪辑音量包络"复选框时，在音频块的顶部就会显示初始颜色为绿色的音量包络；当勾选了"显示剪辑声相包络"复选框时，在音频块的中部就显示出初始颜色为蓝色的声相包络。

(2) 使包络应用为平滑曲线。在包含包络的音频块上右击，在弹出的快捷菜单中执行【剪辑包络】|【声相/音量】|【使用采样曲线】命令，可使折线变成平滑曲线。

(3) 重新调节音频块的音量包络：由于包络设置得过高或过低，都会导致无法通过控制点调整，这时就需要重新调节音量包络。在含有音量包络的音频块上右击，在弹出的快捷菜单中执行【剪辑包络】|【重置剪辑音量包络比例】命令，弹出"重新调整剪辑音量包络比例"对话框。在"重新调整"数值栏中输入音量的调节量，此数值栏可填写－40～40 范围内的数值。输入负数，音量包络会提升，但音频块音量会以相同数值降低；相反地，输入正数，音量包络会降低，而音频块音量会以相同数值升高。

2. 自动化轨道设置

通过轨道包络可以改变整个轨道的音量、声相和效果设置。显示轨道包络的方法在轨道左侧控制区单击按钮，待轨道下方展开后单击按钮即可。

当显示出音量、声相或者轨道包络线之后，就可以根据需要调整设置，步骤如下。

(1) 在工具栏上单击"编辑剪辑包络"按钮，然后选择要编辑的音频块。

(2) 如果要在包络线上增加一个控制点，将鼠标移到包络线上，当鼠标变成标志时，单击鼠标就会增加一个新的控制点。

(3) 如果要删除包络线上一个控制点，只要将控制点拖到音频块或轨道的外面即可。

(4) 如果要移动一个控制点，直接拖它即可。要想使控制点的时间位置不变，按住 Shift 键的同时拖拽即可。

(5) 按住 Ctrl 键的同时拖拽，则包络线上所有的控制点将以同样的百分比上下移动。

(6) 按住 Alt 键的同时拖拽，则包络线上所有的控制点将以同样的数量上下移动。

如果要从一段特定时间范围内删除控制点，就要先在"主群组"中选择范围。对于音频块包络，在音频块上右击，在弹出的快捷菜单中执行【剪辑】|【剪辑包络】|【音量/声相】|【清除选择点】命令。对于轨道包络，要先显示出相应的包络，然后在包络上右击，在弹出的快捷菜单中执行【清除编辑点】命令，或者单击按钮。

3. 混缩导出

混缩导出是将多轨上的音频文件混缩成一个单轨音频并将其导出。在音频编辑完成后，执行【文件】|【导出】|【混缩音频】命令，弹出"导出音频混缩"对话框，设置文件的文件名、保存路径和保存类型等，然后单击"保存"按钮开始导出，如图 6.25 所示。

图 6.25 “导出音频混缩”对话框

思 考 题

1. Adobe Audition 有几种专业的工作视图界面？

2. 绘出多媒体计算机声卡与外部设备连接示意图。

3. 简要说明用软件录音的过程。

4. 注意 Adobe Audition 3.0 的降噪类效果器的应用方法，以便解决实践中遇到的问题。

5. 怎样在同一轨道和在不同轨道为音频块添加淡变效果？

6. 说明使用音频块包络和轨道包络进行自动化混音的过程。

7. 混缩导出是将多轨上的音频文件混缩成一个单轨音频并导出，说明其操作过程。

8. 掌握激光唱盘的设计与制作方法。

9. 简要说明广播节目制作的过程。

CHAPTER 7

第7章

动画设计与制作

学习目标

- 熟悉 Flash CS4 工作界面
- 掌握 Flash CS4 的对象创建方法
- 掌握 Flash CS4 基本动画的制作方法
- 掌握 3DS MAX9 创建基本模型的方法
- 熟悉 3DS MAX9 材质的基本用法和技巧
- 熟悉 3DS MAX9 动画的制作与设计方法

7.1 Flash 二维动画制作

Flash 软件为数码、Web 和移动平台创建丰富的交互式内容提供了高级的创作环境。动画、网站、多媒体演示、电视广告、课件和网络游戏等都可以通过 Flash 来创建。全世界有超过 7 亿台的计算机和设备上都安装了 Flash Player，其中超过 96%的与 Internet 连接的台式机安装了 Flash Player，它是世界上应用最为广泛的多媒体平台。Flash CS4 是目前 Flash 的最高版本，而 Flash Player 10 则是播放器的最高版本，ActionScript 3.0 是编程语言的最高版本。

7.1.1 Flash 入门

1. Flash 的产生与发展

Future Splash Animator 为最早期的 Flash 版本，1996 年 11 月，改名为 Flash 1.0 。随后 Macromedia 公司又在 1997 年 6 月推出了 Flash 2.0，1998 年 5 月推出了 Flash 3.0。美中不足的是，这些早期版本所使用的都是 Shockwave 播放器。自 Flash 4.0 发布以后，才开始有了自己专用的播放器“Flash Player”，原来所使用的 Shockwave 播放器便仅供 Director 使用。但是为了保持向下相容性，Flash 4.0 仍然沿用了原有的扩展名.SWF(Shockwave Flash)。

2000 年 8 月 MM 公司推出的 Flash 5.0，支持 Flash Player 5 播放器。在 Flash 5.0 中，

ActionScript 有了很大进步，开始支持 XML 和 Smart Clip(智能影片剪辑)。ActionScript 的语法也开始发展成一种完整的面向对象的语言，并且遵循 ECMAScript 的标准。

2002 年 3 月 MM 公司推出的 Flash MX，使用的是 Flash Player 6 播放器。Flash 6 播放器支持对外部 JPG、MP3 格式文件的调入，增加了更多的内建对象，提供了对 HTML 文本更精确的控制，并引进 SetInterval 超频帧的概念。同时还对 SWF 格式文件的压缩技术进行了改进。

2003 年 8 月 MM 公司推出了 Flash MX 2004，其播放器为 Flash Player 7，并同时开始了对 Flash 本身制作软件的控制和插件开放(Macromedia Flash JavaScript API，JSFL)。

随着 Flash 逐渐发展成一个默认的工业标准，Adobe 公司更是以 34 亿美元的高价收购了 Macromedia，为 Flash 动画的进一步发展奠定了雄厚的基础。

2. Flash 的工作界面

1) 工作界面的组成

当运行 Flash CS4，新建(默认的名称是“未命名.1.fla”)或打开一个 Flash 文档后，会出现一个典型的 Flash 工作界面，不过这个界面除了含有标准窗口的基本元素外，同时还拥有自己制作动画时所必需的特殊部分，用户可以根据自己的实际需要做出相应的调整，如图 7.1 所示。

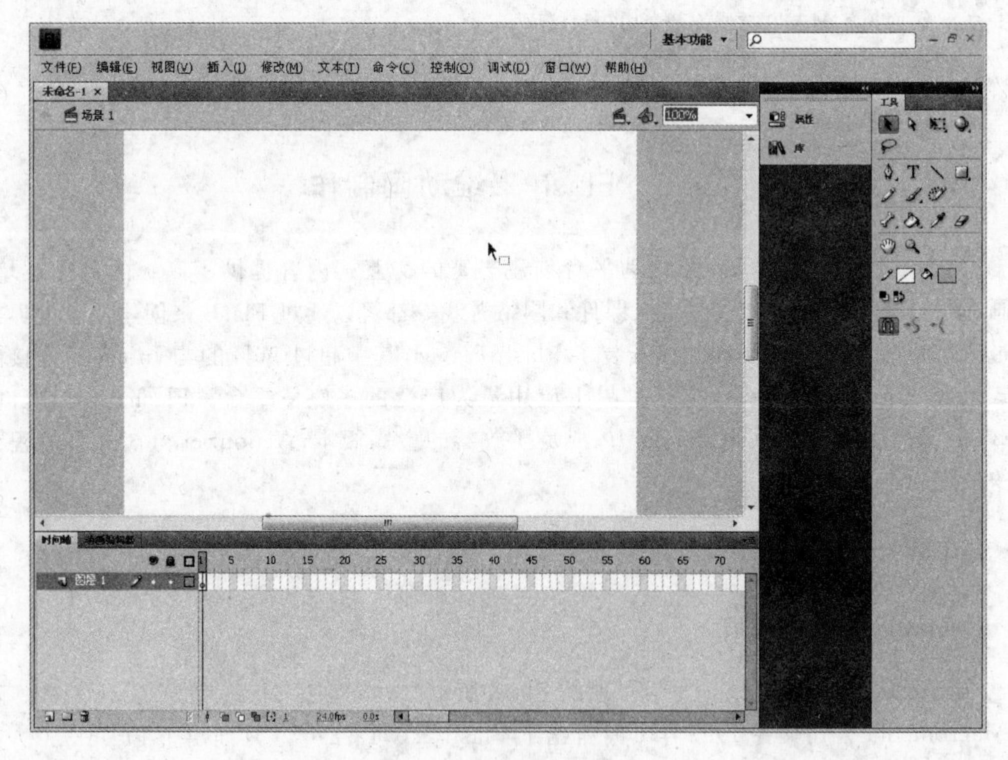

图 7.1　Flash 的工作界面

在此窗口中，在制作 Flash 动画过程中会用到以下几个关键部分，分别是时间轴；舞台；工具箱；面板；元件库。

2）时间轴

“时间轴”是用于组织和控制文档内容在一定时间内播放的层数和帧数，以及进行Flash动画创作时的重要工具。它包括左、右两个区域，左边为层控制区，右边则是时间轴控制区，如图7.2所示。

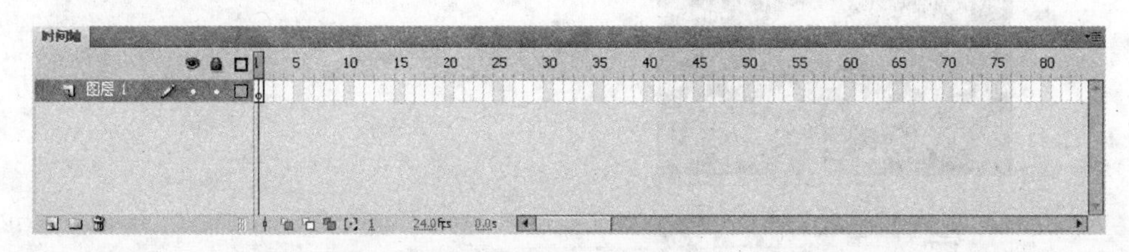

图7.2　Flash时间轴

层控制区由层列表和相应功能按钮组成，是进行图层显示和操作的区域。

时间轴控制区主要是由若干行组成，并分别和层控制区中的每一个图层中的帧序列相对应。其中位于时间轴顶部的时间轴标题可用来提示帧标号，播放头指示在舞台中当前显示的帧；时间轴状态显示在时间轴的底部，显示所选的帧编号、当前帧频以及到当前帧为止所运行的时间。

3）舞台

舞台位于工作界面的正中间部位，又称为“编辑区”或“工作区”，是用户进行操作和编辑动画内容的区域。内容包括图形、文本、按钮、导入的位图或视频剪辑等，如图7.1所示。

4）工具箱

工具箱默认位于工作界面左侧，呈长条形状，它可以为进行图形设计提供功能。工具箱分为4部分，从上至下依次为工具、查看、颜色和选项。若要选中其中的各种工具，可以通过用鼠标单击的方式，同时也可以进行相应绘制、涂色、选择和编辑对象等操作，界面可设成如图7.3所示。

图7.3　Flash工具箱

5）面板

Flash提供的面板主要可分为设计、开发和其他面板3大类。常规的编辑功能都可通过面板完成，同时也能实现各种的设置和各种对象的状态显示等。常用的面板可分为属性面板、帮助面板和动作面板等，如图7.1所示。

6）元件库

元件库是用来存放和组织可重用的动画元件，包括在Flash中制作的对象，如绘制的图形、导入的声音、位图和视频等。通过对这些元件的重用，可以提高进行Flash动画制作的效率。元件库中还包含了按钮、声音和位图等类型的文件，如图7.4所示。

7.1.2　绘图与编辑工具

绘图工具是表现影片的最基本的工具。工具箱中包括了22种绘图工具，如图7.5所示。

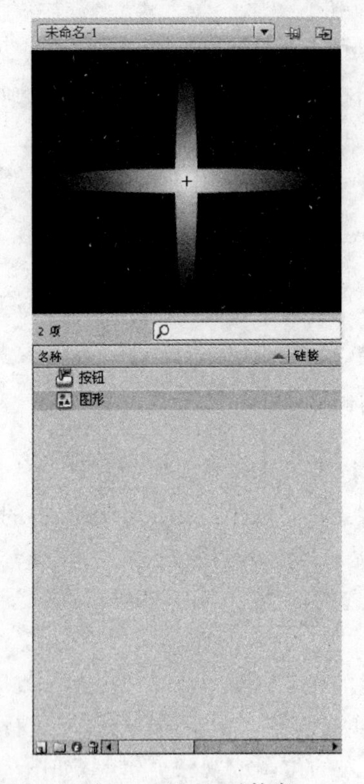

图 7.4 Flash 元件库

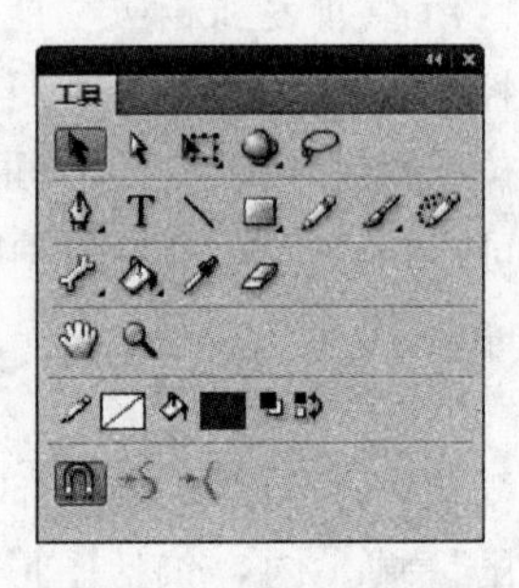

图 7.5 Flash 工具箱

选择工具：选择工作区中的图像或文字等部分。

部分选取工具：选择描点和贝塞尔曲线并变形。

线条工具：用于绘制直线。

套索工具：允许用户自定义范围来完成对象的选择。

钢笔工具：用来绘制精确的直线或曲线。

文本工具：用来建立和编辑文本。

矩形工具：绘制矩形。

铅笔工具：徒手绘图的工具，绘制自由的线条。

刷子工具：表现笔刷描绘的图像效果。

任意变形工具：对对象进行旋转、倾斜、封套和扭曲操作。

3D 旋转工具：在全局 3D 空间中旋转影片剪辑对象。

3D 平移工具：在 3D 空间中通过 x、y、z 轴移动对象。

注意：移动的对象只能为影片剪辑。

墨水瓶工具：用来描绘所选对象的边缘轮廓。

Deco 工具：使用 Deco 绘画工具，可以对舞台上的选定对象应用藤蔓式填充、网格填充和堆成刷子填充。

骨骼工具：使用骨骼工具，单击要成为骨架的根部或头部元件，然后拖动到单独的元件，以将其连接到根部。

颜料桶工具：修改填充的颜色。

滴管工具：吸取颜色。

橡皮擦工具：擦除图像的填充色和外轮廓。

手形工具：对工作区整体进行移动(无论何时，按下空格键，鼠标指针变为手形)。

缩放工具：放大或缩小画面(按下 Alt 键，单击缩放工具可以缩小画面)。

笔触颜色：设定边线的颜色。

填充色：设定填充的颜色。

工具选项：显示对所选的工具的设置选项。

7.1.3　主要对象

1. 图形

在 Flash 中最常用到的对象就是图形，一般来说，矢量图就是指图形对象，通过绘图工具绘制出的图也都叫图形，图形一般分为轮廓和填充，可以根据需要简单地对属性进行修改和调整。

例如在图 7.6 中，对火箭的轮廓进行曲线调整。

制作好一个图形后，如果不需要再对它的细节进行修改，而只是对其大小和位置进行调整，就可以将其图形对象的轮廓和填充属性组合成一个整体，也可以把多个图形对象组合成一个整体，对这个整体统一操作。

例如，在飞镖的例子中，通过“选择工具”选中其中一支飞镖，然后执行【修改】|【组合】命令，再次选择时该飞镖就变为一个整体对象了。此时，随便选中该飞镖的任意部分，都可以让它整体自由地进行移动。

提示：在选中要组合的图形对象后，执行【修改】|【组合】命令，或按 Ctrl+G 组合键来实现组合。组合后，执行【修改】|【分离】命令，或按 Ctrl+B 组合键来解除组合，恢复到原来的图形对象。

当一个对象变为组合对象后，选中该对象，在“属性”面板中它的属性名称显示的是组而不再是对象，如图 7.7 所示。

图 7.6　对图形对象的轮廓调整

图 7.7　组合对象属性

2. 文本

文本对象是通过文本工具在舞台上进行文字的输入。输入完成后，可以对文字内容进行修改，还可以在“属性”面板中对文字的大小、颜色、字体等进行调整。

通过使用文字工具输入文本后，还可以把这个文本转换为图形对象，然后对这个图形对象进行各种特效应用，制作出各种效果的文字。

1）文本工具

单击“文本工具”按钮，可以在舞台上进行文字的输入，如图 7.8 所示。

图 7.8　用文本工具进行文字输入

2）为文本添加超链接

选中文字对象，在“属性”面板中的选项里输入链接地址，如图 7.9 所示。

3. 位图

Flash 中除了使用矢量图外，还可以使用位图。位图就是由像素组成的图像，如拍的照片。由于通过相机拍照或通过扫描仪输入，就可以轻易获取位图，所以位图素材也经常用于 Flash 的创作。

注意，由于位图在缩放后会失真，所以在导入位图时最好根据需要设置好位图的尺寸。

位图图像（亦称光栅图形）是以一系列的像素值储存在计算机中的，而每个像素占用固定的存储空间。由于每个像素都是单独定义的，故这种格式对含复杂细节的照片图像是很棒的。可是，在极大地增加或者减少其大小时，位图也会失去图像保真度。

矢量图是指用一系列的线段、色块和其他造型来描述的一幅图像，如直线、圆、弧线和矩形等造型,以及它们所使用的颜色、渐变色等格式。矢量图的文件格式不像位图文件那样记载的是每个像素的亮度和色彩,而是记录了一组指令,换句话说是记录了图形的具体绘制过程。矢量图的文件可包含用ASCII码表示的命令和数据,也可用普通的字体处理器进行编辑。矢量图适合线性图的表示。

可以通过两种方法将位图转换成矢量图,一种是采用转换位图矢量图的方式,另一种是采取分离的方式。

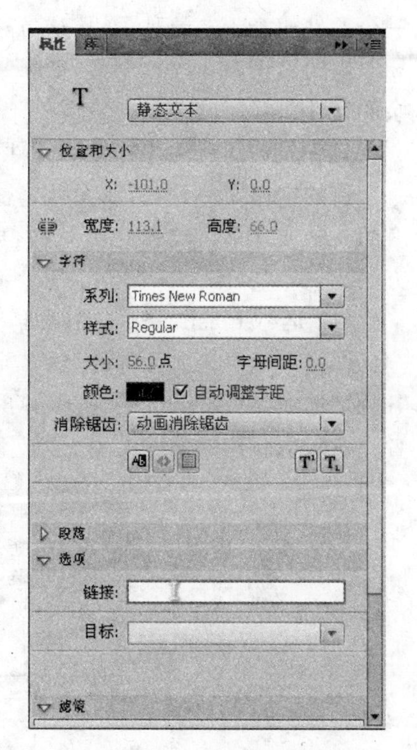

图 7.9　为文本添加超链接

4. 元件与实例

在Flash中,元件由图形元件、按钮元件、影片剪辑元件3大部分组成。在建立元件之前,只有熟悉每种元件类型的特点,才能知道将要创建的元件应该选择哪种类型。

图形元件:图形元件主要是用于静止的图形,也是最基本的一种元件类型。可以由多个图形元件组成一个新的图形元件。

按钮元件:按钮元件主要是具备鼠标事件响应效果的一种特殊元件。按钮元件有4种状态:正常状态;鼠标移动到它范围的状态;鼠标按下它的状态;鼠标单击时的状态。

影片剪辑:影片剪辑是构成Flash复杂动画必不可少的元件,它是一种比较特殊的元件。它有自己独立时间轴、图层及其他图形元件。实际上可以这么说,一个影片剪辑就是一个小Flash片段。影片剪辑在复杂动画以及Flash的ActionScript编程中经常会被使用。

Flash可以把需要重复使用的图形转换为元件(symbol),这个元件会自动保存到库(library)中。需要使用这个元件时,只要从库窗口中拖到舞台上即可。这样使用的所有元件其实都只是调用元件,即使对舞台上的元件进行了修改,也只是在文件中增加少量的描述。这使得Flash生成的文件量成倍地减少,使动画在网上更流畅地播放。

元件的具体表现形式为实例。当把元件从库窗口拖到工作区时,这时在舞台的这个元件,就称为库中该元件的实例(instance)。

元件和实例的概念是减少Flash CS4文档的大小和下载时间的关键。元件需要被下载,但是实例只是通过它们的属性(缩放、颜色、透明度、动画等)而被描述在一个小的文本文件中,这也就是为什么它们只增加了一点点影片文件大小的原因。减少文件大小的最佳方式是为项目创建元件,可在影片中多次使用。除了减少文件大小和下载时间以外,元件和实例也能帮助快速更新整个项目文件中的对象。

元件和实例两者不完全相同,但相互有联系。首先,实例的基本形状由元件决定,这使得实例不能脱离元件的原形而无规则地变化。一个元件与它相联系可以有多个实例,但每个实例只能对应于一个确定的元件。此外,一个元件拖出的多个实例可以变得各不相同,展现了实例的多样性,但无论怎样改变,实例在基本形状上是一致的,这一点是不能改变的。

一个元件相当于一粒种子,从这粒种子生成的各个“子”总是基本相同的。元件必须有与之相对应的实例存在才有意义,如果一个元件在动画中没有对应的实例存在,那么这将是个多余的元件。

只有先创建元件才能使用元件。创建元件的方法有两种:一种是在Flash中直接创建一个新的空白文件,然后在元件编辑模式中创建、编辑元件的内容;另一种是将工作区中已有的一个或几个对象转变为元件,再进行元件编辑。下面先以图形为例,介绍创建元件的方法。

(1) 运行Flash CS4,执行【插入】|【新建元件】命令,在弹出的“创建元件”对话框中的“名称”文本框中输入元件的名称,元件名称可以是英文或中文,在“类型”下拉列表框中选择“图形”选项,单击“文件夹”链接弹出“移至…”面板,可以将元件移至库现有的文件夹中,或者是在库中新建的文件夹中,这里不做选择。最后单击“确定”按钮,如图7.10所示。

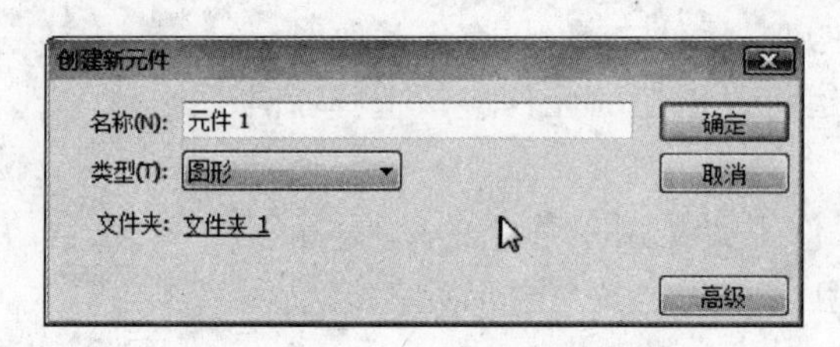

图7.10 创建元件

(2) 完成上述设置步骤后,工作区会自动进入元件编辑模式,在此可以根据需要绘制和编辑元件,如图7.11所示。

图7.11 元件编辑模式

(3) 在元件编辑窗口,使用“工具”面板的绘图工具进行图形元件的绘制,如用矩形工具绘制一个矩形,如图7.12所示。

(4) 完成元件绘制后,执行【编辑】|【编辑文档】命令,可以返回到影片模式,新建的图形元件就会出现在库面板中。另外,也可以直接单击“场景一”回到影片编辑模式下。

下面介绍如何将元素转换为图形元件。

(1) 运行 Flash CS4,新建一个文件。在工具面板中选择椭圆工具,在工作区绘制一个椭圆。在工作区中用选择工具选取这个图形对象,如图 7.13 所示。

图 7.12　绘制一个矩形

图 7.13　绘制一个图形对象

(2) 执行【修改】|【转换为元件】命令,也可以直接用鼠标右击,在弹出的快捷菜单中选择【转换为元件】命令,或者按下 F8 键。

(3) 在弹出的"转换为元件"对话框中,在"名称"文本框中输入元件的名称,元件名称可以是英文或中文,在"类型"下拉列表框中选择"图形"选项,把注册点设置为正中间,然后单击"确定"按钮,如图 7.14 所示。

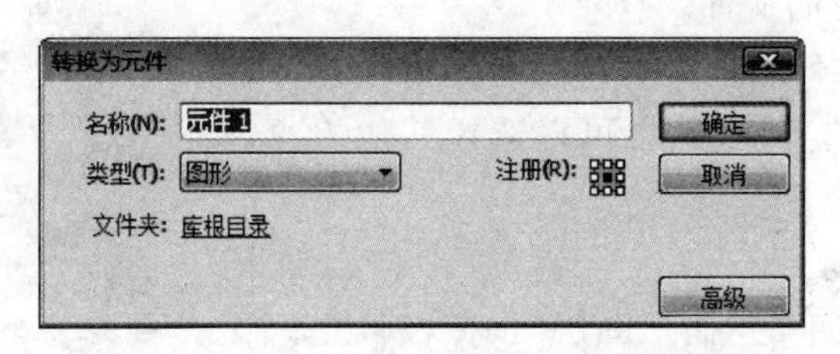

图 7.14　将图形转换为元件

(4) 舞台上被选取的元素就已经变为图形元件了,在库面板中可以看到刚才的图标。

5. 声音

Flash 中声音的使用类型分为两种,包括音频流(stream sounds)和事件声音(event sounds)。音频流的声音可以独立于时间轴自由播放。例如,给作品添加背景音乐,可以和动画同步播放;为了能更好地体现按钮的交互性,事件声音允许将声音文件添加在按钮上。Flash 还可以为声音加上淡入淡出的效果,使作品更具身临其境的听觉效果。

执行【文件】|【导入】|【导入到库】命令,在弹出的"导入"对话框中,定位并打开所需要的声音文件。

Flash 支持的声音文件格式有 WAV、AIFF(仅限 Macintosh)、MP3(Window 或 Macintosh)、ASND(Windows 或 Macintosh)。

如果系统上安装了 QuickTime4 或更高版本,则可以导入这些附加的声音文件格式:AIFF(Windows 或 Macintosh)、Sound Designer Ⅱ(仅限 Macintosh)、只有声音的 QuickTime 影片(Windows 或 Macintosh)、Sun AU(Windows 或 Macintosh)、System7 声音(仅限 Macintosh)、WAV(Windows 或 Macintosh)。

1) 向文档添加声音

要将声音从媒体库中添加到文件中,可以把声音插入到层中,然后在"属性"面板的"声音”控件中设置选项(建议将每个声音放在一个独立的图层)。

(1) 首先执行【文件】|【导入】|【导入到库】命令,导入到库后,执行【插入】|【时间轴】|【图层】命令,为声音创建一个专用层。

(2) 选中新建层的第一帧,然后将声音从库面板重拖到舞台,声音就添加到当前的层中,如图 7.15 所示。

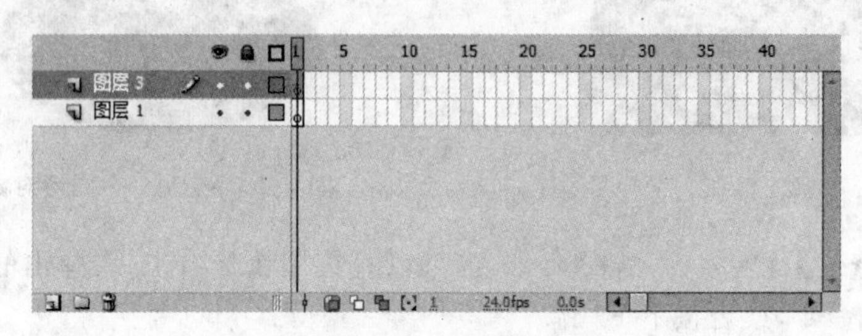

图 7.15　将声音添加到新建图层

(3) 在时间轴上,选中包含声音文件的第一个帧,在“属性”面板中,从“名称”下拉列表框中选择刚才导入声音的文件。

(4) 从“效果”下拉列表框中选择效果选项,为了保持原声音风格选择“无”选项,当然也可以选择其他的音效,如图 7.16 所示。

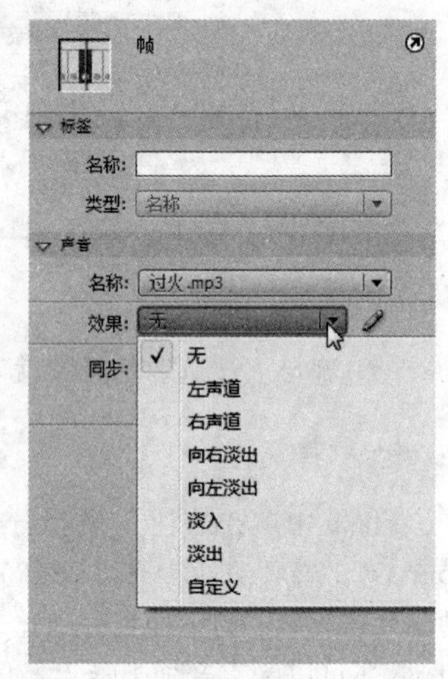

图 7.16　为声音添加音效

2) 给按钮添加声音

(1) 单击时间轴底部的“插入图层”按钮,新建一个命名为“按钮”的图层。

(2) 执行【插入】|【新建元件】命令,在弹出的“创建新元件”对话框中输入新按钮元件的名称。在“类型”下拉列表框中选择“按钮”选项,然后单击“确定”按钮,如图 7.17 所示。

(3) 选中该按钮编辑区中的“弹起”帧,使用椭圆工具绘制按钮的背景,使用文本工具输入“播放”文字,如图 7.18 所示。

(4) 接下来单击“指针经过”帧,然后右击,并从弹出的快捷菜单中选择【插入关键帧】命令。

(5) 在“指针经过”状态中,调整按钮的背景颜色。“按下”帧和“点击”帧将按钮颜色再做些调整,如图 7.19 所示,以能够表达该按钮的作用为准。

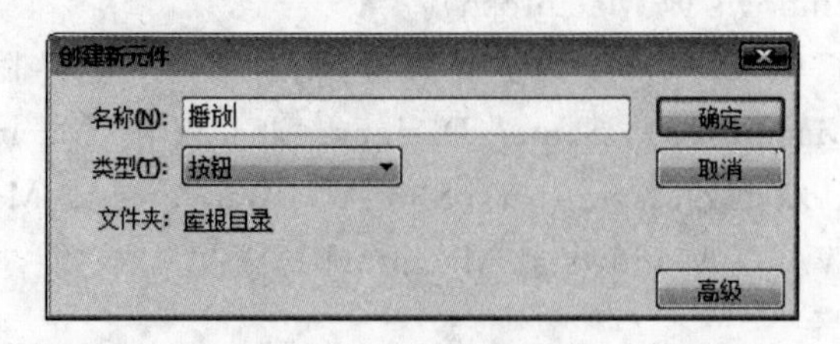

图 7.17　新建按钮元件

图 7.18　输入文字

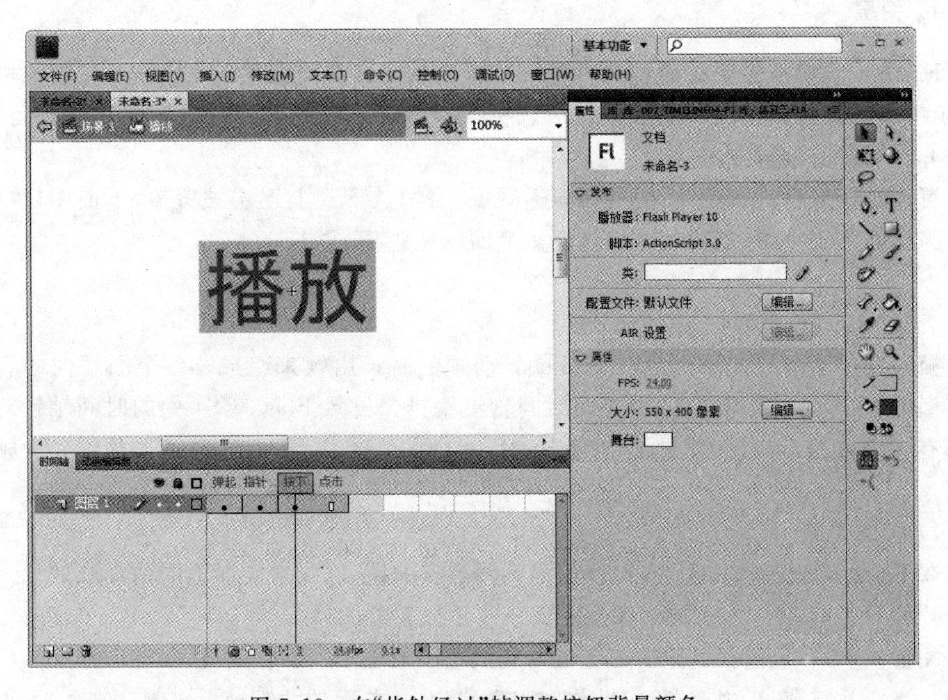

图 7.19　在“指针经过”帧调整按钮背景颜色

(6) 为按钮添加声音做准备。首先单击时间轴底部的“插入图层”按钮，添加一个声音层。

(7) 在图层 2 中“弹起”状态单击右键，在弹出的快捷菜单中选择【插入空白关键帧】命令，分别把后面两帧也插入“空白关键帧”。

(8) 选中“按下”的“空白关键帧”，从“属性”面板的声音选项栏中，名称选项右侧的弹出菜单中选择一个声音文件，如图 7.20 所示。

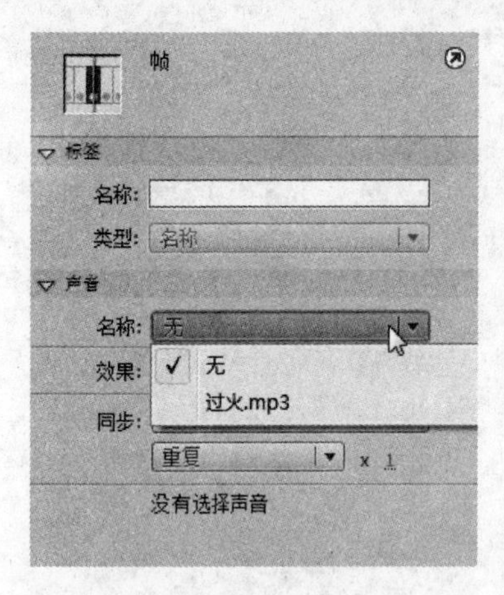

图 7.20　选择声音文件

(9) 因为按钮的每一状态都是一个事件，所以从“同步”下拉列表框中选择“事件”选项。

6. 视频

从 Flash 8 开始，Flash 软件引入了专门的 FLV 格式，由于 Flash 播放器的普及，FLV 的出现立刻引发了网上视频的热潮，在引入 FLV 后，Flash 对多媒体的控制达到一种前所未有的水平，可以把视频、数据、图形、声音和交互式控制融为一体，从而创造出了更加多元化的体验。在 Flash CS4 中，对 Quicktime 视频的输入/输出又作了进一步的增强，随着 Web 应用的普及，Flash 视频将占据互联网视频的主流地位。

7.1.4　动画基础

1. 图层

Flash 动画制作主要是通过编辑时间轴来完成的。在前面关于 Flash 工作环境的章节里，了解时间轴由图层、帧、播放头构成。在本节需要了解的是如何对图层和帧进行编辑。首先介绍图层的编辑方法。

可以这样来理解图层，图层就如同透明纸一样，从下到上逐层被覆盖，下面图层的内容如果与上面图层中的内容有重叠，就会被上面图层遮蔽。

2. 帧

帧是编排动画的重要组成部分，Flash 动画的时长由帧来组成。各个图层的内容在不同类型的帧中，以从左到右的顺序在时间轴上编排。虽然 Flash CS4 中的时间轴针对每个帧都有一个狭槽，但是为了让内容存在于影片中的某个位置，用户必须将其定义为帧或关键帧。

1) 帧的类型

在 Flash 动画制作过程中，可以设定不同类型的帧，以此来实现不同的动画效果。在一个完整的 Flash 文件中，不同的图层中安排了不同类型的帧。

关键帧：一个包含插图的关键帧以纯黑色圆形表示。默认情况下，当在 Flash CS4 中添加一个新关键帧时，内容(除了动作和声音)将会从前面的关键帧上复制过来。

普通帧：是当前一个关键帧所含内容的延续。

空白关键帧：不包含任何内容的关键帧。

空白帧：是前一个空白关键帧的延续。

动作关键帧：添加 ActionScript 脚本命令的帧。

音频帧 ═══：添加了声音的帧。

标签关键帧：添加了标签的关键帧，这样就能编写对这些帧执行的 ActionScript 代码。标签关键帧的类型有名称、注释、锚记。

动画补间帧：设定了运动补间动画前后两个关键帧的内容，并由 Flash 在中间部分自动添加运动补间效果的帧。

形状补间帧：设定了形状补间动画前后两个关键帧的内容，并由 Flash 在中间部分自动添加形状补间效果的帧。

2）帧的编辑方法

在 Flash 中如果要选取某一帧，只需在该帧上单击即可。如果同时选取一个图层上或者几个图层上连续排列的帧，可以在按住 Shift 键的同时单击选取这几个连续排列的帧的头尾两帧。如果要选取几个不是连续排列的帧，则按住 Ctrl 键的同时单击选取这些帧。

在选定的帧上右击，可以在弹出的快捷菜单中对所选帧进行所需的编辑，如图 7.21 所示。

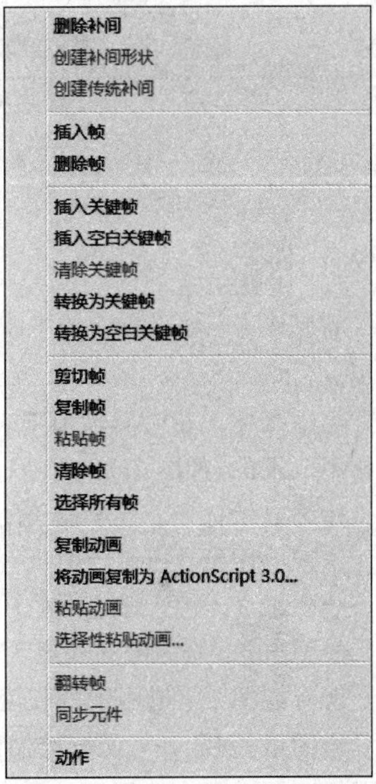

删除补间
创建补间形状
创建传统补间
插入帧
删除帧
插入关键帧
插入空白关键帧
清除关键帧
转换为关键帧
转换为空白关键帧
剪切帧
复制帧
粘贴帧
清除帧
选择所有帧
复制动画
将动画复制为 ActionScript 3.0...
粘贴动画
选择性粘贴动画...
翻转帧
同步元件
动作

图 7.21 对帧可做的编辑操作

快捷菜单上的命令介绍如下。

创建补间动画：设定一个关键帧，再延续到相应帧数的普通帧。由一个关键帧和相应数量的属性帧组成，属性变化中间区域系统自动创建补间(适用该选项的项目包括元件、文字)。

创建补间形状：一种对象的形状变化为另一种对象，其间颜色、位置等也随之变化。元件、位图、矢量图、文字打散后才可以被应用。

创建传统补间：在设定了前后两关键帧的中间区域内创建补间动画。

插入帧：在所选帧所在位置和前一个关键帧之间插入普通帧，快捷键为 F5。

删除帧：如果用户需要删除帧、关键帧或空白关键帧，请先选择时间轴上的帧，然后按 Shift + F5 组合键或者执行【编辑】|【时间轴】|【删除帧】命令。

插入关键帧：插入关键帧，快捷键为 F6。

插入空白关键帧：插入空白关键帧，快捷键为 F7。

清除关键帧：清除关键帧的内容，使其变为普通帧，按 Shift + F6 组合键。

转换为关键帧：将所选帧转换为关键帧。

转换为空白关键帧：将所选帧转换为空白关键帧。

剪切帧：将所选帧剪切掉。

复制帧：将所选帧复制。

粘贴帧：将被剪切或复制的帧粘贴在所选帧的位置。

清除帧：清除所选帧的内容，使其变为空白关键帧或空白帧。

选择所有帧：选择了该 Flash 动画中的所有帧。

翻转帧：将这一图层上所有帧的排列顺序转换为倒序排列。

同步元件：使图形元件与时间轴的播放速度同步。

3）帧的查看方式

时间轴顶部有表示帧所在位置的编号和播放头。如果需要查看某个帧的内容，只需将播放头移动到这一帧，或者在这一帧上单击。在时间轴的底部可查看选项按钮，如图 7.22 所示。

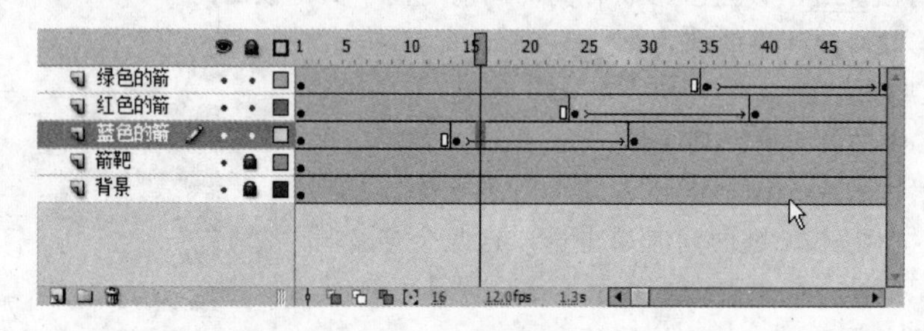

图 7.22　时间轴底部选项按钮

帧居中 ：将当前帧置于时间轴的中心。这一选项对于已经超出时间轴中心的帧才起作用。

绘图纸标记在时间轴顶部表现为一个被框选的区域，该框选区是用来指定绘图纸标记的作用范围的，如图 7.23 所示。

始终显示标记：显示或关闭绘图纸显示标记。

锚记绘图纸：指定绘图纸，使其不能移动。

绘图纸 2：绘图纸的长度为左右各两帧。

绘图纸 5：绘图纸的长度为左右各 5 帧。

所有绘图纸：绘图纸的长度为所有的帧。

绘图纸外观 ：配合绘图纸的长度，单击“绘图纸外观”按钮，可以在工作区同时查看绘图纸范围内几个连续帧的内容。

绘图纸外观轮廓 ：配合绘图纸的长度，单击“绘图纸外观轮廓”按钮，可以在工作区同时查看绘图纸范围内几个连续内容的轮廓，如图 7.24 所示。

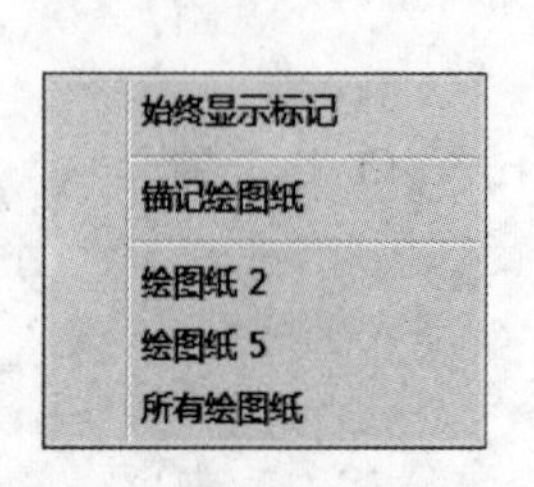

图 7.23　修改绘图纸标记选项

图 7.24　连续几个帧的内容

编辑多个帧 ：配合绘图纸长度，单击“编辑多个帧”按钮，可以在工作区同时显示绘图纸长度范围内的关键帧。

时间轴底部另外还有几个数字，它们分别表示当前帧所在位置的编号、帧速率及播放时间，如图 7.25 所示。

值得注意的是，在以前的版本中帧速率默认值为12fps，从 Flash CS4 中变为 24fps，这将会使动画播放的过程更为流畅。

16	12.0fps	1.3s

图 7.25 时间轴底部数字

7.1.5 经典动画方式

1. 逐帧动画

在学习动画制作之前，首先来介绍一下动画制作的原理。事实上动画制作的原理和电影、电视制作的原理是一样的，全部都是利用人眼的视觉暂留效应，当人眼睛看到第一张图像时，它所成的像会短时间停留在人体的视网膜上。如果快速并连续地放上一张张有所改动的画面，人的眼球会把这些连续的一张张的静态图像自动地穿在一起，这样就形成了运动的效果。

大部分的电影和电视的播放频率是 24fps 或 25fps(NTSC 制式和 PAL 制式)，这也就是说，每秒可以连续快速地播放 24 张或 25 张静态画面。在之前的版本中默认值为 12fps，目前都已经改为 24fps。如果想用 Flash 制作动画片在电视上播放，最好也按照 25fps 的频率来制作(国内目前采用 PAL 制式)。

逐帧动画方法是根据动画形成的原理来制作的。也就是把动作图片一帧一帧地绘制出来。Flash 动画就是通过在时间轴上从左到右按顺序播放每一帧而形成。它是最简单的 Flash 动画类型。逐帧动画的制作原理就是按照所需要的来制作每一个关键帧，并插在时间轴的不同图层上。

由于是一帧一帧地在逐帧动画 Flash 中记录和播放，所以会使 Flash 的文件量相对较大。在 Flash 动画制作中，还有一种叫做补间动画的制作方法，在此种动画的制作中，可以让 Flash 自动生成中间部分帧的变化，而只需要事先制作插入关键帧，这样既可以大大减小文件量，也会使动画更加自然流畅。

2. 传统补间动画

传统补间分为两种制作方式，一种是传统补间动画，另一种是形状补间动画。用户可将一个形状逐渐变形或转变为另一个形状，这是形状补间动画制作出的效果。

1) 形状补间动画

制作形状补间动画有两个要素，一是形状补间只适用于被分解之后的图形对象，如实例、位图图像、文本、分离的组织等；二是必须先设定初始帧和结束帧这两个关键帧。

简单的补间动画：下面来尝试用两个分离后的山羊和花朵的图形元件，让 Flash 在两个图形对象之间生成一个形状补间动画。

(1) 首先设定初始关键帧为三角形，结束关键帧为圆形，右击两帧之间普通帧，在弹出的快捷菜单中选择【创建补间形状】命令，如图 7.26 所示。

(2) 打开“属性”面板，单击“缓动”选项，在“缓动”选项中可在框中任意输入数字来设置形状补间的变形速率，输入 1～100 的正值表示从在两关键帧之间由快到慢变化的速率，而

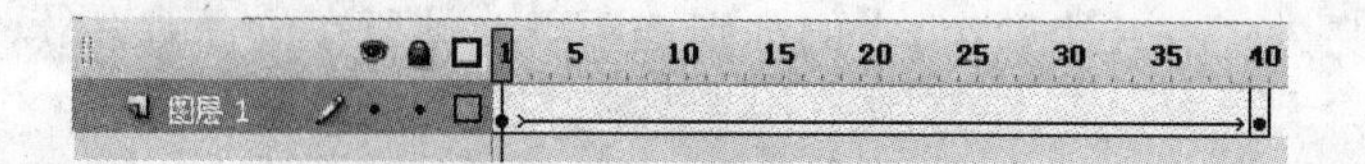

图 7.26 补间形状时间轴

从－1～－100 的负值为两帧之间由慢到快变化的速率。也可以对“缓动”后面的热区文字进行相应的拖拽。

打开“属性”面板的“混合”选项，根据图形的特点有分布式和角形两种选择。其中，若要使生成的形状补间动画中间形状更为平滑，可以选择分布式，若用角形则动画中间的形状会留有明显的角或直线痕迹。

(3) 完成形状补间动画的帧后，时间轴上会呈绿色，并且在两个关键帧之间会有一个箭头。如果想要查看 Flash 自动生成的中间帧的效果，可以通过拖动播放头来实现。

对于比较复杂的图形对象，有时简单的形状补间动画效果满足不了需求，这时要想更精确地控制图形的变化，可以通过初始帧上的图形和结束帧上的图形添加对应的提示点来完成。

可以执行【修改】|【形状】|【添加提示点】命令，在制作一些比较复杂的形状补间动画时，选择使用提示点。

2) 传统补间动画

除了形状补间，还有一种更为常用的类型，它就是“创建传统补间”。应用对象必须是元件、组合、位图，还有关键帧的设置，这些都是应用传统补间所需的必要条件。

传统补间动画是制作动画的另一种方法，它将一个对象的位置和属性在起始关键帧中设定，并将另一个对象的位置和属性设定在结束关键帧中，然后会快速地推算将要发生在两个对象之间的动画。除了位置，传统补间动画还可以让色调、缩放、旋转、透明度和扭曲动起来。

移位动画是针对舞台上进行的位移补间动画。下面就来制作一个简单的移位动画。

图 7.27 绘制直线

(1) 新建一个 Flash 文档。在“属性”面板中将舞台设置为黑色，然后用铅笔工具在舞台上画一道笔触高度为 50 像素的白色直线，如图 7.27 所示，并将其转换为元件。

(2) 把刚才画好的第一个图层命名为“直线车道”，之后在该图层上插入一个命名为“汽车”的新图层。选中“汽车”图层，在舞台上导入一个位图汽车，把汽车用任意变形工具调整到合适的大小，然后把它放到与白色直线左端相对应的位置上，如图 7.28 所示。

(3) 分别在两个图层的第 25 帧处右击，在弹出的快捷菜单中选择【插入帧】命令，这样两个图层就都有 25 帧的长度。

(4) 把“车”图层的第 25 帧变为关键帧，选中该关键帧，将汽车在舞台上从初始位置移到对应白色直线右端之外的位置，如图 7.29 所示。

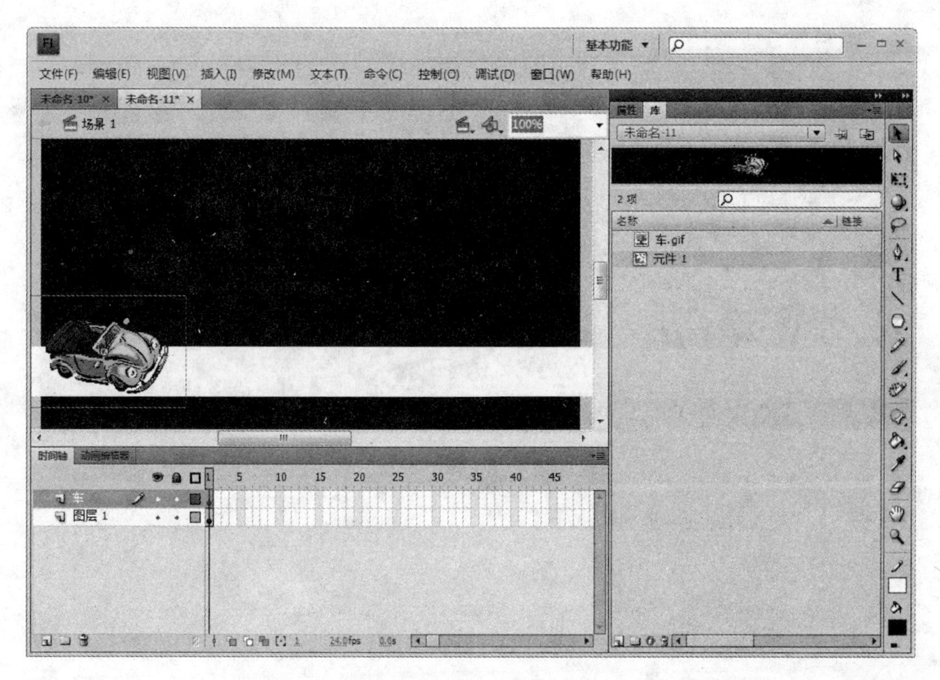

图 7.28　导入“汽车”

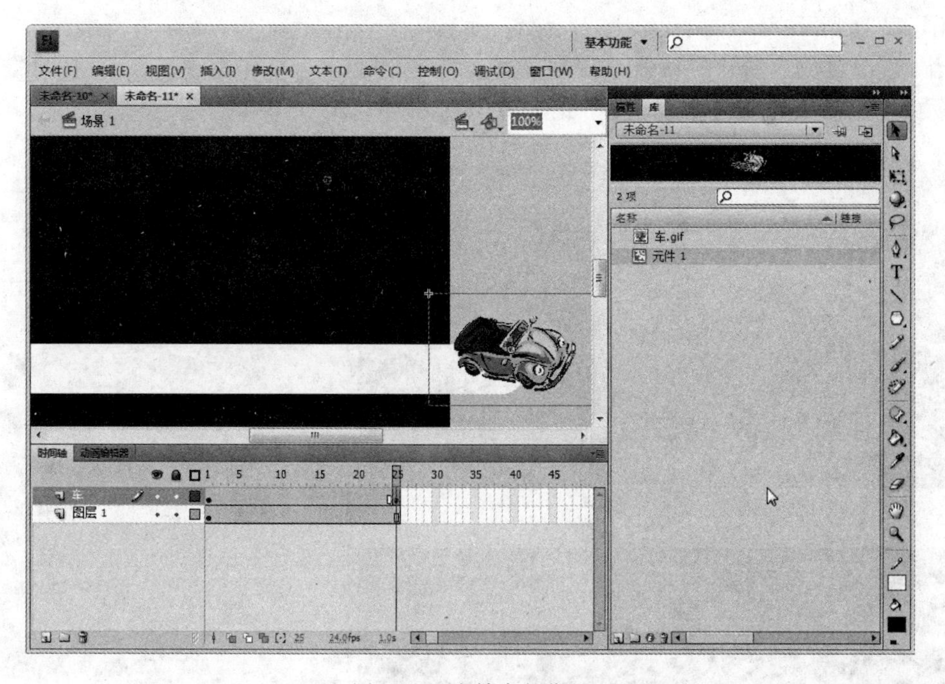

图 7.29　末帧车的位置

(5) 右击选中图层“车”上普通帧，然后在弹出的快捷菜单上选择【创建传统补间】命令，一个运动补间动画就生成了，如图 7.30 所示。

(6) 如果想测试影片，可以按 Ctrl+Enter 组合键来实现，并且可以看到汽车由左向右行驶到另一边的动画。也可以通过查看绘图纸外观来观察这个运动补间动画是如何实现

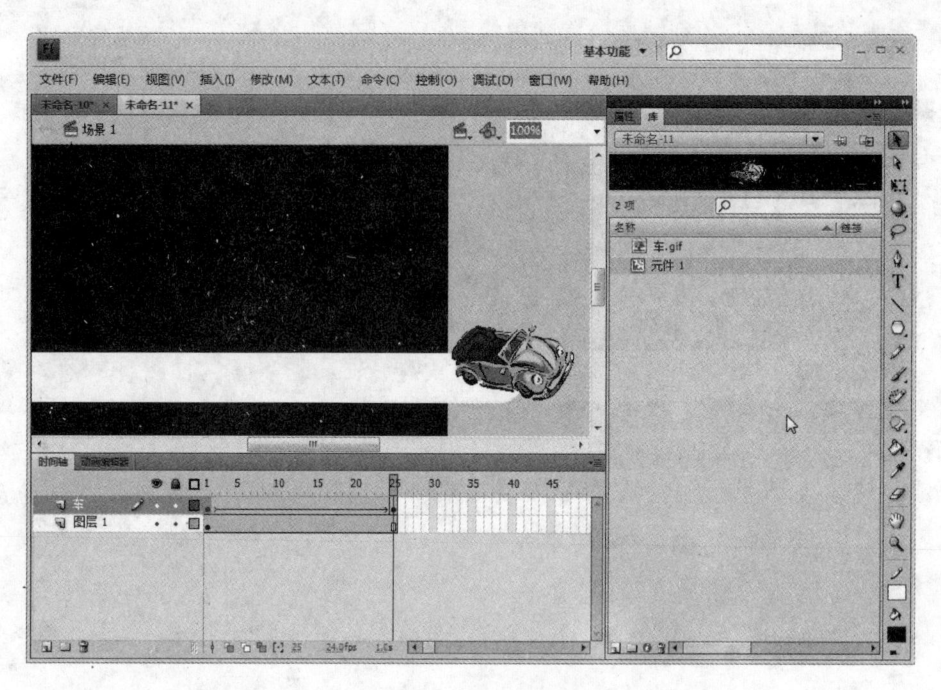

图 7.30　生成补间动画

的，如图 7.31 所示。

当 Flash 生成运动补间动画时，对应的“属性”面板会有一些相关选项，可以通过调整某些选项的一些参数来改变动画效果，如图 7.32 所示。

图 7.31　运动补间动画的实现

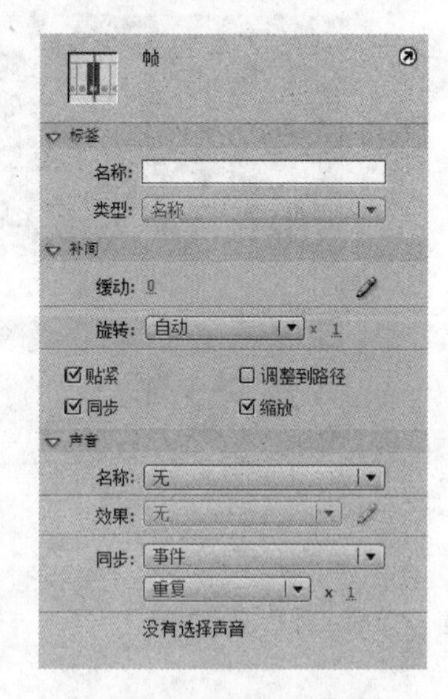

图 7.32　补间动画参数修改

以下是运动补间动画的各个选项的说明。

(1) 缩放：选中该复选框，可以让动画有大小变化。

(2) 缓动：类似于之前学过的形状补间动画，它可以帮助设定动画变化的速度，从 1～

100 的正值为从初始关键帧到结束关键帧由快到慢变化的速率，反之从－1～－100 的负值为从初始关键帧到结束关键帧由慢到快变化的速率。可以通过“缓动”选项旁的热文字进行拖拽。

(3) 编辑缓动：单击“缓动”右侧的按钮可以自定义缓入/缓出。

(4) 旋转：该设置针对的是旋转动画。其中，不设置旋转动画用“无”表示；自动补间用“自动”表示；“顺时针”表示将动画按顺时针方向旋转；“逆时针”表示将动画按逆时针方向旋转。在设置完旋转动画之后，还可以在右边的选项框设置旋转的次数。

(5) 调整到路径：这是一个可以使运动补间对象在沿着路径运动时显得更自然的设置选项。

(6) 同步：这是一个可以使元件同步的设置选项。

在汽车这一动画实例中，可以在“属性”面板中对“缓动”和“编辑缓动”这两个选项来做一些调整。例如，可以将缓动值调整到－100，这样汽车就可以由慢到快地行驶。

单击“属性”面板中的“编辑缓动”选项，可以在弹出的面板中用拖动曲线来设置运动补间动画的运动效果，这样会使动画看起来更自然，如图 7.33 所示。

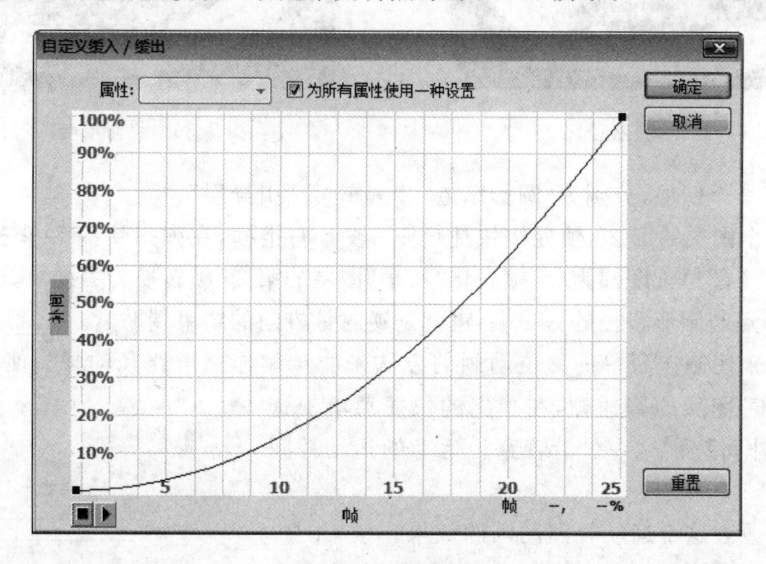

图 7.33 编辑缓动

在弹出面板上单击播放按钮▶可以在舞台上查看效果，单击停止按钮■则将舞台上正在演示的动画停止。

除了简单移位的运动补间动画之外，还可以用运动补间和引导线来制作更为复杂的移位动画，比如沿着路径运动的移位动画。

(1) 新建一个 Flash 文档，将舞台背景设置为黑色。用椭圆工具在舞台上绘制一个笔触高度为 50，笔触颜色为白色，没有填充的圆形。将这个环形转换为元件，如图 7.34 所示。

图 7.34 绘制环形元件

(2) 将第一个图层命名为“圆形车道”。然后在图层“圆形车道”上插入一个新图层，将该图层设置为引导层，在该层上用椭圆工具绘制一个笔触高度为 2，笔触颜色为绿色，没有填充的圆，这个圆与“圆形车道”上的圆为同心圆。然后用橡皮擦工具将这个圆擦掉一部分使其断开，这样这个圆形路径就有了一个开始端和结束端，如图 7.35 所示。

(3) 在图层“圆形车道”上再插入一个新的图层，将其命名为“汽车”，将“汽车”图层拖到引导层下。将位图汽车拖到舞台，用任意变形工具调整它的大小，移动这个对象，将它的中心点与引导层上的圆形路径逆时针方向的开始端贴紧，如图 7.36 所示。

图 7.35　绘制路径

图 7.36　将对象与路径贴紧

现在有了 3 个图层，分别为“圆形车道”、“汽车”及“引导层”。

(4) 在 3 个图层的第 25 帧处按快捷键 F5 或者右击帧，在弹出快捷菜单中选择【插入帧】命令，使 3 个图层长度都为 25 帧。将“汽车”图层的第 25 帧转换为关键帧，选中这一帧，将汽车的中心点与圆形路径的另一端，也就是逆时针方向的结束端贴紧。

(5) 接下来用制作简单的移位动画的方法来尝试制作这个路径动画。使用的步骤如下：右击“汽车”图层的普通帧，在弹出的快捷菜单中选择【创建传统补间】命令，一个沿着路径运动的运动补间动画就生成了。

(6) 再来看看这个运动补间动画的效果。按 Ctrl+Enter 组合键测试影片输出效果，或者将播放头放置在第 1 帧，按 Enter 键，在舞台上查看帧的演示。也可以在舞台上用“绘图纸外观”来查看帧的运动变化，这时就会发现，虽然汽车沿着引导层的圆形路径运动，但是并没有沿着圆形路径偏转车头，行驶效果非常不自然。

(7) 如何使汽车沿着圆形路径自然行驶呢？在“属性”面板选中“调整到路径”复选框，再来查看动画效果，如图 7.37 所示。

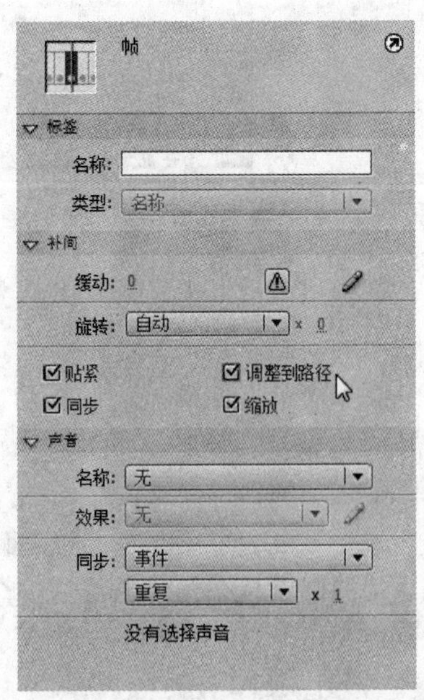

图 7.37　选中“调整到路径”复选框

选中“调整到路径”复选框，会使对象移动得比较自然。现在就来总结一下制作沿着引导路径运动的运动补间动画的几个要点。

在引导层必须要绘制一个有开始端和结束端的

路径。注意：在输出的动画中是不会显示引导层路径的，因为它只是起到辅助动画的作用。

在被引导的图层上，开始关键帧处将对象的中心点与引导层路径的开始端对齐，在结束关键帧处将对象中心点与引导层路径的结束端对齐。遇到路径比较曲折的情况，则只需在"属性"面板中选择"调整到路径"复选框，来获得更自然的动画效果。

缩放动画：在Flash动画制作中，还可以利用对象的缩放制作出相应的补间动画。它可以用来表现画面景物的一些变化，如将画面从近景推拉到远景等。

旋转动画：使用运动补间动画还可以轻松实现使对象旋转的动画。必须注意的是，旋转动画是以对象的中心点为中心来进行的，如果对象的中心点偏移，旋转会以偏移的中心点为中心来进行。

变色动画：传统补间动画还可以在创建动画的同时，通过舞台上实例改变亮度、色调、透明度和设置颜色。

影片剪辑动画：影片剪辑包含多个图层、图形元件、按钮元件，甚至是其他影片剪辑元件以及动画、声音和ActionScript等。影片剪辑独立于主时间轴运作。即使主时间轴已经停止，它们仍能继续播放，而且无论影片剪辑的时间轴有多长，它们只要求主时间轴上单一的一个帧来播放。

影片剪辑可被一层层地嵌套在Flash文档里，对于包含了多层次影片剪辑的Flash文档来说，要想查看它的结构和内容，可以用"影片浏览器"。在菜单栏中执行【窗口】|【影片浏览器】命令，来打开"影片浏览器"窗口。

在弹出窗口的"显示"一栏，单击"显示帧和图层"按钮，就可以显示时间轴上帧和图层的结构和内容，如图7.38所示。

图7.38　帧和图层的结构和内容

3. 遮罩动画

遮罩动画是一种在Flash动画制作中很常用的动画制作方式，可以看到的很多效果，例如，一些令人炫目的图形、文字交错变换的效果，水中涟漪的效果，放大镜效果等，都是可以用遮罩动画来实现的。

遮罩是一种可以让您隐藏和显示图层区域的技术。遮罩层是一个特殊的图层，它定义该图层下方的可见图层。只有遮罩层中形状下方的图层是可见的。

遮罩动画的制作要素如下。

(1) 可以把填充的形状、文字对象、图形元件的实例或影片剪辑作为遮罩层上面的内容。

(2) 至少有两个或两个以上的图层，一个是设置了遮罩范围的遮罩层以及被应用遮罩的图层。

(3) 而被应用遮罩的图层可以是一个以上的多个图层。

7.2 3DS MAX 三维动画制作

在计算机应用领域中，常见的三维动画制作软件有很多，它们可以用来对物体等进行三维建模，目前使用最广泛的有 3DS MAX、MAYA、Lightwave、Rhino 等。

3DStudio MAX，简称 3DS MAX，是 AutoDesk 公司的软件产品，它易学易用，操作简便，入门快，功能强大。目前在国内、外拥有最大的用户群。自 1996 年由 Kinetix 推出 3DS MAX 1.0 版本，3DS MAX 前进的步伐一直没有停止过，在随后的 2.5 和 3.0 版本中 3DS MAX 的功能被慢慢完善起来，将当时主流的技术包含进去，比如增加了被称为工业标准的 NURBS 建模方式。其中的 3.1 版是一个非常优秀的版本，其卓越的稳定性使得现在仍有一些人还在使用此版本。在随后的升级中，3DS MAX 不断把优秀的插件整合进来，在 3DS MAX 4.0 版中将以前单独出售的 Character Studio 并入；5.0 版中加入了功能强大的 Reactor 动力学模拟系统，全局光和光能传递渲染系统；而在 6.0 版本中将 3DS MAX 迷们期待已久的电影级渲染器 Mental Ray 整合了进来。

在应用范围方面，拥有强大功能的 3DS MAX 被广泛地应用于电视及娱乐业中，比如片头动画和视频游戏的制作，深深扎根于玩家心中的劳拉角色形象就是 3DS MAX 的杰作。它在影视特效方面也有一定的应用。而在国内发展的相对比较成熟的建筑效果图和建筑动画制作中，3DS MAX 的使用率更是占据了绝对的优势。

本节以 3DS MAX9 为例，介绍三维动画制作过程和使用方法。

7.2.1 3DS MAX9 的工作界面

使用 3DS MAX9 进行工作，首先要了解 3DS MAX9 工作界面中各个部分的大体功能及应用方法。

启动 3DS MAX9 后，即可打开其工作界面，如图 7.39 所示。它主要由主工具栏、浮动工具栏、命令面板、视图控制区、视图工作区、动画设置区、动画播放区、脚本侦听器、状态栏及菜单栏几大部分组成。

1. 菜单栏

主界面最上方就是 3DS MAX9 标准的菜单栏，其中包括“文件”、“编辑”、“工具”、“组”、“视图”、“创建”、“修改器”、reactor、“动画”、“图表编辑器”、“渲染”、“自定义”、MAXScript 和“帮助”菜单。

2. 工具栏

工具栏主要是由主工具栏和浮动工具栏两个部分组成，而主工具栏是最常用的工具栏。主工具栏中的工具包括“撤销”、“重做”、“选择”、“移动”、“旋转”、“缩放”、“捕捉”、“对齐”和“渲染”等。

3. 视图工作区

视图工作区是 3DS MAX9 工作界面中最大的一个部分，它主要用于查看或编辑对象，

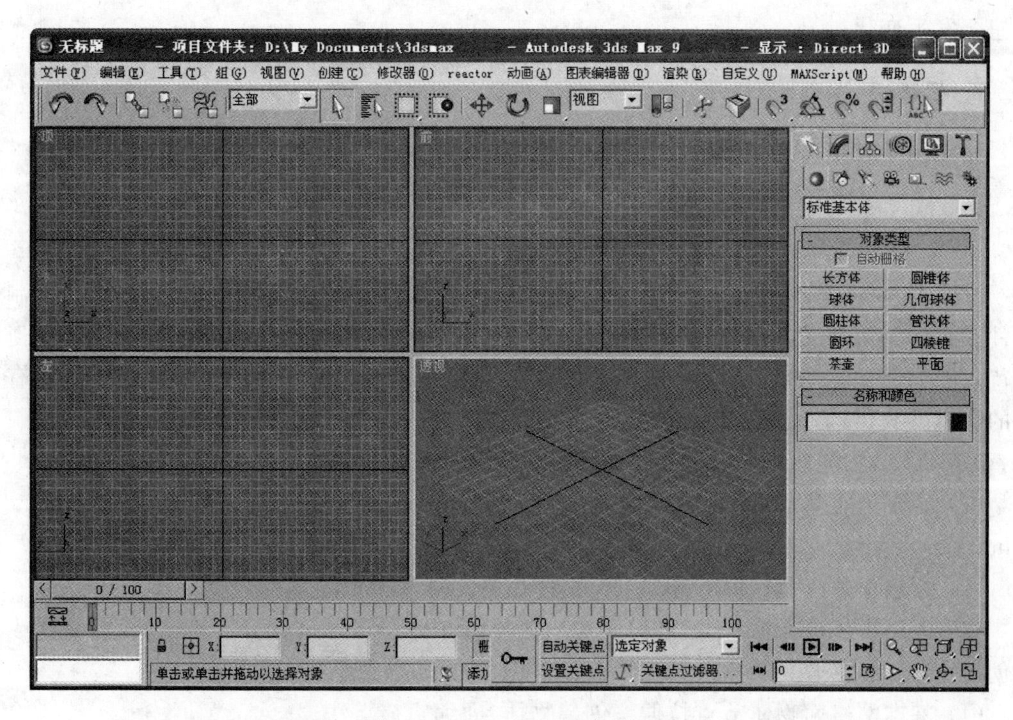

图 7.39　3DS MAX9 主界面

以三维空间的形式来显示场景，并且可以对视口进行调整。在创建场景时，可以将其用作动态工具来了解模型间的三维关系。

视图工作区包含 4 个视图，分别是顶视图、前视图、左视图和透视图，而 3DS MAX9 共提供了 10 个视图，可以分为两种类型。

正交视图：是一种二维平面视图，每一个正交视图都由两个坐标轴定义，这类视图在 3DS MAX9 中有 6 个，分别是顶视图和底视图、前视图和后视图、左视图和右视图。

透视效果图：是一种三维轴测图，在 3DS MAX9 中有 4 个，分别是用户视图、透视图、摄像机视图和灯光视图，除用户视图外，其他视图均可产生透视变形。

4. 命令面板

命令面板主要用于执行一些命令来修改场景中的模型，它包括"创建"、"修改"、"层级"、"运动"、"显示"和"工具"6 个面板。用户可根据自己的喜好或工作的需要将命令面板调整到界面的任意位置。对模型的修改均需要在命令面板中完成，它是 3DS MAX9 的核心部分。

5. 动画控制区

动画控制区主要用于控制简单动画的制作和播放。

6. 视图控制区

视图控制区主要用于控制各种类型的视图，如果当前激活的视图类型不同，则该区域的按钮会发生变化。

7. 状态栏

状态栏主要用于显示当前进行的操作，在制作效果图时使用状态栏会很方便。

7.2.2 3DS MAX9 的建模

3DS MAX 在国内来说，应该是一个大家最熟悉，也是被广泛应用的一个三维动画制作软件。它的易用性及其制作出来的效果，其实与其他的大型软件差不多。关键在于如何地看待它和如何地运用它。3DS MAX 有许多值得令人称道的地方。比较明显的就是它有不同的建模方式供选择，可以让你从容地面对你要去完成的工作。

3DS MAX9 包含了有以下几种建模方式。

(1) 参数化的基本物体和扩展物体，即 Geometry 下的 Standard Primitives 和 Extanded Primitives。

(2) 参数化的门、窗，即 Geometry 下的 Doors 和 Windows。

(3) 运用挤压(Extude)、旋转(Lathe)、放样(Loft)和布尔运算(Boolean)等修改器或工具创建物体。

(4) 基本网格面物体节点拉伸法创建物体，即编辑节点法。

(5) 面片建模方式即(Patch)。

(6) 运用表面工具，即 Surface Tools 的 CrossSection 和 Surface 修改器的建模方式。

(7) NURBS 建模方式。

其中，(1)～(4)这几种方法可以将它们称之为"基础建模方式"；(5)和(6)这两种方法归为"中级建模方式"；最后的 NURBS 自然是"高级建模方式"。事实上，NURBS 是国际上标准的建模方式(或称之为规范)之一。

1. 基础建模

在 3DS MAX9 中包括多种基础二维和三维模型创建方法，通过它们可以快速创建基本的二维和三维模型。

1) 简单二维物体的创建

二维物体是由一条或几条曲线组成，它们大部分都是平面二维图形，一条曲线由很多顶点和线段组成，调整参数可以产生复杂的二维物体，利用这些二维物体可以生成更为复杂的三维物体。

创建二维物体的工具面板如图 7.40 所示。提供了 11 种二维物体造型工具。

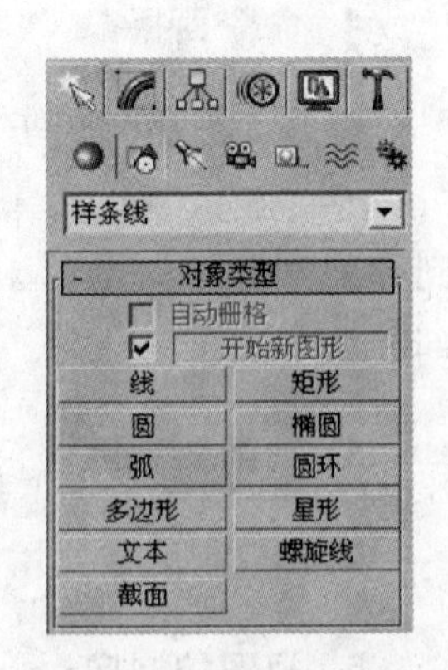

图 7.40 创建二维物体工具面板

2) 简单三维物体的创建

在 3DS MAX9 中创建基本三维物体可以利用命令面板中的"几何体"按钮，面板如图 7.41 所示。

如创建一个长方体，其步骤如下。

(1) 单击 长方体 按钮，使其激活，命令面板如图 7.42 所示。

图 7.41 创建基本三维物体工具面板

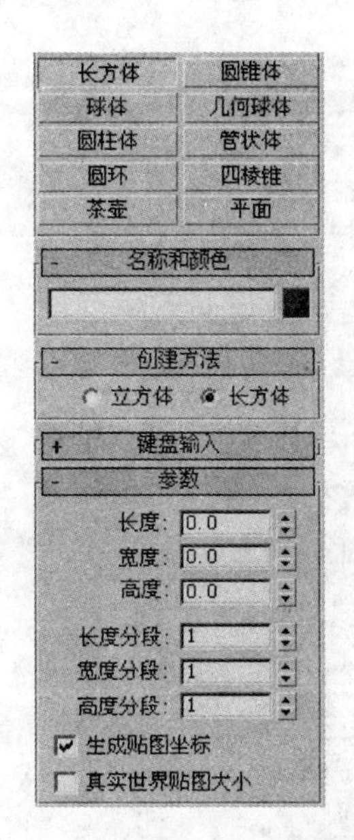

图 7.42 创建长方体参数面板

(2) 在顶视图中单击鼠标左键拉出一个矩形后松开鼠标，即可完成长方体底面的创建，然后在上下方向移动鼠标到适当位置单击鼠标左键，此时就创建了一个长方体，如图 7.43 所示。

命令面板参数变成了创建的长方体的相应数值。

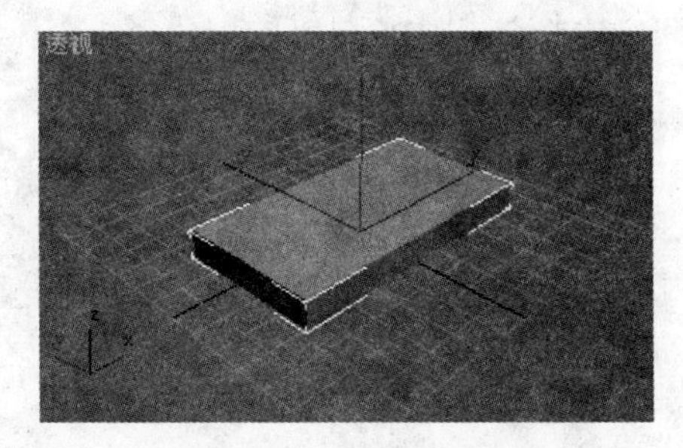

图 7.43 创建长方体

2. 常用修改器

3DS MAX 模型的编辑修改功能十分强大，其内设的数十个修改器主要用于修改场景中的几何体。修改器面板如图 7.44 所示。每个修改器都有自己的参数和功能。一个修改器可以应用于场景中的一个或多个对象，根据参数的设置来修改对象，同一个对象也可以应用多个修改器。下面列举几个常见的修改器。

1) “编辑样条线”修改器

二维图形需要通过“编辑样条线”修改器进行编辑和变换，来达到改变二维物体的形状和属性的目的。如果要对一个二维物体使用该修改器，必须首先选中一个二维物体，然后在命令面板中找到“编辑样条线”，进入修改器，如图 7.45 所示。

“编辑样条线”修改器可以让用户对物体进行 3 种级别的修改：顶点、线段和样条线。利用该修改器对二维图形进行编辑时，顶点的控制是很重要的，因为顶点的变化会影响整条线段的形状和弯曲程度。其操作方法如下。

在工作视图中绘制一个简单的二维图形(如矩形)，将它保持为选中状态，然后单击“编辑样条线”中的顶点按钮，接着选中视图中相应的顶点，如图 7.46 所示。

选择修改器
网格选择
面片选择
多边形选择
体积选择
世界空间修改器
Hair 和 Fur(WSM)
点缓存(WSM)
路径变形(WSM)
面片变形(WSM)
曲面变形(WSM)
曲面贴图(WSM)
摄影机贴图(WSM)
贴图缩放器(WSM)
细分(WSM)
置换网格(WSM)
对象空间修改器
Cloth
FFD 2x2x2
FFD 3x3x3
FFD 4x4x4
FFD(长方体)
FFD(圆柱体)
HSDS
MultiRes
Physique
reactor Cloth
reactor SoftBody
STL 检查
UVW 变换
UVW 贴图
UVW 贴图清除
UVW 贴图添加
UVW 展开
VRay 置换模式
按通道选择
按元素分配材质
保留
编辑多边形
编辑法线
编辑面片
编辑网格
变换
变形器
波浪
补洞
材质
点缓存
顶点焊接
顶点绘制
对称
多边形选择
法线
挤压
晶格
镜像
壳
拉伸

图 7.44 修改器面板

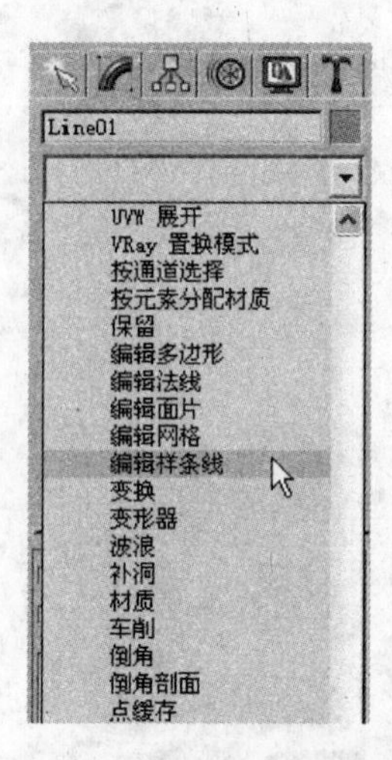

图 7.45 “编辑样条线”修改器

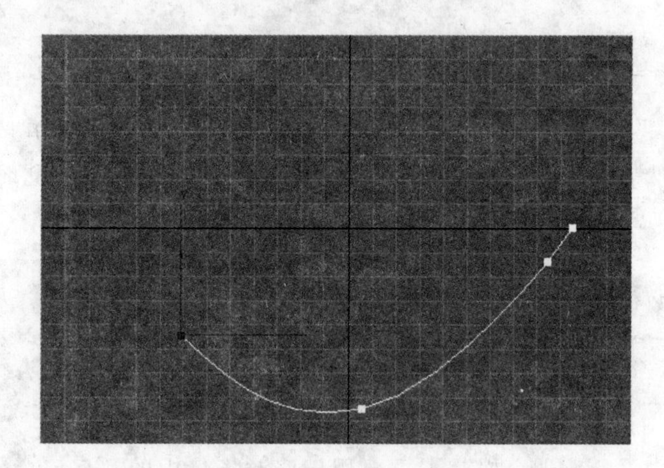

图 7.46 选中相应的顶点

此时的参数面板如图 7.47 所示。

2)“挤出”修改器

将二维物体转换为三维物体的修改器有挤出、车削、倒角和倒角剖面 4 种。“挤出”修改器主要用于将二维造型挤压为三维造型。使用方法如下。

选中二维物体后选择【挤出】命令,即可进行修改器的参数设置。挤出过程如图 7.48 所示。挤出参数面板如图 7.49 所示。

3)“车削”修改器

它主要用于将二维造型沿指定的轴旋转,从而得到三维造型。使用方法如下。

首先在视图中创建一个二维造型,然后进入修改面板,选择【车削】命令,即可进行修改器的参数设置。参数面板如图 7.50 所示。车削过程如图 7.51 所示。

4)“倒角”修改器

它主要用于将二维文字造型进行倒角,从而得到三维造型。参数面板如图 7.52 所示。倒角过程如图 7.53 所示。

图 7.47　编辑顶点参数面板

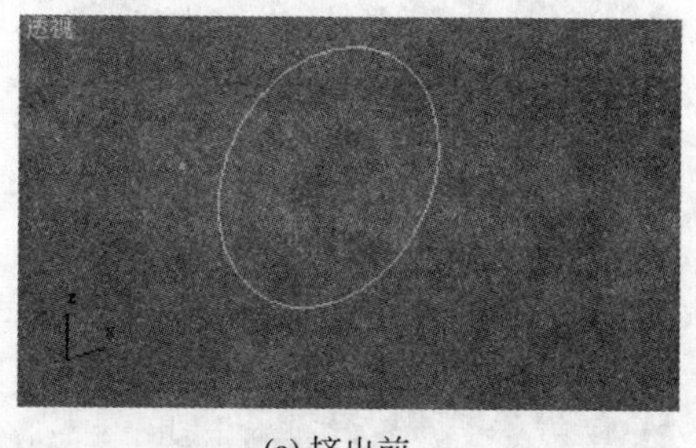

(a) 挤出前

(b) 挤出后

图 7.48　挤出过程

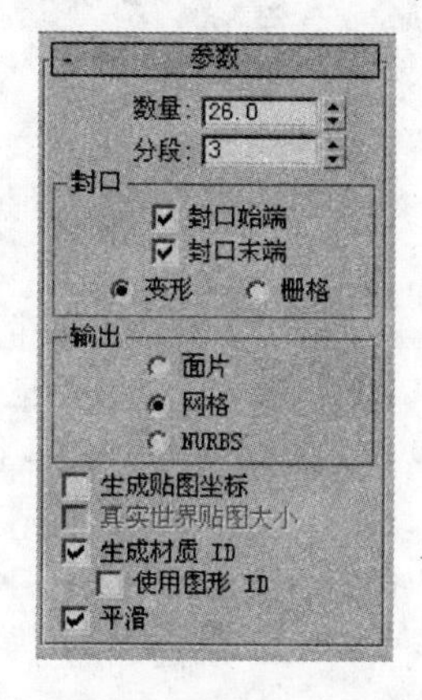

图 7.49　挤出参数面板

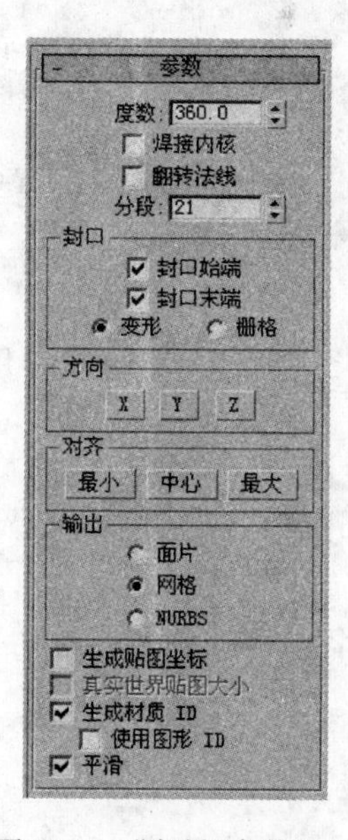

图 7.50　"车削"参数面板

5)"编辑网格"修改器

这是编辑三维物体最基本的修改器,包括 5 个级别,分别是顶点、边、边界、多边形、元素。选择多边形级别后的参数面板如图 7.54 所示。

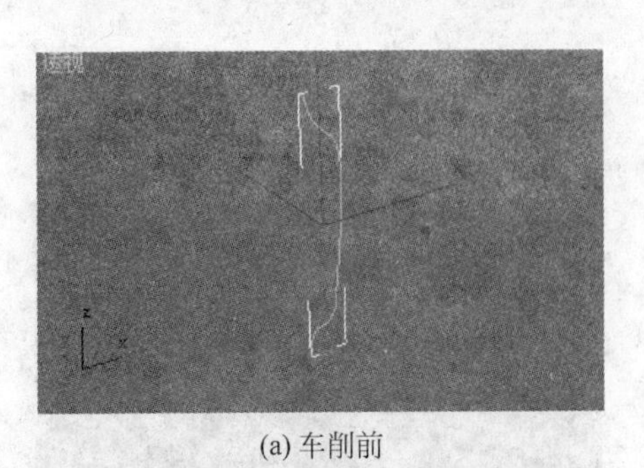

(a) 车削前

(b) 车削后

图 7.51 车削过程

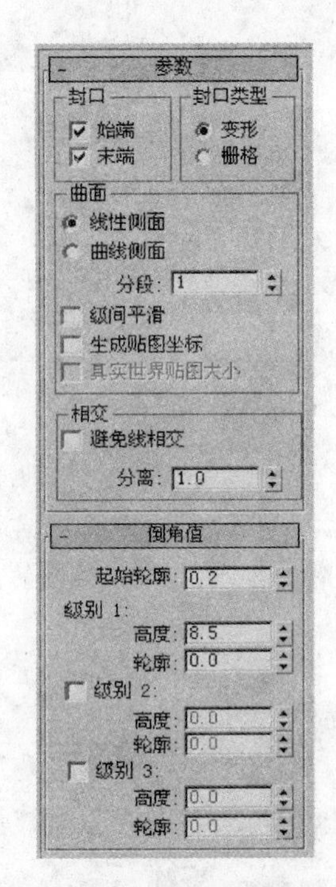

图 7.52 “倒角”参数面板

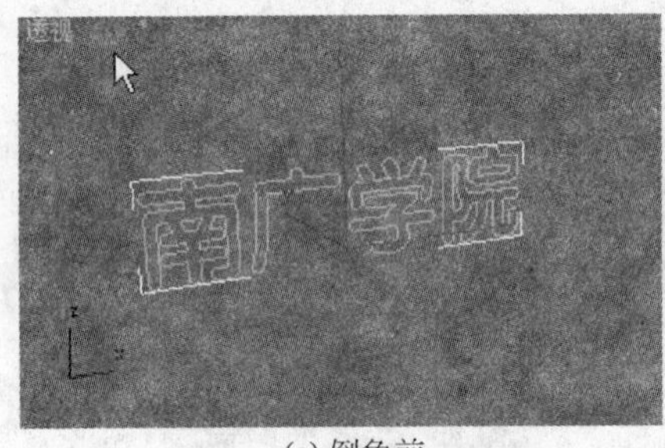

(a) 倒角前

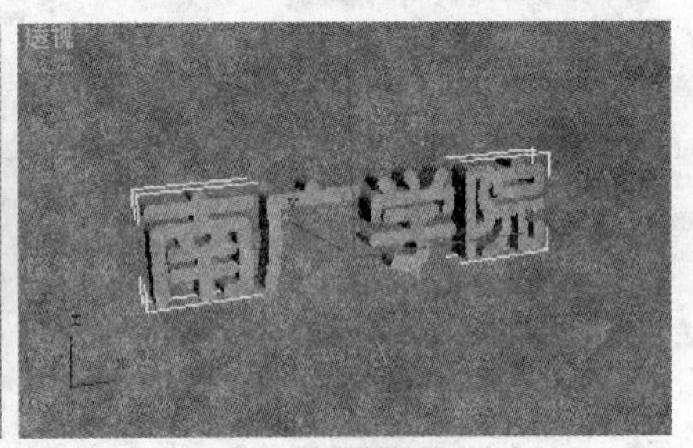

(b) 倒角后

图 7.53 倒角过程

6)“弯曲”修改器

用于对物体进行弯曲处理,可以调节弯曲的角度和方向,以及弯曲依据的坐标轴向,还可以限制弯曲在一定的坐标区域之内。

其他的修改器还有很多,如“锥化”、“对称”、“扭曲”、“噪波”、“拉伸”、“FFD 修改器”和“置换”修改器等。

3. 复合建模

复合建模是一类比较特殊的建模方法,是将两个或者多个对象结合起来形成的。在合成之前,首先要创建出进行合成的模型,然后选择复合工具,并进行修改编辑,从而创建出理想的模型。目前 3DS MAX9 中有 12 种复合建模的方法。面板如图 7.55 所示。它们的功能如表 7.1 所示。常见的复合建模方法有“放样”、“布尔”等。

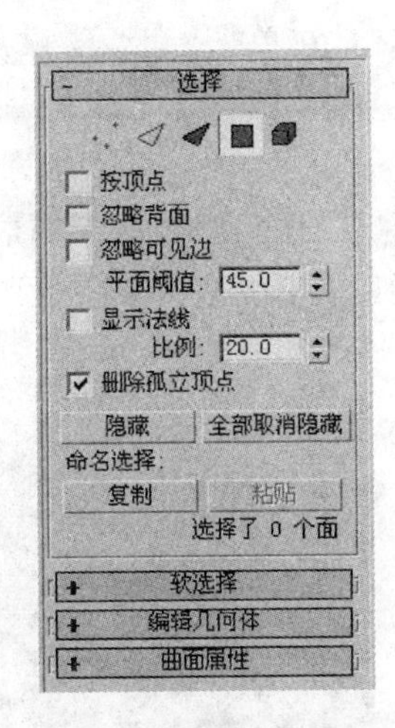

图 7.54 “编辑网格”参数面板

图 7.55 复合对象面板

表 7.1 复合建模常用工具及功能

名 称	功 能
变形	一种类似于二维动画中中间动画的技术，通过将第一个模型的顶点与另一个模型的顶点之间进行插值来生成变形动画
散布	将原始模型复制多个，然后随机地分布在另一个模型的表面，非常适用于模拟分布在模型表面上的杂乱无章的东西，如头发、胡须等
一致	将两个模型进行变形，将其中一个模型投影到另一个模型的表面
连接	通过模型表面的洞连接两个或多个模型
水滴网格	由一系列的网格球组成的复合模型，这些网格球具有流体的性质
图形合并	将一个二维图形投影到一个三维模型的表面，让二维图形成为三维模型的子对象，进行相交或相减，从而在复杂的三维模型曲面上雕刻出花纹图案
布尔	一种逻辑运算，有两个或两个以上模型进行运算
地形	用于制作山脉和建筑动画
放样	利用两个或两个以上的二维图形来创建三维模型，其中一个作为放样路径图形，另一个作为放样界面图形
网格化	以每帧为基准将对象网格化
ProBoolean ProCutter	3DS MAX 新增的布尔复合工具，是对布尔复合工具功能的极大增强，可以将二维、三维模型组合在一起进行建模

1)“布尔”复合对象

布尔是最常用的复合建模方式，是一种逻辑运算，根据几何体的空间位置结合两个三维对象形成新的对象。通常参与的两个布尔对象应该有相交的部分。常见的布尔运算方式有并集、交集、差集和切割。

以差集运算为例，说明具体操作步骤。

(1) 创建一个长方体和球体，如图 7.56 所示。

图 7.56 创建长方体和球体

(2) 选中长方体，单击命令面板中 复合对象 下拉列表框内的“布尔”按钮，如图 7.57 所示。

(3) 在“操作”选项组中选择“差集(A-B)”单选按钮,在单击 拾取操作对象 B 按钮后拾取球体,结果如图 7.58 所示。

2) “放样”复合对象

放样建模利用两个或两个以上的二维图形来创建三维模型,要放样创建模型,至少要有两个二维图形:一是路径;二是横截面。以下举例说明具体操作步骤。

(1) 创建一个星形和一条直线,如图 7.59 所示。

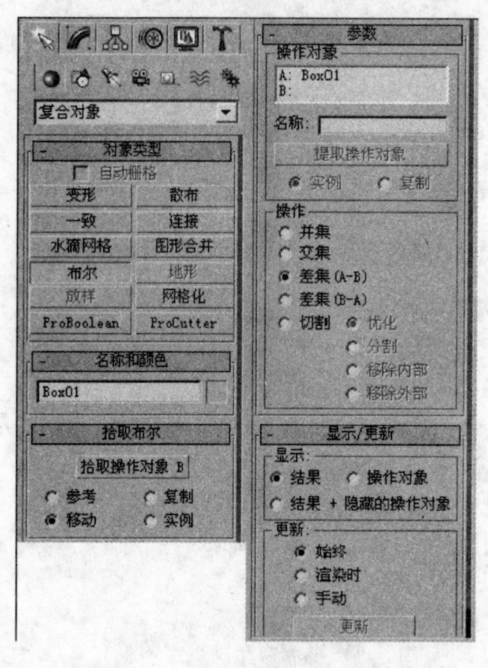

图 7.57 单击“布尔”按钮

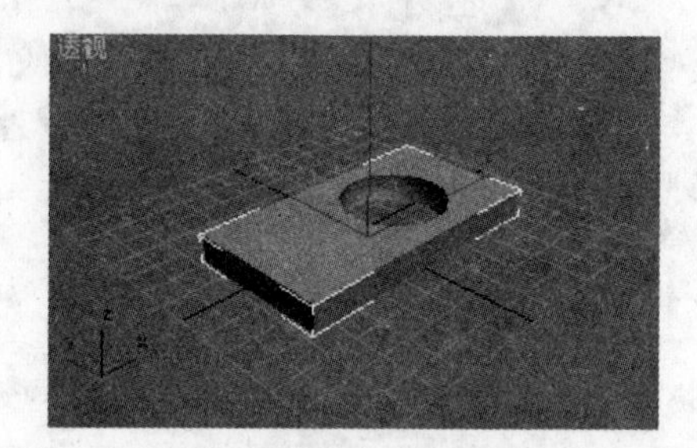

图 7.58 布尔运算结果

图 7.59 创建星形和直线

(2) 选中直线,单击命令面板中 复合对象 下拉列表框内的“放样”按钮,如图 7.60 所示。

(3) 在“创建方法”选项组中单击“获取图形”按钮后,单击星形,结果如图 7.61 所示。

7.2.3 材质与贴图

材质在三维模型创建过程中是至关重要的一环。要通过它来增加模型的细节,体现出模型的质感。材质对如何建立对象模型有着直接的影响。

本小节介绍如何使用 Material Editor 编辑器,如何使用多种材质,如何依赖于材质取得与在建立模型细节中相同的效果,并通过渲染为作品加入特殊效果。

1. 材质编辑器的使用

单击工具栏中的 按钮,即可进入“材质编辑器”窗口,或者使用键盘上的 M 键也可以进入“材质编辑器”窗口,如图 7.62 所示。

“材质编辑器”窗口是浮动的,可将其拖拽到屏幕的任意位置,这样便于观看场景中材质赋予对象的结果。

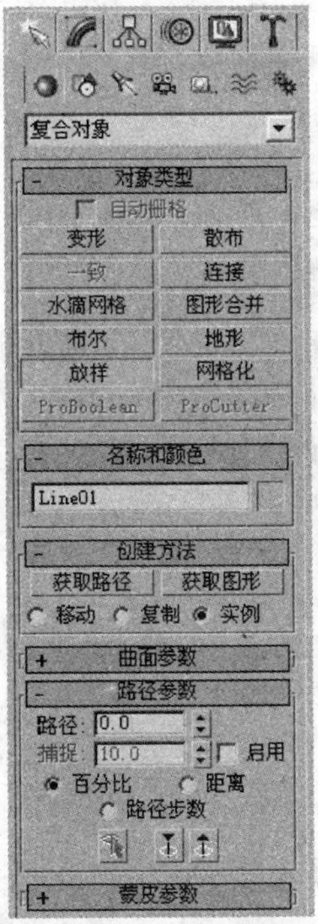

图 7.60　单击“放样”按钮

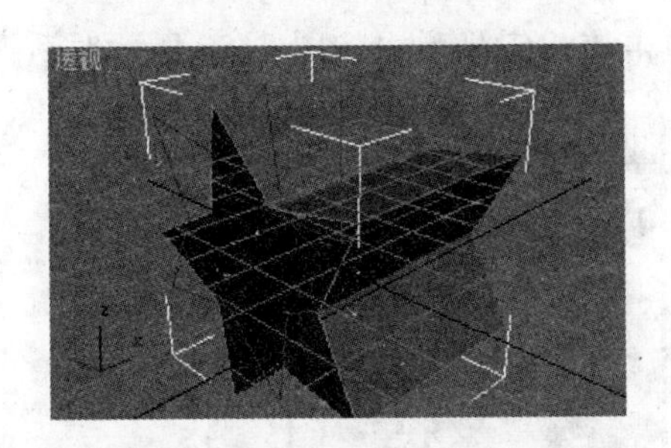

图 7.61　放样截面得到的放样模型

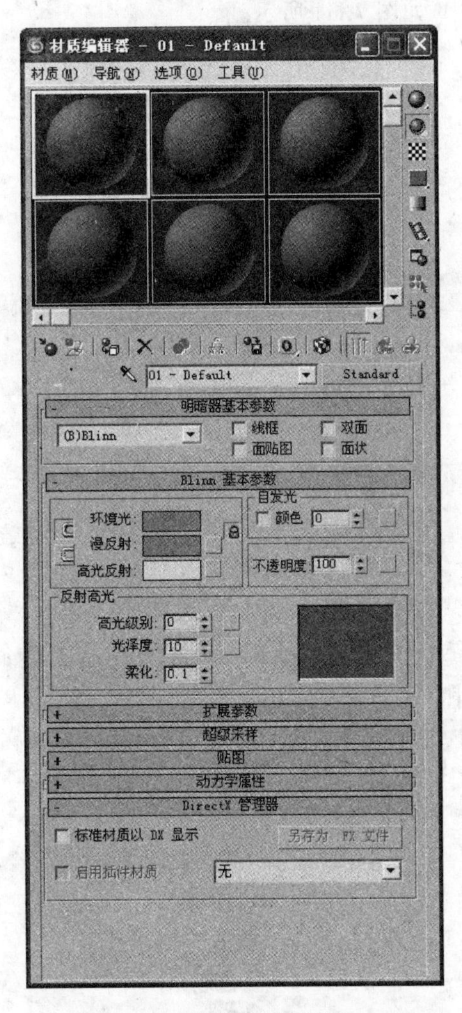

图 7.62　“材质编辑器”窗口

“材质编辑器”窗口分为两大部分：上半部分为固定不变区，包括示例显示、材质效果和垂直的工具列与水平的工具行一系列功能按钮。下半部分为可变区，从“基本参数”卷展栏开始，包括各种参数卷展栏。

2. 材质编辑器的界面介绍

1）示例窗

在材质编辑器上方区域为示例窗，如图 7.63 所示，在示例窗中可以预览材质和贴图。

在默认状态下示例显示为球体，每个窗口显示一个材质。可以使用材质编辑器的控制器改变材质，并将它赋予场景的物体。最简单的赋予材质的方法就是用鼠标将材质直接拖拽到视窗中的物体上。

单击一个示例框可以激活它，被击活的示例窗被一个白框包围着。

在选定的示例窗内右击，弹出“显示属性”菜单。在菜单中选择排放方式，在示例窗内显示6个、15个或24个示例框。“放大”选项，可以将选定的示例框放置在一个独立浮动的窗口中，如图7.64所示。

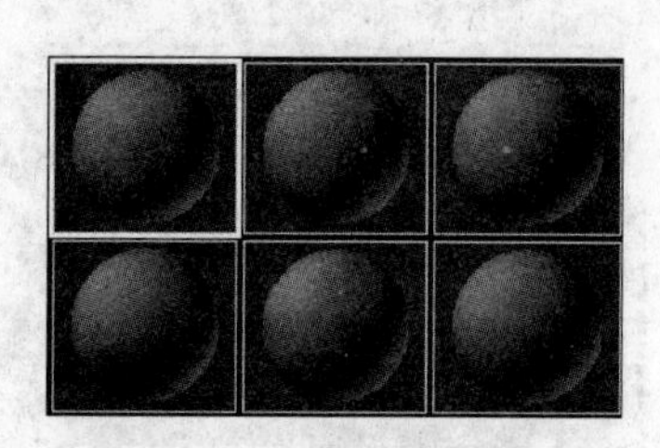

图7.63 示例窗

图7.64 独立示例框

2) 列工具栏

材质编辑器的列工具栏如图7.65所示。

采样类型，可选择样品为球体、圆柱或立方体。

背光，单击此按钮可在样品的背后设置一个光源。

背景，在样品的背后显示方格底纹。

采样UV平铺，可选择2×2、3×3、4×4几种尺寸。

视频颜色检查，可检查样品上材质的颜色是否超出NTSC或PAL制式的颜色范围。

生成预览，主要是观看材质的动画效果。单击该按钮将弹出如图7.66所示对话框。

图7.65 列工具栏

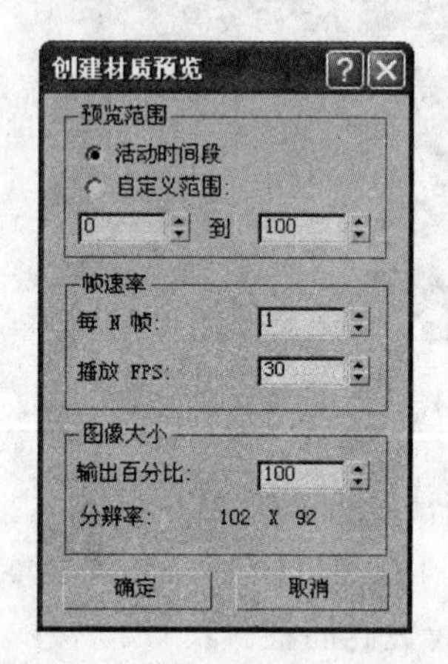

图7.66 “创建材质预览”对话框

材质/贴图导航器。

要想将设计好的材质赋予场景的多个对象时，不必到场景中一一选取。当将材质赋予第一个对象后，此按钮被激活，单击此按钮就会弹出选择对话框，然后选取对象名称，赋予材质。

3) 行工具栏

行工具栏如图7.67所示。

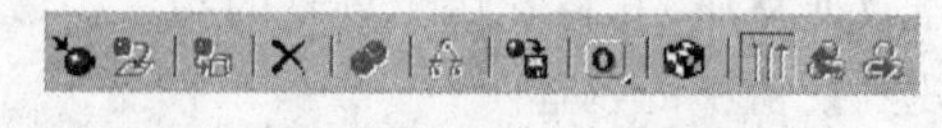

图7.67 行工具栏

从左到右依次是"获取材质"、"将材质放入场景"、"将材质指定给选定对象"、"重置贴图/材质为默认设置"、"生成材质副本"、"使唯一"、"放入库"、"材质效果通道"、"在视口中显示贴图"、"显示最终结果"、"转到父级"、"转到下一个同级项"。

4）材质/贴图浏览器

单击行工具栏下方的 Standard 按钮，会弹出"材质/贴图浏览器"对话框，如图7.68所示。

在该对话框中指定一种材质的最基本类型，共有19种不同类型材质可供选择。

另外，在"材质编辑器"窗口中选择贴图时，"材质/贴图浏览器"会显示如图7.69所示的内容。

5）参数栏

调节材质属性的参数，3DS MAX9的参数栏包括7个卷展栏，如图7.70所示。

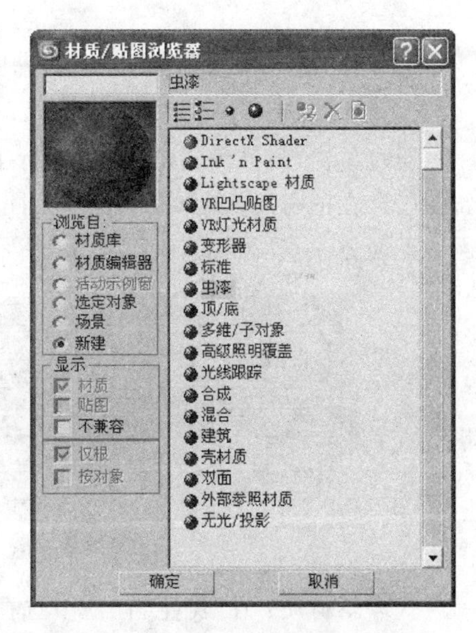

图7.68 "材质/贴图浏览器"对话框

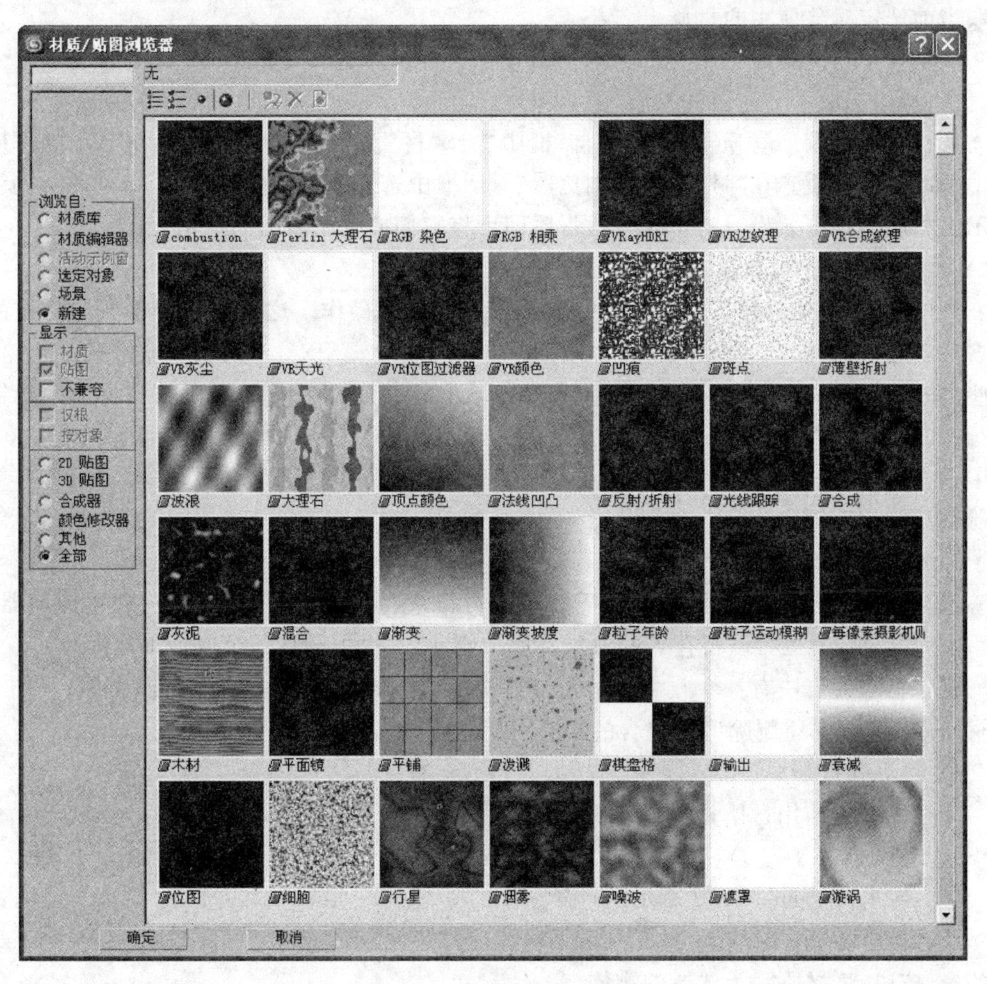

图7.69 显示贴图对话框

3. 材质的基本操作

1）获取材质

通过单击“材质编辑器”窗口的行工具栏中“获取材质”按钮，可以从其他来源获取一个新的已存在的材质，会弹出“材质/贴图浏览器”对话框，使用“材质/贴图浏览器”对话框可以通过下面方式获取材质，如图 7.71 所示。

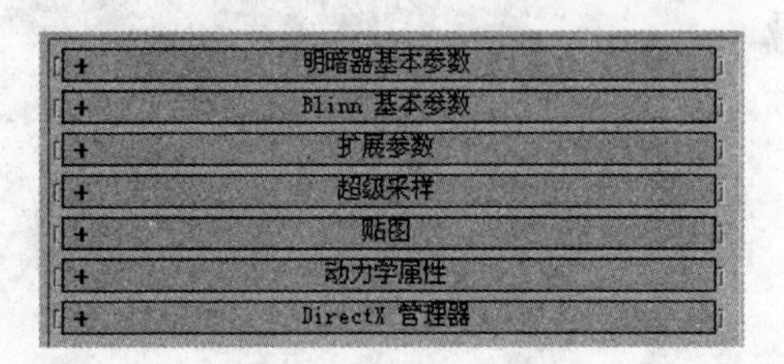

图 7.70　材质参数卷展栏

图 7.71　“浏览自”选项组

获取新材质：在“浏览自”框中选择“新建”单选按钮，可选择一种新的材质贴图类型。

从选定的对象上获取材质：在“浏览自”框中选择“选定对象”单选按钮，然后从清单中选取当前选定对象使用的材质。

从场景中获取材质：在“浏览自”框中选择“场景”单选按钮，即可显示所有场景中使用的材质，从中选取一种需要的材质。

从材质库中获取材质：在“浏览自”框中选择“材质库”单选按钮，然后从显示的材质清单中选取一种材质。在“材质/贴图浏览器”对话框中选择一种材质时，一个渲染的示例就会显示出材质的预览效果。双击选定的材质即可将它们放置到激活的示例窗内。

2）从对象上拾取材质

可以单击按钮来实现从场景中对象获取材质的操作。这种从物体上获取材质的方法多用于导入的其他文件格式的场景文件，如 *.3DS、*.PRJ、*.DXF 等格式，因为要对这些格式的场景文件中的对象材质进行修改，就必须将它们原有的材质放到材质编辑器中进行修改。

单击该按钮，将鼠标移至视图中要获取材质的对象。可将吸管获取的材质放入材质编辑器激活的示例框中。

3）保存和删除材质

保存材质的方法有：可以在“材质编辑器”窗口中将材质保存到“材质/贴图浏览器”中的一个库文件中；也可以将存入的材质从库中删除，一次可删除一个或全部删除。

删除材质的方法有：单击“从库中删除”按钮，即可删除单个材质或贴图；单击“清除材质库”按钮将删除库中包含的所有材质和贴图。

4）赋予材质

要在场景中使用材质，必须将材质赋予场景中的对象。

其步骤如下。

(1) 创建一个如图 7.72 所示的场景。

(2) 选择场景中的球体，打开材质编辑器，选择一个示例框。然后单击编辑器中工具栏上的按钮，将材质赋予选择的物体。

(3) 同时选择场景中的锥体和立方体。回到“材质编辑器”窗口中另选一个示例框，并直接使用鼠标将材质拖到视窗中被选中的物体上。这时锥体和立方体被赋予相同的材质，效果如图 7.73 所示。

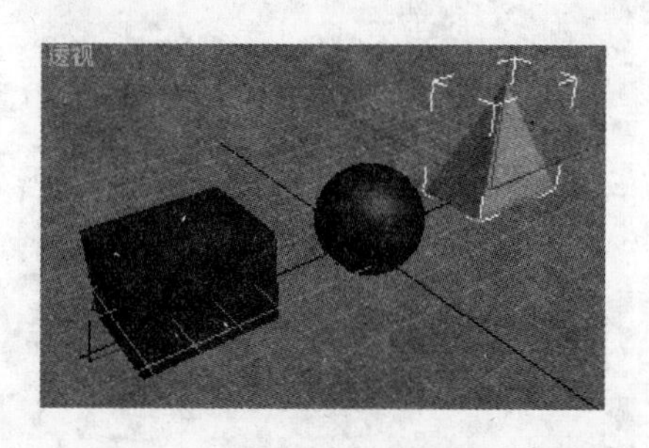

图 7.72 场景

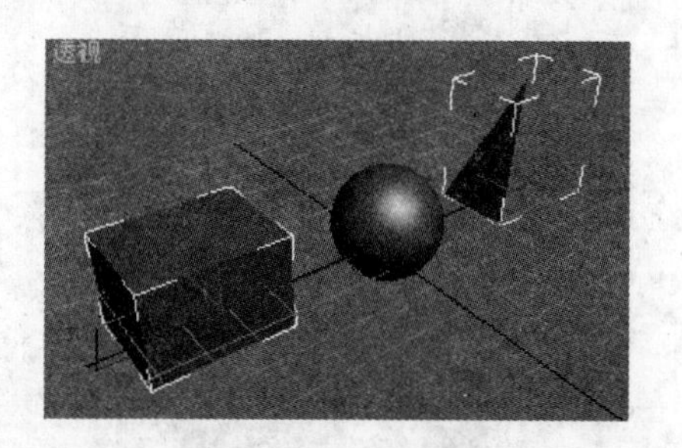

图 7.73 赋予材质后的场景效果

4. 贴图

初学者容易将贴图和材质混淆在一起，其实两者是一种从属的关系。贴图只用于表现物体的某一种属性，如透明或凹凸等。而材质则是由多种贴图集合而成的，最终表现出一个真实的物体。例如，制作一个玻璃的材质，既要表现出玻璃的透明，又要表现出它的光滑和反射、折射特性。而玻璃的透明、光滑和反射、折射的属性可以看做是 3 种不同的贴图。

在 3DS MAX9 中贴图分为 2D 贴图、3D 贴图、合成贴图、颜色变动贴图和反射与折射类贴图等。

1) 2D 贴图

2D 贴图就是在二维平面上进行贴图，只出现在物体的表面，共有 7 种类型，如图 7.74 所示。

“位图”允许使用一张位图或视频格式文件作为物体的纹理，这是 MAX 最常用的贴图类型，支持多种位图格式。

“棋盘格”产生两色方格交错的图案，常用于制作砖墙、地板砖等有序纹理。

“渐变”产生 3 种颜色或是 3 种贴图的渐变过渡效果。

“漩涡”产生有两种颜色的漩涡图像，常用于模拟水中漩涡、星云等效果。

2) 3D 贴图

3D 贴图完全不同于 2D 贴图，是一种给予函数的计算方法生成的图案，不但出现在物体的表面，而且存在于物体的内部，是一种立体的贴图。3D 贴图共有 15 种，如图 7.75 所示。

7.2.4 基础动画

3DS MAX9 作为最优秀的计算机三维动画制作软件之一，几乎可以为场景中的任意对象创建动画，动画类型基本上可以分为基本动画、角色动画、动力学动画、粒子动画等，它们的功能和适用场合各不相同。

关键点动画是最基础的动画，通过动画记录器来记录动画的各个关键点，然后自动在每两个关键点之间插补动画帧，从而使整个变化过程显得平滑、完整。有两种创建关键点动画的方法，分别是单击 自动关键点 按钮设置动画和单击 设置关键点 按钮设置动画。

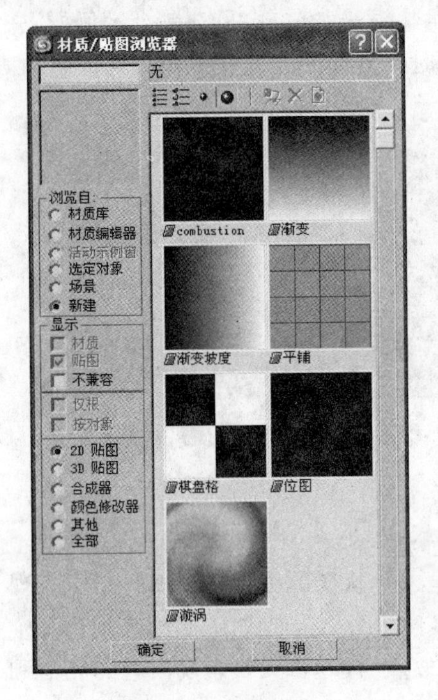

图 7.74　2D 贴图

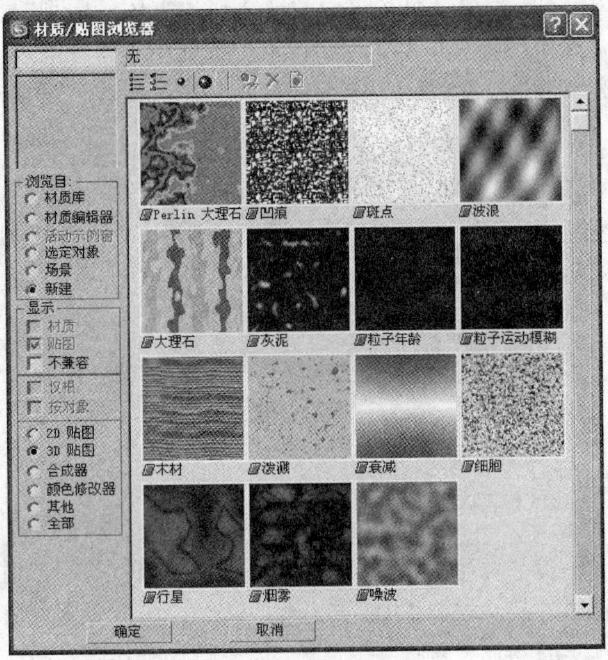

图 7.75　3D 贴图

1. 动画的时间控制器

动画的时间控制器位于工作界面的右下角,如图 7.76 所示。

单击“时间配置”按钮 ,可通过弹出的“时间配置”对话框设定帧速率、时间显示方式、时间段等,如图 7.77 所示。

图 7.76　动画的时间控制按钮

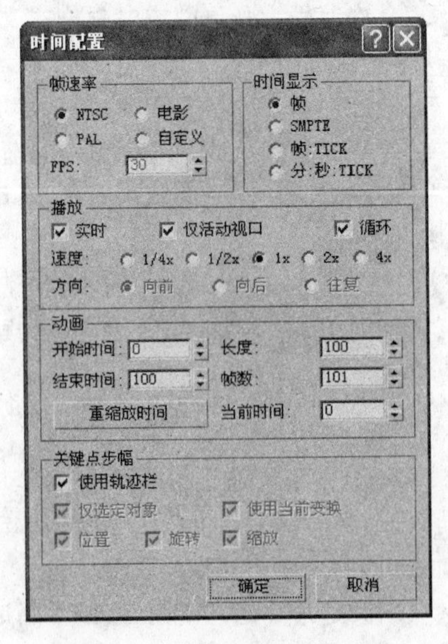

图 7.77　“时间配置”对话框

"帧速率"选项区域提供了 NTSC、PAL、"电影"和"自定义"4 种方式,可以根据实际情况为动画选择合适的帧速率。

"播放"选项区域用于选择动画播放的方式。

"时间显示"选项区域用于指定时间滑块及整个动画中显示时间的方法。

"动画"选项区域用于设定动画长度、开始和结束时间、帧数等。

"关键点步幅"选项区域主要在关键点模式下使用,通过该选项区域,可以实现在任意关键点之间跳动。

2. 利用自动关键点按钮创建关键点动画

单击 自动关键点 按钮设置关键点动画是最基本、最常用的动画制作方法,通过单击该按钮开始创建动画,然后在不同的时间点上更改对象的位置、进行旋转或缩放等,都会相应地自动创建关键帧并存储关键点值。时间标尺和相关按钮如图 7.78 所示。

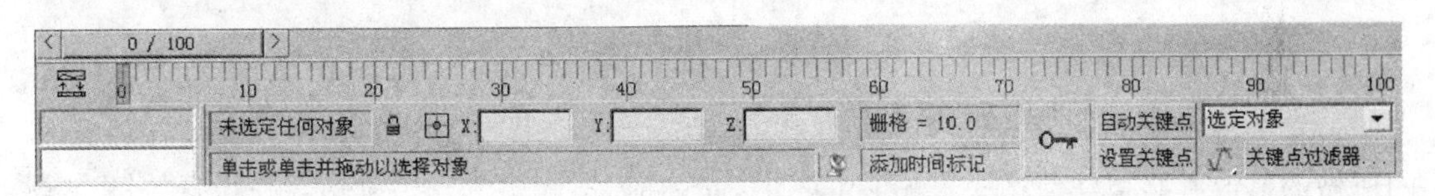

图 7.78 时间标尺和相关按钮

0 / 100 :时间标尺上的长方体滑块,用于显示当前帧,或者通过移动它转到时间段的任何位置。

自动关键点 、设置关键点 :用于创建关键点动画,选择相应的创建模式,按钮会变成红色。

关键点过滤器... :用于对对象的轨迹进行选择性的操作。

下面举例说明在自动关键点模式下制作动画。

(1) 首先在场景中创建一个球体和一个平面,设置球体的关键点动画,平面作为地面,如图 7.79 所示。

(2) 确定时间滑块位于第 0 帧的位置,作为动画的起始位置,单击 自动关键点 按钮,将时间滑块移到 50 帧的位置,将球体沿 x 轴移动,此时在 50 帧的位置将自动创建一个关键帧,场景如图 7.80 所示,时间标尺如图 7.81 所示。

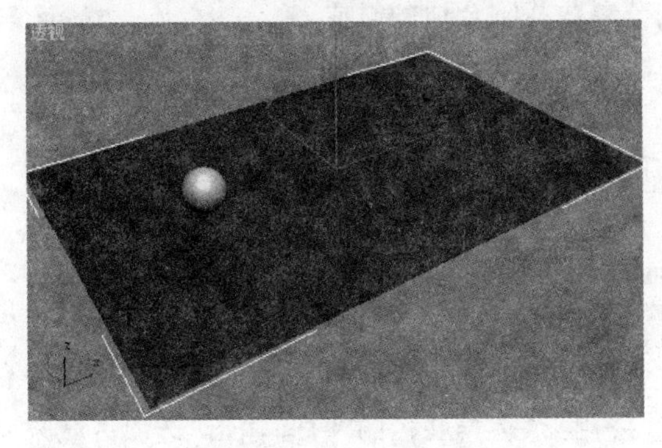

图 7.79 初始场景

图 7.80 50 帧位置的场景

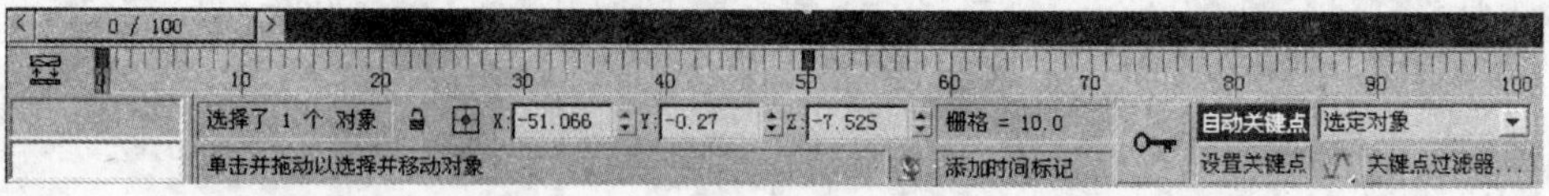

图 7.81　设 50 帧自动关键帧

(3) 将时间滑块移到 100 帧的位置，选择球体，沿 x 轴返回。时间标尺如图 7.82 所示。

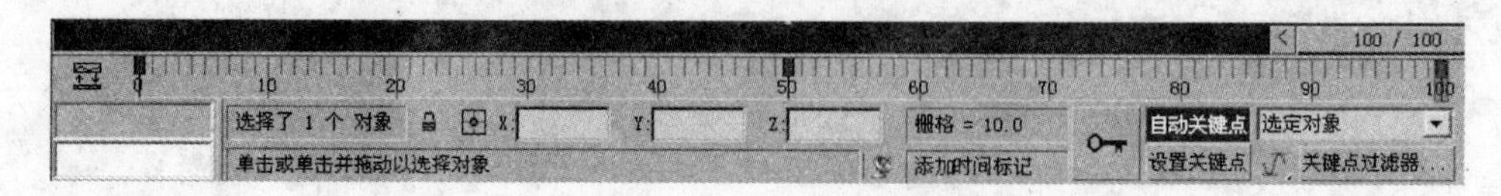

图 7.82　设 100 帧自动关键帧

(4) 单击动画控制区的▶按钮，观看动画效果。

3. 利用设置关键点按钮创建关键点动画

设置关键点和自动关键点的区别在于：在自动关键点模式下，移动时间滑块，在任意时间所做的修改都将被注册为关键帧，当关闭该按钮时，不能再创建关键帧。在设置关键点模式下，使用轨迹视图和单击关键点图标按钮就可以选择在哪些时间点上设置关键帧。

下面仍然以球体的移位动画为例来介绍设置方法。

(1) 单击设置关键点按钮，将时间滑块移到第 0 帧的位置，单击按钮，在第 0 帧的位置创建一个关键帧。

(2) 将时间滑块移到 50 帧，球体沿 x 轴移动后，单击按钮，创建第二个关键帧。

(3) 将时间滑块移到 100 帧，球体沿 x 轴移动后，单击按钮，创建第三个关键帧。

(4) 播放动画，效果和应用自动关键点的效果相同，此时可以在任意中间帧进行操作，但不会改变已创建的关键帧的效果。

7.2.5　渲染

渲染是动画制作中比较关键的环节，在制作的各个环节中进行渲染查看效果，特别是在材质和贴图过程中，需要不断进行快速渲染，调节参数找到合适的材质。

常用的渲染类型有快速渲染、实时渲染、最终渲染场景、合成渲染，分别用于动画制作的不同时期。

快速渲染：这是最经常使用的渲染类型，直接单击主工具栏的按钮，就可以对场景进行快速渲染，对系统没有太高的要求，使用很方便。

最终渲染场景：用于最终产品的渲染、平面或视频的输出。单击主工具栏的按钮，可以打开该窗口，如图 7.83 所示。

对于静态的场景，如果要进行渲染，直接进行快速渲染即可。对于动画，既可以对场景进行单帧输出，也可以进行多帧输出，主要通过“公用参数”卷展栏的“时间输出”选项区域来设置。

保存动画输出文件可通过设置“公用参数”卷展栏的“渲染输出”选项区域来完成，如

图 7.84 所示。3DS MAX9 可以以多种格式保存渲染输出文件，包括静态图像和动画文件，支持的静态图像保存文件格式有 BMP、JPG、PNG 等，支持的动画文件保存格式有 AVI、MOV 等。设置好保存路径和格式，单击“渲染”按钮 ，系统将按照设置的文件名和保存路径来渲染并保存当前场景渲染结果。

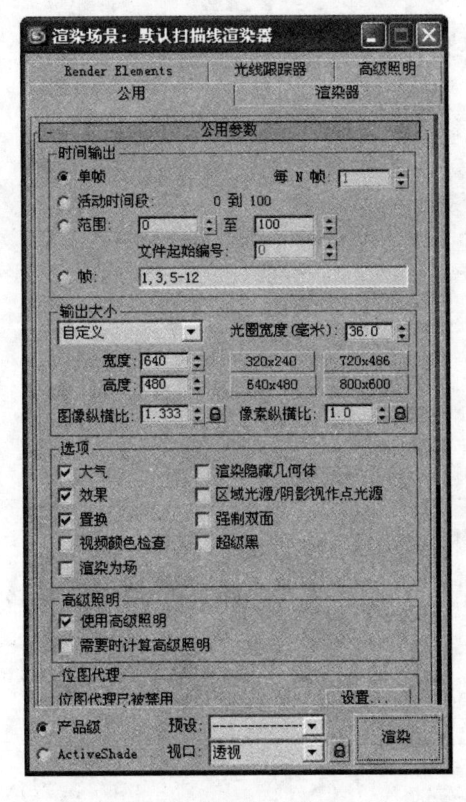

图 7.83 “渲染场景”窗口

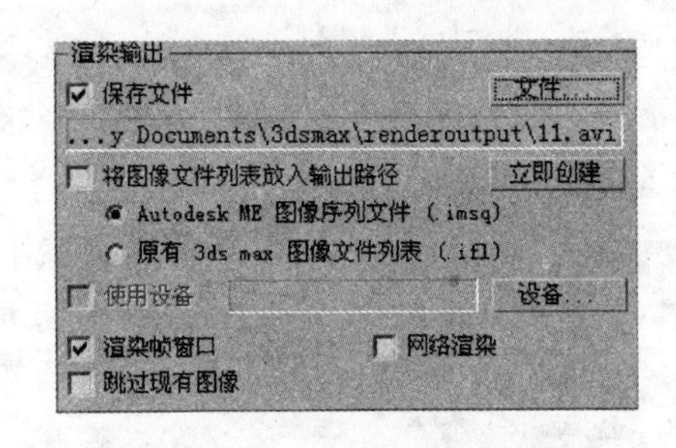

图 7.84 保存渲染输出文件

除了标准渲染器，3DS MAX9 还提供 Mental Ray 渲染器，它包含许多新的渲染功能，可以制作专门的 Mental Ray 材质。

思 考 题

1. Flash 的常用领域有哪些？
2. 简述“场景”、“舞台”、“时间轴”、“层”的含义。
3. Flash CS4 的经典动画方式有哪些？各自的主要特点是什么？
4. Flash CS4 的主要对象有哪些？主要有哪些应用？
5. 3DS MAX9 的工作界面主要包括哪几部分？各部分的作用分别是什么？
6. 简述利用 3DS MAX 制作三维动画的一般流程。
7. 3DS MAX9 的标准基本体包括哪些内容？
8. 简述 3DS MAX9 的“挤出”、“车削”、“倒角”修改器的基本使用方法。
9. 简述 3DS MAX9“放样”复合建模的使用步骤。

CHAPTER 8

第8章

影视编辑软件

学习目标

- 掌握 Premiere Pro CS3 基本操作
- 掌握 D-Cube-Edit 基本操作
- 能使用非线性编辑软件编辑视/音频节目

8.1 Premiere Pro CS3 快速入门

Premiere 是 Adobe 公司推出的一款非常优秀又易用的非线性视频编辑软件，它能与 Photoshop 进行无缝工作结合，高效提高非线性编辑的效率与质量。视频、声音、动画、图片、文本等多媒体在 Premiere 所提供的工作环境中能完美结合，并最终生成自己所需要的影音作品。

本节为 Premiere 的入门教程，目的是为了使读者能从静态图像处理过渡至动态影像的世界，面向的对象是视频制作的初学者。下面将针对 Premiere 的基本操作逐一进行介绍，使您能够熟练使用 Premiere 进行初步的影音编辑。本章节使用的 Premiere 版本为 Premiere CS3。

8.1.1 新建节目设置

在开始视频项目制作之前，首先要设置好其相应的视/音频参数，以便完成规定格式的节目制作。启动 Premiere Pro CS3 后，首先看到的是启动界面，如图 8.1 所示。在启动界面中，程序提示用户选择新建或者打开一个项目文件，用户可以单击“新建项目”图标选项，程序将弹出如图 8.2 所示的“新建项目”对话框，以便用户对新建的项目进行参数设定。

在“新建项目”对话框的“加载预置”选项卡中，左侧部分显示了不同的项目模式，右侧显示选中的模式相关属性描述。用户可以通过单击左侧的模式，在右侧查看相关属性来选择合适的项目模式。如符合中国标清电视节目要求的项目模式可选择 DV-PAL Standard 48kHz。

在“新建项目”对话框的“自定义设置”选项卡中，可以对影片的编辑模式、时间参数、视

图 8.1 Premiere Pro CS3 启动界面

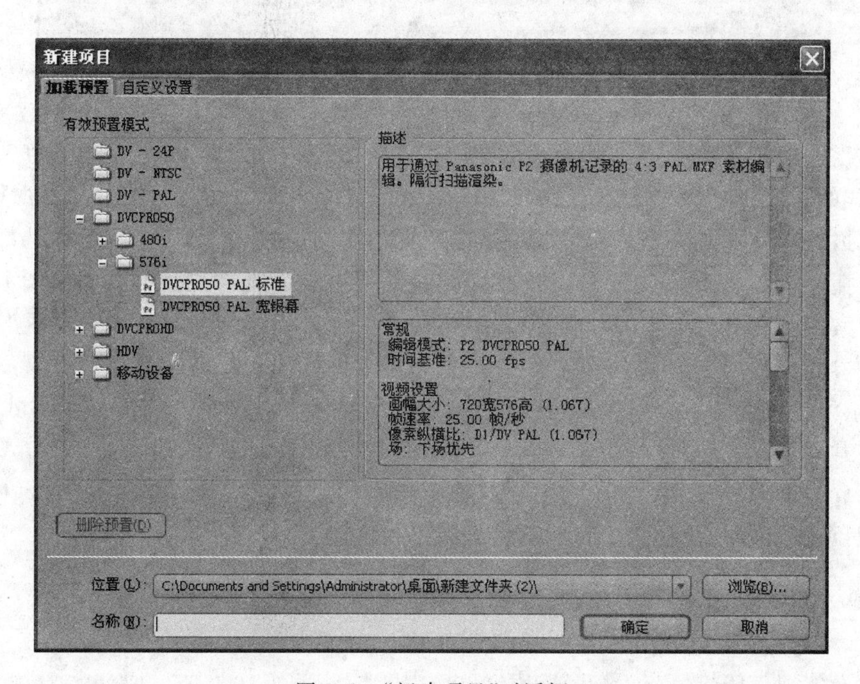

图 8.2 “新建项目”对话框

频、音频等基本选项进行相关设置,如图 8.3 所示。该选项卡的左侧是“常规”、“采集”、“视频渲染”、“默认序列”4 个选项。选中其中的“常规”,在选项卡的右侧进行相关的设定。在“编辑模式”下拉列表框中,可以设置视频的播放模式,常见的有 DV PAL 和 DV NTSC 两种制式。PAL 电视标准用于中国、欧洲等国家和地区,NTSC 电视标准用于美国、日本等国家和地区。制作高清项目,可以选择 HDV 的相关参数,有“HDV 720P”、“HDV 1080I”、“HDV 1080P”等模式。“时间基准”参数也随着编辑模式而变化,一般“DV PAL”选择 25.00fps,“DV

NTSC”选择29.97fps。“画幅大小”文本框只有设置成“桌面编辑模式”后，参数才可编辑。

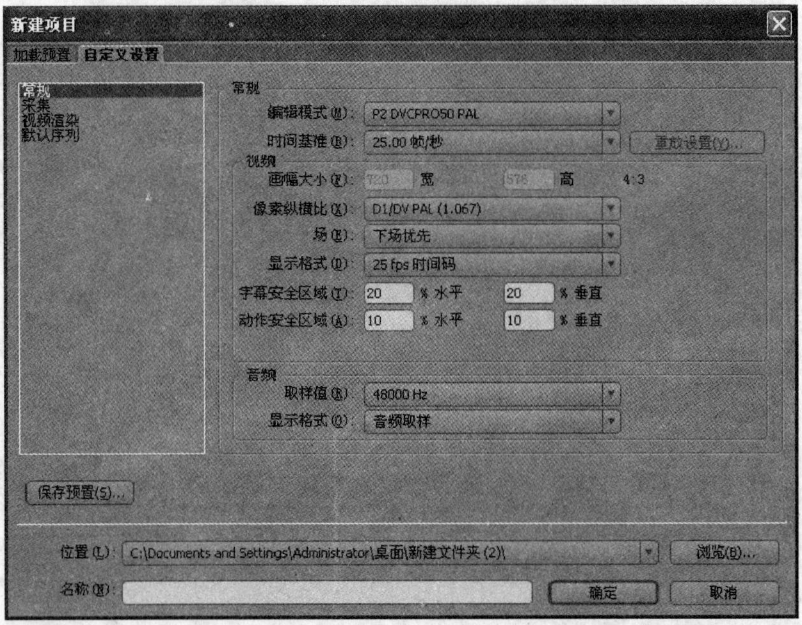

图 8.3 “自定义设置”选项卡

“像素纵横比”参数决定了画面最后的表现，计算机的显示器像素长宽比为1.0，“DV PAL”制式的画面，像素长宽比为1.067，“DV PAL 宽荧幕”为1.422。该参数由视频项目最终在什么播放器上播放决定。如果最后生成的视频在计算机显示器上播放，需选择1.0，如在电视上播放一般选择1.067。选择错误的话，最后生成的视频画面被拉伸。计算机能正确播放像素长宽比不为1.0的视频，所以不用担心在计算机上预览时视频播放不正确。

“场”参数只在导出到录像带时有用，一般不用多做修改。

“显示格式”参数用于设置Premiere Pro CS3“时间线”调板中时间的显示方式，一般保持与时间基准参数相同。

选择好各参数后，单击“浏览”按钮，选择文件保存的路径位置，在“名称”文本框里输入文件名称，单击“确定”按钮进入视频编辑模式工作界面。

8.1.2 界面分布

完成新建项目的设置后，就进入Premiere Pro CS3的工作界面。Premiere Pro CS3的工作界面与Photoshop等多媒体应用软件类似，主要包括菜单栏、素材源监视器、效果控制台、调音台、节目监视器、项目、信息、效果、历史、时间线、音频主电平表、工具箱等，如图8.4所示。

1. 菜单栏

工作界面的最上方为Premiere Pro CS3的菜单栏，主要包括文件(F)、编辑(E)、项目(P)、素材(C)、序列(S)、标记(M)、字幕(T)、窗口(W)、帮助(H)菜单。

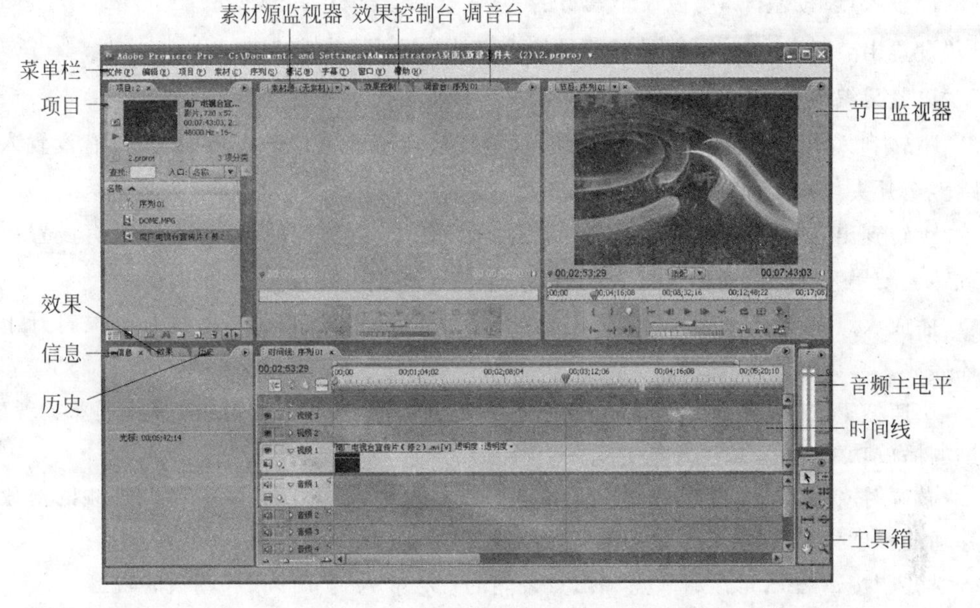

图 8.4　Premiere Pro CS3 工作界面

2. 素材源监视器

“素材源监视器”调板可以播放素材、查看最终结果。双击“项目”调板或“时间线”中的素材片段，或使用鼠标将其拖放至“素材源监视器”，可以在“素材源监视器”中进行区域剪辑和预览操作。图 8.5 所示为“素材源监视器”调板。

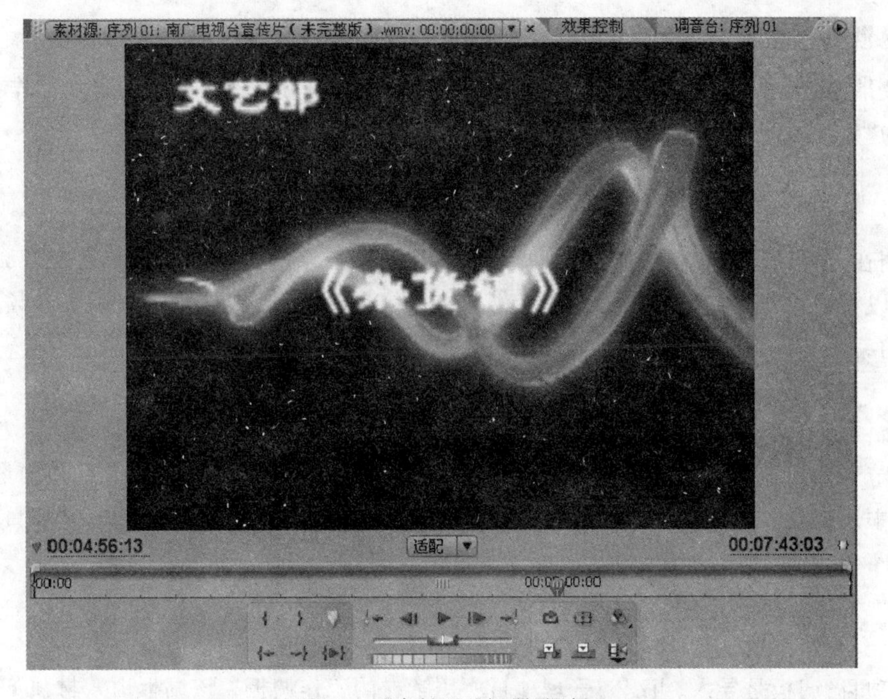

图 8.5　“素材源监视器”调板

“设置入点”按钮，可以设置素材的入点，默认为素材的开头。

“设置出点”按钮，可以设置素材的出点，默认为素材的结尾。

“设置无编号标记”按钮，可以在素材中设置多个标记。

“跳转到入点”按钮，可以使时间指示器跳转至已标记的入点处，若没有设置入点，则跳转至开头。

“跳转到出点”按钮，可以使时间指示器跳转至已标记的出点处，若没有设置出点，则跳转至结尾。

“播放入点到出点”按钮，可以播放入点到出点之间的视频，若循环开关打开了，则循环播放。

“快速搜索”按钮，可以通过按住中间的按钮左右拖动，来实现前后快进的播放功能。

“微调”按钮，可以通过按住鼠标左键拖动，实现微调视频的播放，鼠标移动的幅度代表速度。

“插入”按钮，可以将入点和出点之间的视频插入到“时间线”调板的轨道上。

“覆盖”按钮，可以覆盖源轨道素材的方式将视频插入到“时间线”调板的轨道上。

“切换并获取视/音频”按钮，只在素材存在音频时有效。

“循环”按钮，可以控制素材循环播放。

“安全框”按钮，可以打开视频安全框。

“输出”按钮，可以控制该监视器输出的通道。

3. 效果控制台

效果控制台默认状态可以控制视频的运动和透明，还可以控制音频的音量操作。图 8.6 所示为“效果控制台”调板。

4. 调音台

调音台可以实现多个音频混合、调节增益和平衡控制等多种编辑操作。在音频混音器中，可以在播放素材的同时调节音频素材的音量信息，即可以做到边听边调节音频素材，使音频的编辑变得更加直接和方便。图 8.7 所示为“调音台”调板。

5. 节目监视器

“节目监视器”主要用于显示当前影片的编辑效果，还可以显示通道信息和测量调整区域，其中还包含了时间标尺、视频播放控制和安全区域等功能。图 8.8 所示为“节目监视器”调板。

6. 项目调板

“项目”调板是导入、组织与管理项目所用素材的工作调板。该调板由素材预览区、素材目录栏和调板工具栏 3 部分组成，如图 8.9 所示。

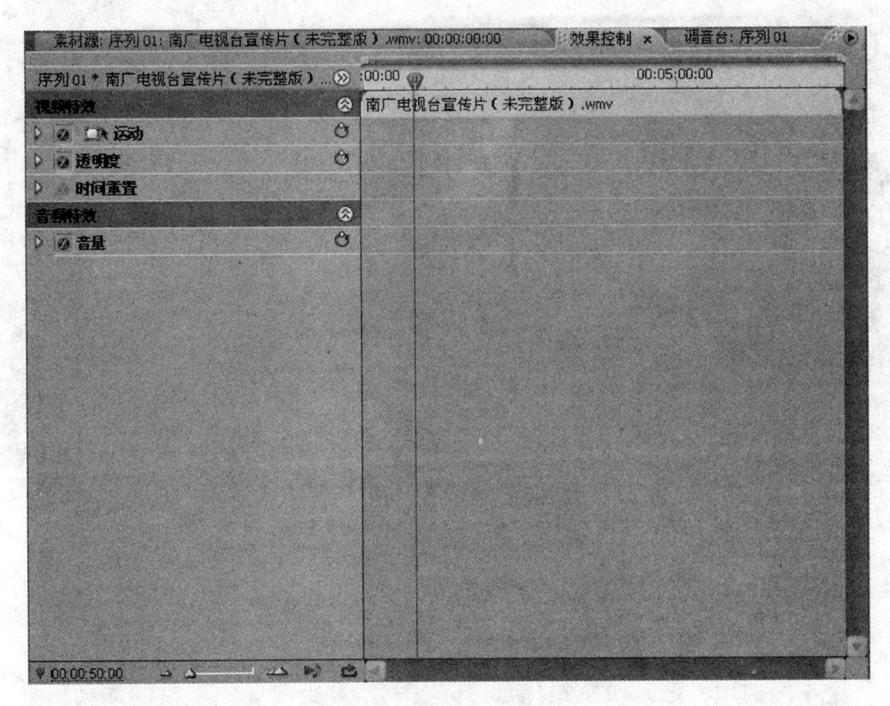

图 8.6 “效果控制台”调板

图 8.7 “调音台”调板

图 8.8 “节目监视器”调板

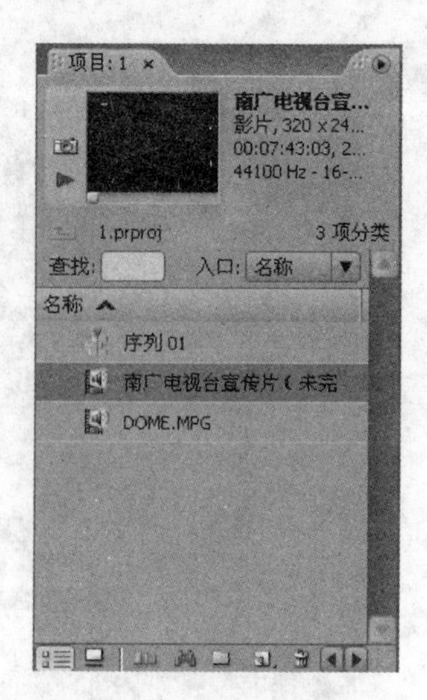

图 8.9 “项目”调板

7. 信息、效果和历史组合调板

软件界面的左侧下方为信息、效果和历史组合调板，如图 8.10 所示。单击调板上的标签可以在 3 个不同的调板之间切换。“信息”调板中显示当前选中对象的详细信息，“效果”调板显示 Premiere Pro CS3 中的预置特效、视/音频特效，“历史”调板中记录了从打开文件开始所进行的每一步操作。

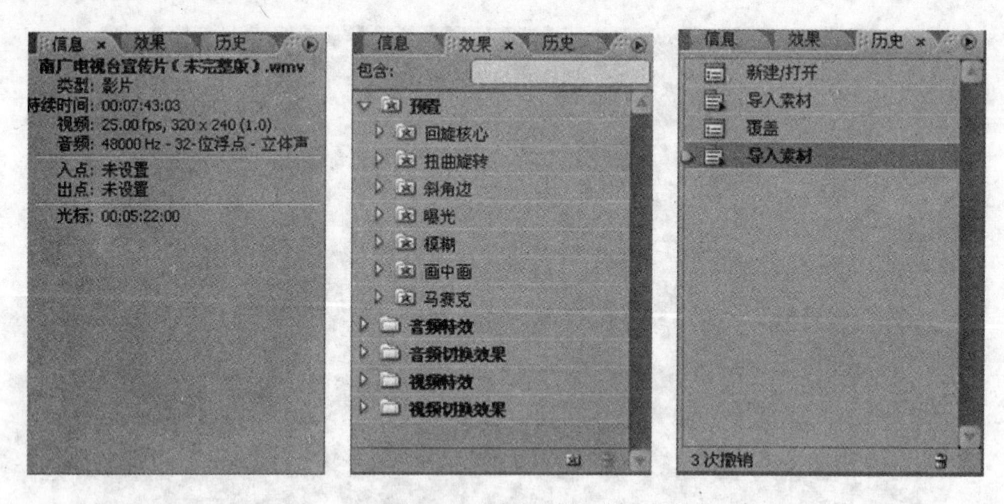

图 8.10 “信息”、“效果”和“历史”组合调板

8. 时间线调板

在软件界面的下方中央部分为“时间线”调板，如图 8.11 左侧所示。“时间线”调板是 Premiere Pro CS3 工作界面的核心部分，按时间顺序将视频文件逐帧展开，并与音频文件同步。通过它可以轻松地实现对素材的剪辑、复制、插入、修饰、调整和显示等操作。

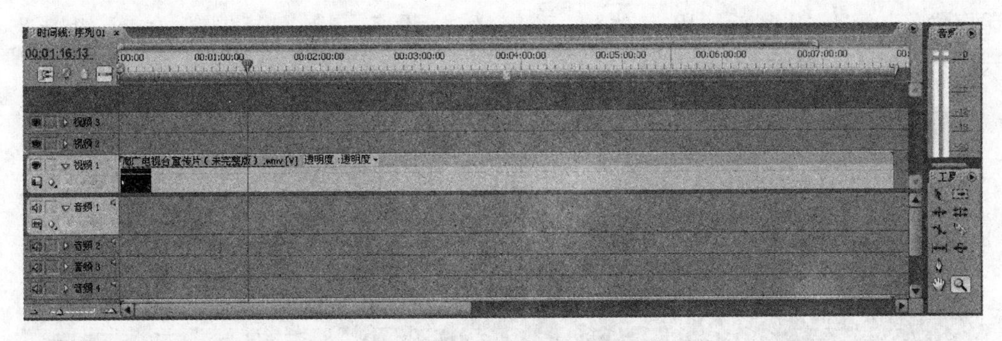

图 8.11 “时间线”、“工具箱”调板

9. 音频主电平表和工具箱

软件界面的右下角主要包括音频主电平调板和工具箱，如图 8.11 右侧所示。其中“音频主电平”调板主要显示音频的音量和音阶，当时间线播放时，“音频主电平”调板实时显示时间线中的音频基准电平。“工具箱”调板包含了编辑时间线所需的各种工具，包括选择、轨道选择、波纹编辑、转换编辑、比例伸展、切刀、滑动编辑、幻灯片编辑、钢笔、平移和缩放等。用鼠标在相应的工具图标上单击或者使用相应的键盘快捷键，鼠标指针将变成相应的工具形状，工具即被激活。使用完某工具后，单击选择的工具即可恢复正常。

8.1.3 采集与导入素材

在导入素材前，应该了解 Premiere Pro CS3 支持哪些格式的素材。导入素材后，也应该养成一个好的制作习惯，将素材分类管理。

1. 兼容的格式

对于静态图像而言，Photoshop 的 PSD 格式无疑是支持得最好的。Premiere Pro CS3 能对导入的 PSD 素材保留较多 Photoshop 的特性，如图层的层次、图层样式、Alpha 通道等。对于复杂场景中的一些制作，用 PSD 作为静态图像间的交换较为方便。其他图像格式，如 GIF、JPG、BMP、TGA、PIC、EPS 等，Premiere Pro CS3 都能提供很好的支持。

Premiere Pro CS3 对视频素材的兼容性也非常好，常见的视频格式有 AVI、FLV、MKV、MPG、WMV、MOV 等。但并不是所有系统能播放的视频都能导入 Premiere Pro CS3。如需要导入 QuickTime 的 MOV 格式的视频文件，则需要系统中已经安装了 QuickTime 播放器。如遇到视频无法导入的问题，可以使用其他的视频转码软件，转成 AVI 格式，并使用常见的编码方式压缩。

对于常见的音频素材，Premiere Pro CS3 基本都能识别并正常工作，使用户能很容易地找到需要的音频素材，并将其导入自己制作的视频中。

2. 采集素材

通过数字接口（如 IEEE1394 或 SDI），Premiere Pro CS3 能够采集 DV 等数字磁带的视/音频内容，以文件的形式存储到硬盘中。将 DV 数码摄像机通过 IEEE 1394 等接口连接后，在菜单栏中执行【文件】|【采集】命令或按 F5 快捷键，弹出“采集”对话框，在“采集”

对话框中可以设置视/音频保存位置、采集格式、设备控制和录制等功能，如图 8.12 所示。

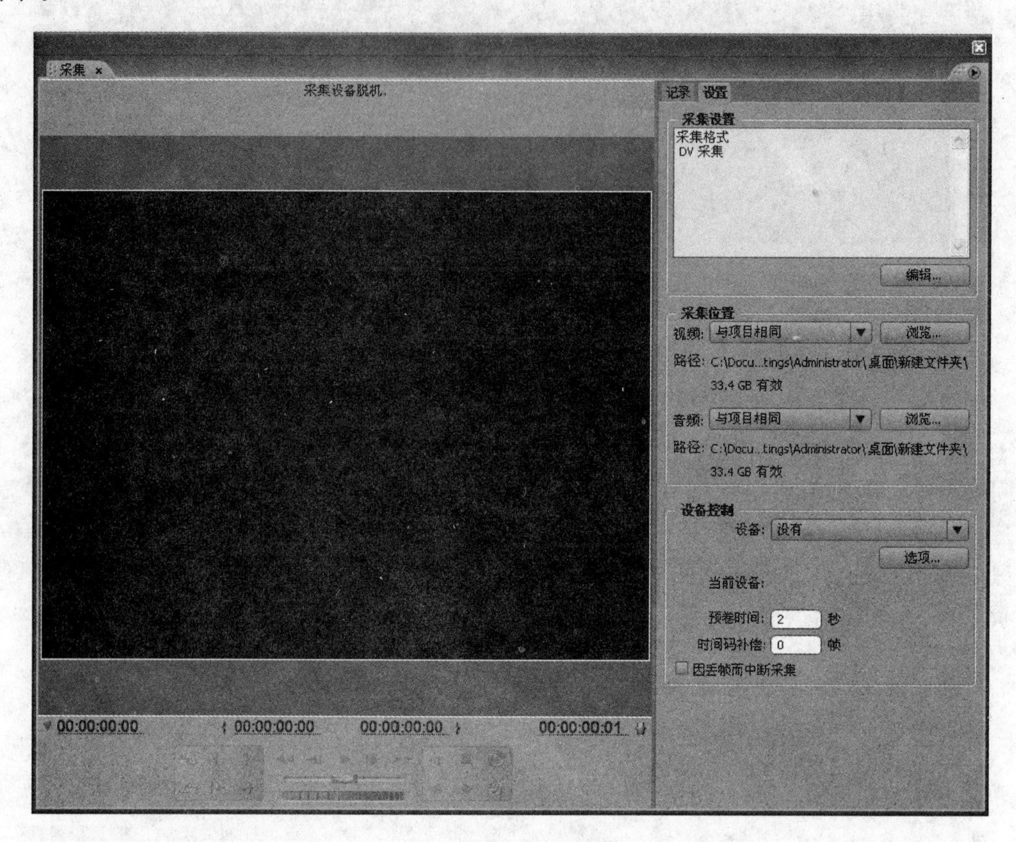

图 8.12 “采集”对话框

3. 导入素材

有多种方法可以将素材文件导入至 Premiere Pro CS3，除了采集、录音等方法之外，最常见的方法就是导入素材。素材文件的导入可以通过执行【文件】|【导入】命令，在弹出的“导入”对话框中选择所需的素材文件，单击“打开”按钮即可将素材文件导入 Premiere Pro CS3。也可以通过在“项目”调板的空白处右击选择弹出菜单中的【导入】命令或双击鼠标左键，打开“导入”对话框，进行素材的导入操作。图 8.13 所示为导入素材的两种方式，图 8.14 所示为“导入”对话框。

8.1.4 影片基本剪辑

影片的基本剪辑主要是调整素材的长度、速度以及多个素材进行组合。导入的素材均显示于“项目”调板中，可以在“项目”调板中对素材进行分类存放，也可以对素材进行重命名等基本操作。双击素材文件还可以将素材调入“素材源监视器”调板，对素材进行浏览。“素材源监视器”调板可以对素材进行初剪，通过拖拽时间滑块，定位到素材需要的起始点后单击“设置入点”按钮 {，此时的时间显示条会在入点以后显示颜色加深。继续拖拽时间滑块，定位到素材需要的终止点后单击“设置出点”按钮 }，此时的时间显示条在入点与出点

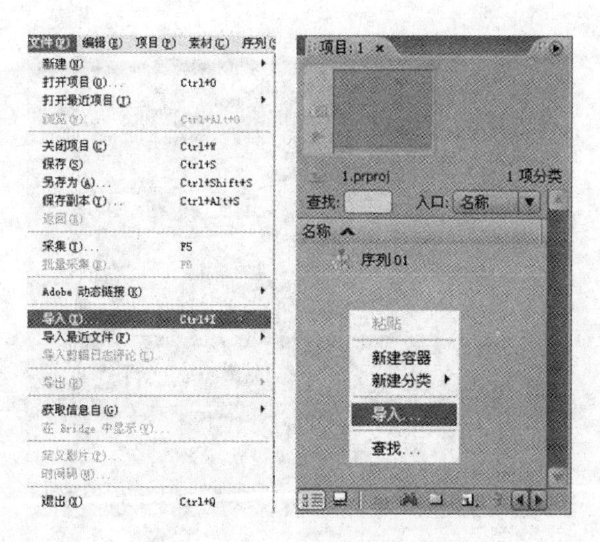

图 8.13 导入素材的两种方式

图 8.14 “导入”对话框

之间显示颜色加深，显示颜色加深的区域，即为选中的修剪后的素材，如图 8.15 所示。

1. 添加素材到时间线调板

在 Premiere Pro CS3 中，只有将素材通过“时间线”调板中的轨道有序连接起来，才能完成一个完整的作品。常用的方法是用鼠标左键选中“素材源监视器”调板中设置了入出点的素材或“项目”调板中的素材，按住鼠标左键直接将素材拖动至“时间线”调板中需要的视频轨道上，释放鼠标左键即可，如图 8.16 所示。

若需要将多个素材同时添加到“时间线”调板的轨道上，则可以使用菜单中的命令完成，步骤如下。

图 8.15　设置素材入点、出点

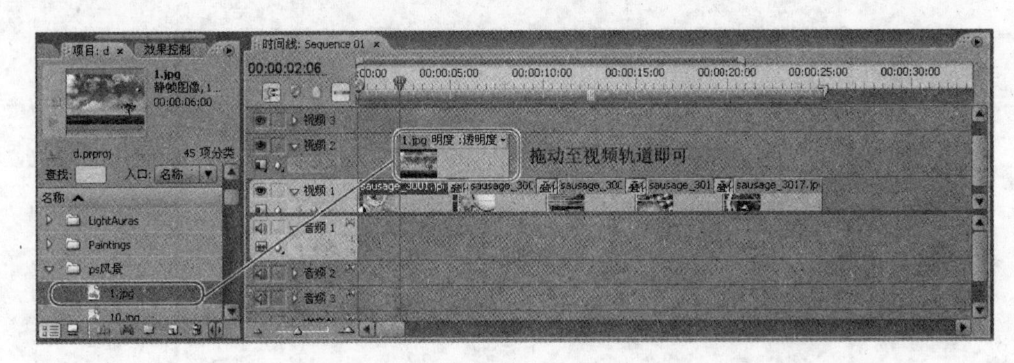

图 8.16　将素材添加到“时间线”调板

(1) 在“项目”调板中同时选中多个素材文件，和 Windows 中对文件的操作一样，结合 Ctrl 和 Shift 键。

(2) 在“项目”调板底部调板工具栏中，单击“自动匹配到序列”按钮，弹出“自动匹配到序列”对话框，如图 8.17 所示。

(3) 在该对话框中取默认设置，单击“确定”按钮，即可将选中的多个素材文件按顺序排列到“时间线”调板的轨道上。

2. 使用“时间线”调板进行素材编辑

1) 素材的选择、移动与编组

Premiere Pro CS3 中对素材的选择主要有选择单个素材、选择多个素材和选择全部素材 3 种，可以通过多种方法选定轨道上的素材，做整体移动或删除等操作。

(1) 选择单个素材：用鼠标左键单击要选择的素材片段，素材片段呈深色显示，说明当前素材已经被选中。

(2) 选择多个素材：在选择单个素材的基础上，配合键盘上的 Shift 键，依次单击需要选择的素材片段。选择多个素材也可以利用鼠标的框选操作，在“时间线”调板视频轨道

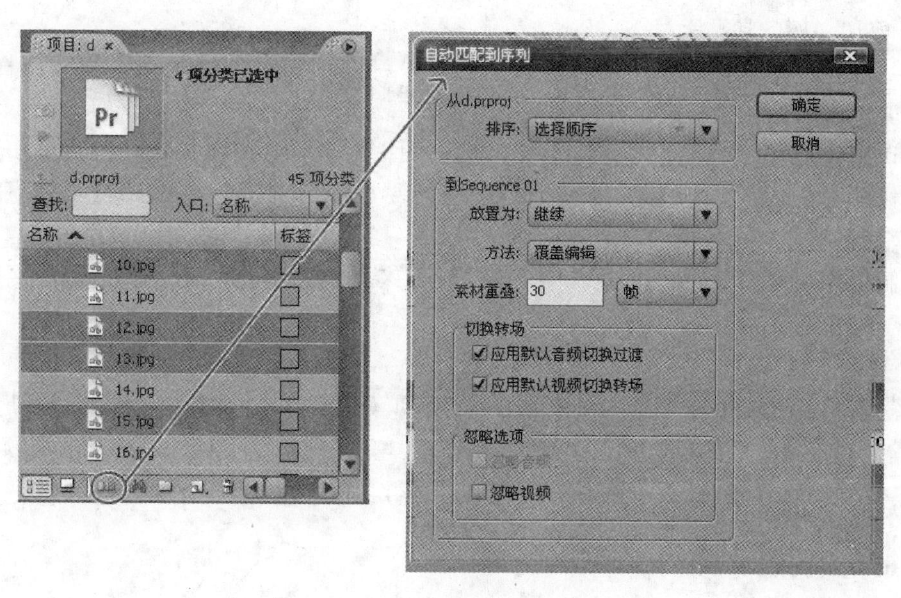

图 8.17 “自动匹配到序列”对话框

的空白区域，按住鼠标左键，向侧面移动，拖出一个框，所有在框内的素材片段都将被选中。

(3) 选择全部素材：执行【编辑】|【选择所有】命令，就可以选中当前项目中所有轨道上的全部素材，左右拖动鼠标，可整体移动选中对象。

在轨道上选择多个素材后，可以通过在素材上右击，在弹出的快捷菜单中选择【编组】命令，对目标对象进行编组，如图 8.18 所示。编组后的素材可以作为整体在时间线轨道上移动，而它们的相对位置不变。在已编组的任意一个素材上右击，在弹出的快捷菜单中选择【取消编组】命令，各个素材就会解开链接，恢复为独立的素材。

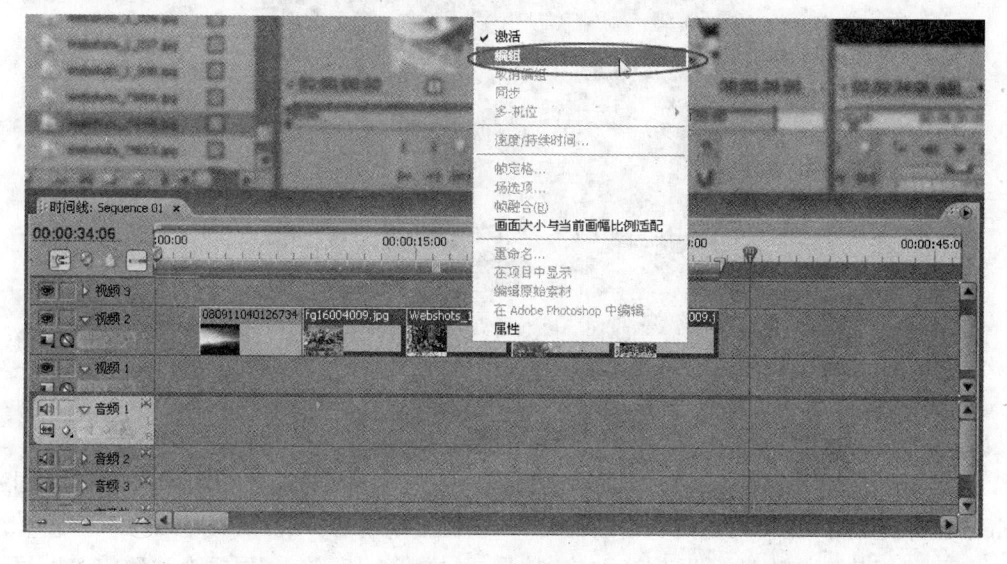

图 8.18 编组素材

2）剪切、复制、粘贴素材

在“时间线”调板的轨道上，并不是只能移动素材，同样可以像对文件的操作一样，对素材进行剪切、复制和粘贴，操作方法也基本类似。

剪切操作是先在轨道上选中素材片段，按 Ctrl＋X 组合键或执行【编辑】|【剪切】命令，然后选择想要粘贴的视频轨道，移动时间线，然后按 Ctrl ＋V 组合键或执行【编辑】|【粘贴】命令，素材将被插入到时间线所在时间点上。

复制操作基本和剪切操作相同，只是将 Ctrl＋X 组合键换成 Ctrl ＋C 组合键或执行【编辑】|【复制】命令。

3）切割素材

切割素材需要使用到“工具”调板中的“剃刀”工具，它可以将一个素材片段切割成两部分，成为两个独立的素材。默认情况下，剃刀工具只能切割一个目标轨道上的视频和对应的音频。配合 Shift 键，则可以同时对所有轨道进行切割。

8.1.5 视频切换

视频切换俗称视频转场，是为了让一段视频素材以某种特殊形式变换到另一段视频素材而运用的过渡效果，即从上一个镜头的末尾画面到下一个镜头的开始画面之间添加中间画面，使上、下两个画面以某种自然的形式进行过渡。

要添加视频转场，首先要打开“效果”调板，在该调板中展开“视频切换效果”，其中提供了 3D 运动、伸缩、划像、卷页、叠化、映射、滑动、特殊效果和缩放等转场效果，如图 8.19 所示。

图 8.19 展开“视频切换效果”

在“视频切换效果”中找到需要的效果，选中后，按住鼠标左键，拖放至两段素材之间，即完成转场效果的添加，如图 8.20 和图 8.21 所示。

如果对已经加入的视频转场效果不满意，选中已经加入的视频转场效果，用键盘上的 Delete 键即可删除，也可以通过右击，在弹出的快捷菜单中选择【清除】命令。

如果想用其他的转场效果替换当前的效果，可以直接从“效果”面板拖动新的效果，直接覆盖已有的转场效果。

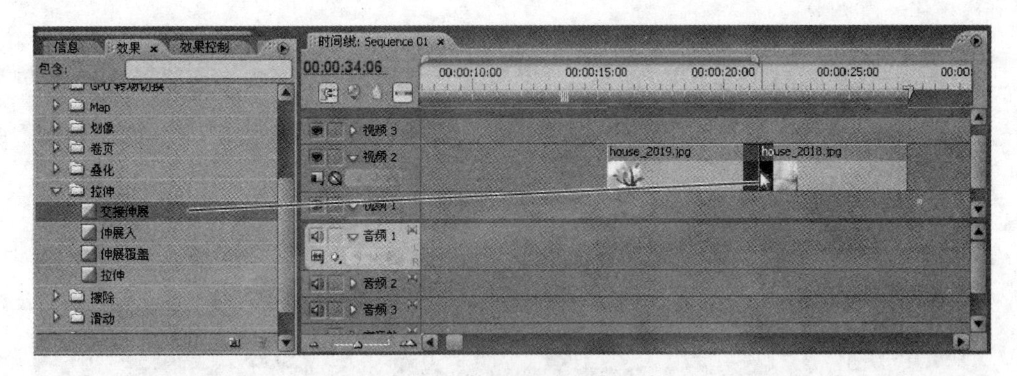

图 8.20　添加视频转场效果

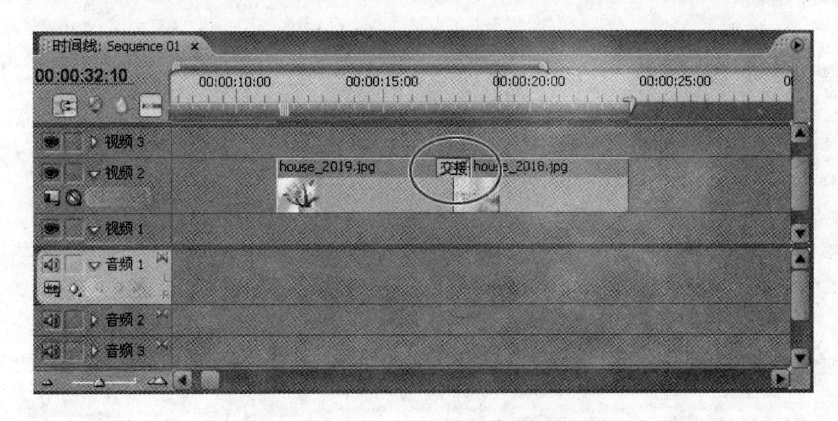

图 8.21　添加视频转场效果后效果

8.1.6　视频特效

视频特效是指 Premiere Pro CS3 中封装的一些特别的程序，专门用于处理视频中的像素，然后按照要求实现各种效果。和视频转场效果不同的是，视频特效是添加在单个素材上的。用户可以根据制作需要给素材添加一个或多个视频效果，以制作出各种绚丽的效果。在添加视频效果前，用户需确保已经在“时间线”调板上添加了素材。

要添加视频效果，首先在“效果”调板中展开“视频特效”，如图 8.22 所示。

图 8.22　展开“视频特效”

选择所需要的视频特效后，按住鼠标左键，拖放至想要被添加特效的素材上，如图 8.23 所示。

添加视频特效后可以在特效控制台中进行参数设置，直接输入参数或拖动滑块都可以在节目监视器中实时地预览效果，如图 8.24 所示。

8.1.7　音频编辑处理

音频部分主要包含了音频特效和音频转换。音频特效中可以控制 5.1 声道、双声道和

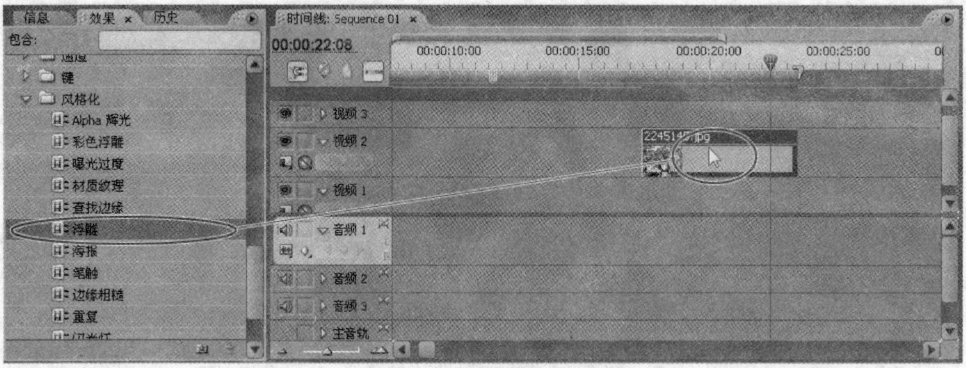

图 8.23　添加视频特效

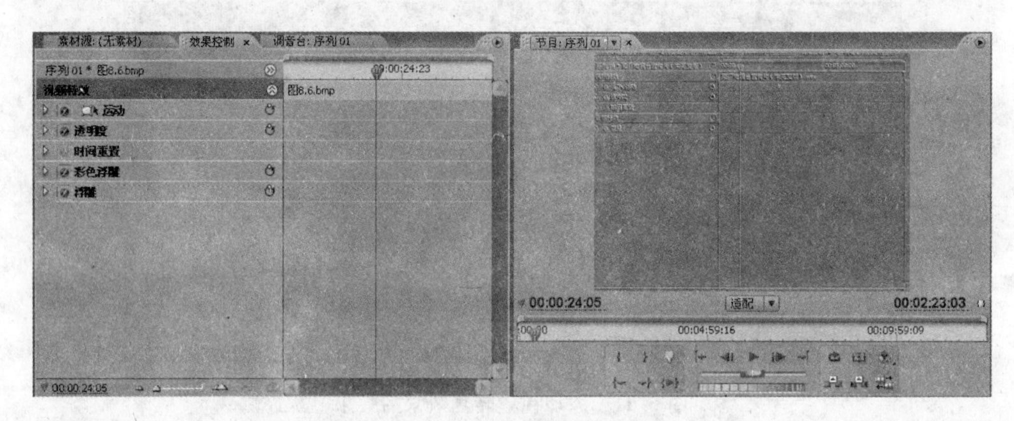

图 8.24　视频特效参数设置

单声道，音频切换效果中可以控制音频交叉和过渡效果，如图 8.25 所示。

图 8.25　音频特效和音频切换效果

如果想控制记录音频声音大小的动画，可以在时间线起始位置单击“添加关键帧”按钮，将时间线移动至结束位置并单击“添加关键帧”按钮，然后通过鼠标向下拖动结束位置的关键帧，产生斜坡的过渡效果，声音就会产生由大声到小声的过渡效果，如图 8.26 所示。

8.1.8　字幕制作

字幕往往在影视制作中起画龙点睛的作用，是影视作品中不可或缺的部分。字幕制作中主要包括文字和图形部分。新建字幕的方法有以下几种。

(1) 执行【文件】|【新建】|【字幕】命令。

(2) 在“项目”调板中右击，在弹出的快捷菜单中选择【新建分类】|【字幕】命令。

(3) 在“项目”调板中，单击调板工具栏中的“新建”按钮，在弹出的菜单中选择【字幕】命令。

完成 3 种方法中的任意一种后，会弹出“新建字幕”对话框，给该字幕设置名称，单击“确

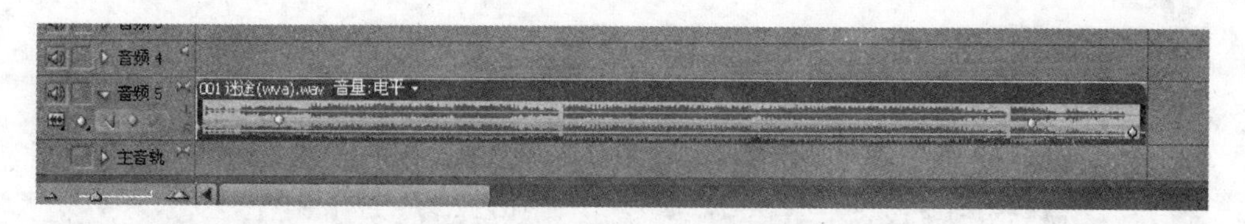

图 8.26　音频音量大小的调节

定”按钮，就会弹出 Premiere Pro CS3 内建的字幕编辑调板，如图 8.27 所示，主要包括“工具”、“字幕”、“字幕属性”、“动作”、“样式”、“输入区”6 个部分。

图 8.27　字幕编辑调板

“工具”调板：其中包含了各种文字和图形的新建工具。常用的有“文字”工具、“垂直文字”工具、“文本框”工具、“垂直文本框”工具、“路径输入”工具和“垂直路径输入工具”等。所有的工具都在中央的“输入区”中使用，“输入区”的背景是时间线的当前帧。

“动作”调板：其中的命令功能是对已输入的文字进行排列。

“字幕”调板：主要调节字体，文字大小，粗体，斜体，文字对齐方式。

“样式”调板：可通过单击选中样式，并直接作用在新建的字幕上。也能将用户定义的样式保存，方便多次调用。

“字幕属性”调板：包含各种文字样式的选项，方便自定义。

文字的输入步骤十分简单。首先在“工具”调板中选择“文字”工具，然后在“输入区”中在需要输入文字的区域单击鼠标左键，输入文字，如图 8.28 所示。文字输入完成后，可以在“样式”调板中挑选合适的样式，在样式上单击鼠标左键，即可将样式应用在文字上。

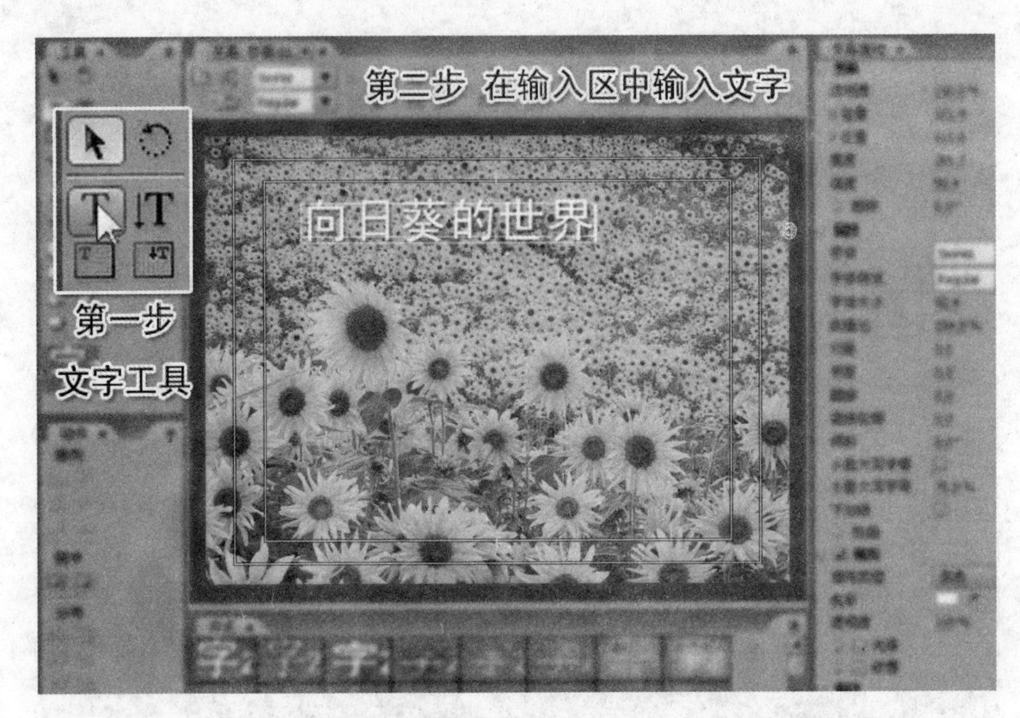

图 8.28 简单文字输入

当完成了字幕的制作后，可以直接关闭字幕编辑窗口。在"项目"调板中将出现新建的字幕文件名。通过在字幕文件上单击鼠标左键，选中文件并按住鼠标左键拖动到"时间线"调板视频轨道上，完成字幕文件的添加，如图 8.29 所示。

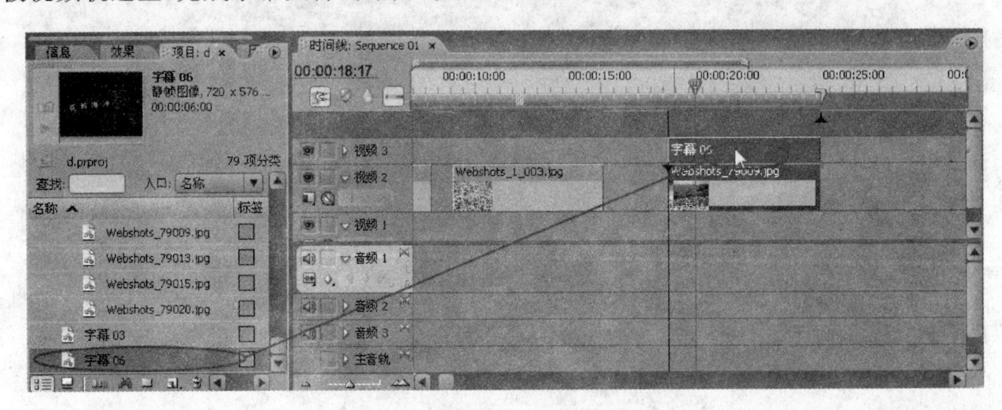

图 8.29 添加字幕至视频轨道

8.1.9 影片的输出

影片的输出不只是能够利用某个特定媒介来播放就可以了，还得根据实际需要来决定输出视频的类型和格式，所以需要先明确输出影片文件的目的和用途，并根据实际情况对输出的参数作相应的设置。

完成节目制作编辑后，执行【文件】|【导出】|【影片】命令，在弹出的"导出影片"对话框中可以设置保存文件的名称和路径，还可以单击"设置"按钮，进入"导出影片设置"对话框，可

对输出“文件类型”、“范围”等选项进行设置，如图 8.30 所示。

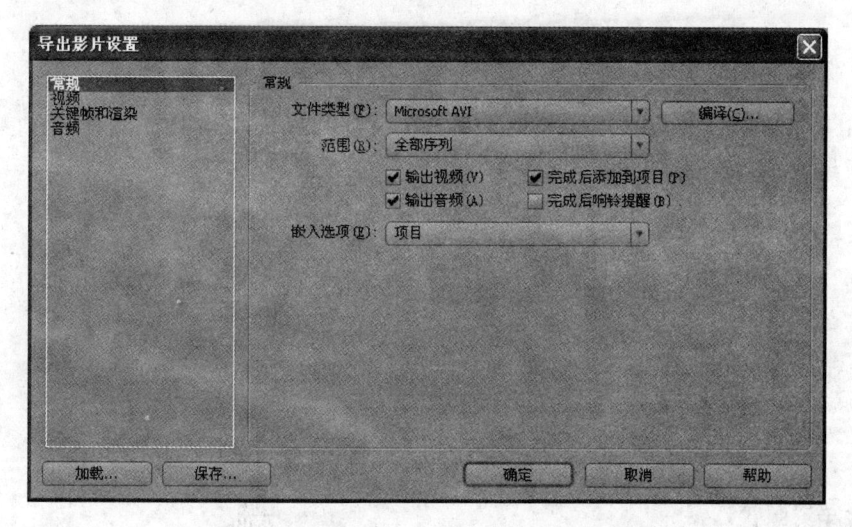

图 8.30 “导出影片设置”对话框

8.2 大洋 D-Cube-Edit 快速入门

D-Cube-Edit 软件是北京中科大洋科技发展股份有限公司为适应广播电视制作业务发展需求，推出的一款专业类非线性编辑软件。它可以输入和输出各种类型的视频、音频、图形和动画文件，向用户提供了一个编辑视频、混合音频和合成图形的全新概念的数字化专业环境，满足从剪辑到包装合成，从 ENG 到视频后期再到配音缩混的电视节目制作需求。

本节为 D-Cube-Edit 的入门教程，目的是使读者能够熟练使用 D-Cube-Edit 进行视/音频剪辑，满足电视台或传媒类公司节目后期制作的需要。

8.2.1 非线性编辑中的基本概念

D-Cube-Edit 的关键组件是素材、故事板和项目。

1. 素材

素材是指单个的视频、音频、图形和动画文件。输入 D-Cube-Edit 的所有视频、音频和图形文件都以素材的形式表现出来。视/音频素材中可以只包含一个镜头，也可以包含多个镜头，可在采集时控制。

2. 故事板

故事板是一系列经过编辑并制作为节目的素材统称。故事板可以包含故事情节所需的任意数量的素材。在 D-Cube-Edit 中可以灵活、随意地编辑整理节目，可以同时处理任意数量的故事板文件。

3. 项目

项目可以看成一个集合，它包含与特定节目相关的所有素材、故事板、特技和字幕模板等文件。

8.2.2 工作界面

D-Cube-Edit 的工作界面主要包括菜单栏、大洋资源管理器、素材调整窗、故事板播放窗、故事板编辑窗、特技编辑窗、字幕编辑界面等调板。

1. 菜单栏

工作界面的最上方为 D-Cube-Edit 的菜单栏，主要包括“文件”、“编辑”、“采集”、“输出”、“字幕”、“系统”、“工具”、“窗口”、“帮助”菜单，如图 8.31 所示。

文件(F) 编辑 采集 输出 字幕 系统 工具 窗口 帮助(H)

图 8.31 D-Cube-Edit 菜单栏

2. 大洋资源管理器

大洋资源管理器是一个基于数据库的，管理视频、音频、图文、特技、故事板等一系列资源的强大平台。主界面从结构上可划分为两个部分：功能按钮区和标签页。可以通过功能按钮区提供的功能按钮对资源进行剪辑复制等操作，也可以更改资源的显示方式，方便浏览查找资源。标签页区域主要由“素材”、“故事板”、“特技模板”、“字幕模板”、“项目”5 个标签页组成，每个标签页由树型结构区和内容显示区构成，与人们所熟悉的 Windows 资源管理器十分相似，树型结构区列出了素材库的整体架构，可以直观、方便地在不同文件夹之间进行切换，而内容显示区则与树型结构相关联，实时显示选定的树状分支文件夹中的内容。图 8.32 所示为“大洋资源管理器”窗口。

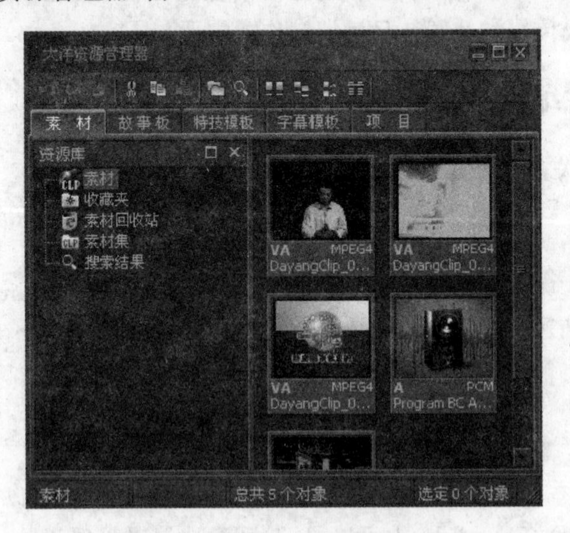

图 8.32 “大洋资源管理器”窗口

3. 素材调整窗口

素材调整窗可以对素材进行精细调整、剪辑、播放浏览以及赋予特技效果等操作。

图 8.33 所示为素材调整窗。

4. 故事板播放窗口

故事板播放窗口主要用于对故事板编辑的内容即编辑出来的结果进行预览。图 8.34 所示为故事板播放窗。

图 8.33　素材调整窗口

图 8.34　故事板播放窗口

5. 故事板编辑窗口

故事板编辑窗口是进行视/音频编辑的主要场所，如图 8.35 所示，故事板编辑窗主要由故事板工具栏、轨道首、故事板标签页和时间轨道编辑区组成。

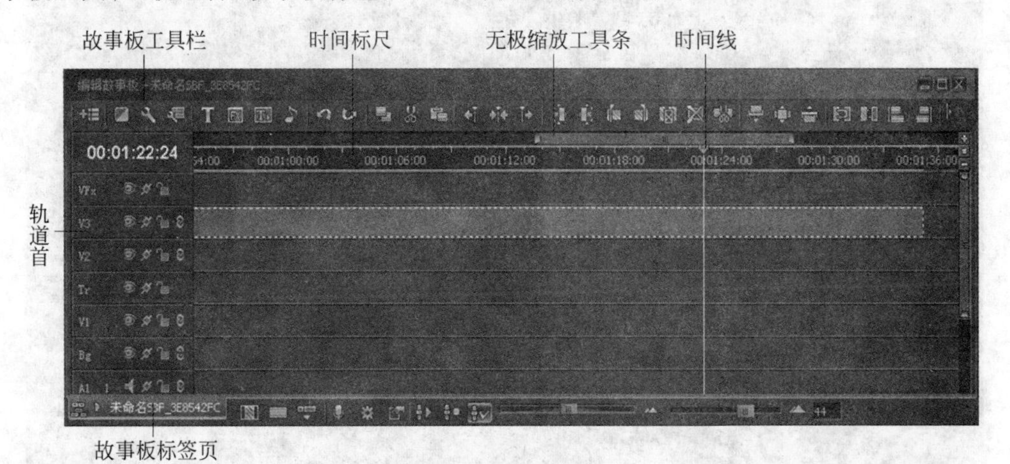

图 8.35　故事板编辑窗口

6. 特技编辑窗口

特技编辑窗口是添加和设置各种特技效果的窗口。从结构上可划分功能按钮区、特技列表区和特技调整区 3 个部分。其中特技列表区又可以分为当前使用列表区和系统支持列表区；特技调整区又可分为特技参数调整区和时间轨操作区。图 8.36 所示为特技编辑窗口。

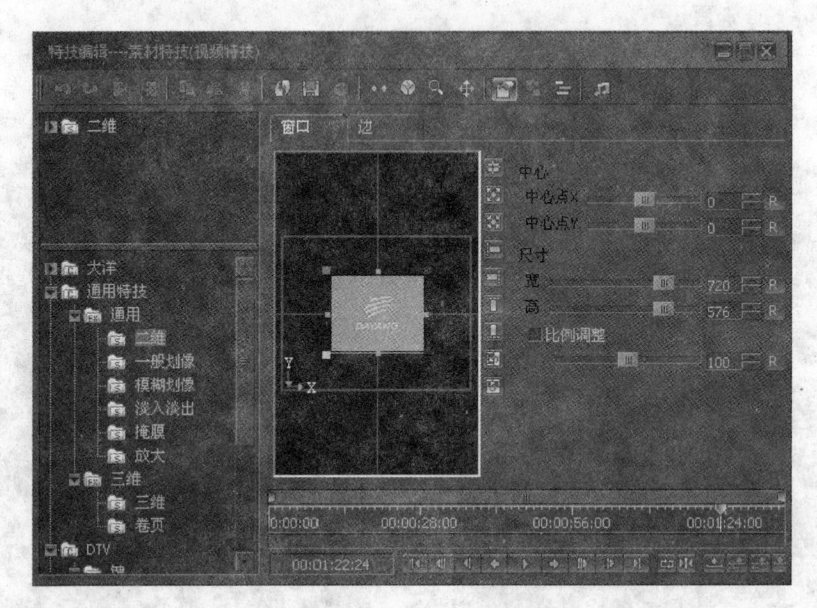

图 8.36　特技编辑窗口

7. 字幕编辑界面

D-Cube-CG 是 D-Cube-Edit 内嵌的功能模块，如图 8.37 所示，专门用于字幕制作。可以完成包括标题字幕、各类图元、滚屏字幕、唱词字幕、字幕动画等各种字幕的制作。

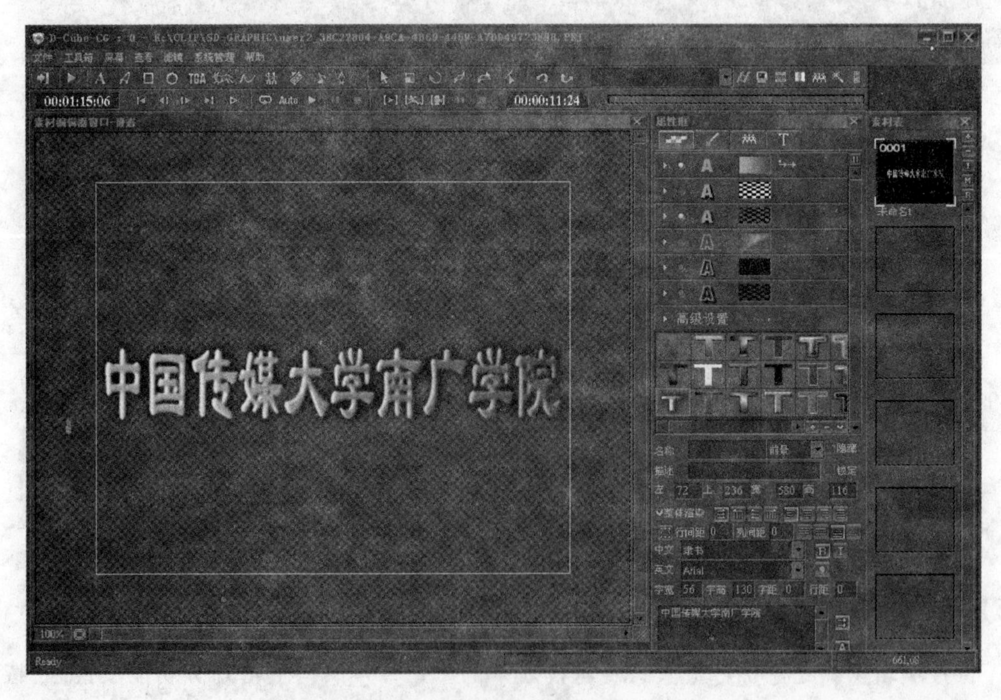

图 8.37　字幕编辑界面

8.2.3　创建项目

双击桌面上的 D-Cube-Edit 非编软件快捷图标，或者执行【开始】|【所有程序】|【DaYang】|【后期制作】|【D-Cube-Edit 非编软件】命令启动软件，弹出如图 8.38 所示的登录对话框。

输入正确的用户名和密码，单击“确定”按钮进入编辑系统中。具体的用户名、密码及相关权限由系统管理员设定和分配。系统出厂默认用户名为“USER3”，无需密码。短暂的初始化和载入过程后，进入软件界面，默认情况下只看到大洋资源管理器。

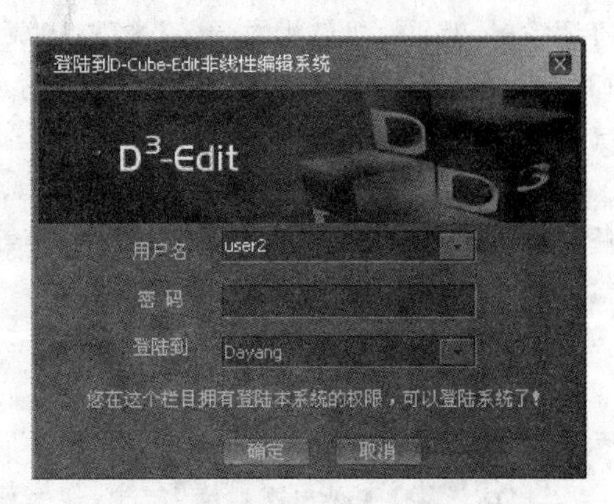

图 8.38　登录对话框

编辑视/音频之前，首先要做的是新建故事板，执行【文件】|【新建】|【故事板】命令，弹出“新建”对话框，在“名称”文本框中输入故事板名称，选择合适的路径，单击“确定”按钮即可完成故事板的创建。同时，界面中自动打开相应的故事板编辑窗口和故事板播放窗口。执行【窗口】|【布局 1】命令，可进入标准工作界面，如图 8.39 所示。

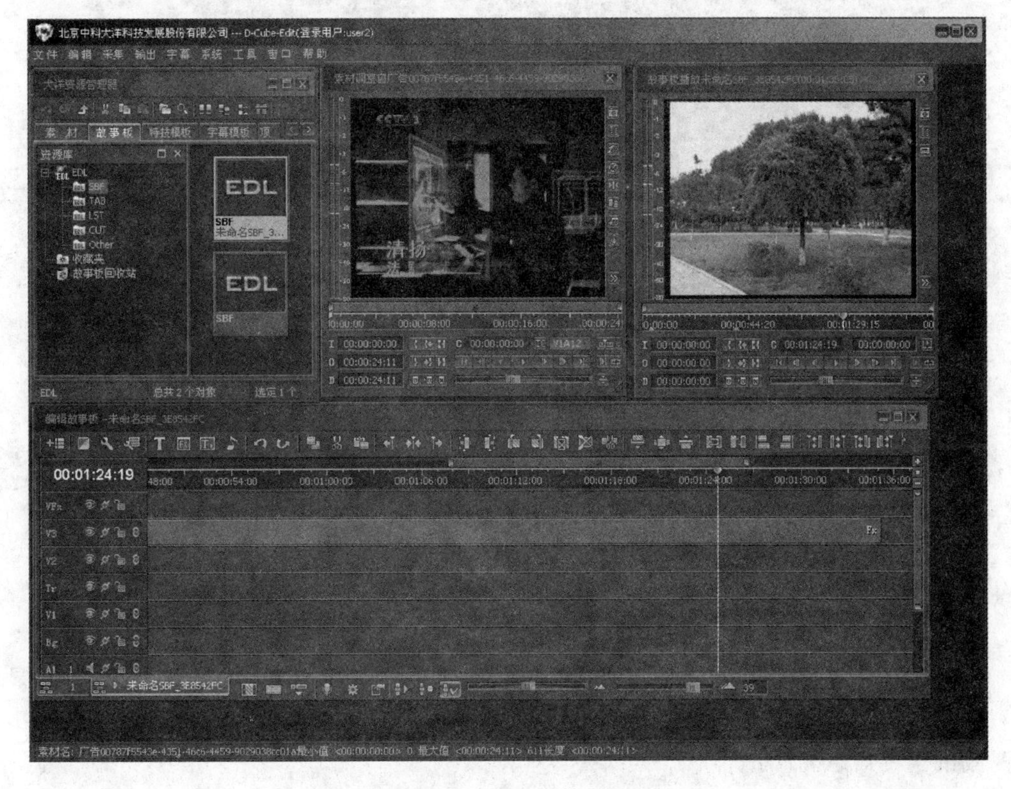

图 8.39　标准工作界面

8.2.4 获取素材

素材是后期编辑制作中的基本单元，在实际编辑中，大部分原始素材都是记录在磁带上的，无论是模拟的还是数字的格式，都需要通过采集或捕获的方式，将其变为媒体文件才能够在非线性编辑系统中进一步编辑。采集是非线性编辑中获取视/音频素材最常用的方法。所谓采集，就是从摄像机或录像机等视频源获取视/音频数据，通过视/音频采集卡或 IEEE 1394 接口接收和转换，将视/音频信号保存到计算机硬盘中，再通过数据库对媒体资源进行统一管理，以便编辑使用。

D-Cube-Edit 不仅具有支持硬采集、打点采集和码单批采集功能，还提供了对视频源设备的帧精度遥控采集、快编采集、定时采集等功能，同时，采集过程还提供了按场景内容自动检测、设置标记点、设置切点等辅助功能。

1. 视/音频采集

1) 采集工作界面

执行【采集】|【视音频采集】命令，弹出如图 8.40 所示的“视音频采集”对话框。该对话框主要由预览窗、VTR 控制、素材属性、参数设置、采集方式选择、辅助功能等几部分构成。

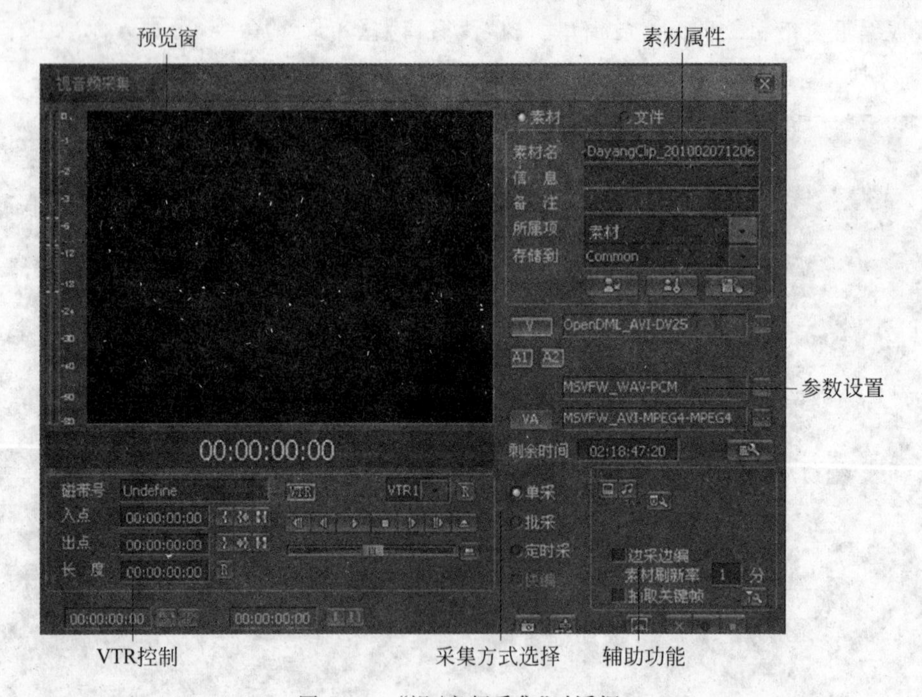

图 8.40 “视/音频采集”对话框

(1) 预览窗：主要用于对磁带上视音频的浏览和搜索定位。左侧是动态 VU 表，显示素材的音量信息，窗口正下方是 VTR 时间码，在采集过程中，VTR 时间码右侧还会弹出已经采集的长度信息。

(2) VTR 控制：主要用于对外部信号源进行遥控。在连接了处于遥控状态的 VTR 设备后，在 VTR 状态下，可以模拟 VTR 的控制面板和功能键，遥控外部录像机进行快进、快退、变速播放和搜索等操作，还可以输入磁带号信息，记录磁带的入、出点，设置采集长度等。如图8.41所示。

① 磁带号：记录磁带编号，便于管理查询。

② 入点：记录入点的时间码信息。后面的3个按钮分别为设置入点、到入点和清除入点信息的功能。也可以双击直接输入时间码。

③ 出点：记录出点的时间码信息。后面的3个按钮分别为设置出点、到出点和清除出点信息的功能。也可以双击直接输入时间码。

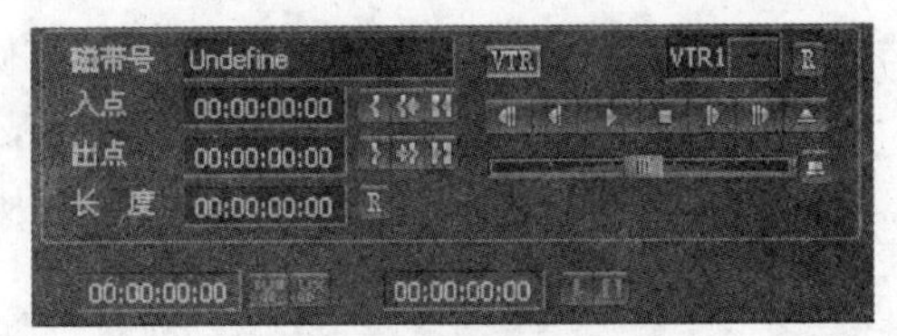

图8.41　VTR控制区

④ 长度：设置采集长度，即入点到出点之间的长度。单击后面的“复位”按钮 R 可清除长度设置。

⑤ VTR：VTR切换按钮。系统会根据VTR状态来判断采取打点采集还是硬采集方式。按下此按钮呈绿色有效状态，系统将实现打点采集；当VTR按钮呈灰色无效状态时，系统将实现硬采集。系统默认为VTR控制状态。

⑥ ：从左往右分别为快退、逐帧后退、播放、停止、逐帧前进、快进、弹出磁带功能按钮。

⑦ ：飞梭/慢寻。右侧按钮为模式切换按钮，默认为飞梭模式，按下后切换为慢寻模式。鼠标拖动滑轨中间的滑杆，可实现快进或快退的倍速浏览，向左为快退，向右为快进，滑杆越靠近边侧，浏览速度越快。

(3) 素材属性：定义采集素材的名称和存储路径等信息。系统会为素材提供一个默认名称，也可以自己输入新名称，便于查询管理。“信息”和“备注”不是必填项。“所属项”用于指定采集的素材在素材库的存储路径，默认为“素材”根目录下，也可通过下拉菜单指定将素材保存到素材库的其他文件夹中。如果选择“文件”单选按钮，采集生成的素材将以文件形式保存在硬盘的指定路径下，而不会在素材库中生成非编直接调用的素材。下方的3个按钮从左向右分别为：设置素材的拥有者；设置该素材的读取、修改、删除、管理等使用权限；设置素材的高级编目信息功能按钮。

(4) 参数设置：用于采集的信道选择和视/音频格式设定。通过对视频V、音频A和视/音频VA的选择，可以实现单独采集视频素材、单独采集音频素材、采集视/音频组合素材等多种形式。按钮为绿色时，该信道被选中。按钮后面的文本框即为视/音频格式，可通过单击后面的“扩展”按钮进行详细的设置。剩余时间 02:18:45:12 显示的是当前剩余的存储空间还可以采集的时间长度，以小时:分:秒:帧的方式显示。

(5) 采集方式选择：系统提供了多种采集方式满足用户在不同应用环境下的需求。

① 单采：每次采集一段素材。通过遥控录机实现入、出点间的精确采集，此模式为系统默认采集模式。在单采模式下，可实现硬采集和打点采集。

② 批采集：每次可选择、定义多段素材，批量完成全部采集工作。系统支持对批采集列表的保存、删除等编辑操作。

③ 定时采集：对已制定完成的不同日期、不同时间段的采集列表进行自动定时采集，支持批量采集和按日、周、月、年的循环设置。

④ 边采边编：采集的同时，其他非编设备可以编辑当前正在采集的素材。素材刷新率

用于设置动态更新数据库文件的间隔时间。边采边编功能只有在网络环境中才能实现，单机系统不提供此功能。

⑤ 快编采集：可以将采集的素材准确地添加到故事板轨道，形成放机和故事板之间的一对一编辑，采集完成，节目粗编也完成，适合于新闻类时效性强的节目类型。

：处于采集界面右下角，从左向右分别为放弃采集、开始采集、停止采集功能按钮。

2) 采集基本操作

采集视/音频的基本流程：

(1) 采集前准备工作：检查连线，确认录/摄像机处于正常状态，插入要采集的素材录像带，然后执行主菜单【工具】|【视音频采集】命令进入采集界面。

(2) 预演播放并确认各线路工作正常：播放信号源，通过回放窗、音频表或外围监看监听设备检查视/音频信号接入正确。

(3) 设置素材属性信息和存储路径：在素材名文本框中输入具有代表性的名称，便于查找管理。在所属项中选择已创建好的素材路径。

(4) 选择采集的视/音频信道，并设置采集格式：通常单路采集只需选中 V、A1、A2，如果用于网络的双路采集，可同时勾选上 VA 项。系统默认采集格式已在网管中设置，当以 DV 用户登录后，默认的采集格式为 DVSD，也可在采集前根据需要进行更改设置。

(5) 选择所需的采集方式。

(6) 单击“开始采集”按钮，开始采集进程。

(7) 采集过程中可以打标记点、手动设置切点，或是开始采集前勾选上自动抽取关键帧。

(8) 单击“停止采集”按钮，采集结束，生成的新素材自动导入资源管理器指定路径下。

(9) 根据不同的采集方式，可以选择将采集获得的素材直接插入到故事板时间码轨上，或是保存为一个故事板文件。

下面分别介绍系统提供几种常用的采集方式的具体实现方法。

(1) 硬采集：又称手动采集，是在任何情况下都可以使用的最简单的采集方法。在不具备遥控信号的 VCD、DVD 机作为信号源时，或者时间码不连续时，只能采用硬采集。它的特点是操作简捷，但精度不易控制。

实现步骤如下。

① 连接好外部设备，确认录/摄像机处于正常状态，并且正确设置了 I/O 端口，插入要采集的素材录像带，执行主菜单中【工具】|【视音频采集】命令进入采集界面。

② 采集界面中将 VTR 切换按钮点灭成灰色“遥控无效状态”，遥控状态下硬采集无效。

③ 保持系统默认的“单采”方式。

④ 播放信号源，通过回放窗、音频表或外围监看监听设备检查视/音频信号接入正确。

下面的步骤与视/音频基本流程类似。

(2) 打点采集：又称自动采集或者遥控采集，是非编中最为精确的采集方式。通过打点采集，可以对欲采集片段的入、出点进行精确到帧的定位，系统根据打好的入、出点时间码自动完成采集过程。打点采集要求磁带的时间码是连续的，否则就会在采集过程中出现错误。打点采集与硬采集实现方法类似，不同点在于以下几点。

① 如果走带设备或摄像机有本地/远程(Local/Remote)开关,需确定将开关设为“远程”(Remote)。

② 采集界面中务必设置 VTR 为绿色“有效状态”。

③ 在开始采集前,遥控录像机到选定的画面处,分别打上入点和出点。也可以只设置入点,同时给出采集长度,系统会自动计算出点时间码。

④ 单击“开始采集”按钮,在进行短暂磁带预卷后,开始入、出点间的素材采集。

⑤ 采集完毕,新素材自动导入素材库中,可根据需要单击“添加到故事板”按钮,将新素材添加到正在编辑的故事板轨道上。

(3) 批采集：批采集是在遥控采集的基础上增加了码单列表的记录和编辑功能,可实现从全部录像带一次自动采集所有的片段,并导入素材库。批采集可以导入系统自识别的*.TCF 或*.TXT 码单文件进行再编辑,通过码单列表中的单选、多选或跳选,可实现部分条目的批采集。采集过程可实时查看各条目的状态和采集进度。

实现步骤如下。

① 在采集界面中,首先需要勾选“批采集”方式。

② 如同打点采集,在设置了素材入、出点信息和视/音频格式后,单击码单列表上部的“添加”按钮,将条目添加到列表中。

③ 重复上一步操作,建立批采集列表。

④ 单击“开始采集”按钮,弹出进度提示框,系统按条目依次完成素材采集。

⑤ 采集期间,可随时单击信息提示框下部的 3 个命令按钮,实现“忽略本条素材”、“忽略本盘磁带”和“中止采集”的操作。

⑥ 采集结束,弹出是否保存故事板文件的对话框,如果单击“是”按钮,则系统会自动生成以新素材段交错铺于 V1、V2 轨的故事板文件。

2. DV1394 采集

DV1394 采集可以实现通过 1394 接口将 DV 设备中的素材上载到非编的功能,它的操作界面与视/音频采集界面完全相同,采集方法也可分为硬采集、打点采集、批采集,只是采集时信号的通路不一样,关于 DV1394 采集的界面和具体采集方法请参考视/音频采集。

3. 导入素材

除了采集的视/音频素材之外,编辑制作中还需要一些静态的图片或第三方软件生成的视/音频片段,这些素材以文件的形式存储在硬盘、光盘等存储介质中,通过系统提供的导入功能,可以导入各种格式的文件,包括视频、音频、图片、动画等。导入素材的方法是在大洋资源管理器的素材标签页中,在右侧内容显示空白处右击,在弹出的快捷菜单中执行【导入】|【导入素材】命令,弹出“素材导入”对话框,如图 8.42 所示。

单击下方的“添加”按钮,弹出“文件打开”对话框,在查找范围中选择需要导入的文件,单击“确定”按钮即可将素材添加到导入序列表中。可以一次选择一个,也可以选择多个文件一起导入资源管理器。素材在资源管理器中统一管理,便于后期编辑随时调用。大洋 D-Cube-Edit 在导入素材的同时还提供了转码功能,在“素材信息”选项卡中,单击转码设置按钮 ,可选择对源文件进行多种格式的转码处理。

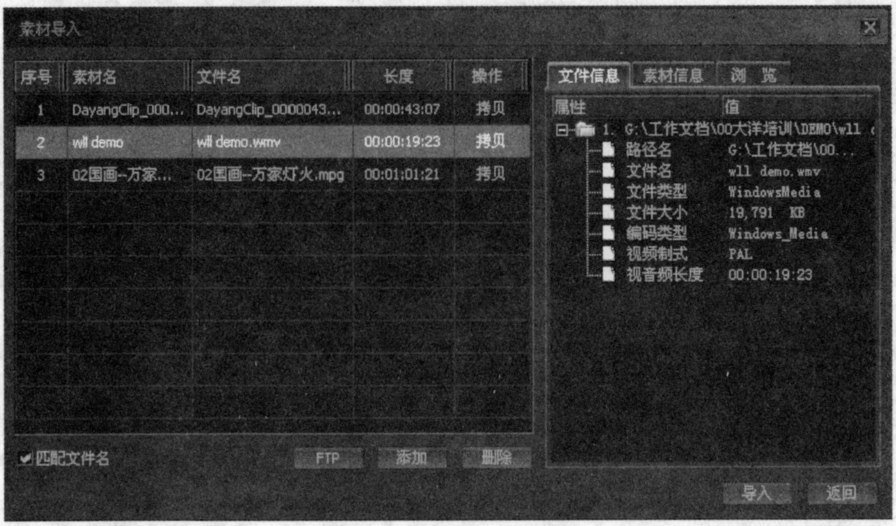

图 8.42 “素材导入”对话框

8.2.5 故事板编辑

素材在采集或者导入后，在形成电视节目的过程中，需要对素材进行入出点调整、静态图像持续时间设置、快速浏览等编辑操作，只有将其添加到故事板中才能进行相关编辑操作。对素材的编辑可以在素材调整窗口中完成，也可以在故事板编辑轨上直接完成。

1. 添加素材到故事板

故事板编辑的最初环节是将素材添加到故事板。主要有两种方式：一种是将资源管理器中的素材或素材调整窗口中的素材用鼠标拖曳的方式直接拖放到故事板中；另一种是利用素材调整窗口的控制按钮或快捷键，将素材放置到故事板的指定位置。

1）将素材直接拖拽到故事板

在素材不需要准确对位的情况下，可以直接从资源管理器中拖拽素材到故事板编辑轨上，这种方法将整段素材从头到尾地添加到故事板。在拖拽素材之前先通过时间线来确定一个目标位置，然后再将素材拖拽到时间线附近，利用时间线和素材节点的引力功能，可以轻松地控制素材的“落点”位置。在确定需要将素材的某个片段添加到故事板中，可以通过双击资源管理器中的素材，将其调入素材调整窗口中，拖动时间线浏览素材，在所需的片段上分别单击和按钮完成入、出点设置，如图 8.43 所示。将鼠标放置到素材调整窗口的监视画面上，按住鼠标左键不放，直接拖拽到故事板相应的轨道上松开鼠标，此时素材的入点到出点部分的片段就被添加到故事板中。

2）从素材调整窗口添加到故事板

除了通过鼠标直接拖拽的方式添加素材到故事板，还可以通过素材调整窗口的控制按钮或快捷键，将素材精确放置到故事板中。首先，通过单击素材调整窗口中的 V1A12 按钮，在弹出的“设置 V/A 轨道”对话框中设置添加素材的视/音频轨道。如图 8.44 所示设置，将素材的视频放置到故事板的 V1 轨，音频放置在 A1、A2 轨。还可以通过下拉菜单更改目标轨道。若只想将视频部分添加到故事板,则将 A1、A2 的复选框中的勾取消即可。

图 8.43 设置了入点、出点后的素材调整窗口

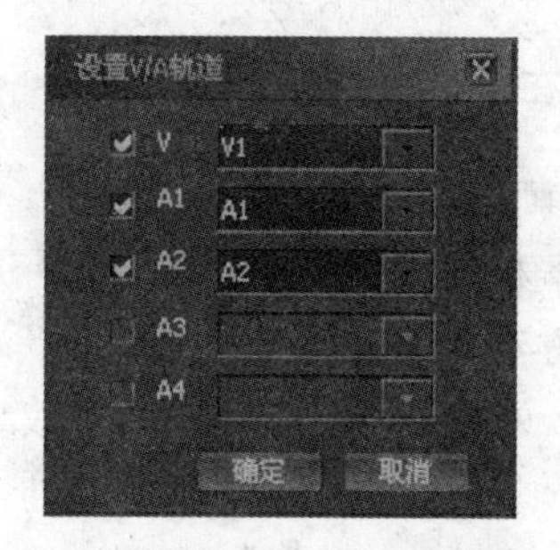

图 8.44 “设置 V/A 轨道”对话框

素材添加到故事板有两种基本的技巧,分别为 3 点编辑和 4 点编辑。“3 点”和“4 点”指的是素材调整窗口和故事板的入点、出点数目。

3 点编辑是指为源素材和故事板节目设置两个入点和一个出点,或者一个入点和两个出点,以实现素材按照某种要求精确添加到故事板的功能。具体方法如下。

(1) 在素材库中选中需要添加的素材,双击鼠标左键或直接拖拽到素材调整窗口中。

(2) 浏览素材,设置素材的入点和出点。

(3) 在故事板编辑轨上设置素材放置的入点。有以下两种途径。

① 将故事板编辑窗口或故事板回放窗口中的时间线移动到需要的位置。

② 或者直接在故事板需要的时间码位置处单击“设置入点”按钮或按 I 键。

(4) 单击素材调整窗口中的“素材到故事板”按钮旁的向下箭头,如果以时间线位置为目标位置,需要选择“当前时间线”,如果以设置的入点位置作为目标位置,则需要选择为“入/出点对齐”。

(5) 单击“设置 V/A 轨道”按钮 V1A12 ,选择目标轨道。

(6) 在编辑窗口下排确定插入或覆盖模式(注:故事板编辑窗口下方的按钮可以切换插入或覆盖编辑)。

(7) 单击素材调整窗口中的“素材到故事板”按钮,或按 Enter 键,实现素材的添加。

4 点编辑是指为源素材和故事板同时设置入点和出点,以实现用源素材中的设定区域替换故事板中的指定区域的内容。具体方法如下。

(1) 在素材库中选中需要添加的素材,双击鼠标左键或直接拖拽到素材调整窗口中。

(2) 浏览素材,设置素材的入点和出点。

(3) 在故事板编辑窗口中需要的位置处设置素材放置的入点和出点。

(4) 在素材调整窗口中选择对齐方式。

(5) 单击“设置 V/A 轨道”按钮 V1A12 ,选择目标轨道。

(6) 在编辑窗口下排确定插入或覆盖模式。

(7) 单击素材调整窗口中的“素材到故事板”按钮，系统将选定的素材段添加到指定轨道的设置区域内。若素材的入点、出点长度与故事板入点、出点设置区域长度不符，填充的素材由选择的对齐方式决定，当选择“入/出点对齐”时，素材将在入点位置处插入，在出点位置处多余部分被截掉。当选择“入出点对齐”时，系统对素材进行变速处理以适应编辑轨入点、出点间的长度。

2. 在故事板中编辑素材

1) 素材的选择

故事板编辑中，首先要做的是选中需要编辑的素材对象，然后再进行剪辑等操作，选择素材的方法有以下几种。

(1) 单选：用鼠标左键单击故事板轨道上所需的视/音频素材，即可选中素材。

(2) 全选：按 Ctrl＋A 组合键，选中当前故事板上所有素材。

(3) 同轨选中：按住 Shift 键，同时用鼠标左键选择轨道上某一段素材，则会选中该素材以及其后同一轨道的所有素材。

(4) 跳选：使用 Ctrl＋鼠标左键，可以实现在故事板上有选择性地跳选素材。

(5) 框选：在轨道编辑区空白处按下鼠标左键，拖拽鼠标框选所需的素材。可以执行【系统】|【系统参数设置】命令，在框选模式中设置全部或沾边模式。

2) 素材的移动

(1) 横向移动：是指素材在同一轨道上水平方向上的位置变化。通过鼠标选中素材后，向左或向右拖拽素材，可以实现素材横向移动。还可以通过故事板工具系列按钮(从左向右分别为前和时间码线靠齐、后和时间码线靠齐、所有前移、所有后移)实现素材的横向移动。使用组合键也可以实现素材的横向移动。

① 按下 Ctrl＋Home 组合键，将选中的素材左对齐到时间线。

② 按下 Ctrl＋End 组合键，将选中的素材右对齐到时间线。

③ 按下 Shift＋Ctrl＋Home 组合键，将选中的素材及其后同一轨的所有素材前移到时间线。

④ 按下 Shift＋Ctrl＋End 组合键，将选中的素材及其后同一轨的所有素材后移到时间线。

⑤ 按下 Ctrl＋PageUp 组合键，将选中的素材和前面的素材尾靠齐。

⑥ 按下 Ctrl＋PageDown 组合键，将选中的素材和后面的素材头靠齐。

⑦ 按下 Ctrl＋Up 组合键，将选中的素材左移 5 帧。

⑧ 按下 Ctrl＋Down 组合键，将选中的素材右移 5 帧。

⑨ 按下 Ctrl＋Left 组合键，将选中的素材左移 1 帧。

⑩ 按下 Ctrl＋Down 组合键，将选中的素材右移 1 帧。

(2) 纵向移动：是指素材在不同轨道间的垂直方向上的位置变化。用鼠标选中素材直接拖拽到其他轨道上，即可实现素材的纵向移动。还可以通过故事板工具系列按钮(从左向右分别为下移一轨、到某轨、上移一轨)实现素材的纵向移动。使用组合键也可以实现素材的纵向移动。

① 按下 Shift+ PageDown 组合键,将选中的素材下移一轨。

② 按下 Shift+ PageUp 组合键,将选中的素材上移一轨。

③ 按 F4 快捷键,使选中的视/音频素材编组。

④ 按 F3 快捷键,使选中的视/音频素材解组,相互独立。

3) 素材的剪切、复制和粘贴

在故事板中选中需要复制或剪切的素材,在被选中的素材上右击,在弹出的快捷菜单中选择【复制素材】或【剪切素材】命令,或者单击工具栏上的"复制"或者"剪切"按钮(组合键为 Ctrl+C 或 Ctrl+X),然后将时间线移动到需要粘贴素材的位置,单击粘贴按钮或者按下 Ctrl+V 组合键,即可粘贴素材到指定位置。

4) 素材的删除和抽取

(1) 删除轨道上素材:选中轨道上需要删除的素材,单击故事板编辑窗口工具栏上的"删除选中素材"按钮(或按 Delete 键),则选中的素材被删除,后面的素材位置不变,原素材所在位置出现空隙。

(2) 抽取轨道上素材:选中轨道上需要删除的素材,单击故事板编辑窗口工具栏上的"删除并移动"按钮(或按 Ctrl+Delete 组合键),选中的素材被删除,后面的素材位置前移,填补到被删除的素材的入点位置。

(3) 删除轨道上入、出点之间素材:在轨道上设置入、出点,在轨道空白处右击,在弹出的快捷菜单中选择【入出点之间的素材删除】命令,则设置区域内的素材被删除。如果素材有一部分内容在设置区域内,则该素材会被截断后删除。

5) 设置轨道上素材的有效与无效

在素材编辑过程中,为了便于编辑和预览,有时需要将素材暂时设为无效状态,待完成编辑后再恢复素材为有效状态。具体实现的方法是:在故事板上选中需要设置的素材,在素材上右击,在弹出的快捷菜单中选择"设置素材有效/无效"命令,素材被设置为无效后,播放时该素材将无显示,再次选择此命令可将素材恢复为有效。

6) 调整素材的播放长度

在轨道上选中需要调整长度的素材,在被选中的素材上右击,选择右键菜单中的【设置素材的播放长度】命令,在弹出的【设置播放长度】对话框中可填入时间码长度或帧数,执行以上操作后,素材起点位置不变,终点将改变为起点到设置长度的时间码位置。

7) 素材倒放

在轨道上选中需要倒放的素材,在被选中的素材上右击,选择右键菜单中的【素材倒放】命令,执行该操作后,素材上会有一个向左的标志箭头,播放时从原素材的终点开始播出。

8) 素材的静帧

在轨道上选中需要变为静帧的素材,在被选中的素材上右击,选择右键菜单中的【设置素材静帧】命令,执行该操作后,播放素材从素材的入点开始静帧,长度不变。

9) 素材的速度调整

在轨道上选中需要调整速度的素材,在被选中的素材上右击,选择右键菜单中的【设置素材的播放速度】命令,在弹出的"速度设置"对话框中设置需要的数值,其中"1"为正常速度,输入>1 的数值,素材变为"快放",输入<1 的数值,素材变为"慢放"。

3. 故事板的控制

1) 时间线移动

用鼠标单击故事板回放窗口或编辑窗口中播放控制按钮，或者通过下面的一组快捷键，移动时间线快速或逐帧浏览故事板。

(1) Up 方向键：时间线向左移动 5 帧。

(2) Down 方向键：时间线向右移动 5 帧。

(3) Left 方向键：时间线向左移动 1 帧。

(4) Right 方向键：时间线向右移动 1 帧。

(5) PageUp：轨道的时间线移动到上一个节点。

(6) PageDown：轨道的时间线移动到下一节点。

(7) G：时间线到指定位置。

(8) Shift+Left：故事板的时间线移动到上一标记点。

(9) Shift+Right：故事板的时间线移动到下一标记点。

2) 默认轨道数

在大洋 D-Cube-Edit 系统中，执行【系统】|【系统参数设置】命令，将会弹出“系统默认设置”对话框。在“轨道设置”框中修改轨道数值如图 8.45 所示，则在故事板中将显示 10 个轨道，如图 8.46 所示：1 个背景轨道 Bg，3 个视频轨道 Vl、V2、V3，1 个转场轨道 Tr，4 个音频轨道 Al、A2、A3、A4 及 1 个总特技轨道 VFx。

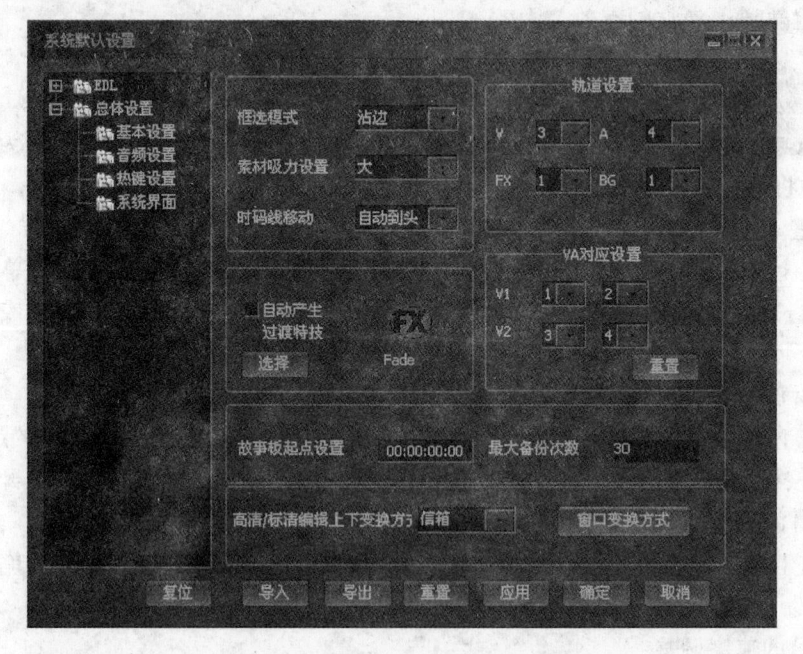

图 8.45 “系统默认设置”对话框

3) 添加、删除、重命名轨道

在实际编辑过程中，还可以根据需要添加或删除视/音频轨道。单击故事板工具栏的第一个按钮或按 Shift+A 组合键，在弹出的“添加轨道”对话框中输入须添加的轨道数目，

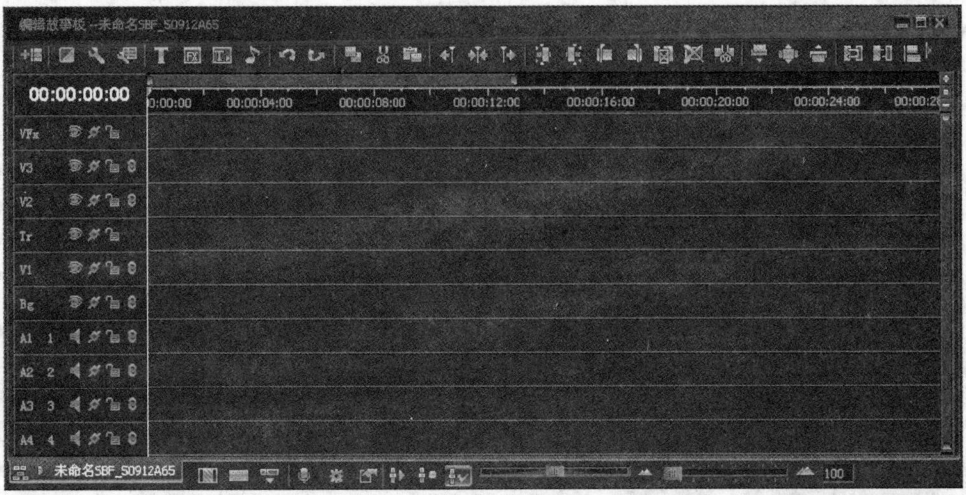

图 8.46 10个轨道

单击“确定”按钮即可。D-Cube-Edit 的故事板最多可以支持 100 个视频轨道和 100 个音频轨道。

在轨道名称后空白处右击，在弹出的快捷菜单中选择【删除轨道】命令，可删除当前轨道。但 Bg、V1、V2、V3 轨及 Tr、VFx 轨是不可以删除的。在轨道名称后空白处右击，在弹出的快捷菜单中选择【轨道名自定义】命令，在弹出的对话框中输入轨道的新名称，单击“确定”按钮即可重命名轨道。

4）轨道首工具

在故事板编辑窗口中，轨道名称后面有一系列按钮，主要实现对轨道的控制功能，称之为轨道首工具。

：视频轨道有效开关。睁开眼睛的图标表示当前视频轨道可见，可以对其应用各种效果。单击该图标，则变为眼睛闭合的图标，表示当前视频轨道不可见，对该轨道进行任何操作，会弹出“相关轨道被锁定”对话框提示。

：音频轨道有效开关。表示有效，表示无效。

：轨道显示开关。单击该按钮变为（隐藏状态），此时并非真正将轨道隐藏起来，单击故事板工具栏中的按钮，所有被标识为隐藏的轨道才会真正被隐藏起来。再次单击按钮，轨道恢复显示。

：轨道锁定开关。单击该按钮变为，表明当前轨道被锁定，不能进行任何移动、修改、添加特效等编辑操作。再次单击该按钮可解锁。

：轨道关联开关。其作用是将不同的轨道关联在一起。默认情况下轨道之间为关联状态，此时对其中任一个轨道上的素材进行操作，对其他轨道上的素材也起作用。单击该按钮，该轨道解除关联，此时该轨道的操作对其他轨道将不起作用。

5）快捷设置故事板工作区

故事板工作区是指故事板的入点和出点之间的区域。除了可以用故事板编辑窗中的工具按钮设置故事板工作区，还可以利用快捷键来实现。

- 打入点：快捷键 I
- 打出点：快捷键 O
- 到入点：组合键 Ctrl+I
- 到出点：组合键 Ctrl+O
- 删除入点：组合键 Alt+I
- 删除出点：组合键 Alt+O
- 不实时区域间打入出点：快捷键 R
- 选择素材之间打入出点：快捷键 S

还可以同时选中时间码块中的第一个和最后一个素材，在故事板空白处右击，在弹出的快捷菜单中选择【选中素材之间设置入出点】命令，系统会在第一个素材的入点至最后一个素材的出点间自动设置故事板工作区。

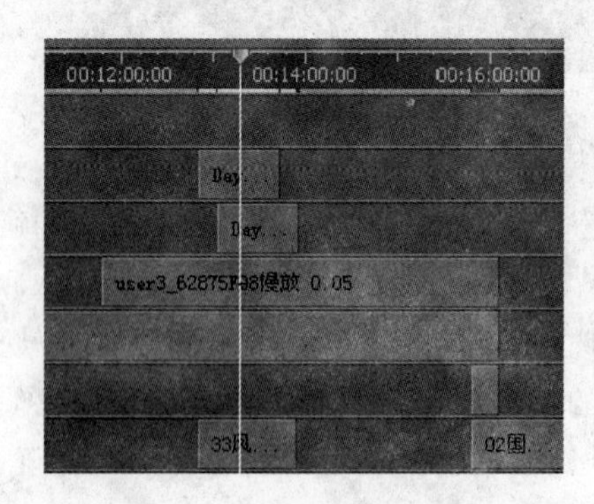

图 8.47 实时与非实时区域

6）故事板的实时性和合成并轨操作

故事板剪辑的过程中，为了实现镜头的流畅转换，通常需要在某些镜头之间制作各种转场效果，或者利用多层视频制造新颖的视觉效果，或者要叠加字幕，或者要做多轨混音。这些操作，可能会导致故事板在浏览播放时不流畅，即不实时。如图 8.47 所示，绿色为实时区域，黄色为不实时区域。在浏览和输出不实时的故事板节目时，需要先把不实时区域变为实时区域后再进行输出，处理的方法通常采用快速合成或打包替换。

设置打包区域的方法有两种：一种方法是根据黄色标记，手动寻找并设置入出点；另一种方法是将时间线移到需要打包的黄色区域的中间位置，按快捷键 R，系统会自动为此段落设置入出点。

注意：若未将时间线移至不实时区内，快捷键 R 无效。

快速合成：设置了打包区域后，在空白处右击，在弹出的快捷菜单中选择【快速合成】命令，系统对打包区域进行叠加合成处理，合成进度完成，打包区域由黄色变为蓝色实时区域，对打包后的区域进行浏览不会破坏该部分的实时性，但如果在此区域内进行编辑操作，如添加、删除素材或调整素材特技等，合成效果将会消失，恢复为黄色不实时区域。

入出点打包并替换：设置打包区域后，在空白处右击，在弹出的快捷菜单中选择【入出点打包并替换】命令，系统会自动将入出点之间的区域合成为一段新素材置于 BG 轨上，并替换掉原来入出点之间的所有素材。

有时，字幕的合成占用系统资源较多，为了加快合成速度，还可以选择【所有非实时区域快速合成不含字幕】命令来实现视/音频合成。

8.2.6 视频转场

视频转场特技能够使素材之间形成特定的过渡效果。转场特技的方法有两种：一种是通过 V1 和 V2 视频轨之间的 Tr 过渡特技轨来实现；另一种是通过视频轨的附加 FX 轨来实现。

1. 通过 Tr 过渡轨添加

在故事板时间码轨的 V1 和 V2 轨道上分别放置两段素材，且两段素材有部分重叠，此时在 Tr 过渡特技轨上自动生成一段特技素材，若在此段特技素材上添加了效果，则会出现一个 FX 图标，如图 8.48 所示。

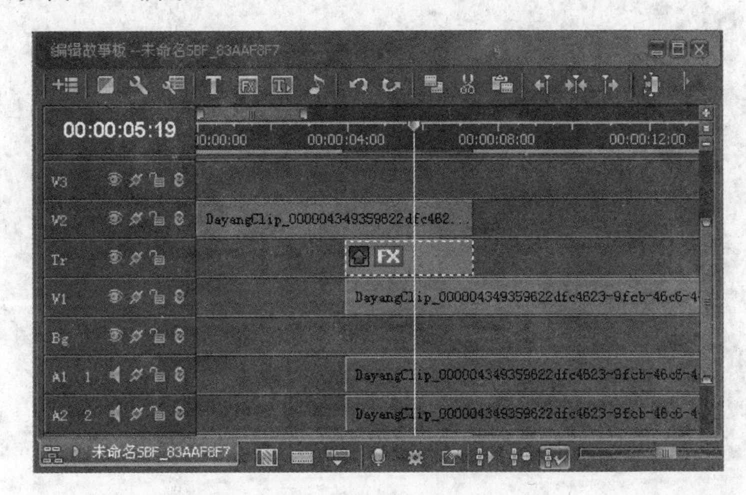

图 8.48　在 Tr 轨上形成了特技素材

默认的转场特技为“淡入淡出”，可以执行【系统】|【系统参数设置】命令，在弹出的“系统默认设置”对话框中“EDL/故事板设置/通用”里设置是否需要自动添加转场过渡特技以及自定义特技的类型，如图 8.49 所示。

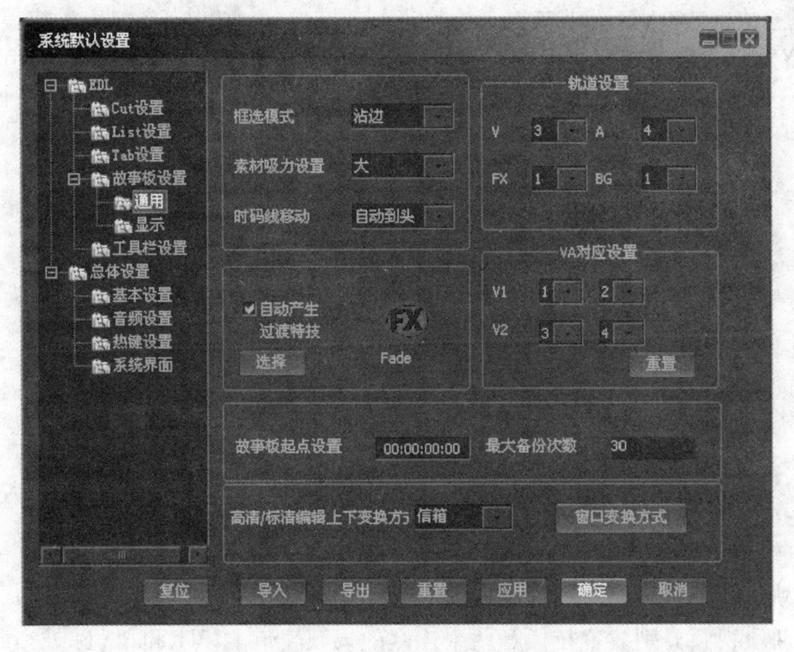

图 8.49　“系统默认设置”对话框

也可以选中特技素材后，按 Enter 键在弹出的如图 8.50 所示的“特技编辑”窗口中添加、修改、删除特技。

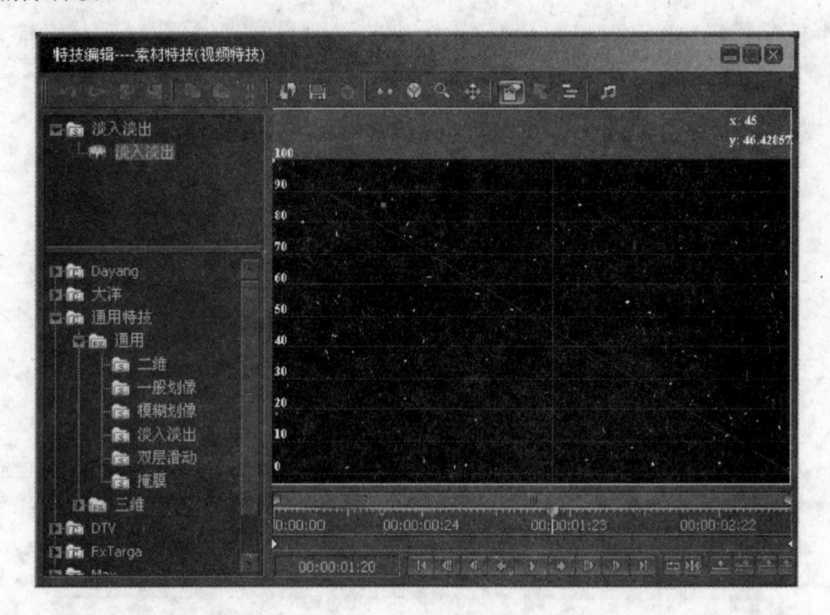

图 8.50 “特技编辑”窗口

2. 通过附加 FX 轨添加

附加 FX 轨特技是指对故事板上某一轨道上一个时间段内的多段素材添加统一特技。利用此功能，可以将同一轨道上的多段素材看作一段虚拟素材，添加同样的特技，进行统一调整。对任意的视频轨道，可以在故事板轨道头的空白区域右击，在弹出的快捷菜单中选择【显示 FX 轨】命令，则视频轨道上出现了 FX 轨，如图 8.51 所示。

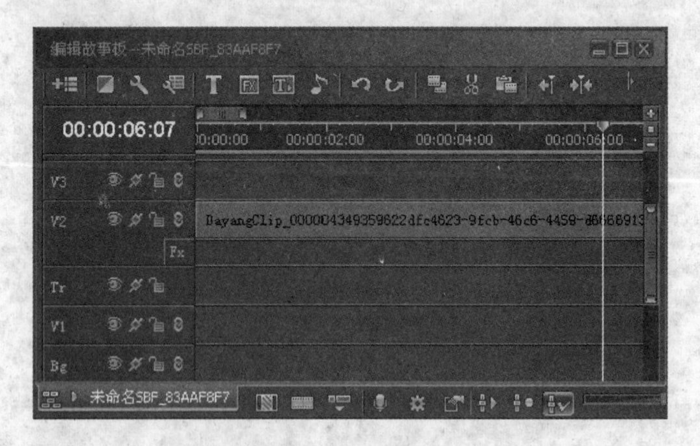

图 8.51 附加 FX 轨

在 FX 轨上添加特技的方法如下。

(1) 将两段视频分别放置在任意两个连续的视频轨道上(V1 和 V2 除外)，若放置在 V2 和 V3 轨道上。

(2) 展开 V3 轨的附加 FX 轨。

(3) 调整两段素材的位置,使其产生部分重叠。

(4) 在两段素材重叠的区域打上入出点,如图 8.52 所示。

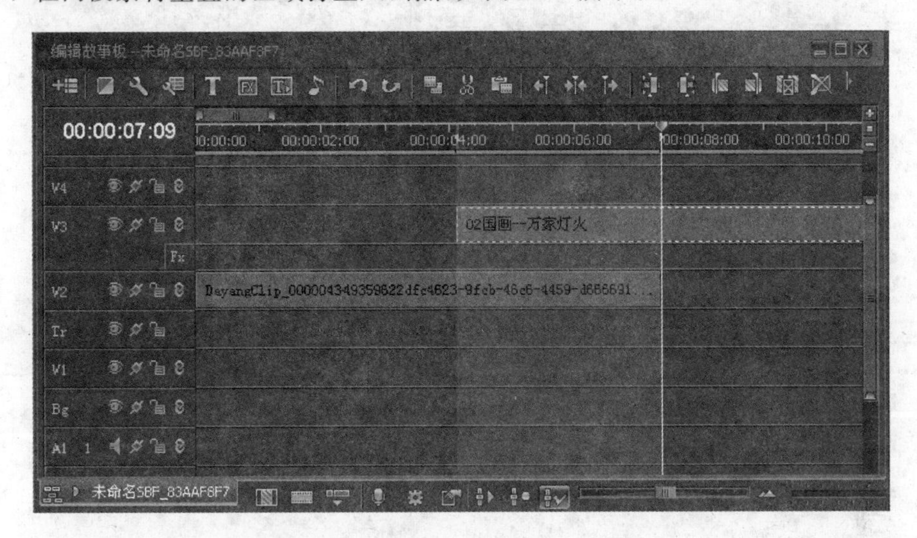

图 8.52 在素材重叠区域打上入出点

(5) 在附加 FX 轨入出点区域右击,在弹出的快捷菜单中选择【入出点之间添加特技素材】命令,此时在故事板入出点之间,两段素材重叠的部分形成一段特技素材,如图 8.53 所示。

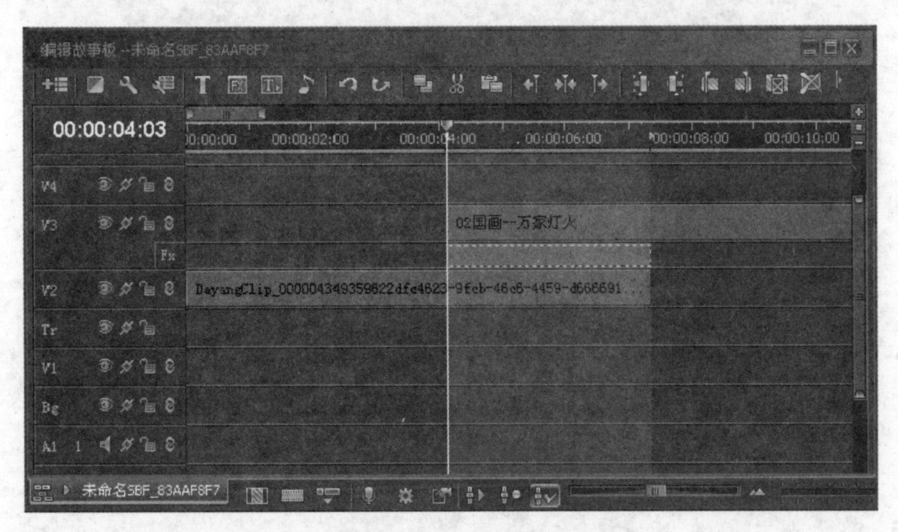

图 8.53 在素材重叠区域形成了特技素材

(6) 选中特技素材,按 Enter 键,在弹出的“特技编辑”窗口中添加转场特技。如图 8.54 所示,添加“一般划像”中的“模式 1”特技。将时间线移到起始位置,在起始位置设置关键帧,调整划像进度为 0,再将时间线移至终止位置,设置关键帧,调整划像进度为 100。

(7) 关闭“特技编辑”窗口,完成特技添加和调整。

在“大洋资源管理器”窗口的特技模板中,拥有众多默认的转场方式,如图 8.55 所示。用鼠标左键选中其中一个特技,直接将其拖拽到过渡素材上,单击鼠标右下角出现一个十字形图标时,松开鼠标,即可完成转场效果的替换。

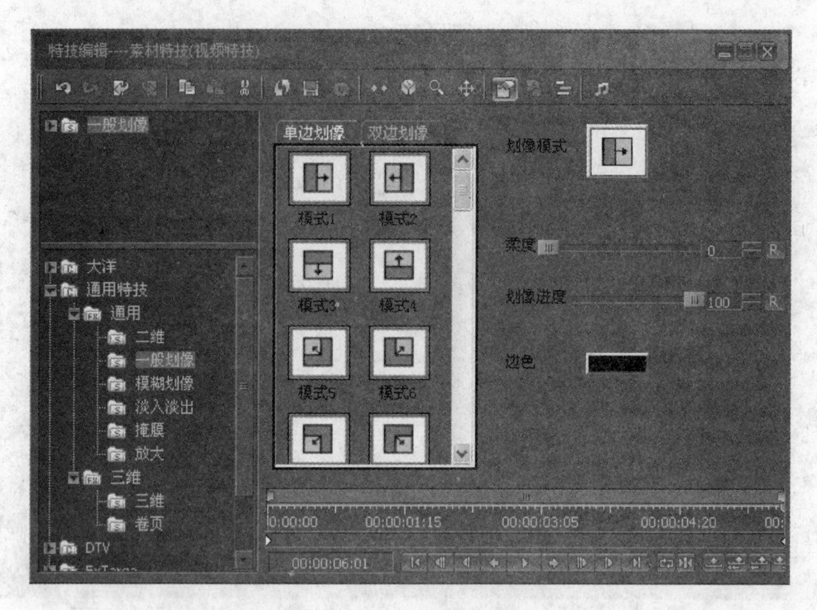

图 8.54　添加“一般划像”特技

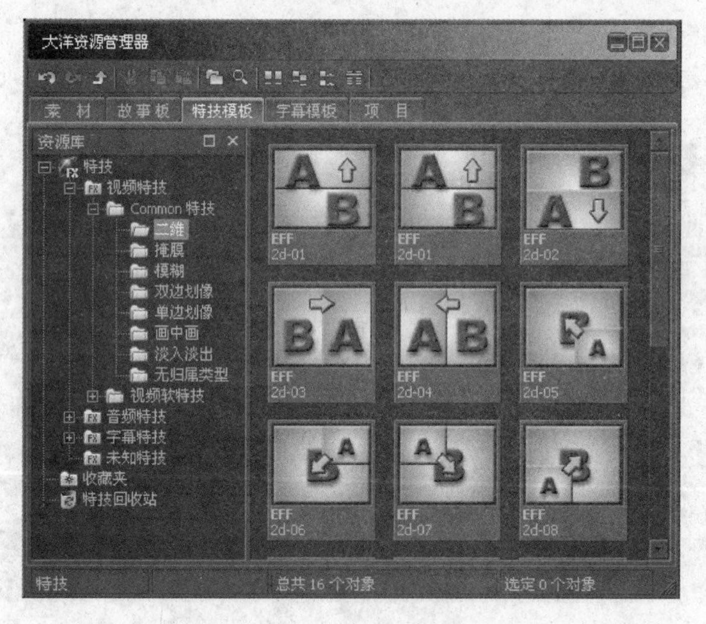

图 8.55　“大洋资源管理器”特技模板

如果需要删除添加的二维特技，则在过渡素材上右击，在弹出的快捷菜单中选择【删除特技】命令下的【二维】子命令即可。也可以一次删除所有特技，如图 8.56 所示。

8.2.7　视频特技

与视频文件有关的特技处理分为转场特技和视频特技，转场特技用于设置视频之间的过渡效果。视频特技是指对视频画面本身做处理，只针对单个素材，常见的有颜色调整、画

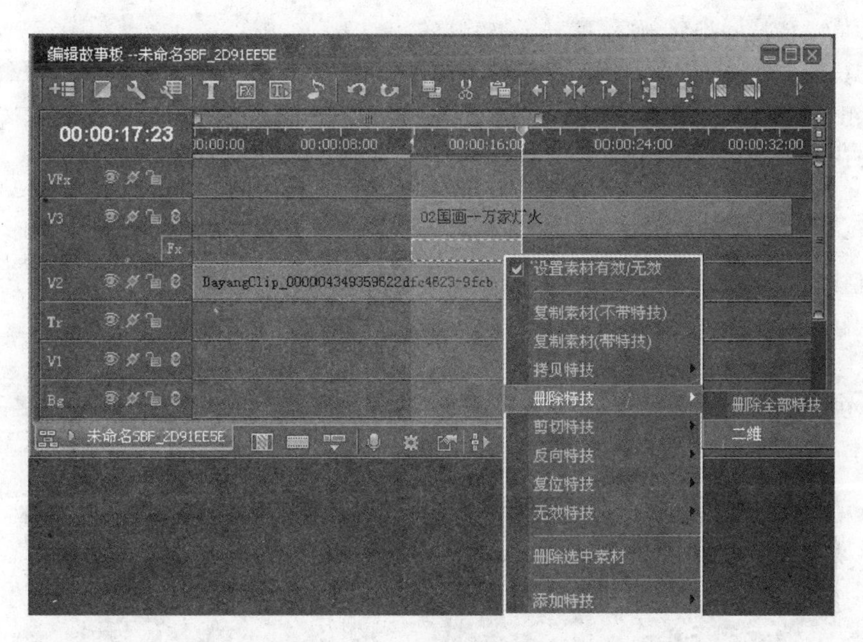

图 8.56　删除特技操作

面模糊、二维 DVE 等。

1. 素材特技的添加

在故事板上选中需要添加特技的素材，单击故事板上的特技编辑按钮 ，或者按 Enter 键，启动“特技编辑”窗口。在“特技编辑”窗口左下方的特技列表中找到所需添加的特技名称，在特技名称上双击鼠标左键，即可将特技添加到所选素材中。特技名称将显示在“特技编辑”窗口左上方，右侧窗口为对应的特技调整区域。图 8.57 所示为在素材上添加了“三维”特技。

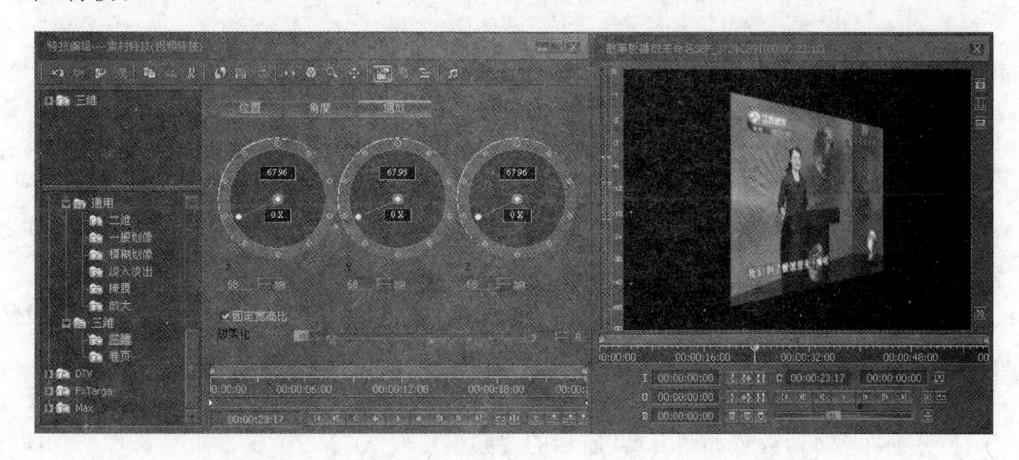

图 8.57　添加了“三维”特技

在“特技编辑”窗口中，可以对同一段素材添加多种特技。特技的名称按添加的先后顺序从上往下排列在“特技编辑”窗口的左上方，位置越靠上的特技优先级越高。通过鼠标拖曳的方法更改特技的排列顺序，可以调整特技的优先级。

在特技窗口左上方的特技名称上右击，在弹出的快捷菜单中选择【删除特技】命令，或按Ctrl+D组合键，即可删除特技效果。也可采用在故事板轨道上添加了特技的素材上右击，在弹出的快捷菜单中选择【删除特技】命令的方式实现特技删除。

2. 总特技轨特技的添加

总特技轨是指在故事板上对一个时间段之内所有轨道上的素材添加统一特技，如加遮罩、整体调色、三维变换等。具体方法如下。

(1) 在故事板时间码轨上对需要添加总体特技的时间码区域打入点、出点。

(2) 在总特技轨入出点时间码区上右击，在弹出的快捷菜单中选择【入出点之间添加特技素材】命令，在总特技轨 VFx 上入出点之间将自动形成一段特技素材，如图 8.58 所示。

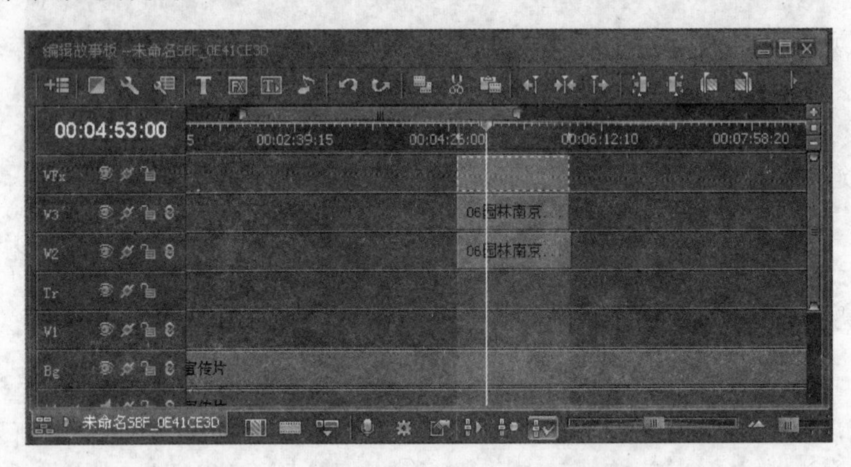

图 8.58 总特技轨 VFx 轨上添加了特技素材

(3) 在 VFx 总特技轨上添加和调整特技的方法与素材特技的添加调整方法类似。

3. 附加 Key 轨特技的添加

附加 Key 轨的主要作用是给视频轨上的素材添加一个遮罩(MASK)，称为键特技。Key 轨上可以添加图文素材或视频素材，也可以对素材修改入出点及添加特技等操作。但 Key 轨上的素材不以正常状态播出，而是通过素材自带的 Alpha 通道或亮度通道对视频轨上的素材做键。如果视频轨道上是图文素材(如图片、字幕等)，则通过 Alpha 通道或 RGB 通道做键源；如果视频轨道上是视频素材，则通过亮度信号(Y)或色度信号(UV)做键源。

在故事板轨道头的空白处右击，在弹出的快捷菜单中选择【显示 Key 轨】命令，则视频轨道上出现了 Key 轨，如图 8.59 所示。

在 Key 轨上添加特技的方法如下。

(1) 分别在 V2 轨放置如图 8.60 所示的视频素材段，在 V3 轨放置如图 8.61 所示的视频素材段。

(2) 在 V3 轨道头空白处右击，在弹出的快捷菜单中选择【显示 Key 轨】命令，从而在 V3 上显示 Key 轨。

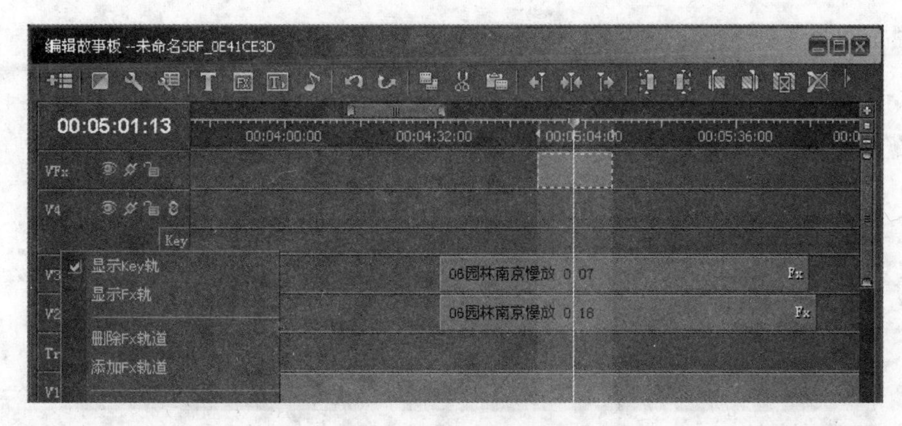

图 8.59　添加了 Key 轨

图 8.60　V2 轨视频素材

图 8.61　V3 轨视频素材

(3) 在 D-Cube-CG 中制作图文素材或导入带 Alpha 通道的 32 位 Targa 图文素材，如图 8.62 所示，并将其放在 V3 轨的 Key 轨上，如图 8.63 所示。

(4) 在 Key 轨素材上右击，在弹出的快捷菜单中选择【键属性 A(Alpha 通道)】命令，如图 8.64 所示，即可在故事板播放窗得到如图 8.65 所示的效果，V3 视频轨素材显示在图文素材的白色区域，V2 视频轨素材显示在图文素材的黑色区域。

图 8.62　Key 轨上的图文素材

4. 大洋特技分类

大洋 D-Cube-Edit 提供的可以分为 5 大类，分别是大洋特技、DTV 特技、MAX 特技、通用特技、Fxtarga 特技。

(1) 大洋特技：共分为 14 大类，分别是柔化、键、RGB 控制、图像控制、几何变化、划像、褶曲效果、浮雕、风格化、马赛克、其他、掩膜、光、老电影。

(2) DTV 特技：包括键、二维、划像、画面。

(3) MAX 特技：包括柔化、褶曲、边框与阴影、卷页、瓷片、模糊划像、基本三维。

(4) 通用特技：包括通用和三维。

(5) Fxtarga 特技：包括键、颜色调整、二维 DVE、屏幕、划像、Blue。

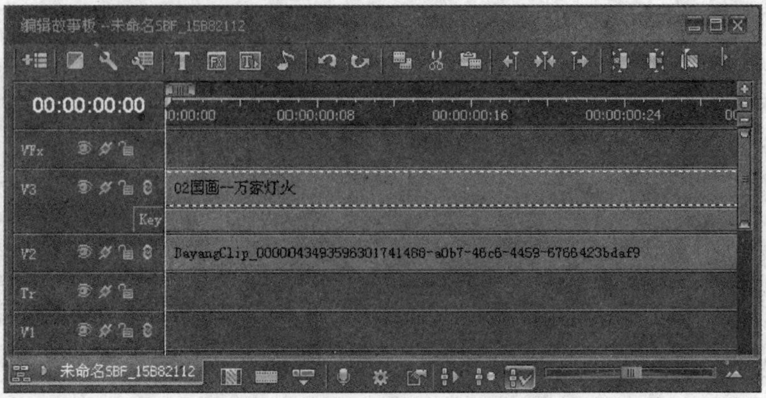

图 8.63 在 V3 的 Key 轨上添加图文素材

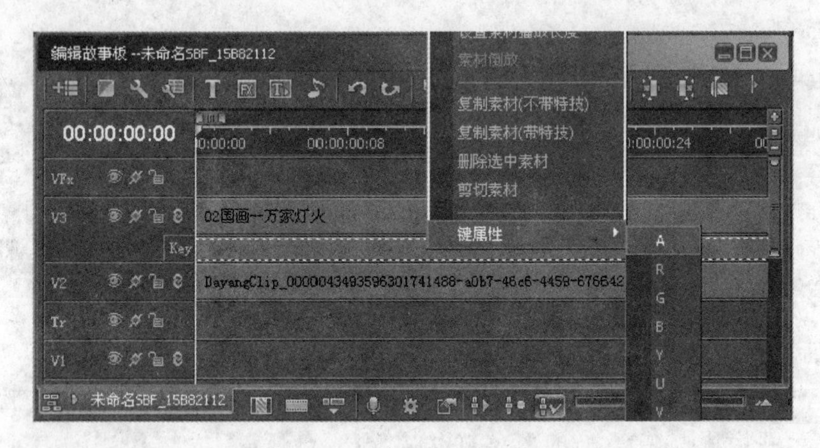

图 8.64 在 Key 轨素材上选择键属性 A

其中,大洋特技属于软件特技,不依赖于硬件板卡,通过软件算法来实现,它的实时性决定于工作站的性能;其他的特技属于硬件特技,与不同的硬件板卡相对应。当系统平台中配置有相应板卡时,硬件特技可实现实时输出效果。

图 8.65 键特技效果

8.2.8 创建字幕

字幕和图元在电视节目制作中起着举足轻重的作用。在大洋 D-Cube-Edit 中,内嵌了 D-Cube-CG 字幕系统,它是完全由软件来实现各种字幕和图元的。本小节主要介绍字幕系统的基本使用方法。

1. 进入 D-Cube-CG 字幕系统

在 D-Cube-Edit 中,执行【字幕】|【项目】(【滚屏】或【唱词】)命令,将弹出如图 8.66 所示的“新建素材”对话框。在“素材名”文本框中输入新建素材的名称,在“文件夹”文本框中选

择素材保存的文件夹路径，单击"确定"按钮即可进入字幕制作系统。

在"大洋资源管理器"的"素材"页签中右侧空白处右击，在弹出的快捷菜单中选择【新建】|【XCG项目素材(XCG滚屏素材或XCG对白素材)】命令，如图8.67所示，也可弹出"新建素材"对话框。

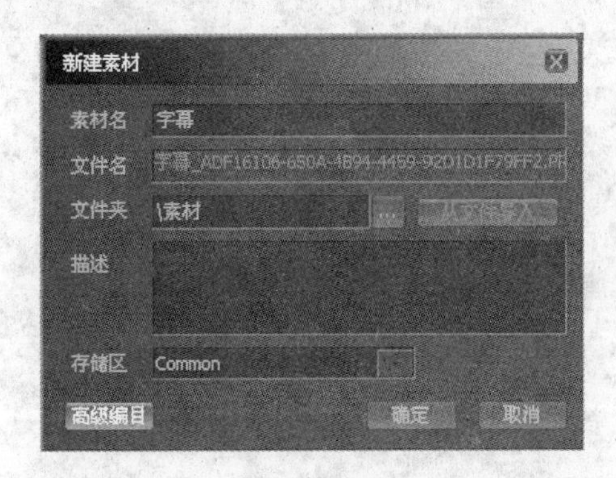

图8.66　"新建素材"对话框

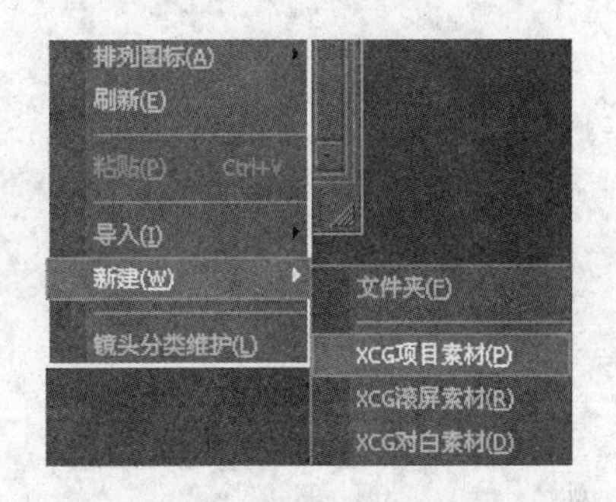

图8.67　右键新建字幕素材命令

在"大洋资源管理器"的"素材"页签中，选中某一字幕素材右击，在弹出的快捷菜单中选择【编辑素材】命令，或者双击素材，弹出如图8.68所示的小CG窗口，单击左上角的切换按钮，即可进入D-Cube-CG字幕系统工作界面，对素材进行编辑调整。

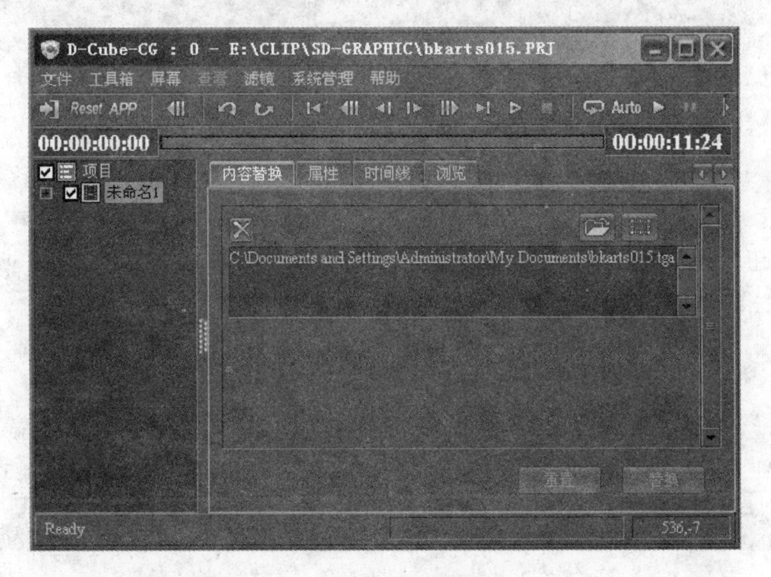

图8.68　小CG窗口

在故事板上选中需要修改的字幕素材，单击故事板中的字幕编辑按钮，或在键盘中直接按快捷键T，也可进入小CG窗口。

2. D-Cube-CG工作界面

D-Cube-CG的界面是独立于D-Cube-Edit的，如图8.69所示，主要由菜单栏、工具钮以及各种功能窗口组成。

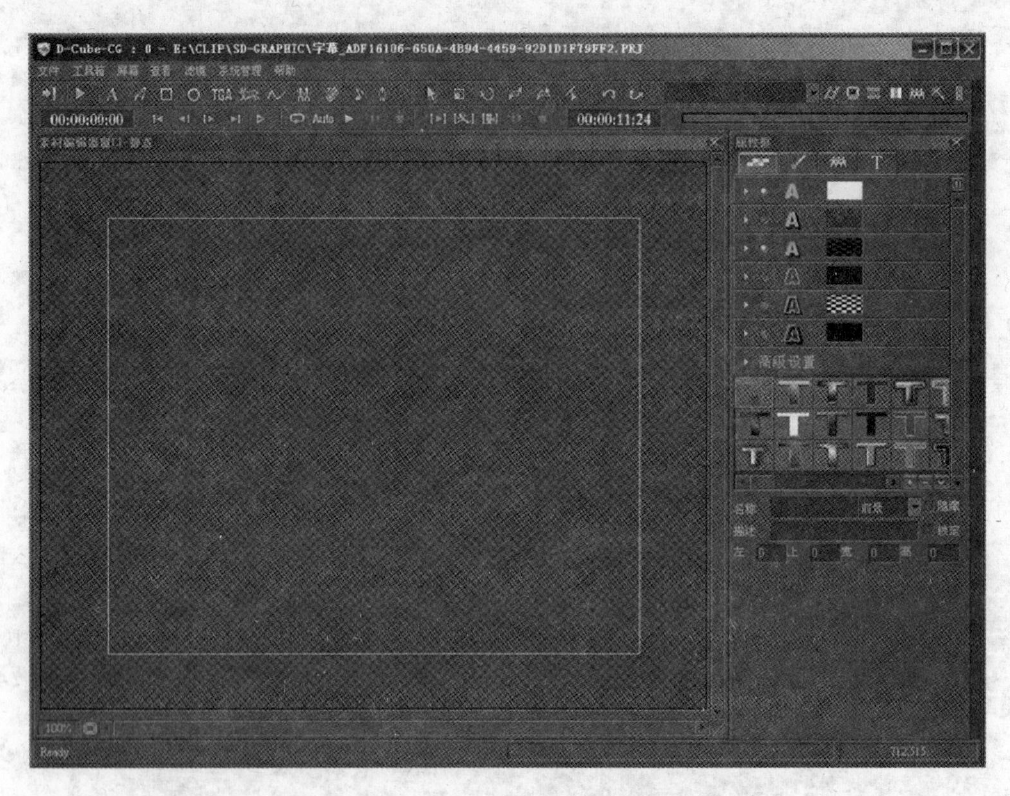

图 8.69　D-Cube-CG 工作界面

1) 菜单栏

工作界面的最上方为 D-Cube-CG 的菜单栏，主要包括“文件”、“工具箱”、“屏幕”、“查看”、“滤镜”、“系统管理”、“帮助”菜单，如图 8.70 所示。

图 8.70　D-Cube-CG 菜单栏

2) 工具钮

在菜单栏下方是系统提供的工具钮，主要由编辑工具条、时间工具条、窗口工具条 3 部分组成。

(1) 编辑工具条：是创建文字、图元等对象的重要工具，主要包括动态静态切换按钮、图元选择按钮、编辑方式选择按钮 3 部分，图 8.71 所示为编辑工具条对应的功能。

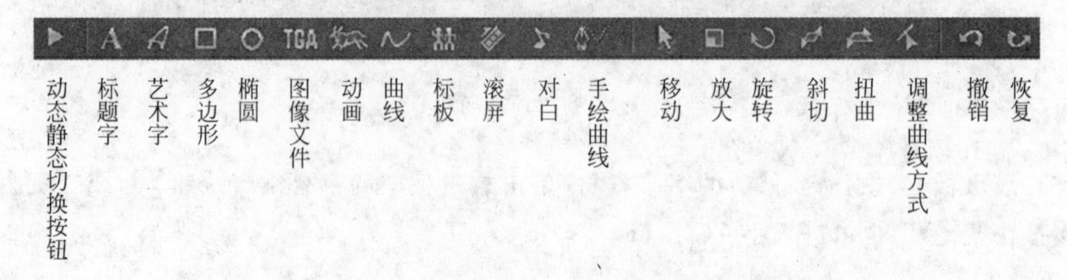

图 8.71　D-Cube-CG 编辑工具条

(2) 时间工具条：主要是在制作图元的动态效果时使用，可以配合主编辑器查看素材的每一帧或对素材进行预演。图 8.72 所示为时间工具条对应的功能。

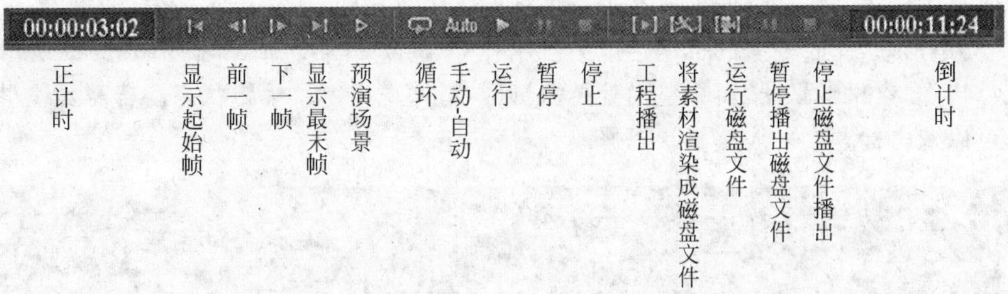

00:00:03:02　Auto　00:00:11:24

正计时　显示起始帧　前一帧　下一帧　显示最末帧　预演场景　循环　手动-自动　运行　暂停　停止　工程播出　将素材渲染成磁盘文件　运行磁盘文件　暂停播出磁盘文件　停止磁盘文件播出　倒计时

图 8.72　D-Cube-CG 时间工具条

(3) 窗口工具条：可以通过窗口工具条将需要显示的功能窗口显示出来，每个按钮对应一个窗口。图 8.73 所示为窗口工具条对应的功能。

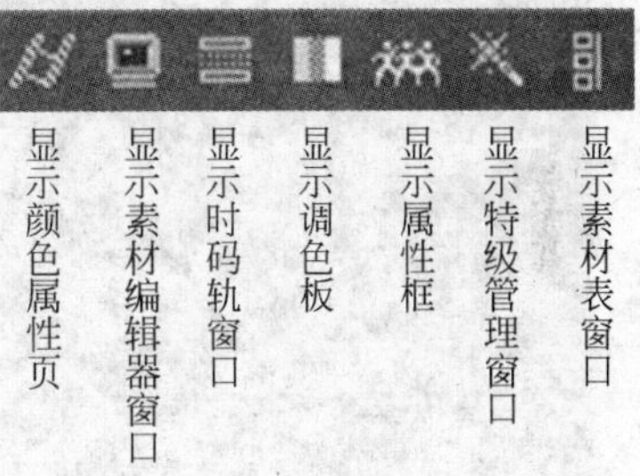

图 8.73　D-Cube-CG 窗口工具条

3) 素材编辑窗口

素材编辑窗口为棋盘格背景，主要由预监窗口、显示比例和自适应按钮组成，完成对物件的预监和编辑功能。

4) 属性框

属性框包含多个标签页，单击相应的标签即可进入，对字幕的各项属性作调整。

5) 时码轨窗口

时码轨窗口可以对字幕的各个元件进行大小、位移、旋转、透明、运动轨迹、入出特技等调节，并可以设置关键帧，实现字幕动态效果。图 8.74 所示为 D-Cube-CG 时码轨窗口。

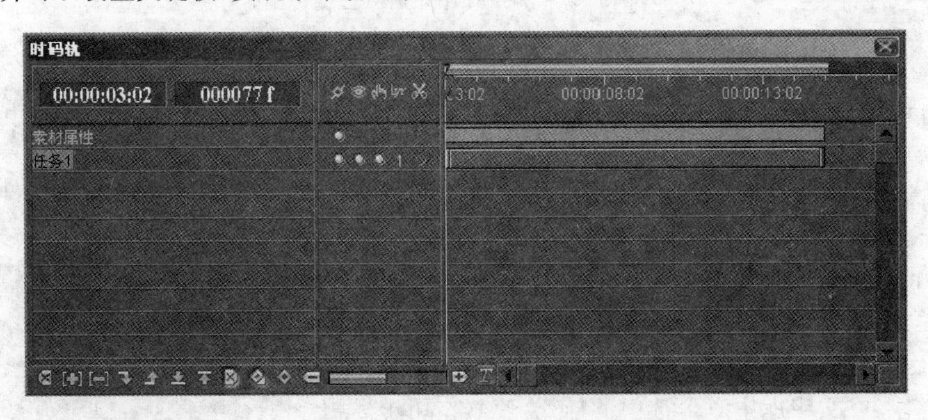

图 8.74　D-Cube-CG 时码轨窗口

3. 制作项目字幕

项目字幕主要包括字幕、图元等。制作标题字的具体方法如下。

(1) 在 D-Cube-Edit 中，执行【字幕】|【项目】命令，进入字幕编辑系统。

(2) 选中工具栏上的标题字工具 A 。

(3) 用鼠标左键在“素材编辑器”窗口中拖出一个矩形框，此时有光标在矩形框的最左边闪动，使用键盘输入标题字，如“中国传媒大学南广学院”。也可在“属性框”的“文本编辑器”标签页中输入文字，并将其选中，再选中标题字工具按钮，用鼠标在“素材编辑器”窗口中拖出一个矩形框，此时输入的标题字就会显示在“素材编辑器”窗口中，如图 8.75 所示。输入完成后，在“素材编辑器”窗口空白处单击鼠标左键，退出字幕编辑状态。若需要编辑文字内容，可以双击标题字进入编辑状态修改。

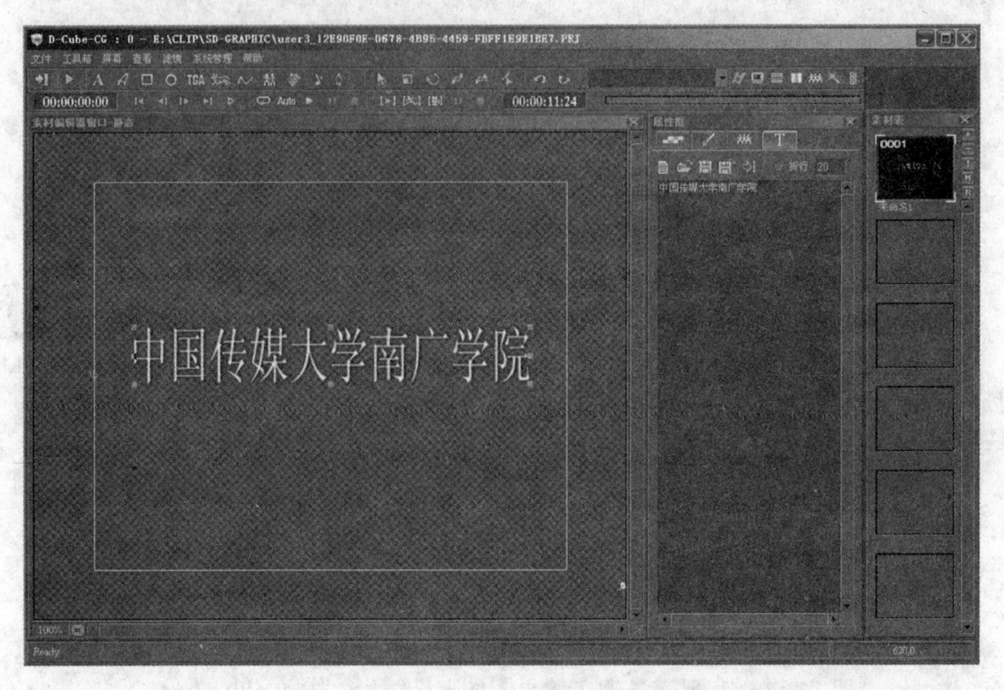

图 8.75　输入标题字“中国传媒大学南广学院”

(4) 选中标题字，在“属性框”的“物件属性”标签页中可设置标题字的“名称”、显示状态、播放模式、“描述”、“左”、“上”、“宽”、“高”、是否整体渲染、是否固定字框、字体、字高、字宽、是否加粗、是否倾斜、列间距、行间距以及排列方式等属性。还可以进行标题字的修改及插入特殊字符。图 8.76 所示为标题字的特有属性。

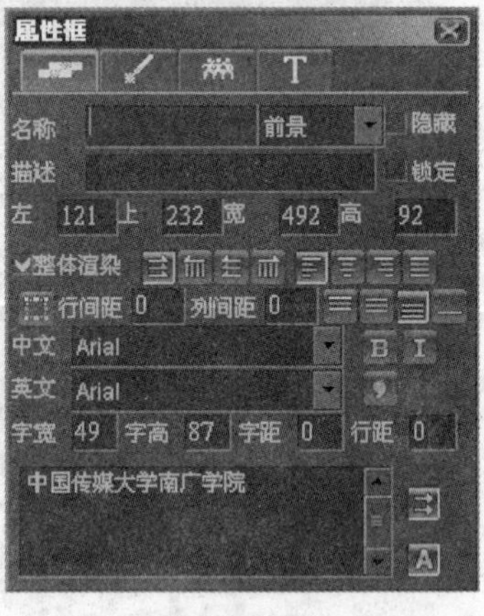

图 8.76　标题字的特有属性

(5) 在“颜色设置”窗口中，还可以编辑文字的面、立体边、阴影、周边、周边立体边、周边阴影的颜色。也可以选中标题字，在文字库中双击选中的样式，使其作用于标题字。图 8.77 所示为应用了文字库中的文字样式于标题字上。

(6) 单击“颜色设置”页签中的色块，即可弹出“调色板”对话框。可以对标题字属性设置单色、渐变色、纹理、遮罩、光效、材质等。图 8.78 所示为对标题字的面设置了纹理效果。

(7) 执行 D-Cube-CG 中的【文件】|【导入到素材库】命令，即可将字幕文件导入到 D-Cube- Edit 中。

(8) 退出 D-Cube-CG。

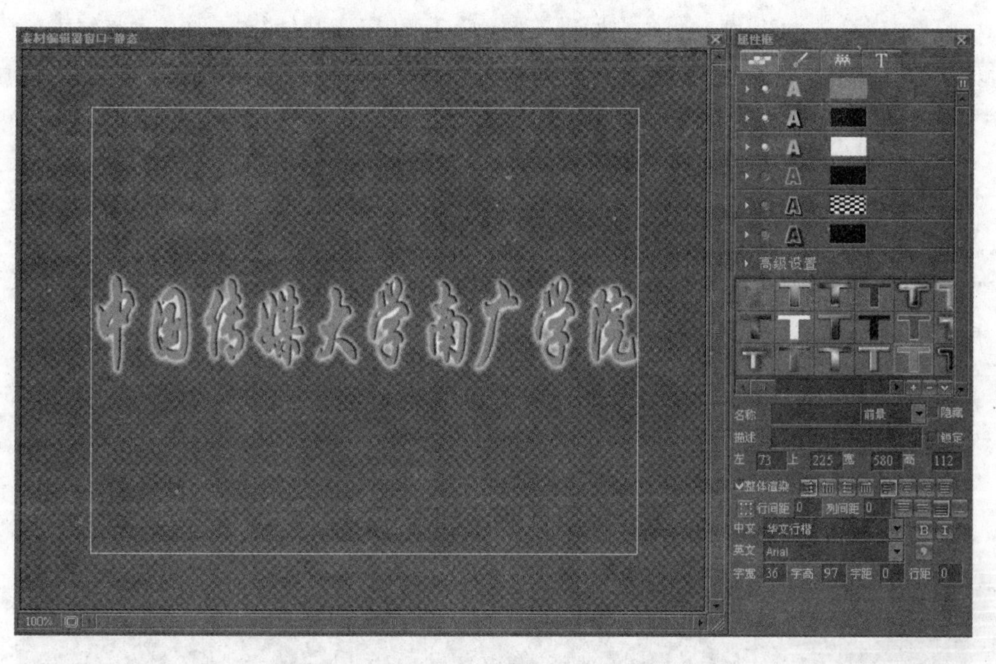

图 8.77　应用文字库中的文字样式于标题字上

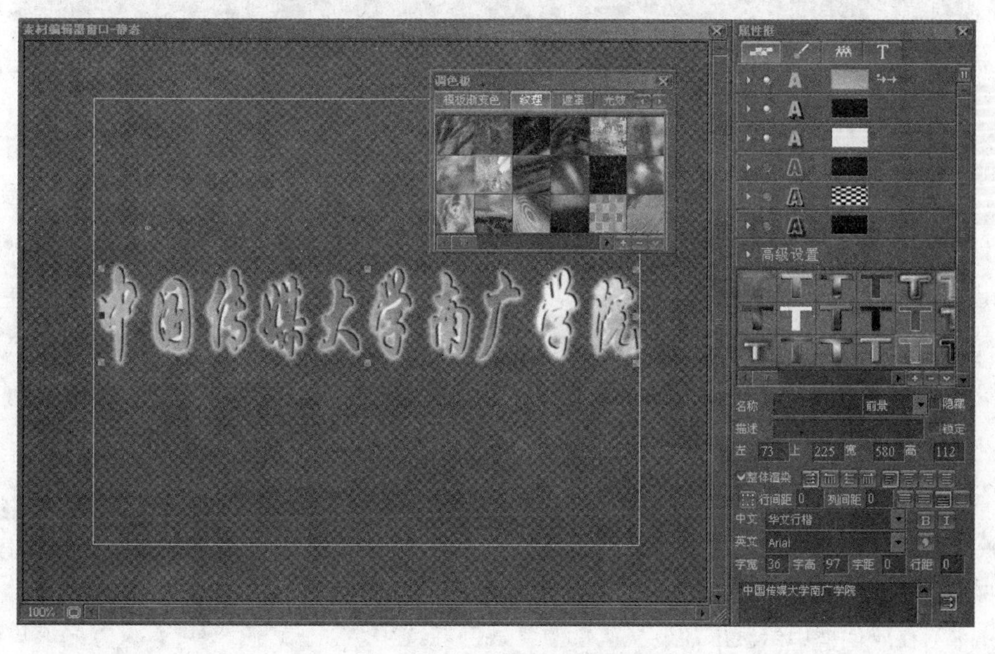

图 8.78　标题字面纹理效果

4. 制作滚屏字幕

滚屏字幕是指对文字、图片、多边形等多种图元的滚动播出，在电视节目制作中常应用于片尾字幕。其具体制作方法如下。

(1) 在 D-Cube-Edit 中，执行【字幕】|【滚屏】命令，打开字幕编辑系统。

(2) 在 D-Cube-CG 菜单栏中，执行【工具箱】|【滚屏编辑】命令，同时在素材编辑窗口按住鼠标左键拖拽出滚屏区域。如图 8.79 所示，此时滚屏区域上方和左侧有标尺显示，右侧和下方出现滚动条，左上方出现文字输入提示符，此时即可输入文字。

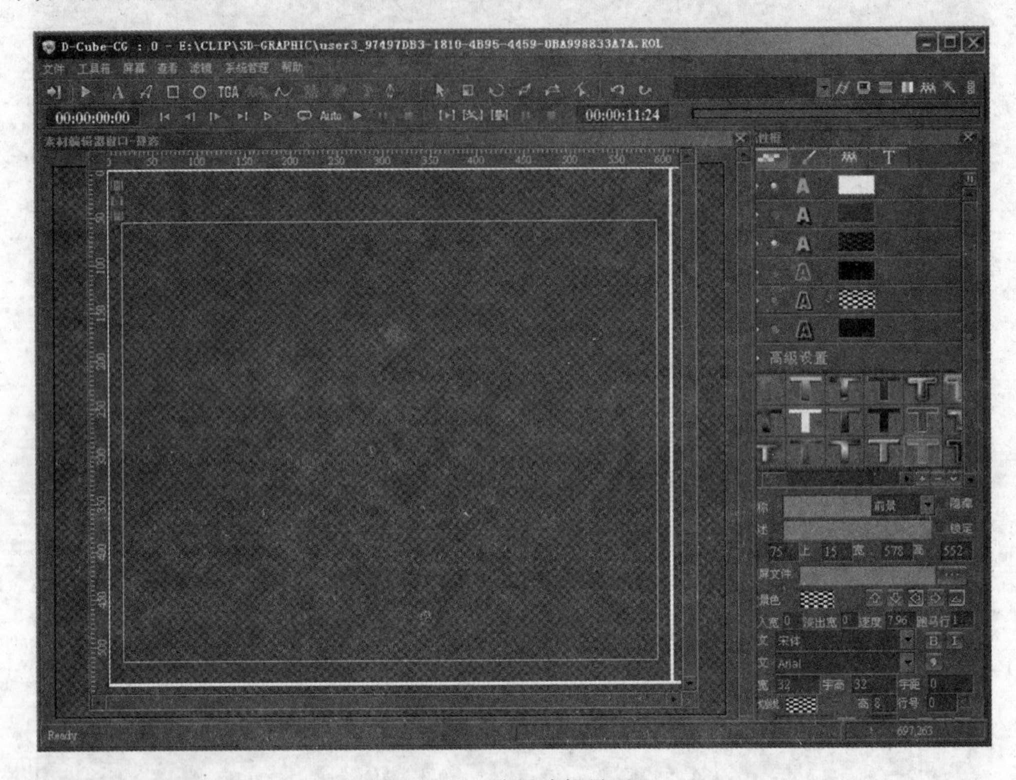

图 8.79　滚屏编辑界面

(3) 在滚屏文件的编辑界面中输入文字，如图 8.80 所示。默认情况下，文字靠左对齐。若需要将标题文字居中，首先在横向标尺中间定位一根基准线，然后将光标定位在需要居中某行文字中并右击，在弹出的快捷菜单中选择【基准线垂直对齐】|【中对齐基准线】命令，即可将该行文字居中。

(4) 用鼠标选中文字(文字变为蓝底)，如图 8.81 所示。在属性框中设置文字的相关属性，如字体颜色、阴影、边等，方法与标题字属性设置类似。

(5) 在滚屏属性框中有特有的属性设置，如图 8.82 所示，可以设置滚屏的背景色、滚动次数、滚屏方向、滚动速度、跑马行等。制作节目片尾滚屏字幕，一般情况下选择上滚屏或左滚屏。

(6) 在属性框中给滚屏加上淡蓝色的背景色，设置滚屏方向为上滚屏。设置完成后，在滚屏区域外任意位置单击鼠标左键即可退出滚屏编辑模式，如图 8.83 所示，此时滚屏文字四周有 8 个控制点，可以用鼠标拖动控制点进行滚屏区域大小及位置的调整。

(7) 执行 D-Cube-CG 中的【文件】|【导入到素材库】命令，即可将字幕文件导入到 D-Cube-Edit 中。

(8) 退出 D-Cube-CG。

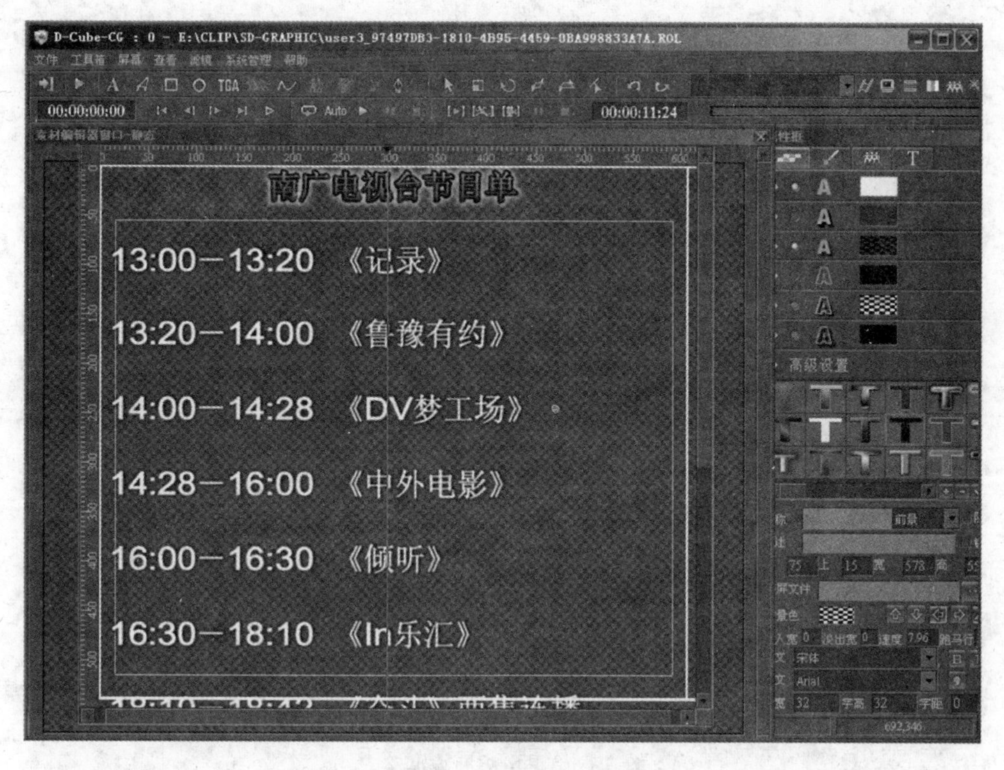

图 8.80　输入滚屏文字

13:20—14:00 《鲁豫有约》

14:00—14:28 《DV梦工场》

图 8.81　选中文字呈现蓝色背景

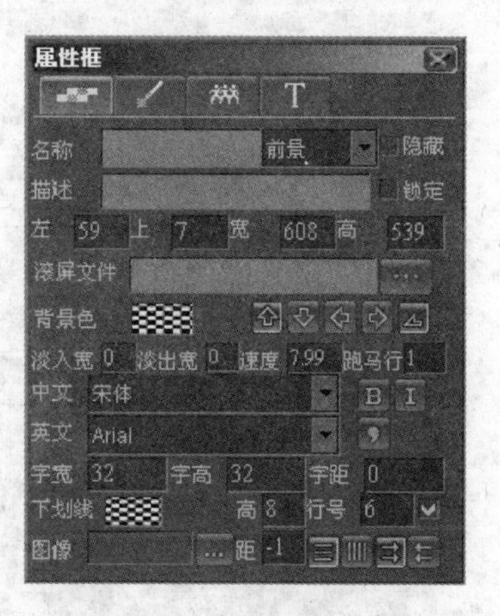

图 8.82　滚屏特有属性

在电视节目制作中，往往需要将滚屏字幕的首帧或末帧停留一段时间，这就要求对滚屏文件设置首、末帧停留。具体操作方法是：选中时间码轨上需要设置首、末帧停留的素材，单击时间码轨窗口工具栏中的“字幕编辑”按钮 T ，在弹出的小 CG 窗口中选择“故事板属性”页签，如图 8.84 所示。

在“首帧停留”和“末帧停留”后面的时间码区域直接输入时间值，或按住鼠标左键向上或向下拖拉来改变时间码数值来设置首、末帧停留时间。还可以设置首、末帧是否清屏。最后，单击 APP 按钮完成设置。

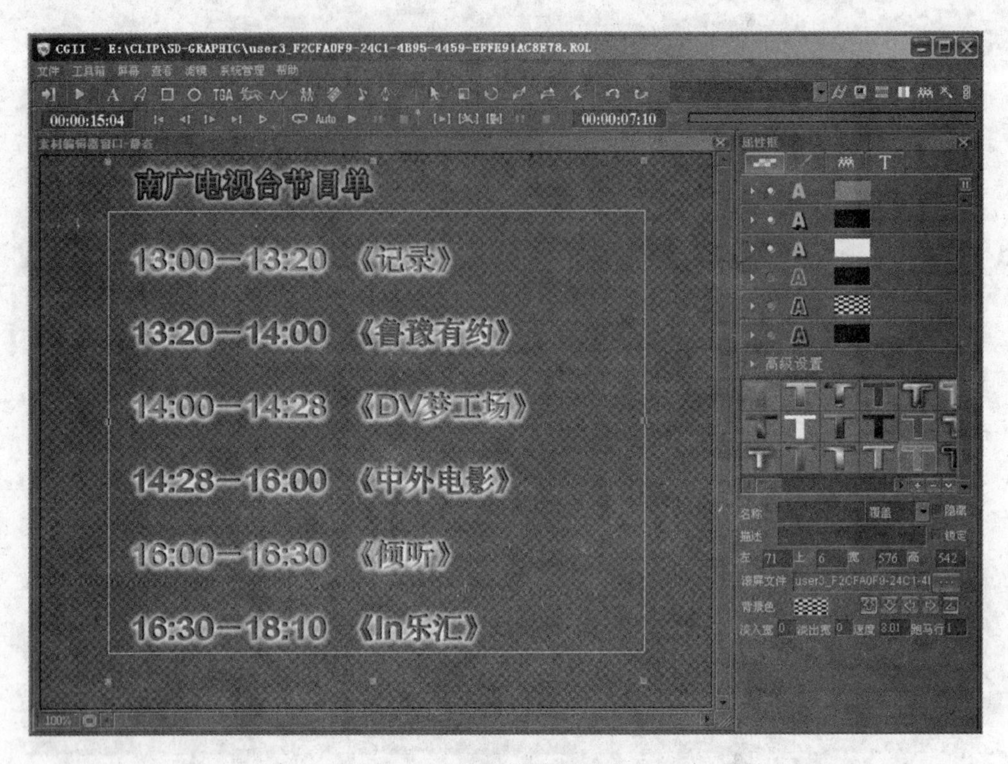

图 8.83　退出滚屏编辑模式

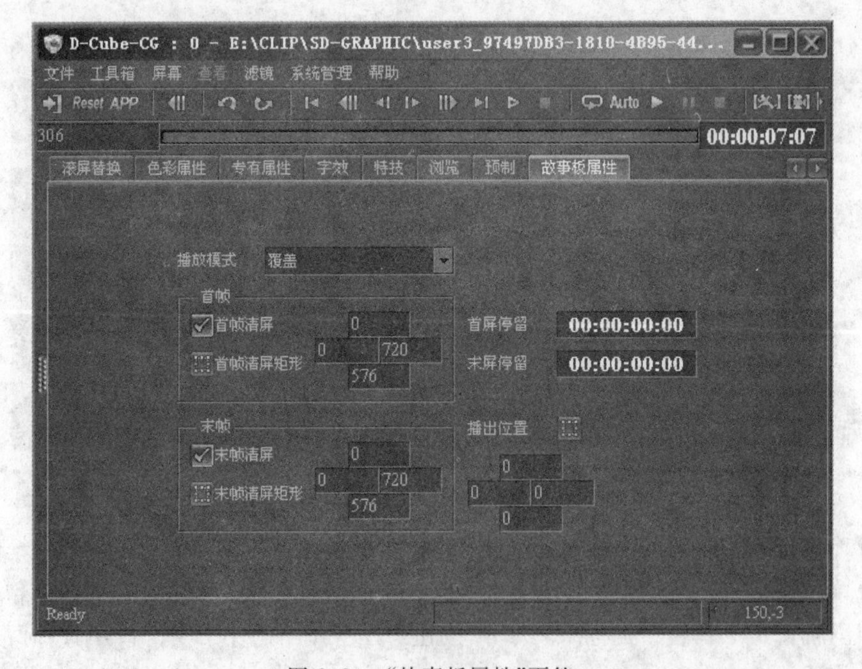

图 8.84　“故事板属性”页签

另一种方法是选中素材后，按 Ctrl＋T 组合键，弹出“故事板属性”对话框，如图 8.85 所示，首、末帧停留时间的设置与“故事板属性”页签类似。

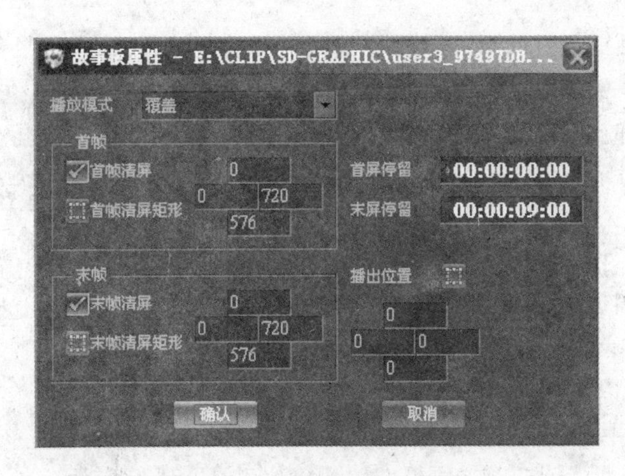

图 8.85 “故事板属性”对话框

5. 制作唱词字幕

D-Cube-CG 中的唱词(对白)编辑器是专门为制作对话、歌词类字幕素材提供的专用工具,可以方便、快捷地制作出电视节目中的对白字幕。进入对白编播器可以设置唱词的入出特技、位置、字的特有属性等功能。唱词素材的基本制作方法如下。

(1) 在 D-Cube-Edit 中,执行【字幕】|【唱词】命令,打开字幕编辑系统。

(2) 在 D-Cube-CG 的对白编辑器文本框中输入唱词文本,文本将显示在编辑区内,如图 8.86 所示。唱词文本可以手动输入,也可从外部导入,按 Enter 键可直接换行输入。

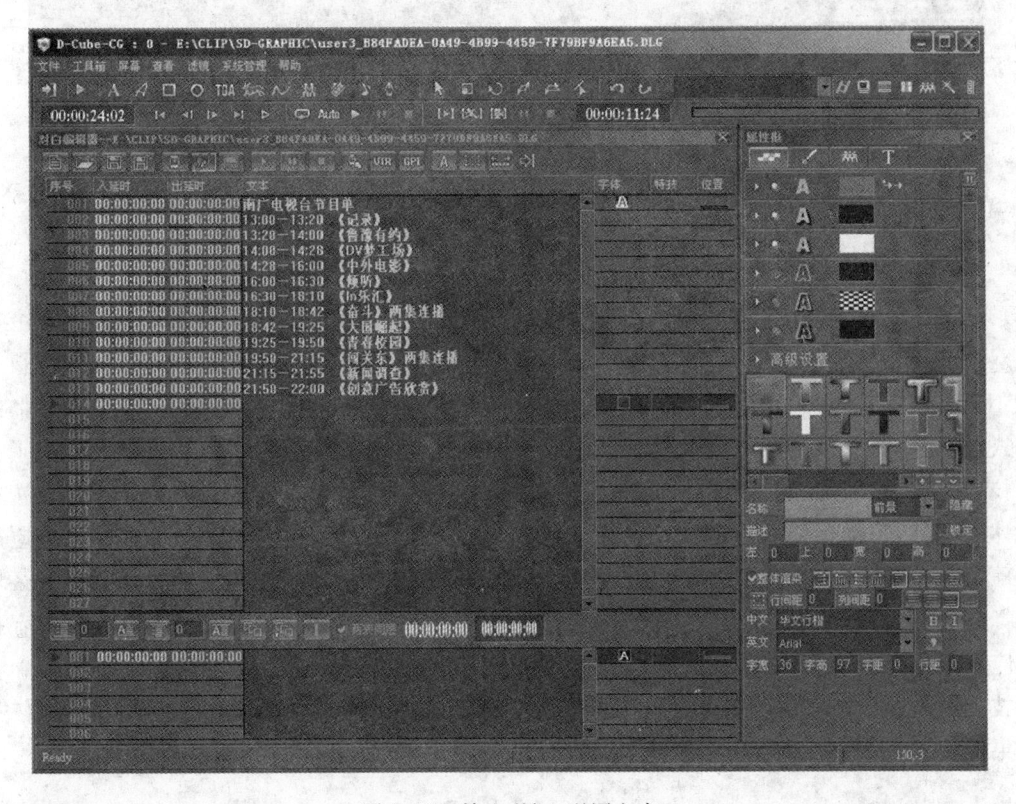

图 8.86 输入/导入唱词文本

(3) 在文本后面的属性设置区域设置唱词字幕的属性及入、出特技和播出位置。

① 文本属性设置：双击“文本属性设置”的字体按钮，在弹出的如图 8.87 所示的“字符字体属性调节”对话框中，可以对本行的字幕属性进行设置。

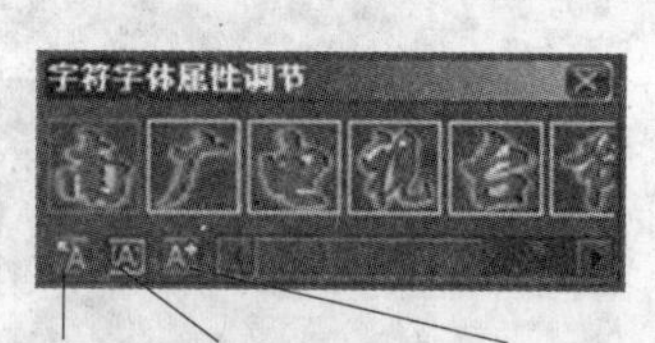

图 8.87 字符字体属性调节框

② 调整唱词文件的播放位置：右击位置栏，将弹出“调整剪切矩形”对话框。使用鼠标拖动、修改代表对白显示位置的矩形框至合适的位置，也可以直接输入数值于下面的位置编辑框中。在调整矩形位置的同时，监视器上将同时显示一个矩形框，以方便更准确地定位，如图 8.88 所示。

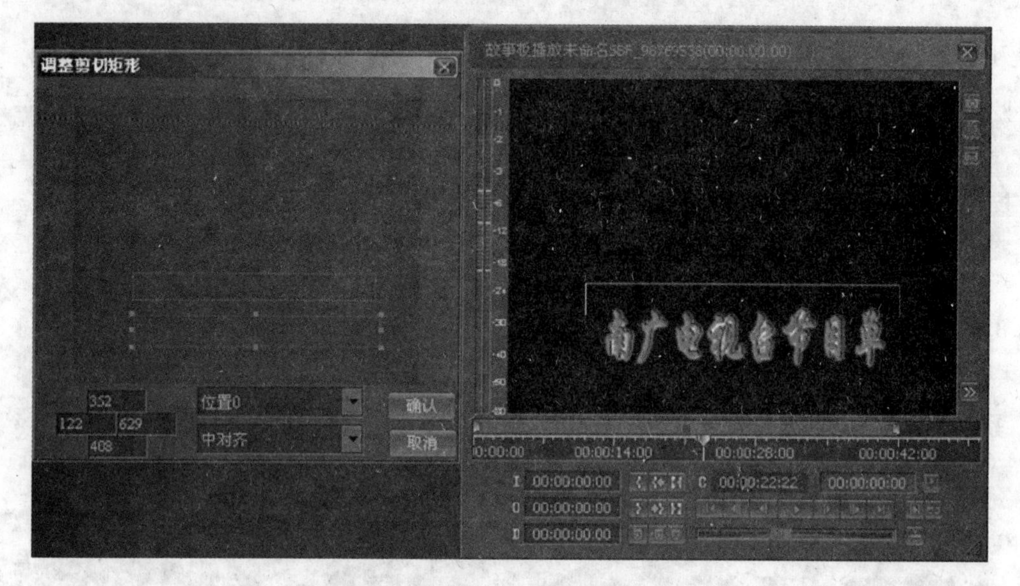

图 8.88 调整唱词文本的播出位置

③ 添加特技：特技一栏可用于设置唱词的入出方式或停留方式。在特技下方的空白处双击或单击特技管理按钮，打开“特技管理”对话框，如图 8.89 所示。首先，在“特技管理”对话框左侧“入出特技”列表中选择入特技的形式，再在右侧的图表显示区域选择具体的样式，用鼠标将相应的图标拖放至特技栏靠左侧位置，如图 8.90 所示，就在字幕上应用了入特技。其次，在左侧“停留特技”列表中选择停留特技的形式，再在右侧的图表显示区域选择具体的样式，用鼠标将相应的图标拖放至特技栏中间位置，如图 8.91 所示，就在字幕上应用了停留特技。最后，在左侧“入出特技”列表中选择出特技的形式，再在右侧的图表显示区域选择具体的样式，用鼠标将相应的图标拖放至特技栏靠右侧位置，如图 8.92 所示，就在字幕上应用了出特技。若需要更换特技，只需将新特技拖放到旧特技图标上即可完成替换。在特技上右击，可弹出对应特技的属性调整框，可以实现对特技的参数设置，从而控制特技效果。

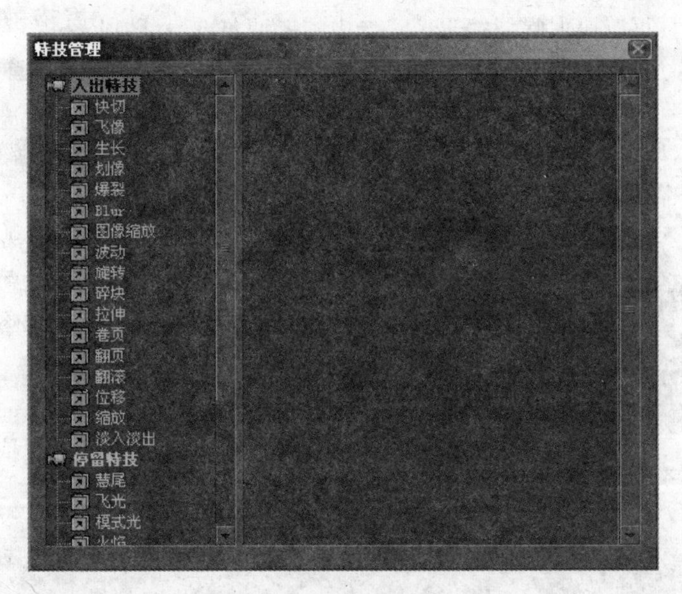

图 8.89 “特技管理”对话框

图 8.90 添加了入特技

图 8.91 添加了停留特技

图 8.92 添加了出特技

(4) 执行 D-Cube-CG 中的【文件】|【导入到素材库】命令，即可将字幕文件导入到 D-Cube-Edit 中。

(5) 退出 D-Cube-CG。

唱词字幕的播出有自动播出、手动播出、延时播出、VTR 控制播出和 GPI 控制播出 5 种方式。这里介绍常用的自动播出和手动播出方式。

(1) 自动播出：单击对白编辑器窗口中自动播出按钮，并单击播出按钮，系统会根据用户设置的入出时间码、字效和特技一条一条顺序播出对白文件。暂停和停止按钮可以控制对白的暂停和停止操作。

(2) 手动播出：单击对白窗口中手动播出按钮，并单击播出按钮，系统会提示“按空格继续，按[ESC]+[Shift]退出！”此时，可以通过按 Space 键，将当前主表对白语句按照设定好的字效与特技方式播出。

D-Cube-Edit 支持唱词素材在轨道展开，直接调整每句对白切入位置及文字内容。选中图文轨上的唱词素材，在素材上右击，在弹出的快捷菜单中选择【图文主表轨道展开】命令，唱词素材被展开，可以看到每一句对白的文字内容，如图 8.93 所示。

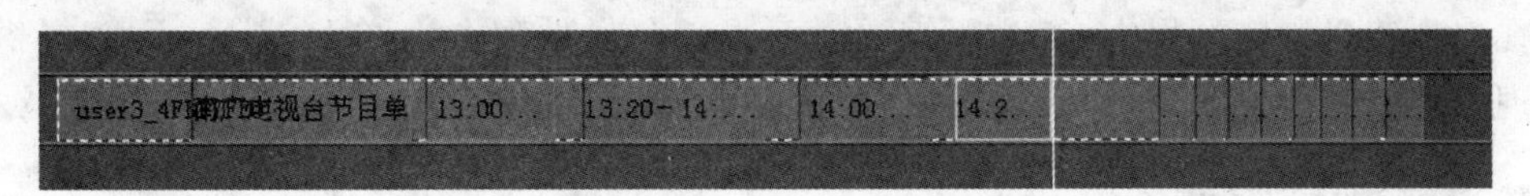

图 8.93 图文主表轨道展开效果

利用缩放工具可以放大唱词编辑区。选中需要调整的段落，段落边线颜色会变黄，表示选中段落，可以通过鼠标对段落的入出位置进行调整。单击鼠标右键，在弹出的快捷菜单中选择【修改段文字信息】命令，可弹出“段文字信息修改”对话框，如图 8.94 所示。修改文字，单击“应用”按钮，即可完成文字的修改。修改完成后，在唱词上右击，在弹出的快捷菜单中选择【图文素材取消轨道展开】命令，保存所做的修改。

图 8.94 “段文字信息修改”对话框

在电视节目制作过程中，唱词与视频画面的相互匹配是一项重要的工作，也就是唱词拍点。方法是：在故事板上单击“拍唱词”按钮，弹出如图 8.95 所示的小 CG 对话框。单击运行按钮，系统会提示“按空格继续，按[ESC]+[Shift]退出！”，按 Space 键，来控制唱词的入出时间码，双击入出时间码的数值也可直接修改。完成后，单击 OK 按钮。

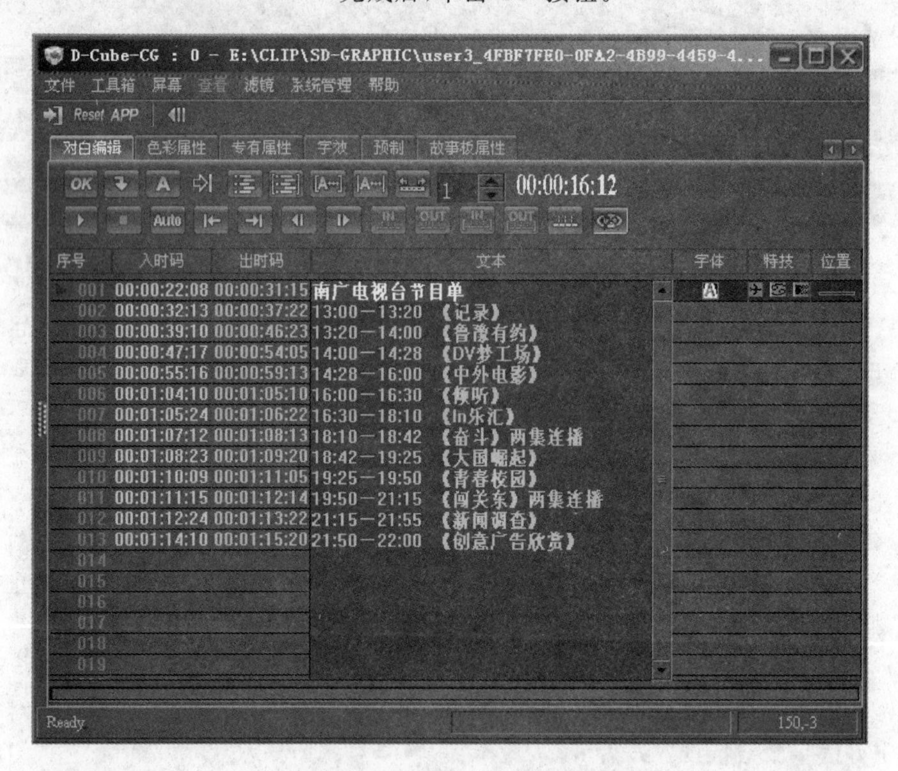

图 8.95 唱词小 CG 对话框

8.2.9 音频编辑与特效

在电视节目制作过程中，有时还需要对音频部分做处理。大洋 D-Cube-Edit 提供了 3 种实现音频调整的方式，轨道调整、特技调整和素材调整窗调整。

1. 音频的轨道调整

轨道调整方式是一种直接在轨道上通过拖动特技参数曲线来完成的快速调整方式，通常用来调节音频素材的增益，保证节目响度值既不过低也不超标，还可以做到淡入淡出的效果。具体调整方法如下。

(1) 将故事板编辑窗左下方的“编辑素材”按钮按下呈　状态，切换到特技编辑状态，此时故事板上的音频素材上会显示一根红色电平线，如图 8.96 所示，代表这段素材的真实电平值。红线的两端各有一个蓝点，代表首、末两个关键点，默认电平值为 1dB。

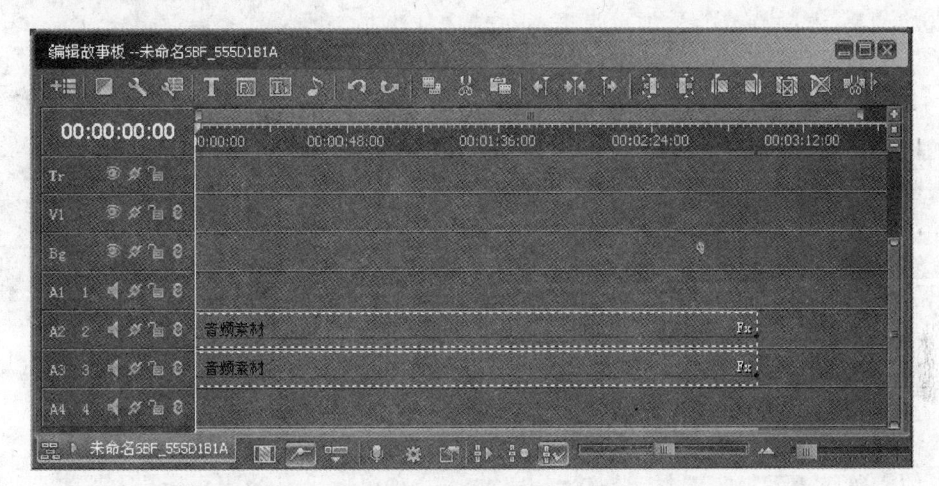

图 8.96　音频特技编辑状态

(2) 用鼠标在红线上单击，即可添加关键点。对关键点上下拖动，可以调节音频的电平值，即调节音频的音量。若设置了多个关键点，可对音频电平做曲线调整。如图 8.97 所示，对音频进行了淡入淡出调节。按住 Ctrl 键的同时拖动关键点，可自由改变关键帧的位置和参数值；按住 Shift 键的同时拖动关键点，可左、右拖动关键帧改变其位置。双击关键点即可恢复其电平默认值 1。

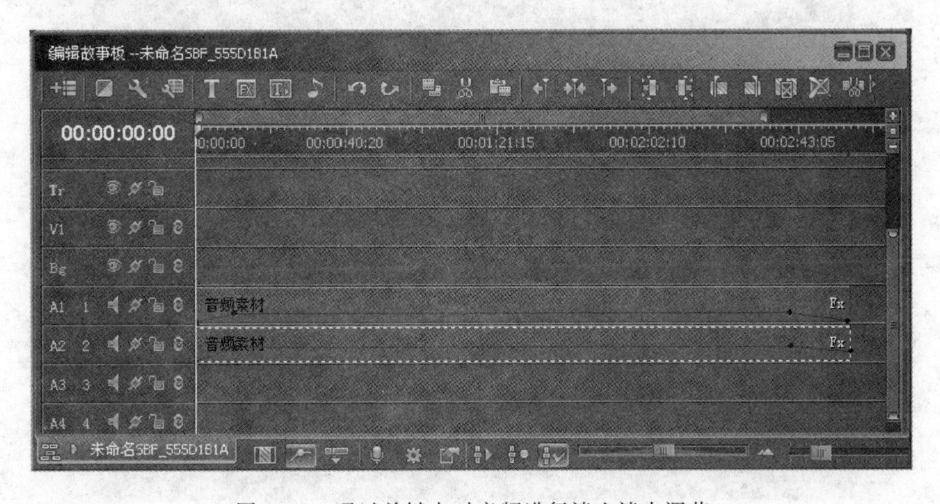

图 8.97　通过关键点对音频进行淡入淡出调节

(3) 在素材上右击，在弹出的快捷菜单中可实现对特技的复制、删除、剪切、反向、复位、无效等操作，还可以实现关键点的删除和复制操作，如图 8.98 所示。右键菜单中的“Fade 调节”

菜单下的多个子命令可直接实现音频的淡入淡出效果。

(4) 将“特技编辑”按钮关闭,恢复故事板编辑状态。

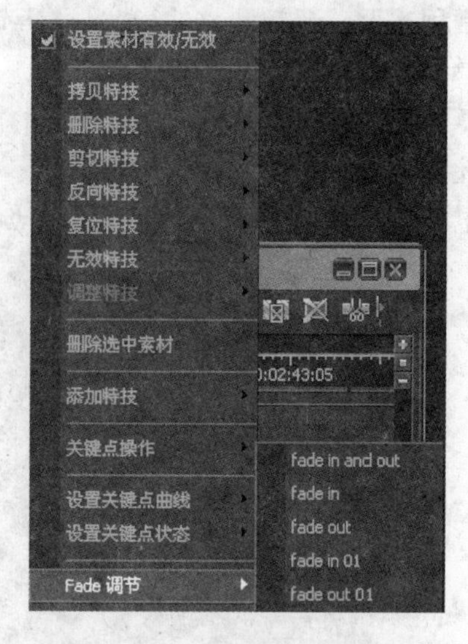

图 8.98 音频素材右键菜单

2. 音频的特技调整

音频的轨道调整提供了对音频增益的最简便、最快速直观的调整,音频特技的添加也可以通过选中故事板轨道上的素材,单击“特技编辑”按钮 FX 或直接按 Enter 键,进入音频的“特技编辑”窗口,如图 8.99 所示,实现对音频的精细调整。

音频特技主要分为两类:大洋特技和通用特技。大洋特技是由软件实现的音频特技,种类不受硬件限制。通用特技是硬件支持的特技,随硬件板卡不同有所区分。音频特技的添加和调整方法与视频特技类似。

3. 素材调整窗调整

双击素材库中的音频素材,或音频轨道上的音频素材,该素材的波形将会显示在素材调整窗口中。单声道采集的素材,只显示一条波形;双声道采集的素材,会分别显示两条波形。单击素材调整窗口中的“音频特效”按钮,经过短暂的初始化过程,即可进入“音频特效制作”对话框,如图 8.100 所示。大洋音频特效制作模块是 D-Cube-Edit 内置的一个功能模块,能运行在任何声卡上,也支持大洋 Redbrdige 板卡进行输入/输出。主要用于对音频素材的精确剪辑、特效添加等,也可进行声音的录制和混音。

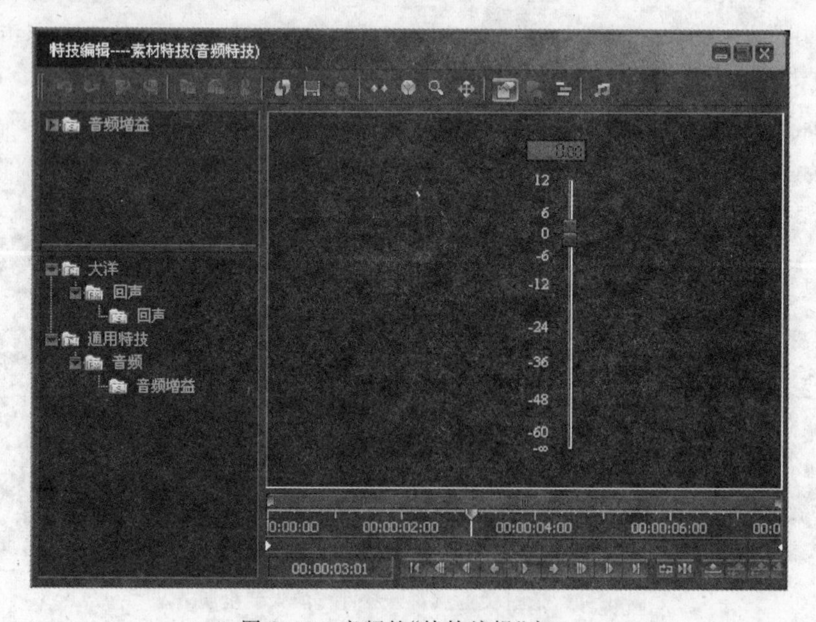

图 8.99 音频的“特技编辑”窗口

1) 界面介绍

音频特技制作模块界面主要包括工具栏、编辑区、播放控制区、素材信息设置区 4 个

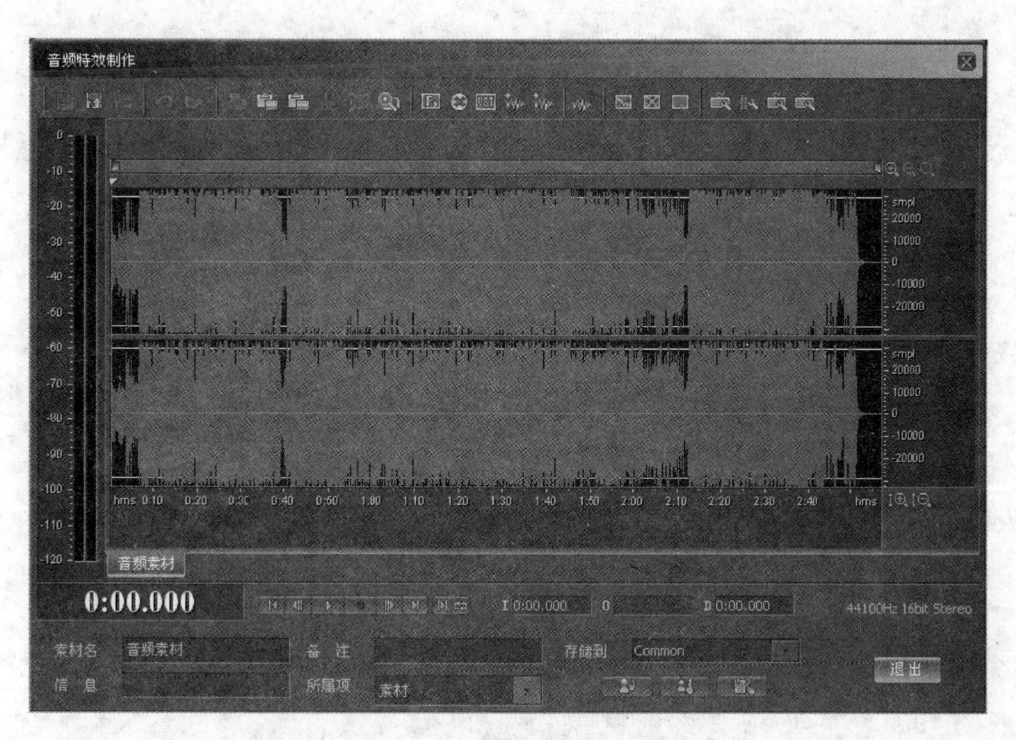

图 8.100 “音频特效制作”对话框

部分。

(1) 工具栏：主要包括常用的工具和命令，如图 8.101 所示。

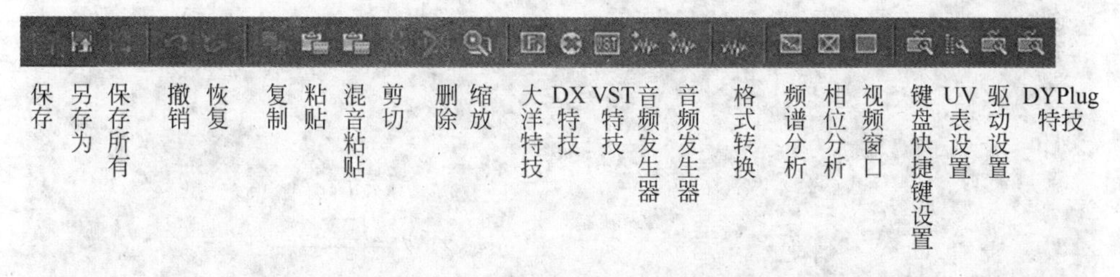

图 8.101 “音频特效制作”工具栏

(2) 编辑区：对素材的操作、显示、缩放、UV 显示等，其功能分布如图 8.102 所示。

(3) 播放控制区：主要用于控制时间线的播放和搜索，还可以录音。具体功能分布如图 8.103 所示。

(4) 素材信息设置区：主要用于设置素材的元数据信息。

2) 音频素材编辑

音频素材选择：按住鼠标左键在波形区域拖动，可以选择素材段。被选中的素材段标识为浅蓝色，如图 8.104 所示。拖动上方的黄色三角形图标，可调整素材的选择范围。要选中整个音频，可以在波形上右击，在弹出的快捷菜单中选择【全选】命令，或按 Ctrl＋A 组合键。

音频波形的复制、粘贴、删除、混音和静音：在选中的音频素材段上右击，将弹出如图 8.105 所示的快捷菜单。菜单中可以实现对音频的剪切、复制、删除、混音粘贴、静音等操

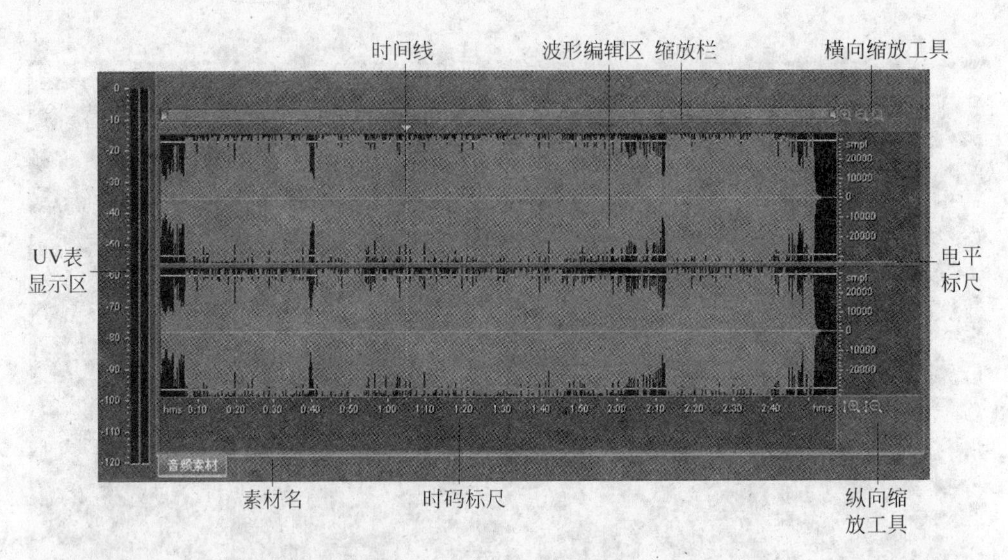

图 8.102 “音频特效制作”对话框的编辑区功能分布

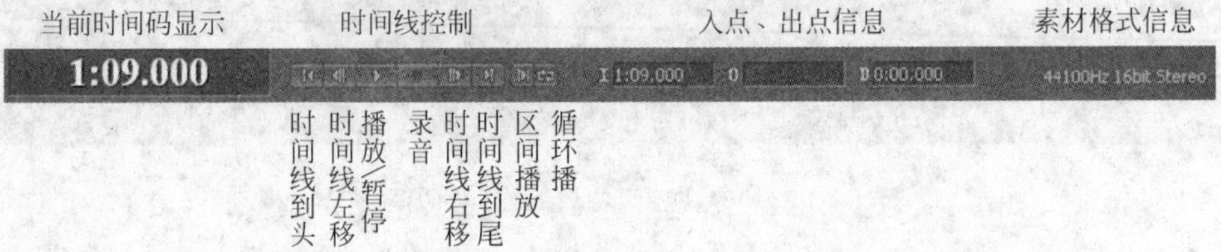

当前时间码显示　时间线控制　入点、出点信息　素材格式信息

1:09.000　I 1:09.000　O　D 0:00.000　44100Hz 16bit Stereo

时间线到头　时间线左移　播放/暂停　录音　时间线右移　时间线到尾　区间播放　循环播放

图 8.103 “音频特效制作”对话框的播放控制区功能分布

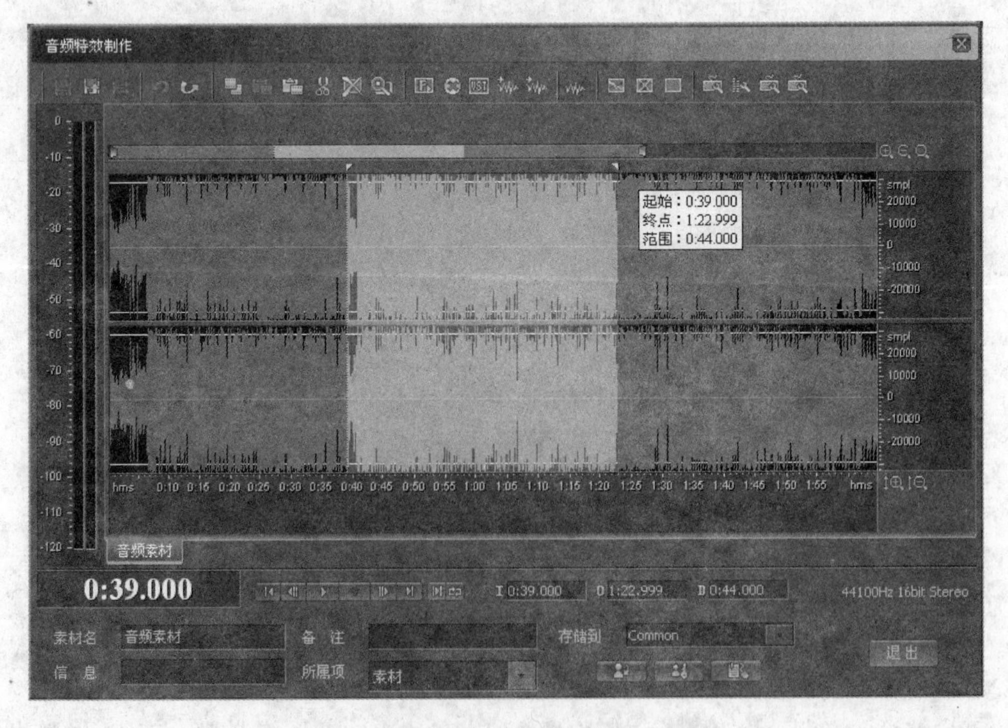

图 8.104 选择音频素材

作。其中,【混音粘贴】命令是将复制的音频段和需要粘贴位置的音频段进行混音处理,在弹出的如图 8.106 所示的对话框内设定混音的选项。

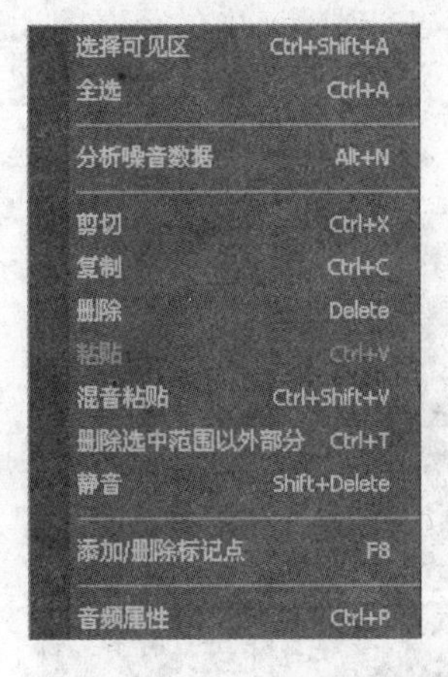

图 8.105 音频右键菜单

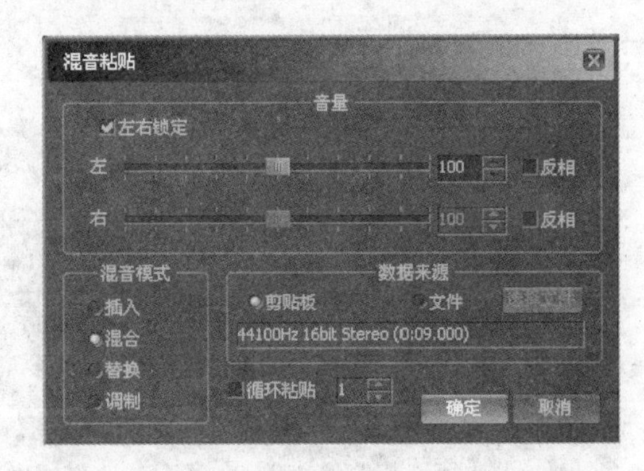

图 8.106 “混音粘贴”对话框

3) 音频特技

音频特技的添加方法是分别单击工具栏中的音频特技按钮 ,从对应的菜单中选择所需的特技,对音频素材做特效处理,如图 8.107 所示。

在弹出的如图 8.108 所示的“变幅”对话框中可以调节左声道和右声道音频的音量。

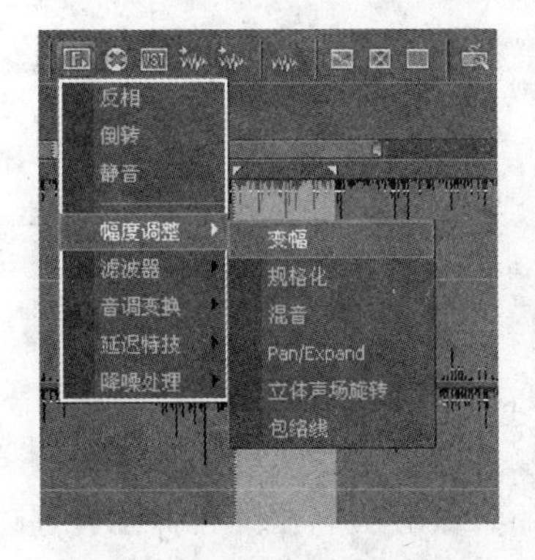

图 8.107 添加大洋特技

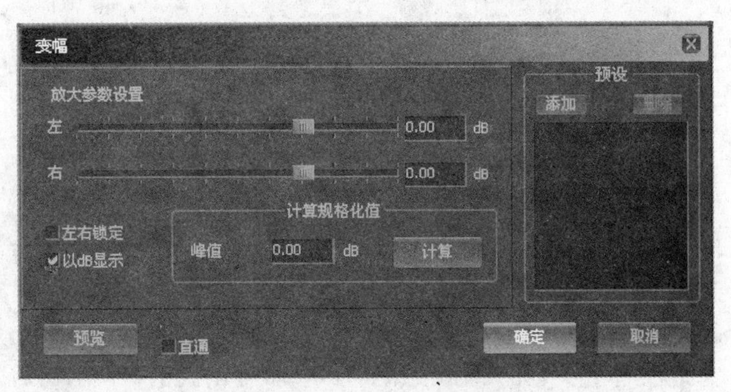

图 8.108 “变幅”对话框

8.2.10 节目输出

电视节目编辑的最终目的是为了有效地输出,在 D-Cube-Edit 系统工具栏中的“输出”菜单命令中提供了多种故事板输出方式,如图 8.109 所示。

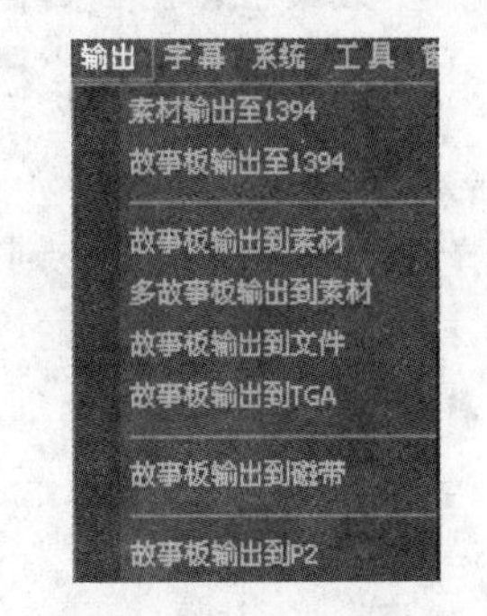

图 8.109 故事板输出方式

1. 故事板输出至 1394

故事板输出至 1394,可实现通过 IEEE1394 接口将编辑好的节目直接回录到 DV 磁带的功能。实现方法是:首先,将 DV 摄像机或录像机与非线性编辑工作站正确连接起来。执行【输

出】|【故事板输出到 1394】命令，打开回录界面，如图 8.110 所示。在素材库中选中需要输出的素材，并将其拖拽至功能窗的左侧故事板回放窗口中，可通过播放控制按钮浏览源素材。通过右侧输出回放窗口的 DV 遥控控制按钮，可以浏览磁带画面，并在需要插入素材的位置设置入点。单击录制按钮 开始回录操作。回录完成后，系统自动停止操作，通过 DV 遥控控制按钮可以播放浏览回录的效果。

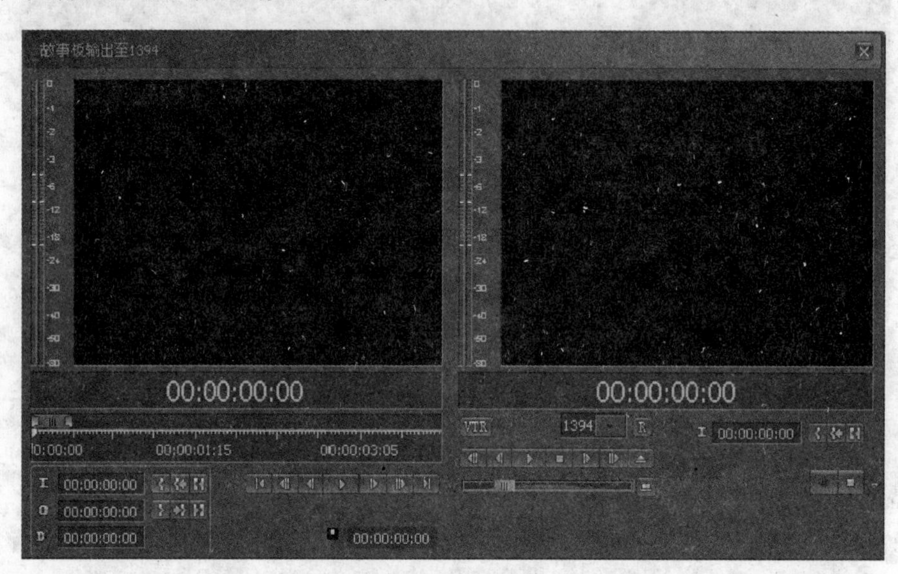

图 8.110　故事板输出到 1394 界面

2. 故事板输出到素材

故事板输出到素材，可以将故事板的局部或全部区域输出为可以在其他故事板或系统中直接引用的素材或文件。实现方法是：在故事板上打入出点设置输出区域，在故事板空白处右击，在弹出的快捷菜单中选择【故事板输出到素材】命令，或执行【输出】|【故事板输出到素材】命令，弹出如图 8.111 所示的"故事板输出到素材"对话框。可以通过播放按钮对素材进行浏览。然后，设置素材名称、输出视/音频格式等信息，参考剩余时间，确保充足存储空间后，单击"开始采集"按钮，将故事板输出到素材。输出后的素材将出现在大洋资源管理器中。

3. 故事板输出到文件

故事板输出到文件功能，可以将素材或故事板区域转换为在计算机中保存和播放的文件，如 DV25、DV50、Mpeg2I、Mpeg2IBP、RealMedia 等。在文件合成完成后，还可根据需要选择是否通过网络上传到 FTP 服务器。实现方法是：执行【输出】|【故事板输出到文件】命令，或在故事板空白处右击，在弹出的快捷菜单中选择【故事板输出到文件】命令，打开"故事板输出到文件"对话框，如图 8.112 所示。在"输出类型"下拉列表框中选择需要获得的素材格式，设置文件的保存路径及文件名，调整视频格式的参数，选择输出的范围，单击 按钮开始输出。

图 8.111 “故事板输出到素材”对话框

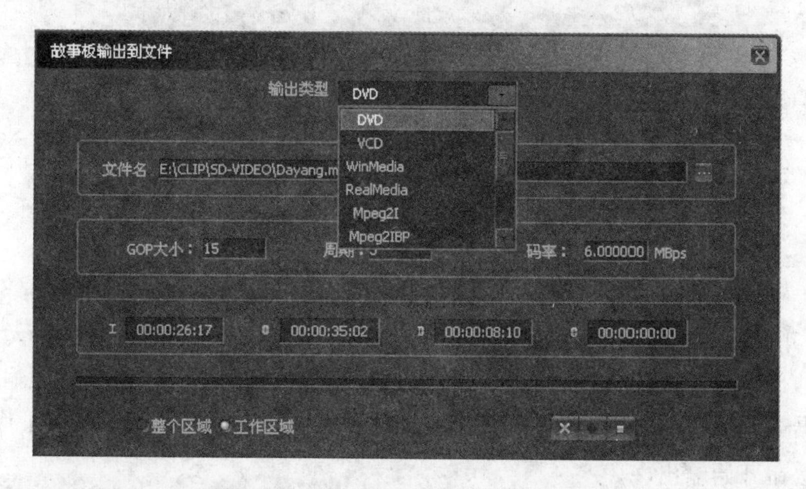

图 8.112 “故事板输出到文件”对话框

4. 故事板输出到 TGA

故事板输出到 TGA 功能可将故事板的局部或全部区域输出为 TGA 序列、BMP 序列、FLC 序列等，以便在不同的平台中使用。具体实现方法是：执行【输出】|【故事板输出到 TGA】命令，打开“输出至 TGA 文件”对话框，如图 8.113 所示。选择输出范围，单击文件名右侧的 按钮，在弹出的如图 8.114 所示的“保存文件”对话框中设置文件名、保存路径及保存格式。设置完成后，单击 按钮开始输出。

5. 故事板输出到磁带

故事板输出到磁带功能，需要相关 I/O 板卡的支持，可以将故事板精确地输出到 VTR 录机上。具体实现方法是：打开故事板文件播放，确认故事板输出区域。录机带舱中放入

图 8.113 “输出至 TGA 文件”对话框

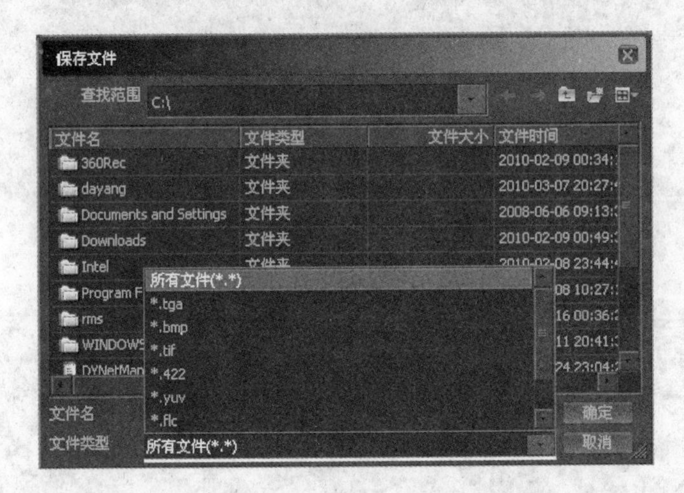

图 8.114 “保存文件”对话框

经过预编码的磁带，确保时间码连续，将录机调至遥控状态，执行【输出】|【故事板输出到磁带】命令，打开如图 8.115 所示的“故事板输出到磁带”对话框。设置磁带的插入点，或磁带的插入区域，选择输出范围，选取“组合”或“插入”方式，“插入”方式下可以选取输出的视/音频信道，根据需要选择是否“头加彩条”、“头加黑场”、“尾加黑场”，是否添加“千周声”，设置后单击按钮开始输出。

图 8.115 “故事板输出到磁带”对话框

6. 故事板输出到 P2

故事板输出到 P2 功能，不仅可以实现 P2 卡上的 MXF 文件的导入和卡上编辑，还可以实现将故事板直接输出到 P2 卡。具体实现方法是：打开故事板并播放，打入出点设置故事板输出区域，执行【输出】|【故事板输出到 P2】命令，打开如图 8.116 所示的“故事板输出到 P2”对话框。系统默认输出到第一块尚有空间的 P2 卡，也可以选择手动添加路径，选择输出格式和音频通道数，单击按钮开始输出。

图 8.116 “故事板输出到 P2”对话框

思 考 题

1. 电视节目制作的流程有哪些？
2. 采集素材有哪几种方式？
3. 编辑素材有哪几种方式？
4. 什么是转场特技？什么是视频特技？有哪些区别？
5. 如何制作滚屏？如何制作唱词？

CHAPTER 9

第9章

实　验

实验1　Photoshop选区的创建、编辑和应用

一、实验目的

(1) 掌握创建规则选区和不规则选区的方法。

(2) 掌握选区的常用编辑方法。

(3) 掌握存储和载入选区的方法。

二、实验要求

(1) 学会使用工具箱中的选框工具组、套索工具组和魔棒工具组工具创建选区。

(2) 学会使用"选择"菜单中的命令创建选区。

(3) 熟练选区编辑操作：移动选区、增减选区、缩放选区。

三、实验内容

1. 利用规则选区的创建工具——椭圆选框工具合成图像

(1) 打开"背景.jpg"和"girl.jpg"文件。

(2) 使用椭圆选框工具选择女孩的面部。选择椭圆选框工具后，在图像中拖动鼠标时按住Shift键，可选出正圆形，如图9.1所示。

(3) 移动选区，鼠标拖动选区的内部，可以实现被选区域的移动操作。

(4) 选中Photoshop工具箱中的移动工具，将选中的选区内图像复制到背景图像中，如图9.2所示。

(5) 在背景图像窗口中，执行【编辑】|【自由变换】命令(或按Ctrl+T组合键)，调整图像大小，按住Shift+Alt组合键，可以从中心向外等比调整图像大小，如图9.3所示。

(6) 图像大小调整后，按Enter键确认调整。

2. 通过选区计算制作多彩形状

(1) 新建一个800×600像素，底色为#eeeeee的RGB图像(将前景色设置为#eeeeee,

图 9.1　选出正圆形

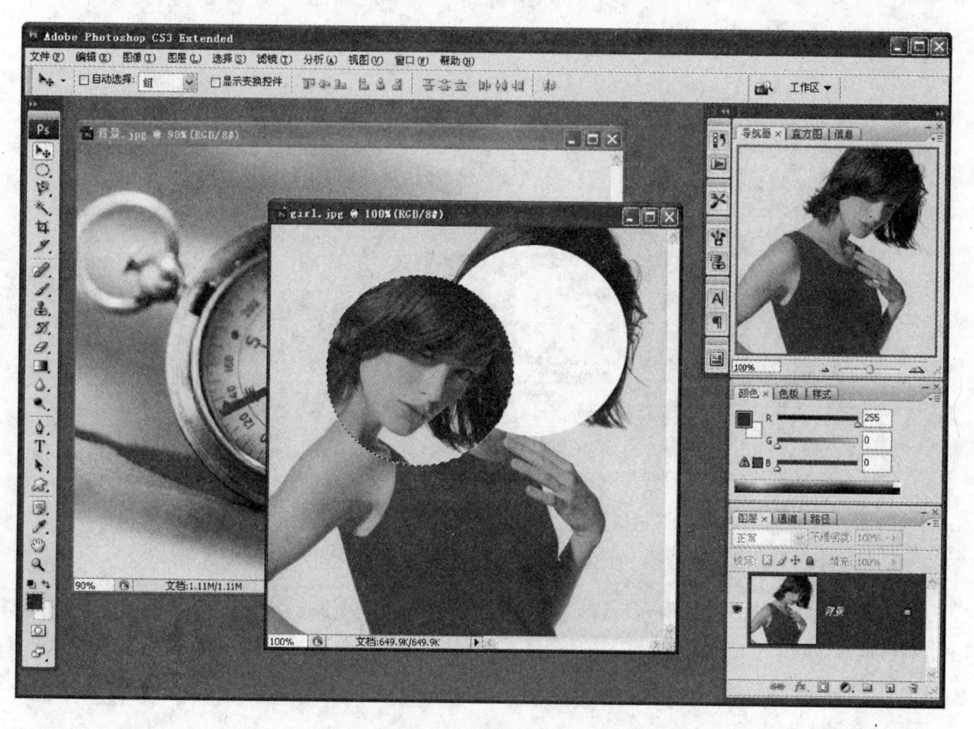

图 9.2　将选中的选区内图像复制到背景图像中

图 9.3　从中心向外等比调整图像大小

然后按 Alt＋Delete 组合键填充背景图层来实现)。

(2) 在“样式”调板的右上角的按钮中选择替换样式，如图 9.4 所示，将 Photoshop 样式调板中替换成“多彩样式. asl”文件。

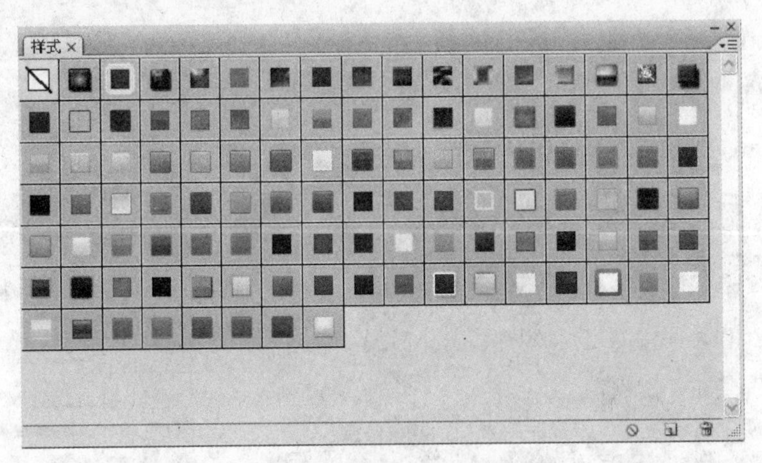

图 9.4　“样式”调板

(3) 新建一个图层，使用矩形选框工具建立一个正方形选区(按住 Shift 键创建选区)，如图 9.5 所示。

(4) 随意设置前景色，并且填充到新图层中(按 Alt＋Delete 组合键)，完成后取消选区，如图 9.6 所示。

(5) 在“样式”调板中任意单击一种色块可添加到方形上，完成效果如图 9.7 所示。

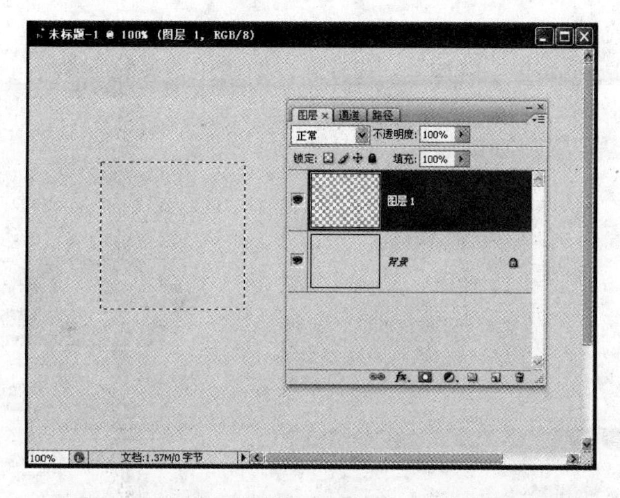

图 9.5 使用矩形选框工具建立一个正方形选区

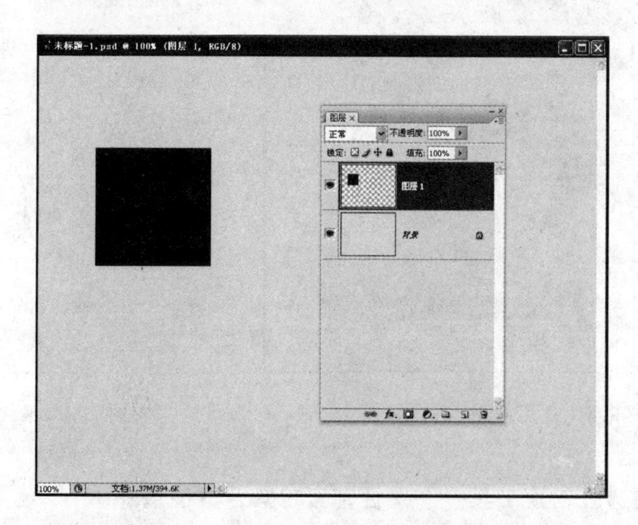

图 9.6 设置前景色填充到新图层中

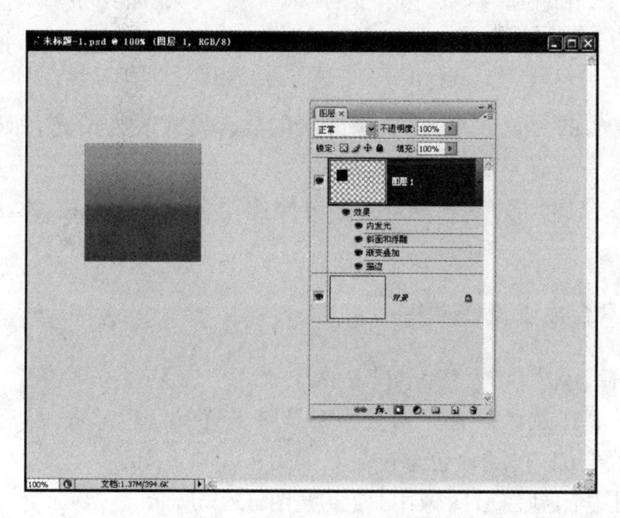

图 9.7 添加色块的效果

(6) 通过选区的运算方式完成以下效果。注意,每次填充颜色前,一定要新建图层,并且注意不要将颜色填充在背景图层上,因为背景图层不能添加样式,也就无法完成最终效果。最终效果图如图 9.8 所示,其图层设置如图 9.9 所示。

图 9.8　最后效果

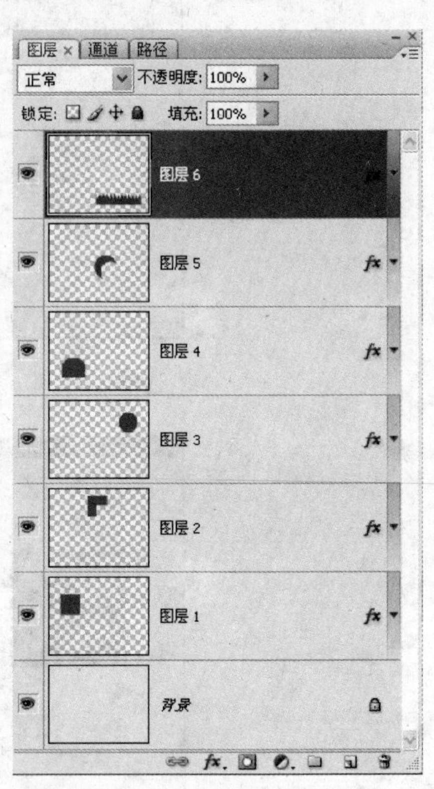

图 9.9　最终的图层设置

3. 使用非规则选区创建工具——磁性套索工具合成图像

(1) 打开“通缉令.jpg”和“越狱.jpg”文件。

(2) 用磁性套索工具选择“越狱.jpg”文件中的一部分拖至“通缉令.jpg”文件中,调整大小如图 9.10 所示。

(3) 为了表现真实的合成效果,将头像图层的混合模式改为柔光,如图 9.11 所示,效果如图 9.12 所示。

(4) 为了加深头像图层的颜色效果,把头像图层复制两次(按 Ctrl+J 组合键)完成图 9.13 所示的效果。

4. 使用魔棒工具合成图像

(1) 打开“足球鞋.jpg”和“天空.jpg”文件。

(2) 为白色球鞋制作选区。首先用魔棒工具单击背景白色部分,然后反选选区,再通过选区计算将多余选区删除,得到白色球鞋选区,如图 9.14 所示。

(3) 将白色球鞋复制到白云图像中,效果如图 9.15 所示。

图 9.10 拖拽部分文件并调整大小

图 9.11 将头像图层的混合模式设为“柔光”

图 9.12 柔光后的效果

图 9.13 头像图层复制两次后的效果

图 9.14 反选选区得到白色球鞋选区

图 9.15 将白色球鞋复制到白云图像中的效果

(4) 使用容差为 20 的魔棒工具,在白云图层的白云部分单击,生成一个选区,如图 9.16 所示。

注意:使用魔棒工具时一定要选择背景图层,否则将无法选中云彩部分。

图 9.16 选中"白云"图层部分

(5) 复制并粘贴生成新图层，调整图层顺序形成效果如图 9.17 所示(注意：观察图中的图层调板的图层顺序)。

图 9.17 调整图层顺序后形成的效果

5. 制作真实影子效果(魔棒和存储选区)

(1) 打开“草原.jpg”和“变形金刚.jpg”文件。

(2) 使用魔棒工具单击“变形金刚.jpg”图像中的白色部分生成选区，然后反选选中变形金刚，如图 9.18 所示(反选按 Ctrl+Shift+I 组合键)。

图 9.18 反选选中变形金刚

(3) 将选中的变形金刚移动到“草原.jpg”图像中，调整大小如图 9.19 所示。

图 9.19 调整图像大小

(4) 为了使感觉真实，要制作变形金刚的投影效果。首先复制变形金刚图层，如图 9.20 所示。

(5) 选中图层 1(下方图层)，按住 Ctrl 键单击“图层”调板中的图层 1 缩览图，生成变形金刚形状的选区，如图 9.21 所示，效果如图 9.22 所示。

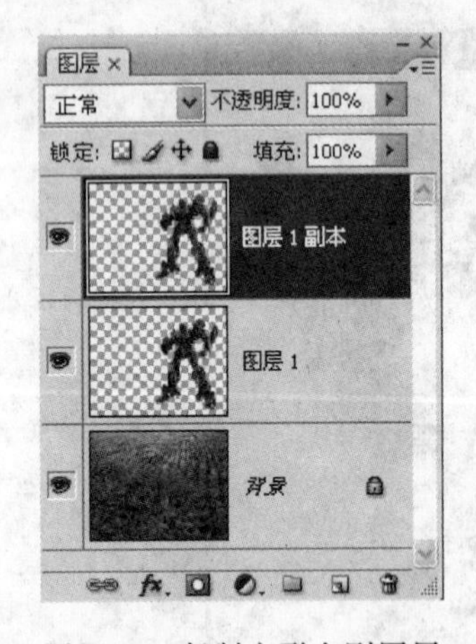

图 9.20 复制变形金刚图层

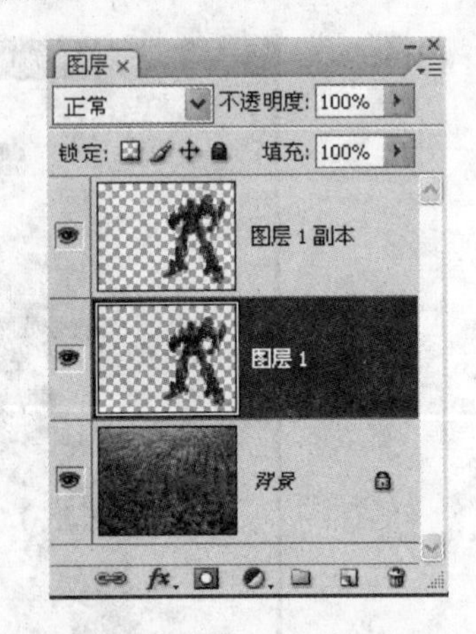

图 9.21 生成变形金刚选区

(6) 将图层 1 填充黑色(将前景色设置为黑色，按 Alt+Delete 组合键填充)，再使用自由变换命令(或按 Ctrl+T 组合键)将图层 1 变换成如图 9.23 所示的效果(按住 Ctrl 键拖动角点)。

(7) 如图 9.24 所示，在变换后的影子的“选区存储”对话框中，将“名称”文本框名设为“倒影”，则“通道”调板中出现“倒影”通道，如图 9.25 所示。

(8) 给图层 1 添加滤镜→模糊→高斯模糊，并调整半径，完成后如图 9.26 所示的效果。

图 9.22 按住 Ctrl 键移动图层

图 9.23 变换图层 1 后的效果

图 9.24 设置“名称”文本框为“倒影”

图 9.25　出现“倒影”通道

图 9.26　完成后的效果

6. 使用色彩范围命令抠图

(1) 打开“翠色三叶草.jpg”和“女孩.jpg”文件。

(2) 选中女孩.jpg 图像，执行【选择】|【色彩范围】命令，弹出“色彩范围”对话框，如图 9.27 所示，鼠标成吸管状，在“女孩.jpg”图像中的头发最黑处单击，其他设置如图 9.27 所示，单击“确定”按钮后生成选区，如图 9.28 所示。

(3) 在选中头发的情况下复制背景图层，生成头发的新图层，并将新图层名称重命名为“头发”，如图 9.29 所示。

(4) 复制背景图层，然后打开“翠色三叶草.jpg”图像，将三叶草拖放至女孩图像中，完成图层顺序如图 9.30 所示(注意：此时图像上虽然看不到单独的三叶草和单独的头发，但是保证图层顺序即可)。

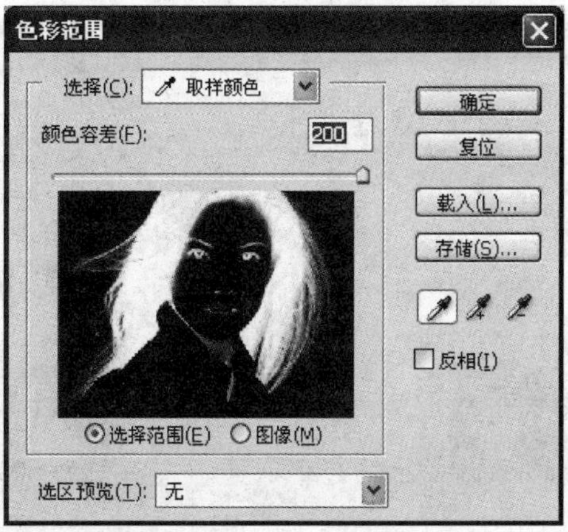

图 9.27 “色彩范围”对话框

图 9.28 生成选区

图 9.29 将新图层重命名为“头发”

(5) 选中“背景副本”图层，单击“图层”调板下方的 按钮，生成图层蒙版，如图 9.31 所示。

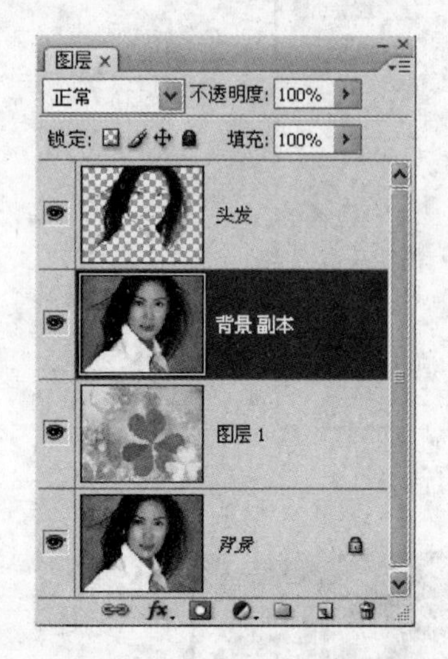

图 9.30　完成后的图层顺序

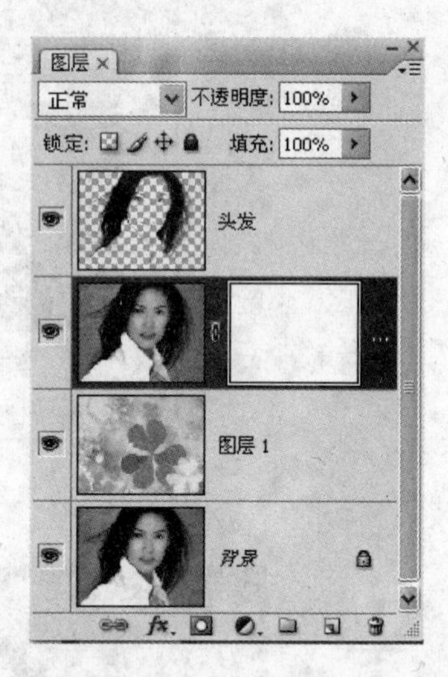

图 9.31　生成图层蒙版

(6) 选中画笔工具，将前景色设置为黑色，将图层蒙版相应的部分涂成黑色，如图 9.32 所示，完成如图 9.33 所示。

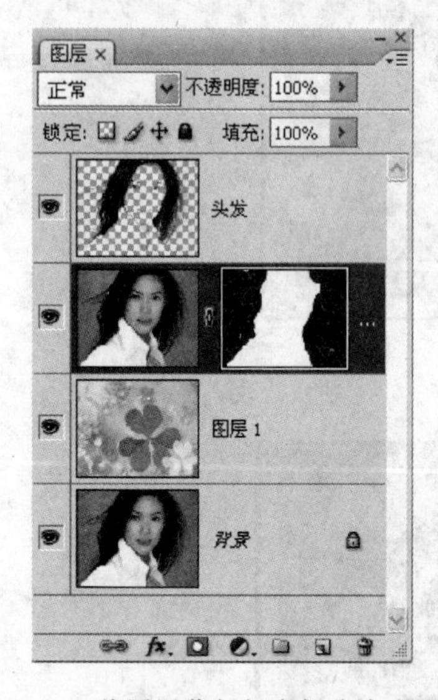

图 9.32　将图层蒙版相应部分涂成黑色

图 9.33　完成后的效果

7. 综合使用选区工具

(1) 打开“老人.jpg”和“瞭望塔.jpg”图像文件。

(2) 综合使用各种工具制作选区(将老人选中)，如图 9.34 所示。

(3) 使用快速蒙版方式(快捷键 Q)来检查选区的精确程度，将不完整的选区修整(用白色和黑色的画笔修整选区)，效果如图 9.35 所示。

(4) 将选中的部分拖至“瞭望塔.jpg”文件中，调整大小得出效果如图 9.36 所示。

图 9.34 将老人选中

图 9.35 修整后的效果

图 9.36 调整大小后的效果

8. 通过选区制作苹果电脑

(1) 新建一个 600×600 像素大小的图像。使用矩形选框工具制作一个 570×470 像素大小的选区,如图 9.37 所示(在矩形选框的工具选项栏的样式中选择固定大小,然后将宽高设置为 570×470 像素)。

(2) 执行【选择】|【修改】|【平滑】命令,将平滑值设置为 15,确定后效果如图 9.38 所示。

(3) 新建一个图层,选择渐变工具,设置渐变如图 9.39 所示。

(4) 在选区中自左而右地绘制并填充内容,如图 9.40 和图 9.41 所示。

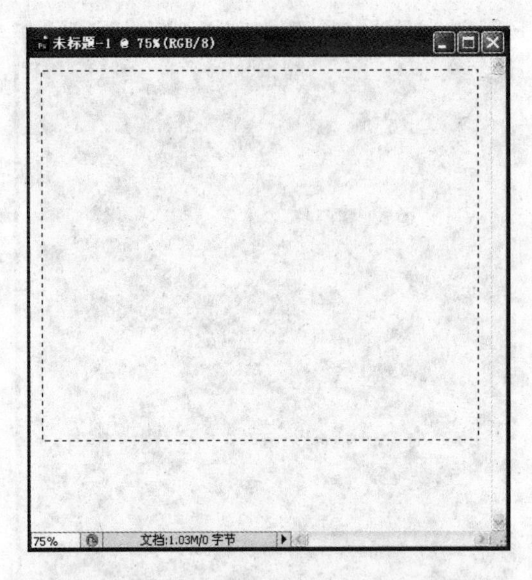

图 9.37 选择 570×470 像素大小的选区

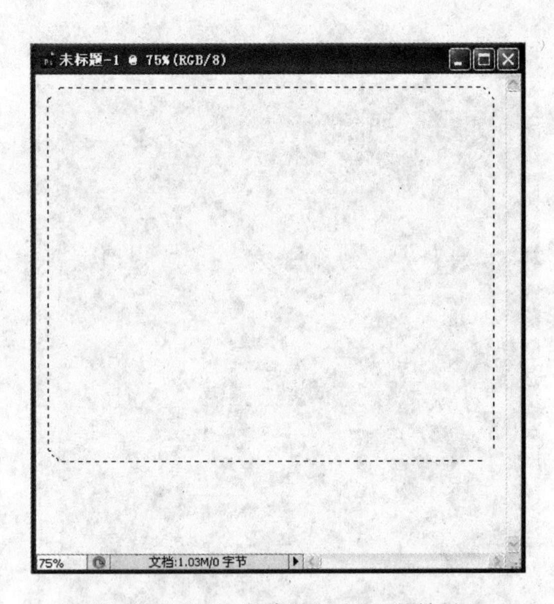

图 9.38 将平滑值设置为 15 的效果

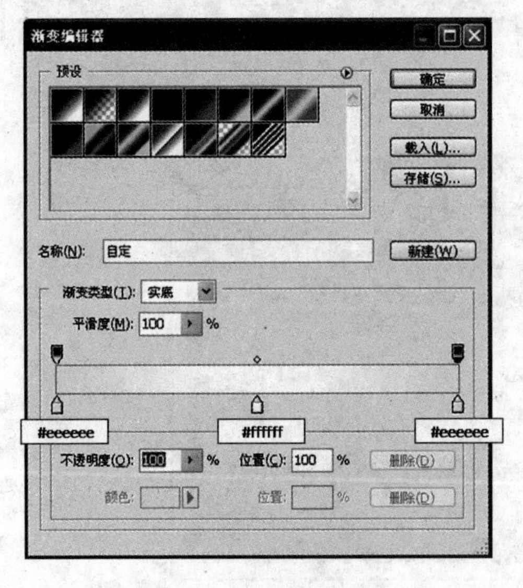

图 9.39 设置渐变效果

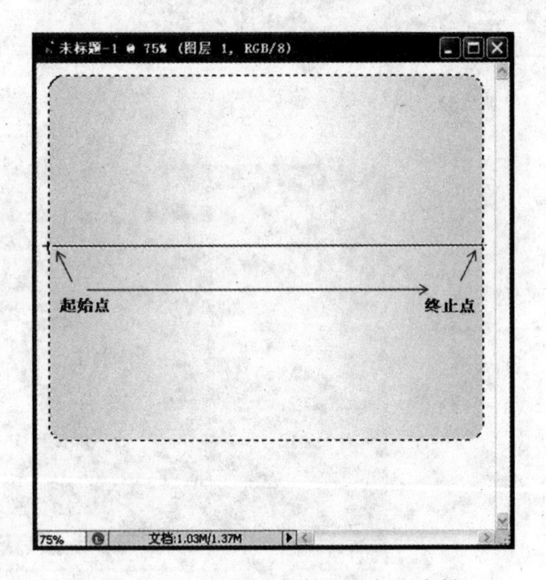

图 9.40 在选区中自左而右地绘制

(5) 执行【编辑】|【描边】命令，为图层描边，设置宽度为 3 像素，颜色为 # e0e0e0，位置设置为居外，完成后取消选区，如图 9.42 所示。

(6) 将该图层改名为“主体”，并再次新建图层，命名为“屏幕”，“图层”调板如图 9.43 所示。

(7) 使用矩形选框工具绘制一个 500×320 像素的选区，并将选区平滑为 5 像素，详细方法参考第(1)、(2)步。完成效果如图 9.44 所示。

(8) 为了让屏幕看起来更像 LCD 效果，给屏幕添加杂色。执行【滤镜】|【杂色】|【添加杂色】命令，为其添加数量为 7%的杂色，如图 9.45 所示。

图 9.41 在选区中填充内容

图 9.42 完成后取消选区

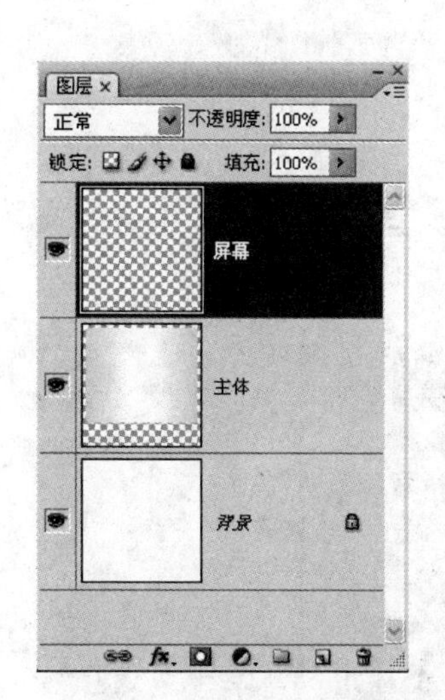

图 9.43 新建图层并命名为“屏幕”

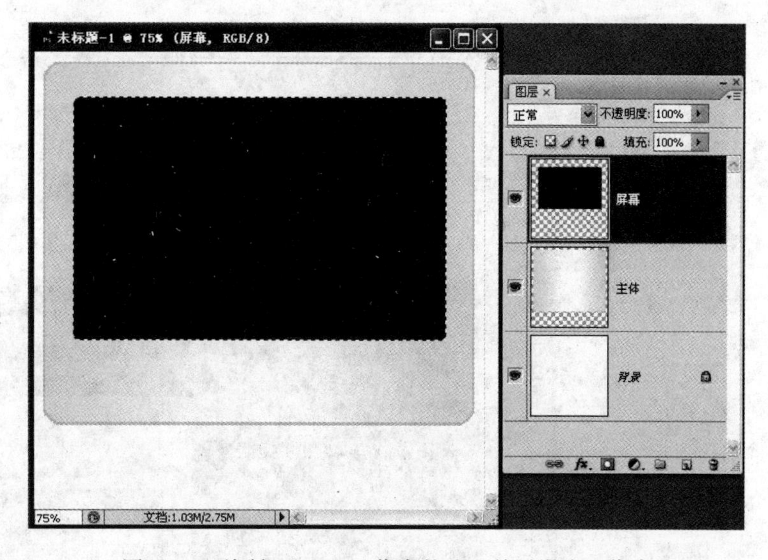

图 9.44 绘制 500×320 像素的选区并平滑为 5 像素

(9) 新建一个图层,命名为 iSight(苹果电脑的摄像头的名字),然后使用椭圆选框工具制作一个 12×12 像素的圆形选区,用#5a5a5a 的颜色填充,如图 9.46 所示。

(10) 新建一个图层,命名为 camera,使用椭圆选框工具制作一个 6×6 像素的圆形选区,使用黑色填充选区,并将图层放置在合适的位置。同样,再新建一个图层,命名为 LED,用于绘制绿色 LED 灯的效果。制作 4×4 像素的选区,填充#2aff00,完成效果和“图层”调板如图 9.47 所示。

(11) 打开“苹果矢量标志.jpg”和“底座.jpg”文件,将“苹果矢量标志.jpg”拖入图像中,使用魔棒工具选中白色多余部分将其删除,并调整大小完成后效果如图 9.48 所示。

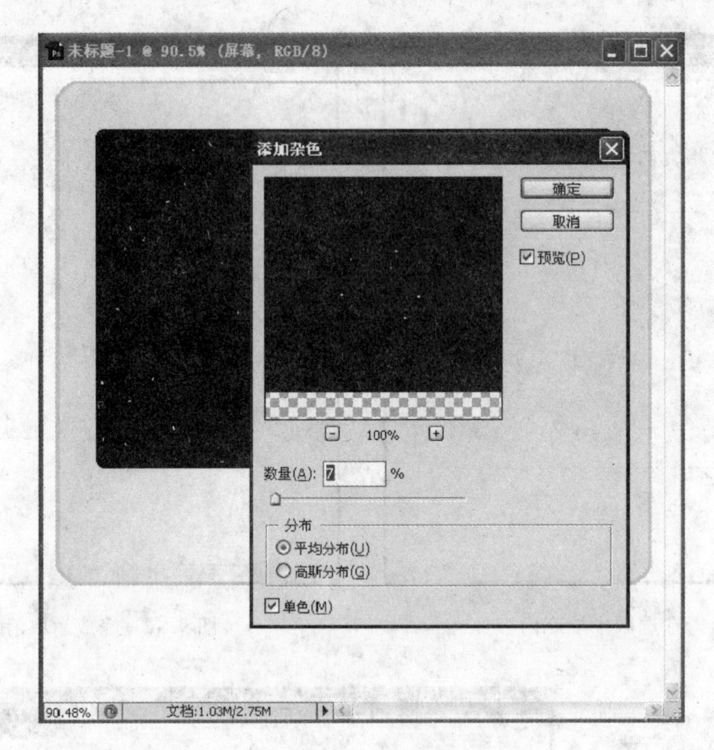

图 9.45 添加杂色

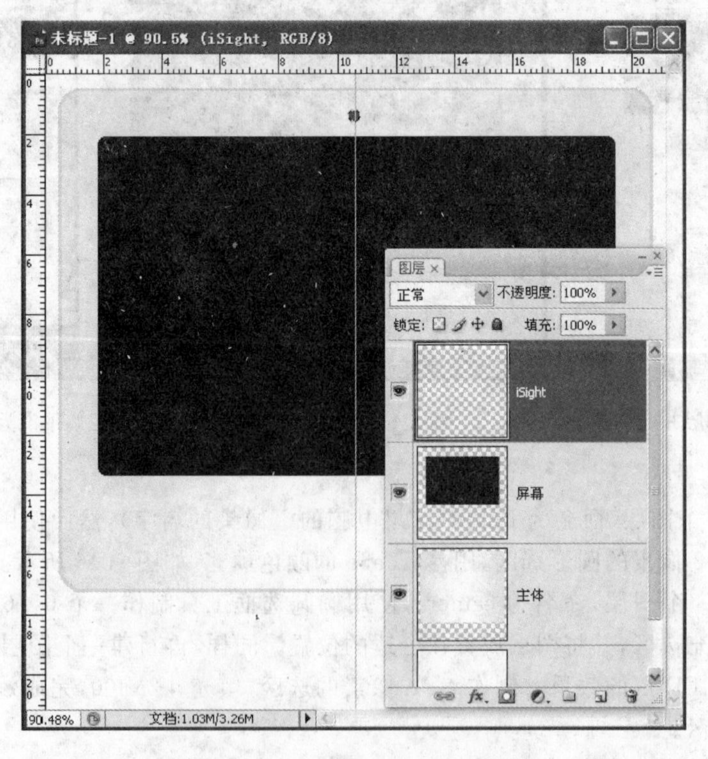

图 9.46 制作圆形选区并填充颜色

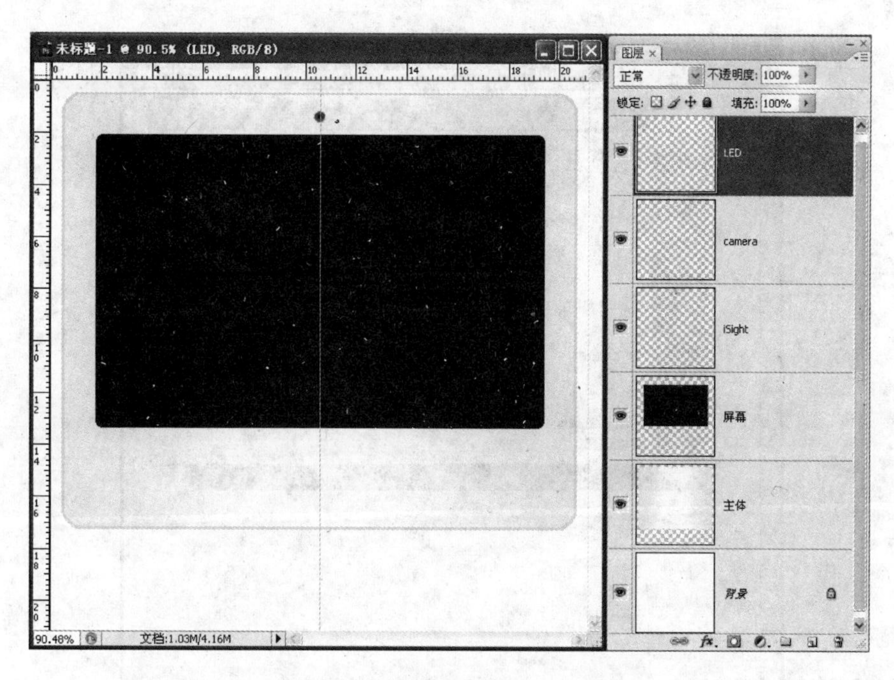

图 9.47　完成效果和"图层"面板

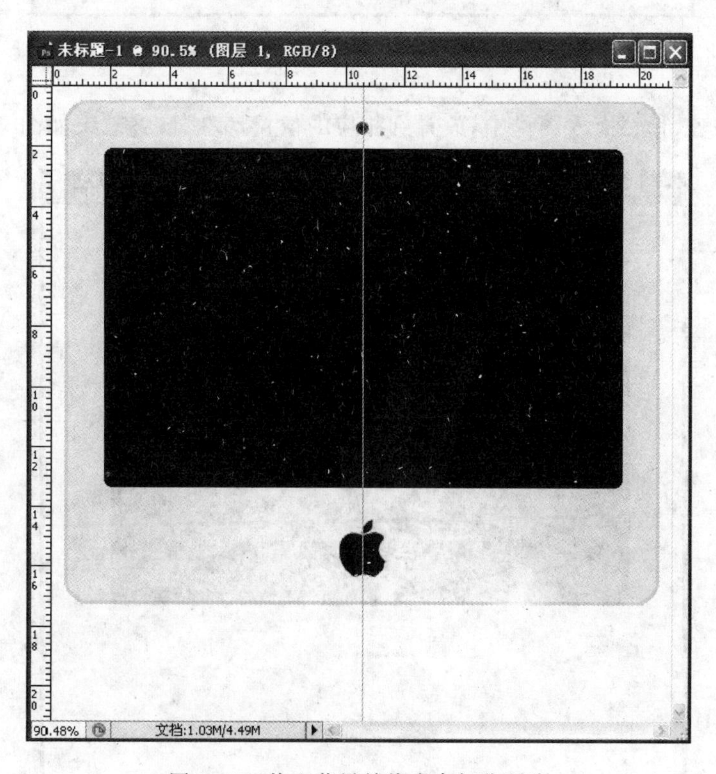

图 9.48　拖入苹果并将多余部分删除

(12) 执行【图像】|【调整】|【色相/饱和度】命令(或按 Ctrl+U 组合键),调整明度,完成后的效果如图 9.49 所示。

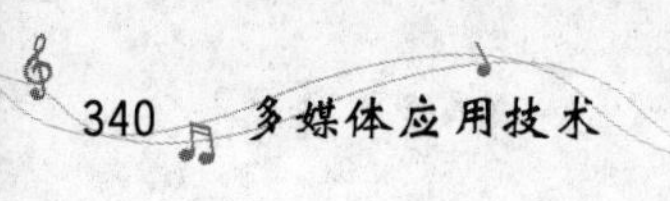

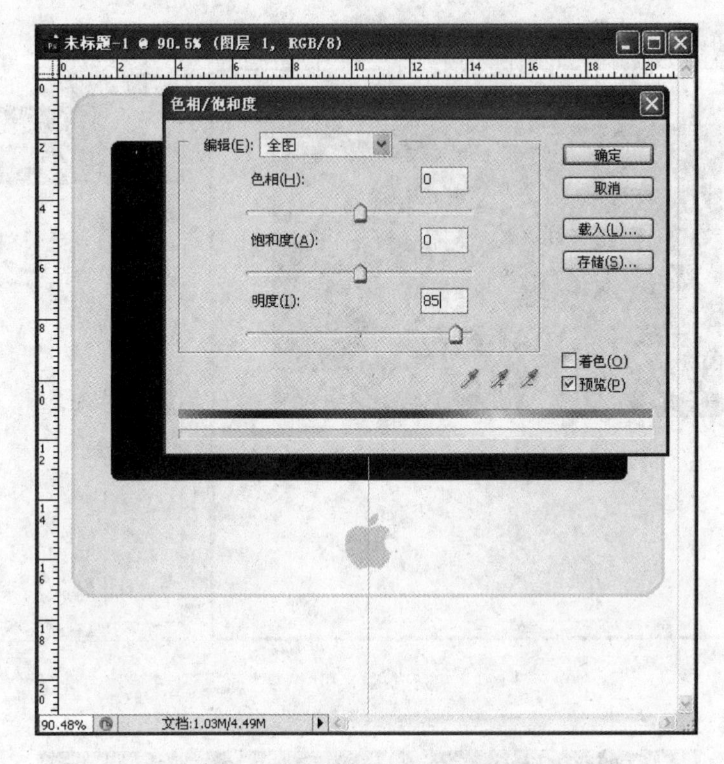

图 9.49　设置“色相/饱和度”对话框

(13) 将“底座.jpg”拖入图像中,放置到相应的位置,完成最终效果如图 9.50 所示。

图 9.50　完成后的最终效果

实验 2　Photoshop 绘图与修图

一、实验目的

(1) 了解画笔工具使用方法及应用技巧。
(2) 了解掌握修图的基本方法。
(3) 了解熟悉渐变工具的使用方法及应用技巧。

二、实验要求

(1) 学会使用工具箱中的画笔工具、加载画笔，并能灵活使用。
(2) 学会“修复画笔工具”、“修补工具”的基本使用方法。
(3) 利用实例掌握渐变工具的使用方法。

三、实验内容

(1) 画笔选择、使用、加载、特技。
(2) 图像的修复与修补。
(3) 渐变工具的应用。

1. 画笔的选择设置、加载画笔

选择画笔种类，画出如图 9.51 所示的图形。

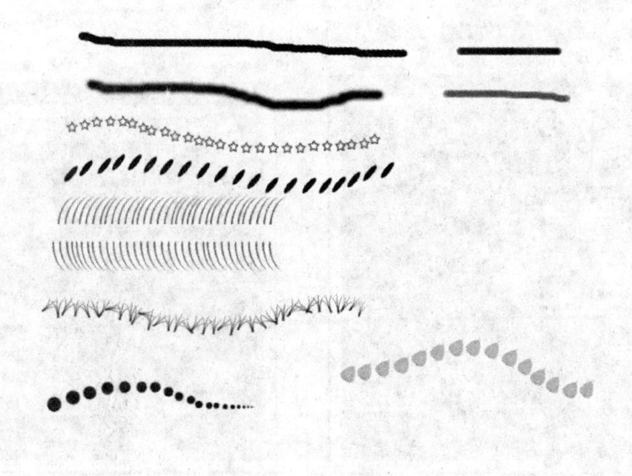

图 9.51　各式图形

加载画笔的操作步骤如下：
(1) 打开“flower.bmp”文件。
(2) 用矩形框选择其中图形。
(3) 执行【编辑】|【自定义画笔】命令，命名为“huabi”。

(4) 新建一个 800×600 像素的文件,试用“huabi”画笔。

(5) 根据图 9.52 所示调整间距、“形状动态”中的“角度抖动”、“散布”中的“散布”。

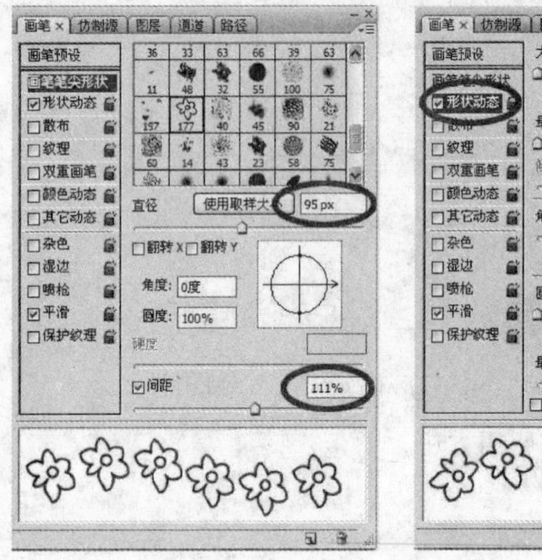

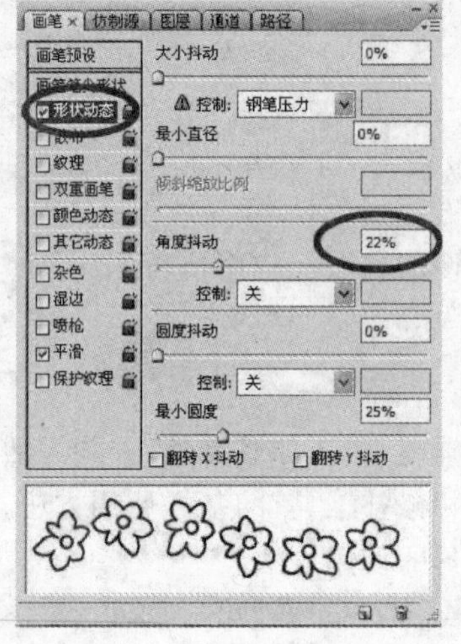

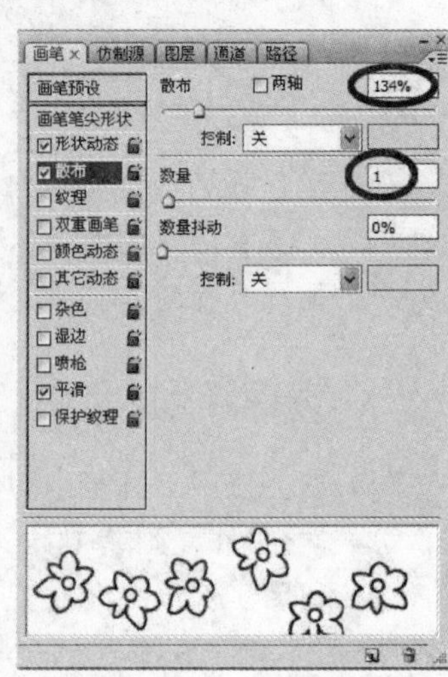

图 9.52 调整画笔设置

(6) 再用“FLOWER”画笔作图,查看结果。

2. 利用修复画笔工具修复图像

(1) 打开 “xiufu. bmp” 文件,如图 9.53(a)所示。

(2) 将背景复制一个图层,以便保留原稿。

(3) 选取画笔工具左侧的“修复画笔工具”。

(4) 应用多次,完成作品,如图 9.53(b)所示。

(a) 原始图像

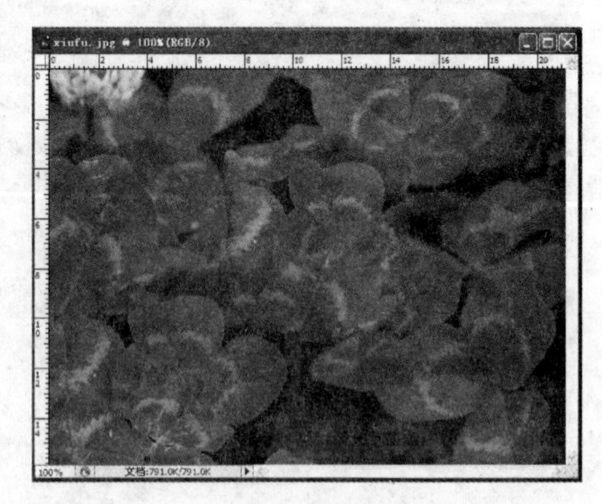

(b) 修复后的图像

图 9.53 利用修复画笔工具修图

3. 利用修补工具修补图像

(1) 打开“地板缝. bmp”文件,如图 9.54(a)所示。

(a) 原始图像

(b) 修补后的图像

图 9.54　利用修补工具修补图像

(2) 将背景复制一个图层,以便保留原稿。

(3) 用修补工具选取地板区域,设置“目标”项。

(4) 将选区拖到缝处,替代之。

(5) 也可相反操作,选取缝的区域,拖到地板区,但要设置为“源”。

4. 渐变工具的应用——按钮制作

(1) 新建文件:400×400 像素。

(2) 利用椭圆选框产生正圆选区(按 Shift 键)。

(3) 选渐变工具的径向渐变,在选区中左上至右下拖动,产生渐变。

(4) 执行【选择】|【修改】|【收缩】命令,参数设为 14。

(5) 执行【选择】|【调整边缘】|【羽化】命令,参数设为 5。

(6) 执行【编辑】|【变换】|【旋转 180 度】命令。

(7) 执行【选择】|【修改】|【收缩】命令,参数设为 4。

(8) 执行【编辑】|【变换】|【旋转 180 度】命令。

(9) 执行【图像】|【调整】|【变化】命令,加深红色 5 次,加深黄色 2 次,至此制作完成,如图 9.55 所示。

图 9.55　按钮制作

5. 使用仿制图章工具

(1) 打开“天鹅.bmp”文件,如图 9.56 所示。

(2) 在工具箱中选择仿制图章工具。按 Alt 键并单击图上参考点(如天鹅头)。

(3) 在希望盖章的地方单击并涂抹。可看见天鹅头出现。

(4) 试选其他点,并从中体会要领。

图 9.56 “天鹅.bmp”文件

实验 3 Photoshop 文字、形状、路径

一、实验目的

(1) 了解路径、形状的功能。
(2) 掌握路径、形状使用方法。
(3) 了解、掌握文字的编辑方法。

二、实验要求

(1) 学会使用工具箱中的钢笔工具组、路径选择工具组和文字工具组。
(2) 掌握路径的建立、调整、复制、转换方法及“路径”调板的功能和使用方法。
(3) 学会文字的输入、格式设置、排版及应用技巧。

三、实验内容

首先熟悉工具箱中的钢笔工具和对应的辅助工具栏选项：路径、形状图层、填充像素，如图 9.57 所示。

1. 路径的建立、增删锚点、变化锚点

(1) 新建一个文件 1000×800 像素。
(2) 按下面的顺序作路径，如图 9.58 所示。
① 用钢笔工具创建不封闭路径。
② 利用添加锚点工具添加锚点。
③ 利用直接选择工具选择锚点，改变形状。
④ 利用直接选择工具移动右上角锚点。

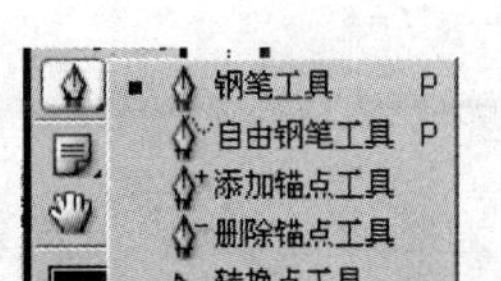

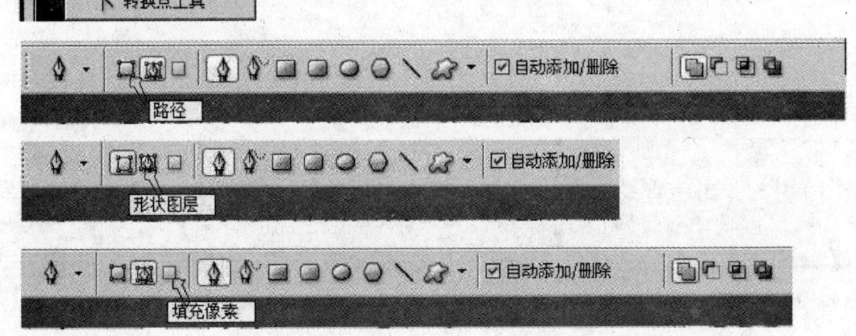

图 9.57 钢笔工具栏及其选项

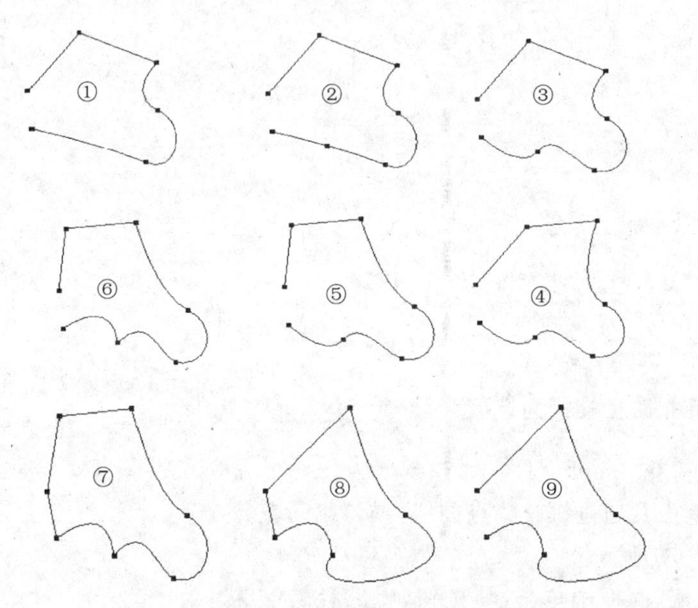

图 9.58 路径的建立、增删锚点、变化锚点

⑤ 利用直接选择工具移动上边的线段。

⑥ 利用转换点工具改变锚点的曲线方向。

⑦ 利用钢笔工具连接成闭合路径。

⑧ 利用删除锚点工具，删除左上、右下两锚点。

⑨ 利用直接选择工具，选择左侧线段并删除之(按 Delete 键)。

2. 路径的编辑

(1) 新建一个文件，创建如图 9.59 所示的封闭直线路径。

(2) 改变背上两点为曲线。

(3) 用直接选择工具选中头部 11 点，如图 9.60 所示。

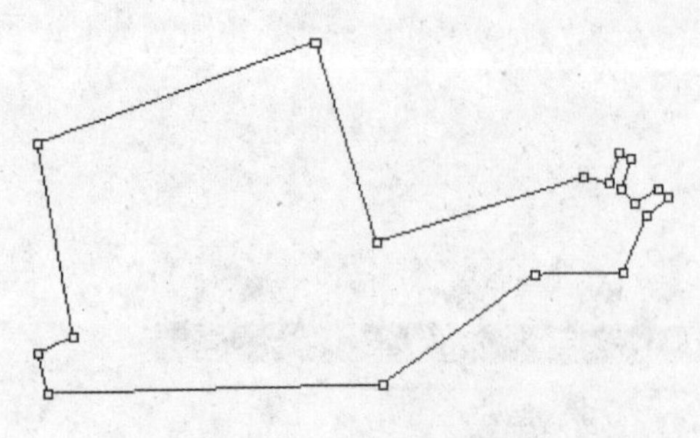

图 9.59　封闭直线路径

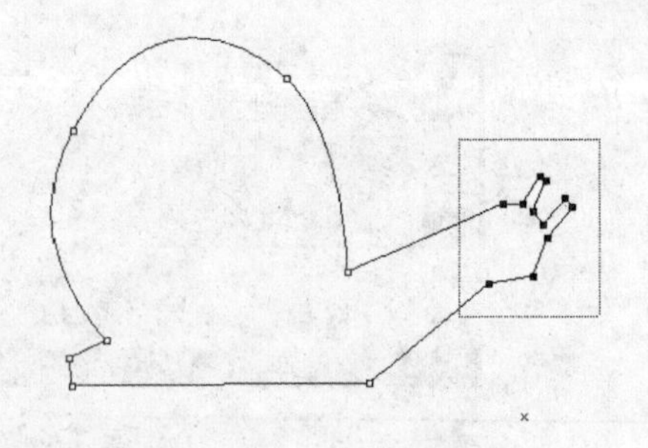

图 9.60　选中头部 11 点

(4) 执行【编辑】|【自由变换】命令，应用“直接选择工具”调整蜗牛头如图 9.61 所示。

(5) 用同样方法调整触角，如图 9.62 所示。

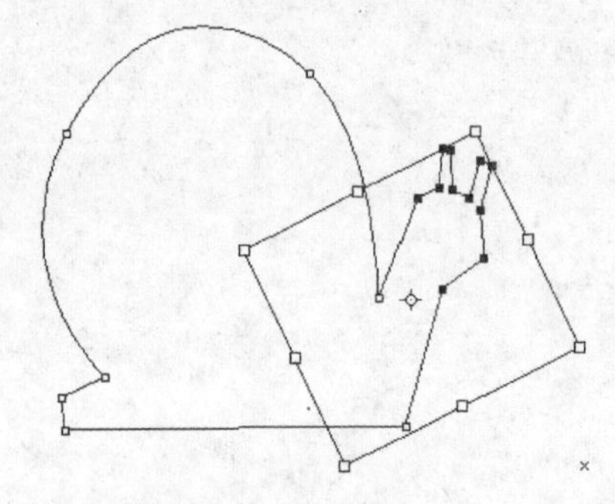

图 9.61　调整蜗牛头

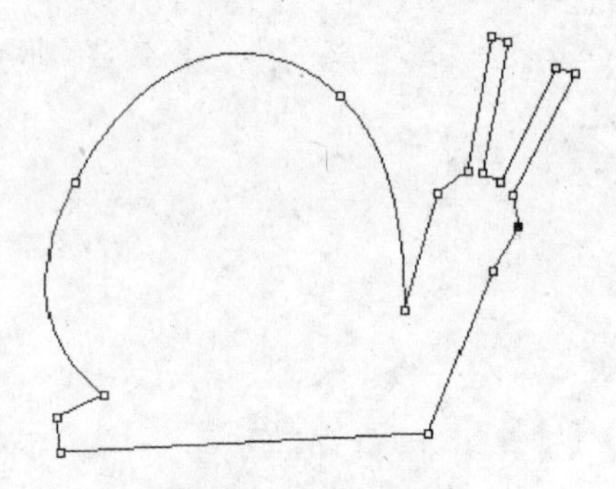

图 9.62　调整触角

(6) 调整各点曲线，完成后如图 9.63 所示。

3. 路径描图、路径转换为选区

(1) 打开“荷花.bmp”文件。

(2) 用钢笔工具通过调整锚点曲线，描绘出荷花轮廓路径，如图 9.64 所示。

(3) 在“路径”面板中单击 按钮，将路径转换为选区。

(4) 在选区中调整颜色，如图 9.65 所示。

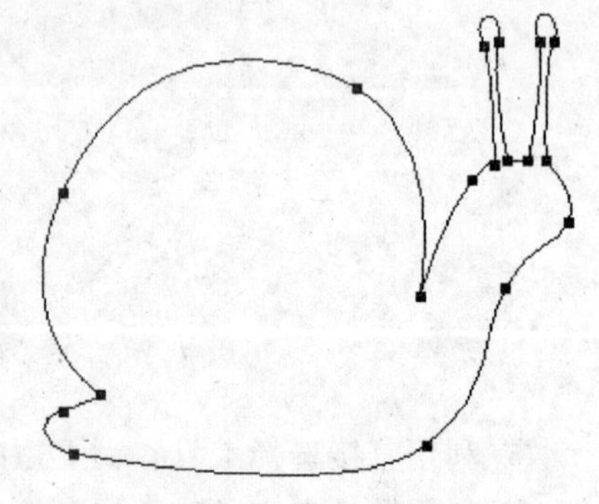

图 9.63　完成后的效果

4. 形状的组合

(1) 选择工具箱中的椭圆形工具，在画面上作圆。

(2) 复制(按 Ctrl＋C 组合键)并粘贴(按 Ctrl＋V 组合键)。

(3) 自由变换(按 Ctrl＋T 组合键)，缩小一圈(利用 Shift、Alt 键)。

(4) 选中图形相减。

(5) 拖动小圆，形成弯月形。复制(按 Ctrl＋C 组合键)并粘贴(按 Ctrl＋V 组合键)。

(6) 自由变化(按 Ctrl＋T 组合键)，缩小、移出。

(7) 选中图形相加。

(8) 在右侧的“样式”调板选择“蓝色玻璃”，至此完成。

图 9.64 调整锚点曲线描绘出荷花轮廓路径

图 9.65 在选区中调整颜色

步骤(3)～(8)的效果图如图 9.66 所示。

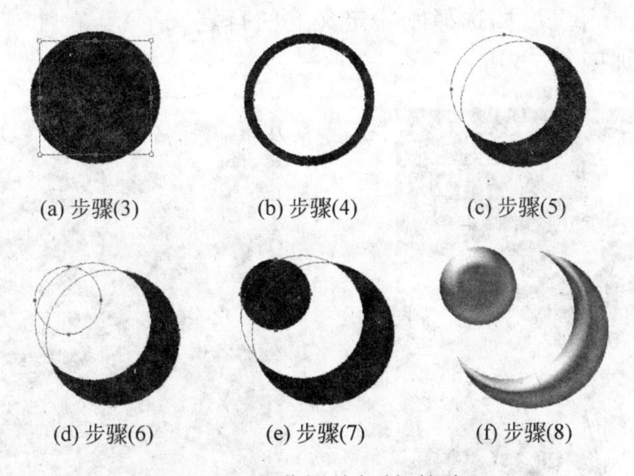

(a) 步骤(3) (b) 步骤(4) (c) 步骤(5)

(d) 步骤(6) (e) 步骤(7) (f) 步骤(8)

图 9.66 作圆并复制、粘贴

5. 矢量图的制作与应用——艺术海报

(1) 打开"小弥勒佛.bmp"文件。

(2) 执行【选择】|【色彩范围】命令，在最暗处选取，建立黑白边界为界限的选区，如图 9.67 所示。

(3) 在"路径"调板上单击"从选区生成工作路径"按钮(图 9.68 中红圈)，将选区变为路径。

(4) 新建图层，在"路径"调板上单击用"前景色填充路径"按钮，在路径区域内填充黑色。

(5) 新建一个图层，用白色填充。交换图层顺序，成为白色衬底，如图 9.69 所示。

(6) 打开"路径"调板，显示路径，执行【编辑】|【定义自定形状】命令。

图 9.67 打开“小弥勒佛”文件并在暗处选取

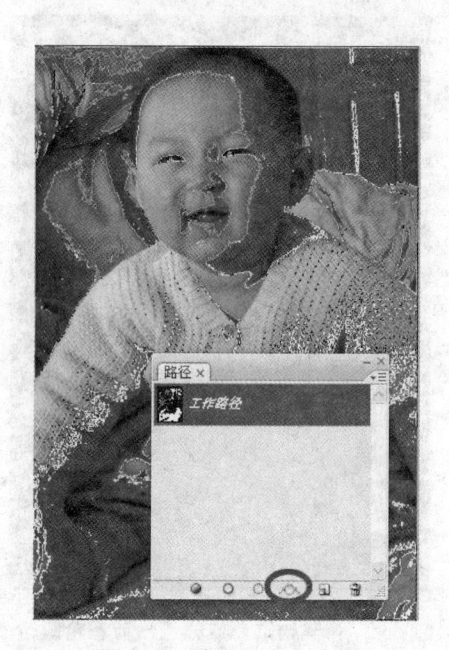

图 9.68 将选区变为路径

(7) 打开“沙滩.bmp”文件，选择刚才定义好的自定义形状，在沙滩图像的工作窗口中拖动，完成后的效果如图 9.70 所示。

图 9.69 交换图层顺序成为白色衬底

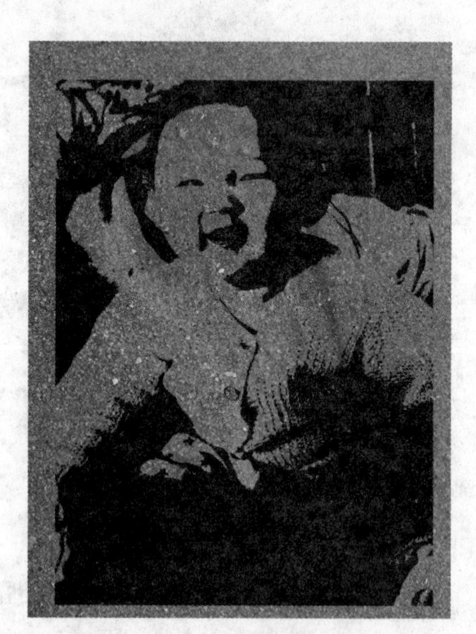

图 9.70 完成后的效果

6. 文字——沿路径排列

(1) 打开“沙滩.bmp”文件。

(2) 沿脚印作开放路径。

(3) 选择"T"文字工具,单击路径,输入文字即可完成,如图 9.71 所示。

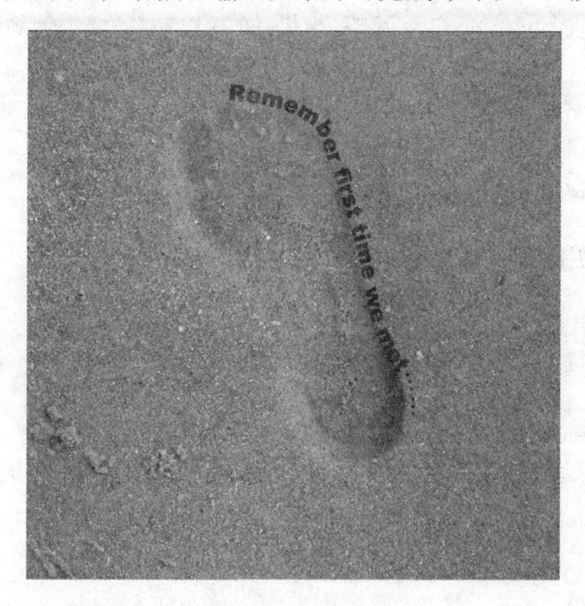

图 9.71 完成后的效果

(4) 尝试:围绕足印做环形封闭路径,文字环绕。

实验 4 Photoshop 色彩调整

一、实验目的

(1) 了解图像模式的种类。
(2) 掌握色彩的调整方法。

二、实验要求

(1) 掌握图像模式的转换。
(2) 掌握调整色彩的方法和技巧。
(3) 应用色彩技巧创建广告图片。

三、实验内容

熟悉掌握色彩转换的菜单命令、"通道"面板,调整图像色彩。

1. 自动调整色阶

(1) 打开"宝宝.bmp"文件。

(2) 分别执行【图像】|【调整】|【自动对比度】、【图像】|【调整】|【自动颜色】、【图像】|【调整】|【自动色阶】命令。

(3) 调整图像的色彩并比较结果。

(4) 用不同顺序进行这 3 个自动调整,结果一样吗?

2. 色调均化

(1) 打开 “男孩. bmp”文件。

(2) 执行【图像】|【调整】|【色调均化】命令。

3. 利用直方图调整色彩

(1) 打开“堤. bmp”文件。

(2) 执行【图像】|【调整】|【色阶】命令,弹出“色阶”对话框,如图 9.72 所示。

(3) 移动白标、黑标并调整。

(4) 试移动“灰标”到适当位置。

(5) 选择“暗场吸管”,并单击图中最暗处。

(6) 选择“亮场吸管”,并单击图中最亮处(纽扣)。

(7) 选择“灰场吸管”,并单击图中灰色处,调整结果。

4. 使用曲线修整颜色

(1) 打开“黄花. bmp” 文件。

(2) 执行【图像】|【调整】|【曲线】命令,弹出“曲线”对话框,如图 9.73 所示。

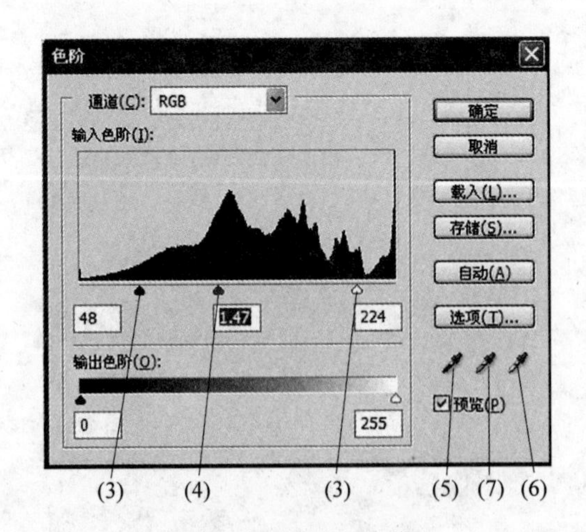

图 9.72 “色阶”对话框

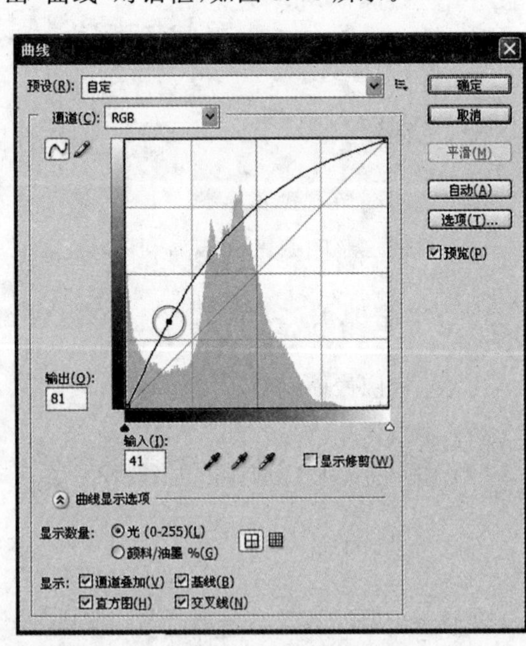

图 9.73 “曲线”对话框

(3) 调整曲线如图 9.74 所示,查看结果。

(4) 将曲线变化成“A”、“N”、“M”形,生成梦幻效果。

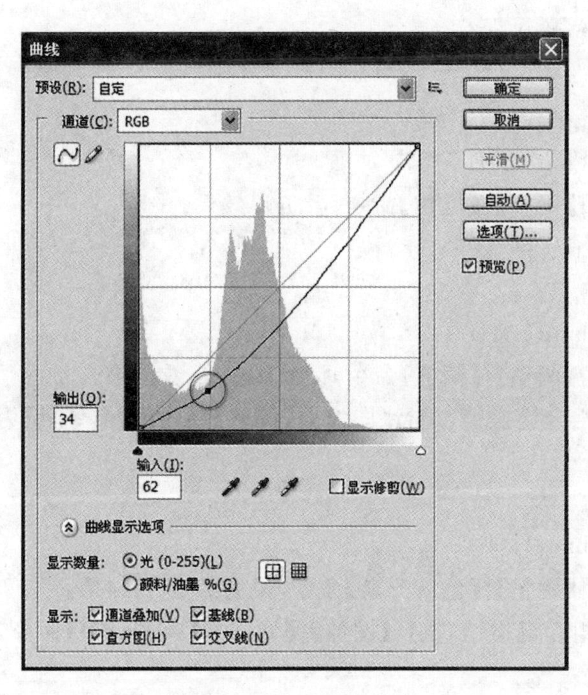

图 9.74 调整曲线

5. 色彩平衡

(1) 打开"蓝花.bmp"文件。

(2) 执行【图像】|【调整】|【色彩平衡】命令,弹出"色彩平衡"对话框,如图 9.75 所示。

6. 替换颜色

(1) 打开"蓝花.bmp"文件,如图 9.76 所示。

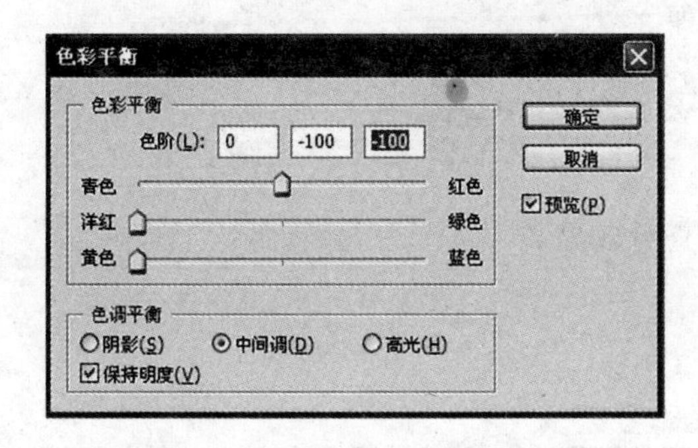

图 9.75 "色彩平衡"对话框

图 9.76 蓝花原始图像

(2) 将蓝色花颜色换成红色。

7. 反相

(1) 打开“蓝花.bmp” 文件。

(2) 执行【图像】|【调整】|【反相】命令,看负片效果。

8. 阈值

(1) 打开“房子.bmp” 文件。

(2) 执行【图像】|【调整】|【阈值】命令,设为128,查看结果。

(3) 按Ctrl+Z组合键撤销,执行【图像】|【调整】|【阈值】命令,设为200,查看结果。

9. 色调分离

(1) 打开“女孩.bmp”文件。

(2) 执行【图像】|【调整】|【色调分离】命令,设为2,查看结果。

(3) 按Ctrl+Z组合键撤销,执行【图像】|【调整】|【色调分离】命令,设为4,查看结果。

10. 渐变映射

(1) 打开“香港.bmp” 文件。

(2) 执行【图像】|【调整】|【渐变映射】命令,选型并看效果,设反向并看效果。再选型并看效果。

11. 匹配颜色

(1) 打开“海滩.bmp”和“蓝天.bmp” 文件。

(2) 单击“海滩”,执行【图像】|【调整】|【匹配颜色】命令,以“蓝天”为源。

(3) 尝试在图层、局部之间实现颜色匹配。

12. 阴影/高光

(1) 打开“船.bmp”文件。

(2) 执行【图像】|【调整】|【暗调/高光】命令。

13. 变化——边看边调

(1) 打开“白花.bmp” 文件。

(2) 执行【图像】|【调整】|【变化】命令,查看效果。

14. 给黑白照片添加颜色

(1) 打开“手.bmp”文件。

(2) 利用路径建立选区,执行【图像】|【调整】|【色相/饱和度】命令上色,成为如图9.77所示的图像。

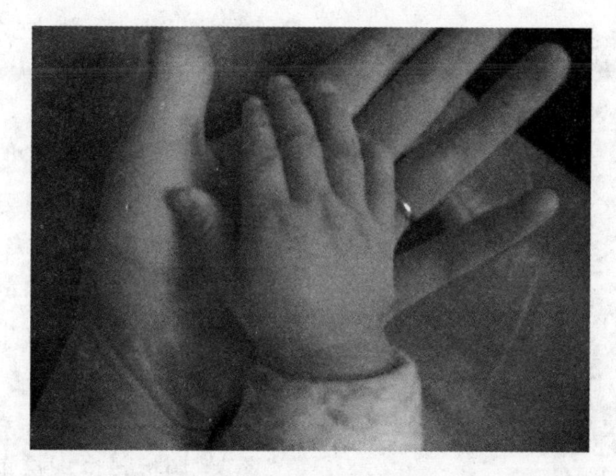

图 9.77 上色后的图像

实验 5 Photoshop 图层

一、实验目的

(1) 了解图层的含义、种类。
(2) 掌握各种图层的使用方法。
(3) 了解图层组、图层复合。

二、实验要求

(1) 熟悉图层种类、混合模式。
(2) 掌握图层的使用方法和技巧。
(3) 应用图层技巧和特效进行图片处理。

三、实验内容

(1) 图层的基本操作：新建、选择、显示、重命名、顺序、复制、删除。
(2) 图层的变换、链接、背景图层/图层的相互转换、合并、拼合。
(3) 图层组的建立、扩充、嵌套、折叠、删除。
(4) 调整图层、填充图层的使用。
(5) 混合模式。
(6) 效果，样式，参数设置，折叠/展开，复制、删除，转换成图层。
(7) 文字图层，样式，转换为形状图层、图像图层(栅格化)。
(8) 图层复合的使用，建立、更新、删除。

1. 图层的基本操作

(1) 打开“猫.psd”文件，如图 9.78 所示。
(2) 怎样调整“图层”面板中图层缩略图大小？

图 9.78 “猫.psd”文件

打开“图层”调板，单击“控制”按钮。然后在“调板”选项中选择缩略图大小，对缩略图大小进行调整。

(3) 怎样选择图层？

在“图层”调板中单击想要编辑的图层即可。

(4) 怎样更改图层的名称？

在图层的名称上双击即可。如把Cat3图层改名为黄猫，只需要在Cat3这几个字母上双击，更改名称即可。

(5) 怎样标识不同的图层？

在“图层”调板每个图层前方的眼睛图标上单击，选择不同的颜色即可，如图上显示的Cat1图层用紫色显示，Cat2图层用灰色显示，Cat3图层用黄色显示。标识图层只是为了方便区别图层，对于图像本身没有影响。

(6) 怎样更改图层的顺序？

在“图层”调板中鼠标左键点住图层拖动，拖动到相应的位置就可以改变图层的顺序。

(7) 怎样改变图层的隐藏属性？

在“图层”调板中每个图层前方的眼睛上单击，如果有眼睛的图标，表示该图层可见，否则为不可见。

(8) 怎样新建图层？

在“图层”调板下方的按钮中，单击倒数第二个“新建图层”按钮就可以新建图层。新建图层的快捷方式为按Ctrl＋Shift＋N组合键。

(9) 怎样复制图层？

在“图层”调板中，把想要复制的图层拖动到面板下方的新建图层按钮上即可。快捷方式为按Ctrl＋J组合键。

(10) 怎样删除图层？

在“图层”调板中，把想要删除的图层拖动到面板下方的删除图层按钮上即可。

(11) 怎样合并图层、盖印图层？

- 向下合并：按Ctrl＋E组合键。
- 合并可见图层：按Ctrl＋Shift＋E组合键。
- 盖印选中图层：按Ctrl＋Alt＋E组合键。
- 盖印所有图层：按Ctrl＋Shift＋Alt＋E组合键。

2. 图层的链接

(1) 打开“猫.psd”文件。

(2) 首先选中某一图层，比如Cat2。

(3) 如果想要把某一个或者某几个图层链接，只需要按住Shift键选中另一个图层，在调板下方单击链接符号即可，如图9.79所示。

(4) 选择工具箱中的移动工具，移动、自由变换(左右变换、上下变换头朝下)、旋转，链接图层作为一个整体进行变化。

3. 图层组的建立

(1) 打开“脸.psd”文件。

(2) 新建图层组，单击“图层”调板下方的“新建图层组”按钮即可，如图 9.80 所示。

图 9.79 图层链接

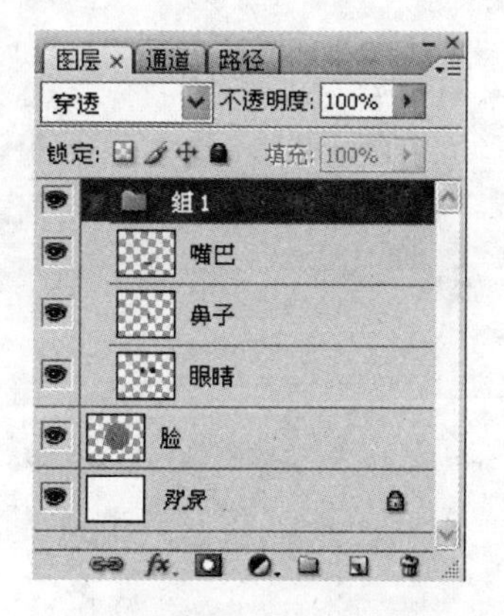

图 9.80 新建图层组

(3) 把你认为相同或者相似的图层拖动到新建的图层组中，然后就可以作为一个整体进行操作了。对于图层组的基本操作方法和对图层的操作方法相似。

4. 背景图层和基本图层之间的转换

(1) 本实验的主要目的就是了解如何将背景图层转变为基本图层，如何将某一基本图层转变为背景图层。

(2) 打开“猫.psd”文件。

(3) 把背景图层转变为基本图层，只需要在背景图层上双击，在弹出的“新建图层”对话框中单击“确定”按钮即可，如图 9.81 所示。

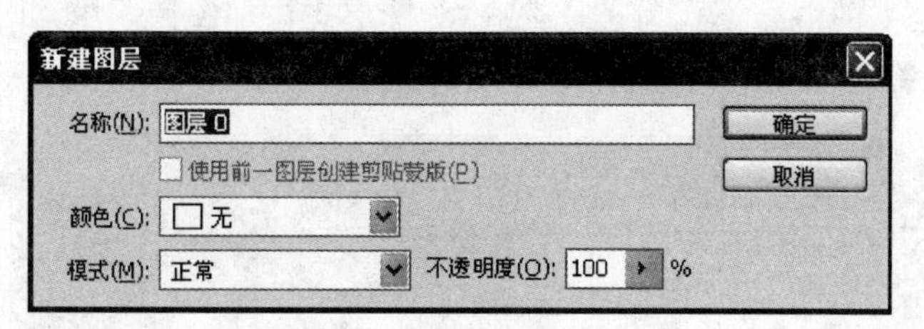

图 9.81 “新建图层”对话框

(4) 把基本图层转换为背景图层。选中想要转变的图层，然后执行【图层】|【新建】|【图层背景】命令。

(5) 原来基本图层中的透明部分在转换为背景图层后，将由背景色进行填充。

5. 添加填充图层

(1) 新建文件，利用选区工具选择圆形区域，填充径向渐变色。

(2) 继续选择圆形区域，分别填充颜色和填充图案，如图 9.82 所示。

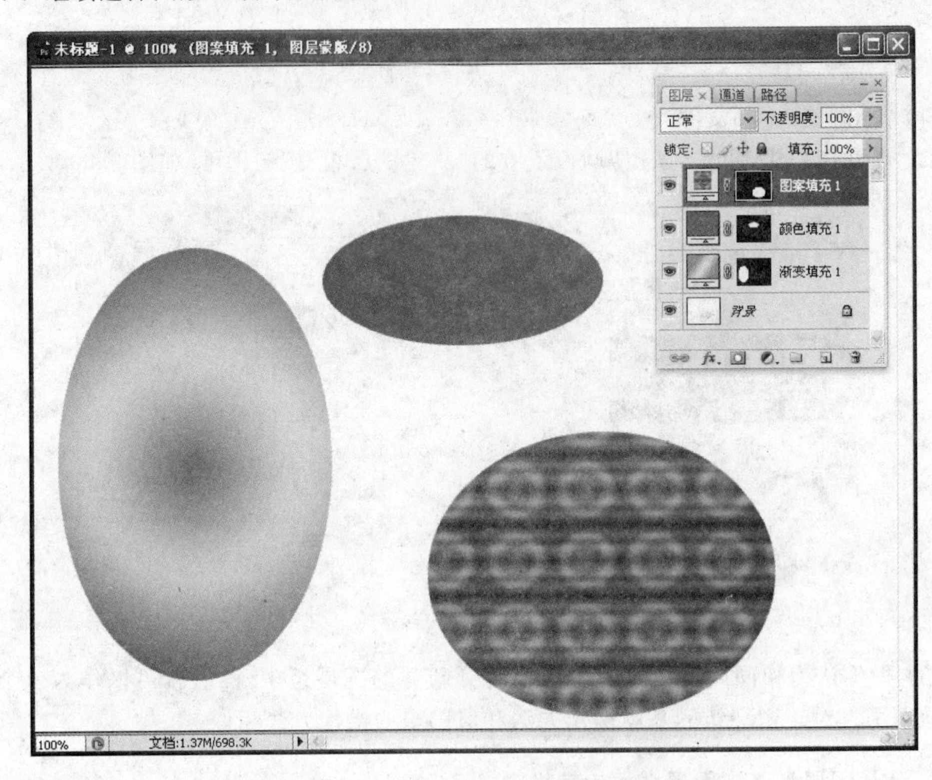

图 9.82 在圆形区域分别填充颜色和填充图案

6. 混合模式

(1) 打开“girl. psd”文件。

(2) 新建一个图层，制作矩形选区，并且在选区中制作渐变。

(3) 使用涂抹工具涂抹渐变颜色。

(4) 设置图层 1 的混合模式为正片叠底，为图层 1 添加图层蒙版，并且处理眼部等多余颜色部分，完成最终效果如图 9.83 所示。

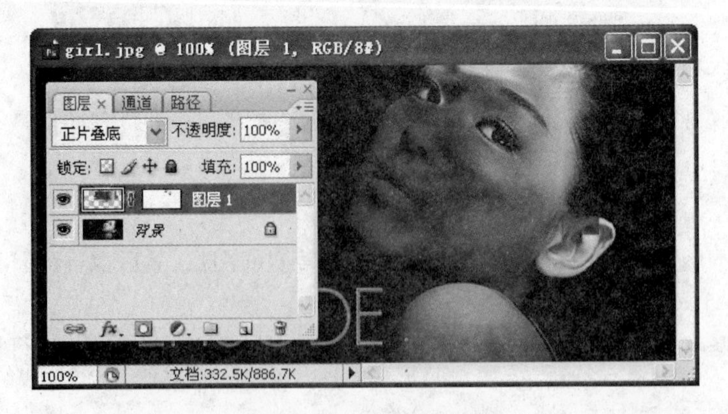

图 9.83 完成最终效果

混合模式的设置有如下几种：

(1) 黑暗的合成：设置混合模式为变暗、正片叠底、颜色加深、线形加深，并对比结果。

(2) 明亮的合成：设置混合模式为变亮、滤色、颜色减淡、线形减淡，并对比结果。

(3) 重叠合成：设置混合模式为叠加、柔光、强光、亮光、线性光、点光、实色混合，并对比结果。

(4) 其他方法合成：设置混合模式为差值、排除、色相、饱和度、颜色、亮度，并对比结果。

7. 混合模式——奇妙数字

(1) 新建 800×600 像素文件，底色填充为＃FF7E00。

(2) 输入数字 8，颜色设置为红色。

(3) 新建图层，创建 400×300 像素的矩形选区，放置在左上方，填充白色，图层混合模式设为“颜色减淡”。

(4) 同(3)，创建 400×300 像素的矩形选区，放置在左下方，填充白色，图层混合模式设为“饱和度”。

(5) 创建 400×300 像素的矩形选区，放置在右下方，填充白色，图层混合模式设为“差值”，看图层混合的效果，变化各图层的混合模式，理解混合模式的实际作用。

最后效果如图 9.84 所示。

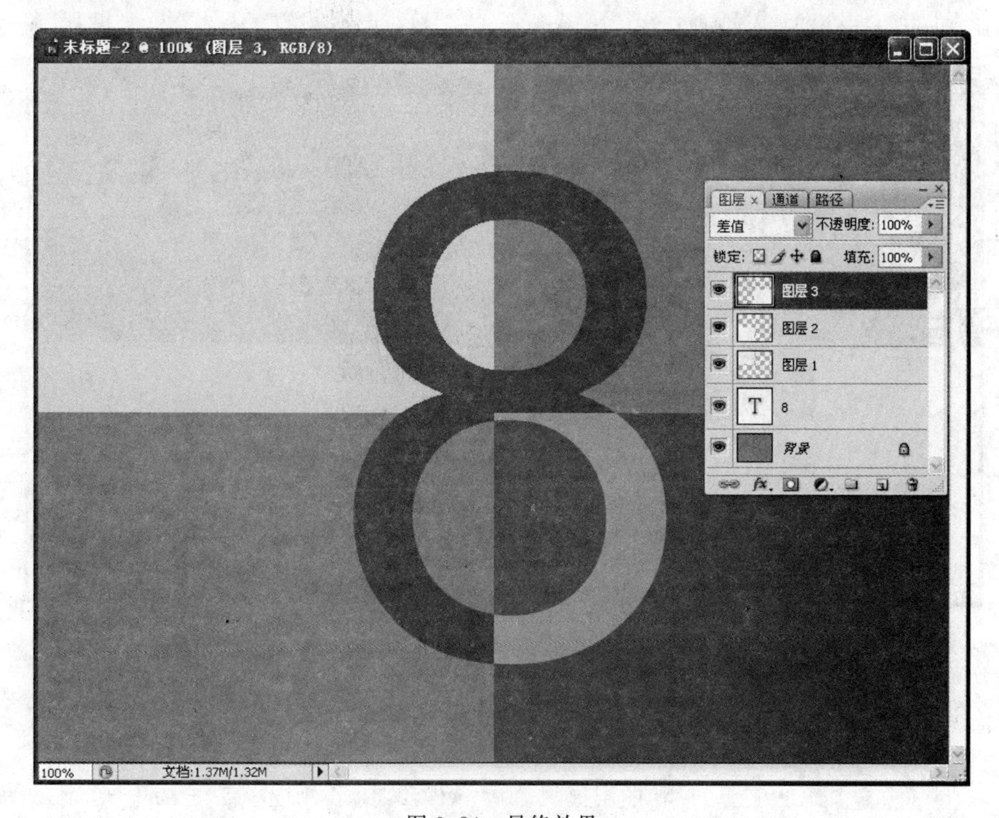

图 9.84 最终效果

8. 使用滤镜和混合模式调整图像

(1) 打开 boy.jpg 文件。

(2) 把背景图层复制一份,生成副本图层。

(3) 选中新图层副本,执行【滤镜】|【模糊】|【高斯模糊】命令,将直径设置为 3 像素,把副本图层的混合模式设置为"柔光"。

(4) 再把副本图层复制一份,生成新副本图层 2,对新图层使用高斯模糊,直径设置为 5 像素,然后将该图层的混合模式设置为"强光",如图 9.85 所示。

图 9.85 使用滤镜和混合模式调整图像

9. 图层样式的添加、调整参数、复制样式、删除样式

(1) 新建文件,设置为 800×400 像素、RGB 模式。填充背景上半部分为黑色。

(2) 新建一图层,用矩形选框、填色方法做出"矩形",用自定义形状工具填充像素模式 ,做出"心形"图形,如图 9.86 所示。

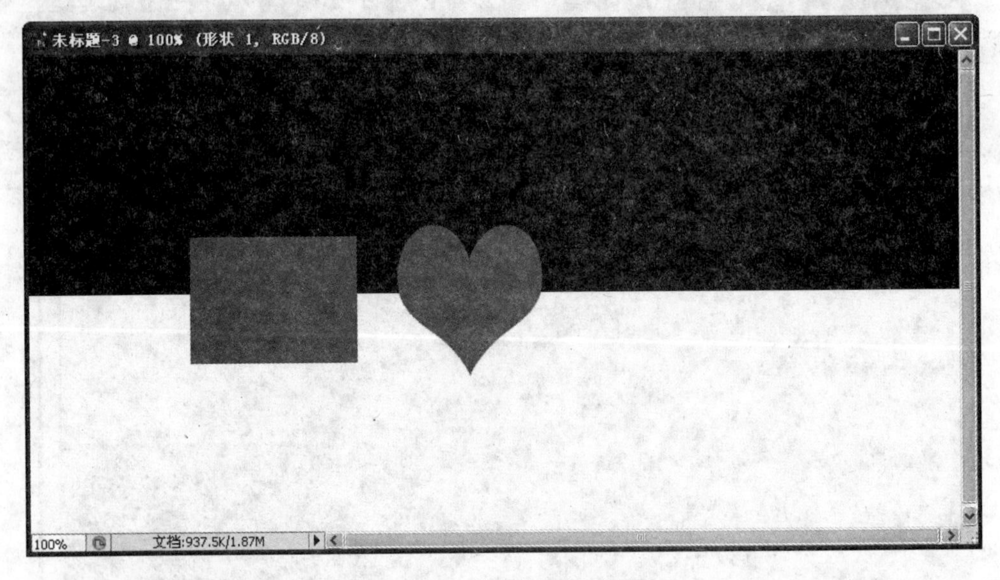

图 9.86 做出"心形"图形

(3) 加效果(样式),选"图层 1",添加"投影"效果,距离为 20 ,用指针调整角度,查看效果。任意勾选"外发光"、"斜面和浮雕"等各种样式,查看效果,适当修改参数,查看结果。

(4) 选自定义形状工具,形状图层模式 ,做出"兔形"图形(自动生成一个新图层)。

(5) 设置 "投影",再加上"外发光"、"斜面和浮雕"或其他样式,查看效果。

(6) 单击“图层”调板名称栏右侧的“三角形”,折叠/展开效果列表。双击“图层缩览图”,改变颜色。双击“矢量蒙版缩览图”,改变效果样式。

(7) 复制样式:右击效果栏,在弹出的快捷菜单中选择【拷贝图层样式】命令,新建一个图层,右击名称栏,在弹出的快捷菜单中选择【粘贴图层样式】命令。做个狗图形,查看结果,如图 9.87 所示。

(8) 通过拖动到垃圾桶的方法,删除个别样式或整个效果。

图 9.87 设置效果

10. 样式添加方式、样式转换为图层

(1) 打开“可乐.jpg”文件。

(2) 选择“图层 1”,添加图层样式。

(3) 选择“描边”,大小为 10,分别用颜色、渐变、图案 3 种类型填充描边,如图 9.88 所示。

(4) 添加斜面和浮雕效果。

(5) 添加其他效果。

(6) 样式转换为图层,执行【图层】|【图层样式】|【创建图层】命令,观察“图层”调板中图层的变化。

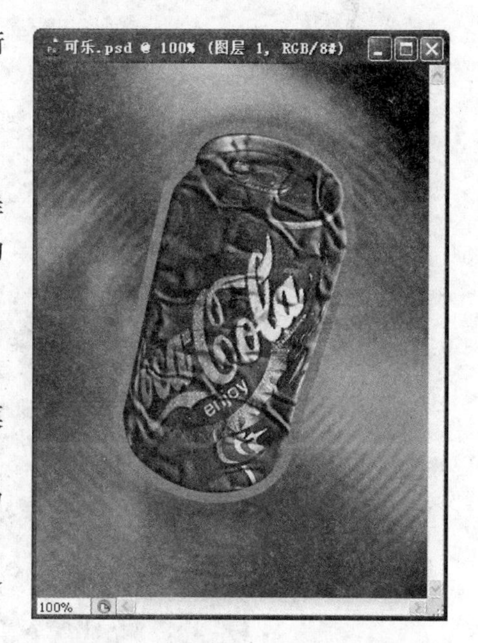

图 9.88 用颜色、渐变、图案 3 种类型填充描边

11. 添加“快捷样式”

(1) 新建文件,设置为 500×300 像素、RGB 模式,背景图层填充黑色。

(2) 使用横排文字工具,输入 HELLO,设置为 180 点、Arial Black 字体、Italic、红色。

(3) 选中文字图层,打开“样式”调板,单击各种样式,查看结果。

(4) 删除效果(样式),添加“内阴影”、“斜面和浮雕”、“描边” 3 种样式。参数可参照图 9.89。

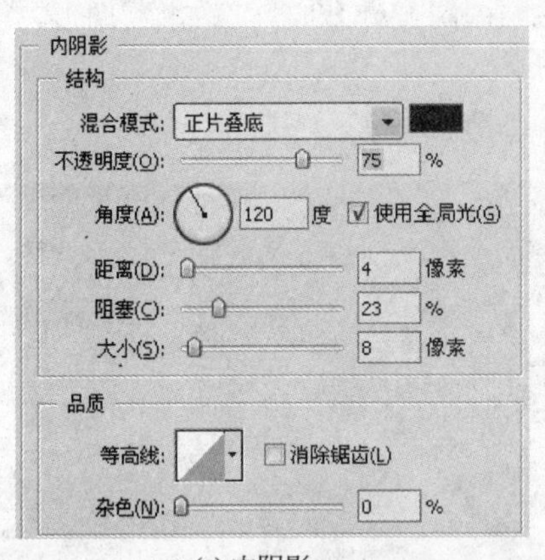

(a) 内阴影

(b) 斜面和浮雕

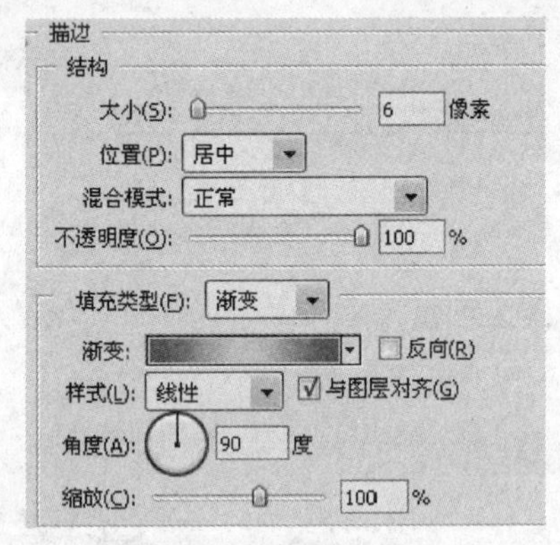

(c) 描边

图 9.89　添加 3 种样式

(5) 注册为“快速样式”：单击“样式”面板，并单击“新建”按钮，命名为“立体金边”。

(6) 新建一图层，任意做一个图形，试应用此样式。效果如图 9.90 所示。

图 9.90　添加样式后的效果

实验 6 Photoshop 通道与蒙版

一、实验目的

(1) 了解蒙版的含义、种类。
(2) 掌握各种蒙版的使用方法。
(3) 了解通道知识。

二、实验要求

(1) 熟悉蒙版种类、特点。
(2) 掌握蒙版的使用方法和技巧。
(3) 应用通道技巧进行图片处理。

三、实验内容

图层蒙版、矢量蒙版、剪贴蒙版、文字蒙版、通道。

1. 图层蒙版的相关知识

(1) 打开“碧海蓝天.jpg”和“拍球.jpg”文件。
(2) 将两幅图像进行合成,如图 9.91 所示。

图 9.91 将两幅图像合成

(3) 为图层 1 添加图层蒙版。在蒙版上,白色代表透明,黑色代表不透明。设置前景色为黑色,背景色为白色,用粗画笔涂抹男孩以外区域,用细笔描细部。可以调换前景色和背景色,进行修改,效果如图 9.92 所示。

(4) 试使用移动工具拖动蒙版,查看效果。单击链接符号,取消链接,再一次拖动蒙版,查看结果。重新链接上。

(5) 试按住 Shift 键,单击蒙版图标,试按住 Alt 键,单击蒙版图标,查看蒙版效果。同

图 9.92　合成后的效果

时按住 Shift 和 Alt 并单击蒙版图标，看通道面板的变化(Alpha 通道)。

2. 利用选区创建图层蒙版

(1) 打开“苹果.psd”文件。

(2) 选中图层 1，为苹果创建选区，如图 9.93 所示。

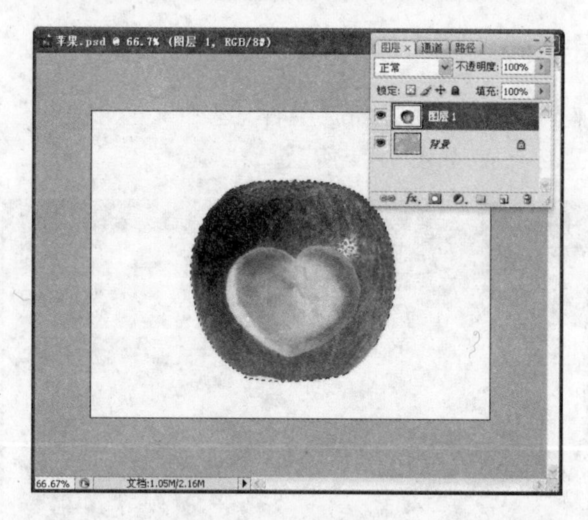

图 9.93　为苹果创建选区

(3) 单击“图层”调板下方的“添加图层蒙版”按钮，在“图层 1”上添加图层蒙版，如图 9.94 所示。

3. 添加矢量蒙版并转换为图层蒙版

(1) 打开“背景.psd”、“花 1.jpg”和“花 2.jpg”文件。

(2) 将“花 1”移到“背景”中，执行【图层】|【矢量蒙版】|【显示全部】命令。

(3) 使用“自定义形状”工具的形状，以“路径”模式画出形状，如图 9.95 所示。

(4) 将“花 2”移到“背景”中，画出路径，再执行【图层】|【矢量蒙版】|【当前路径】命令，效果如图 9.96 所示。

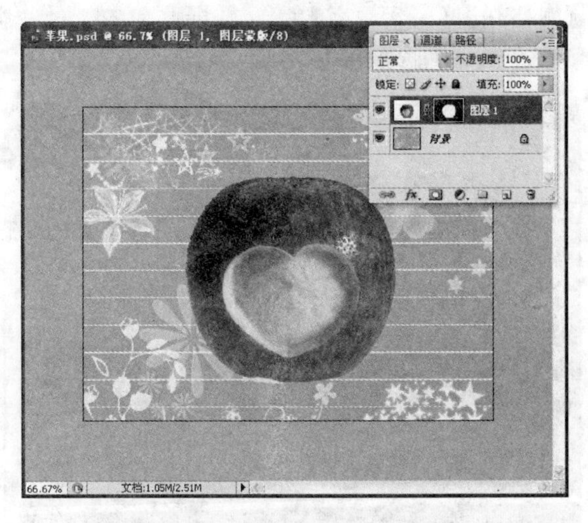

图 9.94 在“图层 1”上添加蒙版

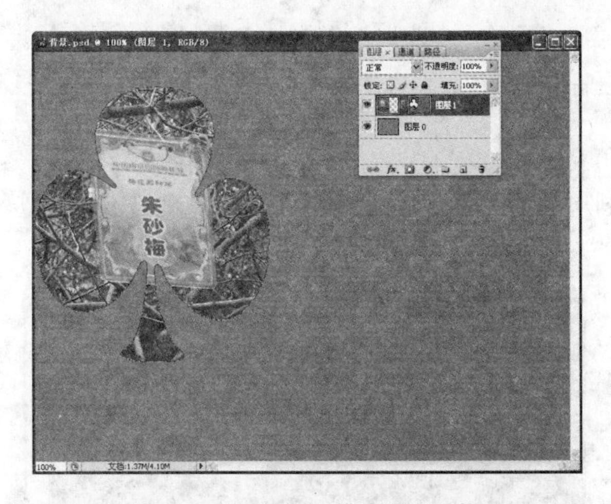

图 9.95 以“路径”模式画出形状

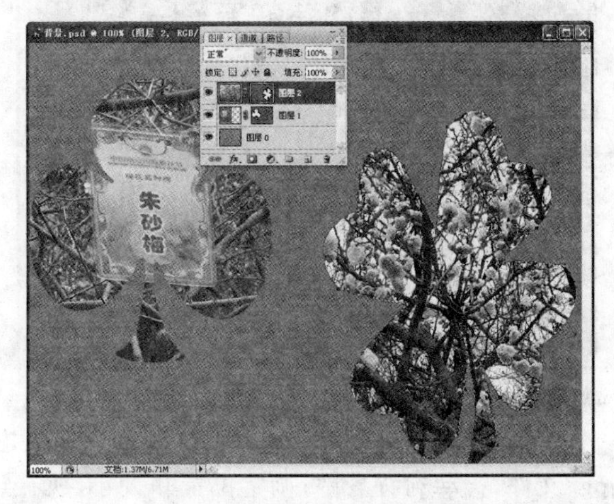

图 9.96 执行命令后的效果

(5) 执行【图层】|【栅格化】|【矢量蒙版】命令,图层 2 上的矢量蒙版转换为图层蒙版,试用硬度为 0 的画笔在蒙版上画,增加羽化,如图 9.97 所示。

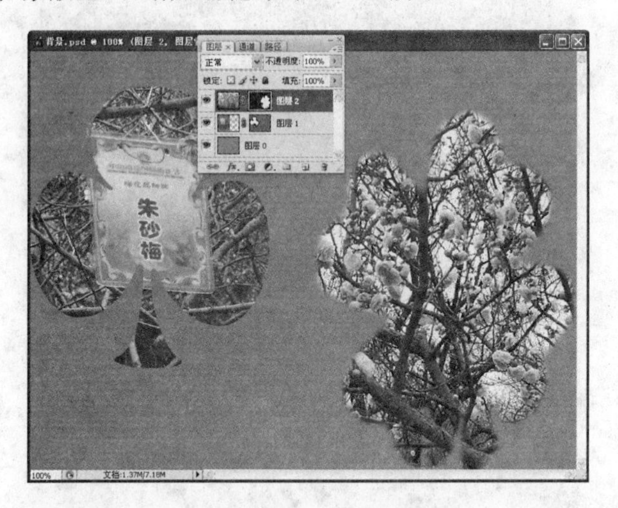

图 9.97　增加羽化后的效果

4. 剪切蒙版——图层编组

(1) 新建文件,填充一颜色。

(2) 新建图层,利用画笔工具,选择合适的笔刷随意画,并为该图层添加效果,如图 9.98 所示。

图 9.98　为图层添加效果

(3) 打开“男孩.jpg”文件,移动到背景中,调整位置和大小,执行【图层】|【创建剪贴蒙版】命令,或者按住 Alt 键单击图层 1 与图层 2 的间隙,生成剪贴蒙版如图 9.99 所示。

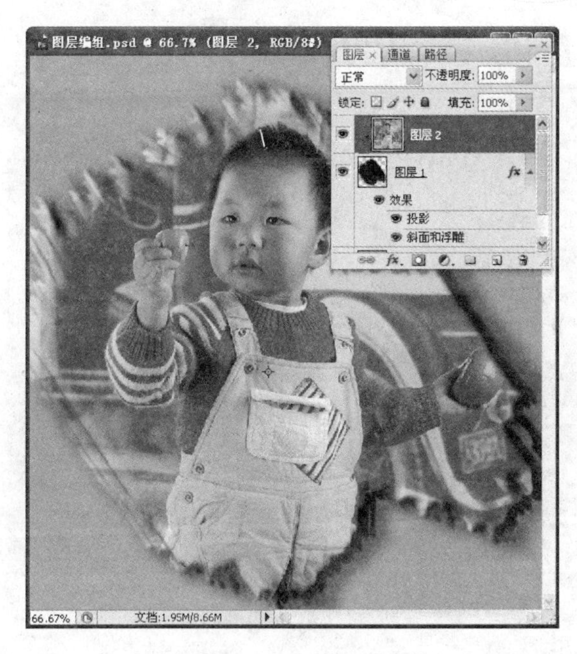

图 9.99 生成剪贴蒙版

5. 文字选区蒙版

(1) 新建文件：800×600 像素，RGB 模式，72 像素/英寸。

(2) 打开“金秋.jpg”、“枫叶.jpg”文件。

(3) 利用移动工具拖动“枫叶”图像到新建的文件，生成图层 1，拖动“金秋”图像到新建的文件，生成图层 2。

(4) 选图层 2，全选(按 Ctrl＋A 组合键)、复制(按 Ctrl＋C 组合键)，选择“横排文字蒙版工具”，输入“枫”字，72 点，中宋，生成了文字选区，执行【编辑】|【贴入】命令，调整图层顺序，可以看到图 9.100，通过单击文字蒙版图层的缩览图、链接按钮，用移动工具调整文字的位置和纹理。

图 9.100 调整图层顺序的效果

(5) 重复以上方法，生成枫叶衬底的“叶”，如图 9.101 所示。

图 9.101 生成枫叶衬底的“叶”

(6) 调整好图层顺序，通过单击“眼睛”的方法，即可做到两幅画的交替显示。

6. 快速蒙版

(1) 打开“老人.jpg”文件。

(2) 利用选区工具创建不精确的选区，如图 9.102 所示。

(3) 按下 Q 键进入快速蒙版状态，用画笔将不完整的选区修整，黑色画笔使选区范围缩小，白色画笔使选区范围扩大。效果如图 9.103 所示。

图 9.102 创建老人不精确的选区

图 9.103 将不完整的选区修整

(4) 退出快速蒙版状态，将选中的部分移到“眺望塔.jpg”文件中，调整大小，得到如图 9.104 所示的效果。

图 9.104 移动文件并调整大小后的效果

7. 利用通道制作色彩分离图像

(1) 新建 800×600 像素文件，用黑色填充。

(2) 输入白色文字“HELLO”。

(3) 合并图层，进入“通道”调板，使用移动工具分别移动红色、蓝色、绿色通道，效果如图 9.105 所示。

图 9.105 移动各色通道后的效果

8. Alpha 通道和图层蒙版的综合运用——替换背景

(1) 打开“替换背景.jpg”文件。

(2) 选中“通道”调板，选择对比度较大的通道——蓝通道，复制为“蓝 副本”，如图 9.106 所示。该通道为 Alpha 通道。

图 9.106 选中蓝通道并复制为“蓝副本”

(3) 选中该通道，执行【曲线】命令，加大对比度，如图 9.107 所示。

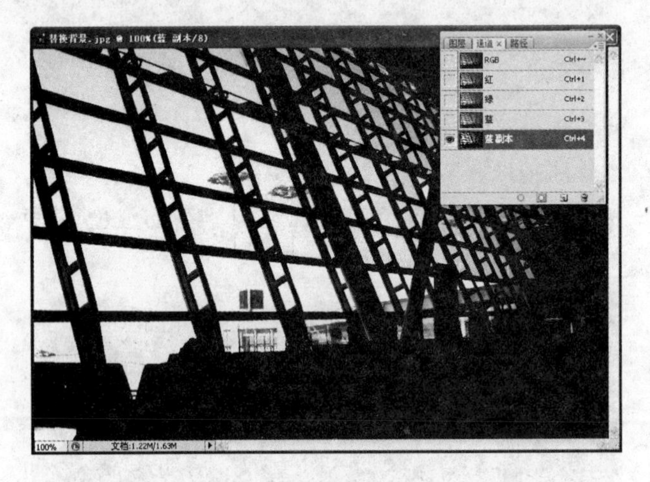

图 9.107 加大对比度

(4) 用画笔工具修饰该通道，将窗框中的路灯等修饰掉，效果如图 9.108 所示。

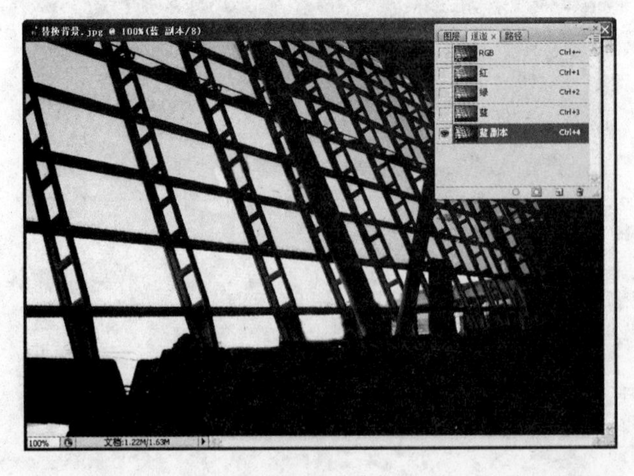

图 9.108 将窗框中的路灯等去掉后的效果

(5) 选中 RGB 复合通道,回到“图层”调板,将“男孩 2”图像移到背景中,成为图层 1,进行水平翻转,调整大小,移到合适位置。

(6) 将“蓝 副本”通道载入选区,选中图层 1,添加图层蒙版,调整位置,效果如图 9.109 所示。

图 9.109 调整后的效果

9. 利用通道为图像添加边框

(1) 打开“夕阳下的小女孩.jpg”,在“通道”调板中创建 Alpha 通道,使用钢笔工具绘制路径,转换为选区,并设置羽化 20 像素,如图 9.110 所示。

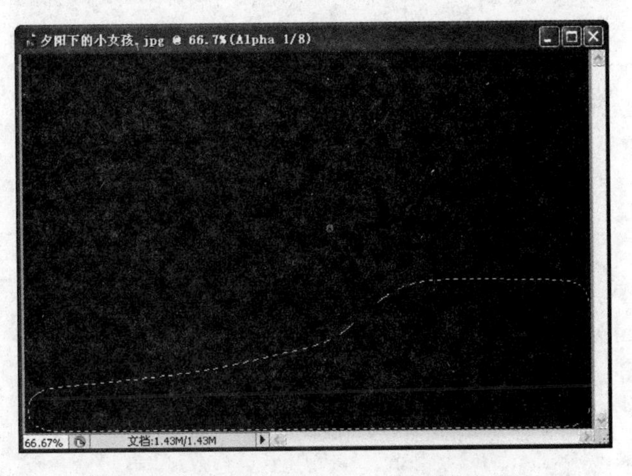

图 9.110 利用画笔工具绘制路径

(2) 填充选区颜色为白色,取消选区,执行【彩色半调】命令。

(3) 载入选区,回到“图层”调板中,新建图层 1,填充颜色。复制图层 1,垂直翻转,放到图像左上角,如图 9.111 所示。

(4) 为“图层 1”和“图层 1 副本”添加图层蒙版,使用“自定义形状”工具,选择合适的图形,创建效果如图 9.112 所示(蝴蝶图形是载入的形状)。

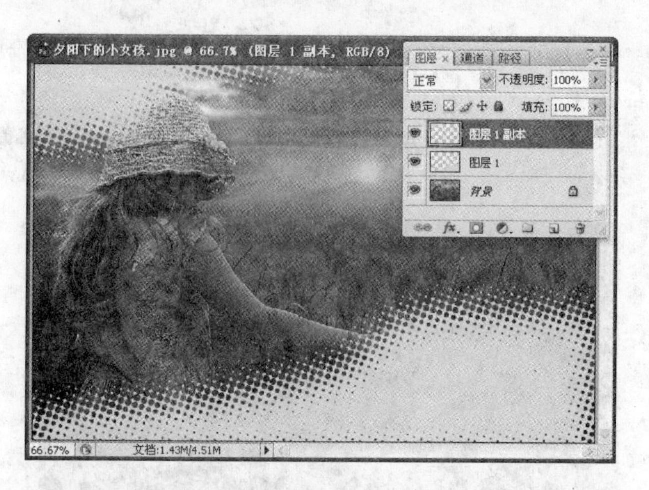

图 9.111　载入选区并放到图像左上角

图 9.112　创建后的效果

实验 7　Photoshop 滤镜

一、实验目的

了解滤镜的使用方法及应用技巧。

二、实验要求

(1) 学会使用“滤镜库”的操作。
(2) 学会“抽出”的使用方法。
(3) 利用实例,综合掌握各种滤镜效果的使用方法。

三、实验内容

“滤镜库”对话框的操作、“抽出”功能的使用、“滤镜”实例操作。

1. “抽出”抠图

(1) 打开 “抽出素材.jpg”文件。

(2) 执行【滤镜】|【抽出】命令，出现的“抽出”对话框，选择左侧“边缘高光器工具”，在右侧设置稍粗的笔尖，“压线”描出轮廓(按 Alt 键是擦去)。

(3) 选择“填充”工具填充(变成蓝色)。

(4) 单击右上方的“预览”按钮，在右下方的预览控制区分别用“原稿”、“抽出的”、“无、黑、白、灰 3 色杂边”及“蒙版”观察边缘。

(5) 用“清除工具”和“边缘修饰工具”修理边缘(如果同时按 Alt 键，则是恢复)。抽出效果如图 9.113 所示。

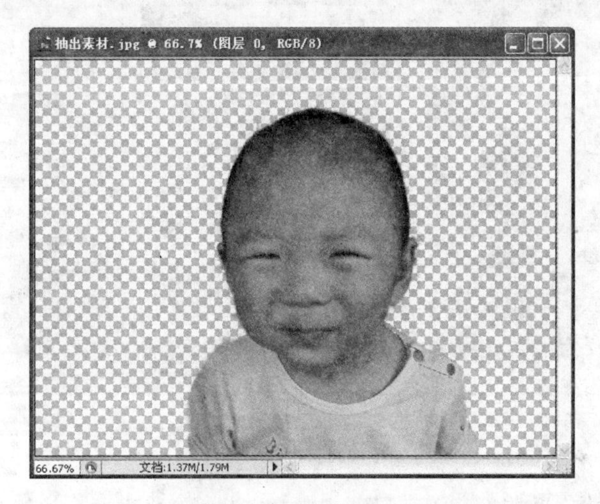

图 9.113 修理边缘并抽出后的效果

(6) 打开“背景.jpg”文件，将抽出的图像移到背景中，如图 9.114 所示。

图 9.114 将抽出的图像移到背景中

2. 一次使用多个滤镜——滤镜库的操作

(1) 打开“滤镜库素材.jpg”文件。

(2) 执行【滤镜】|【滤镜库】命令,如图 9.115 所示。

图 9.115 执行【滤镜库】效果图

(3) 左侧预览图像,可调整尺寸大小。中间可选择各种滤镜。右侧可调整滤镜的参数。

(4) 多次应用一个滤镜:任意选择一个滤镜(如干画笔),单击“新建效果图层”按钮几次,查看结果。

(5) 应用多个不同滤镜:任意选择一个滤镜,单击“新建效果图层”按钮一次,选择另一个滤镜,再单击一次,查看结果。

(6) 顺序不同,滤镜效果不同:拖动右下方滤镜图层,改变滤镜顺序,查看结果。

(7) 隐藏滤镜效果:单击“眼睛”,查看结果。

(8) 删除滤镜:任意选择一个滤镜图层,单击“删除效果图层”按钮,查看结果。

3.“液化”滤镜的使用

(1) 打开“钟表.jpg”文件,复制一个背景副本图层,删除底色,如图 9.116 所示。

(2) 执行【滤镜】|【液化】命令,调整“画笔大小”、“画笔密度”、“画笔压力”的滑条到中间,选择左侧“向前变形工具”、“重建工具”等工具,改变钟表形状如图 9.117 所示。

(3) 复制钟表到“扭曲的怀表”文件中,适当调整处理,加外发光效果,效果如图 9.118 所示。

4.“消失点”滤镜加上文字标签

(1) 打开“消失点素材.bmp”文件,添加文字“SMC”,并将文字图层栅格化。

图 9.116　删除“钟表”文件底色

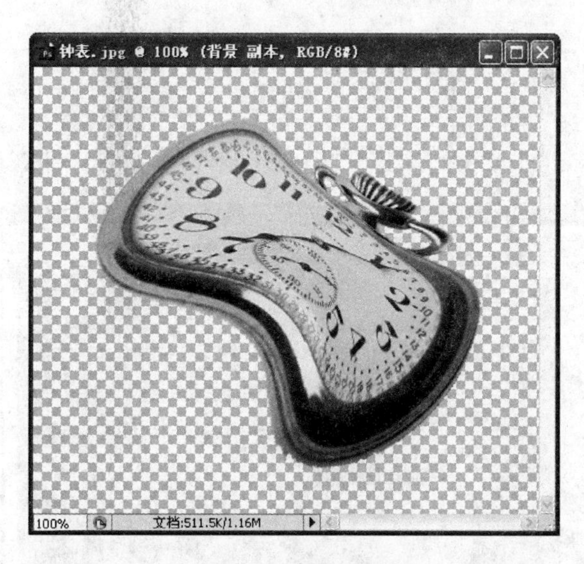

图 9.117　改变钟表形状

图 9.118　加上发光效果的钟表

(2) 按下 Ctrl+C 组合键,将该图层内容复制到剪贴板中备用,并隐藏该图层,如图 9.119 所示。

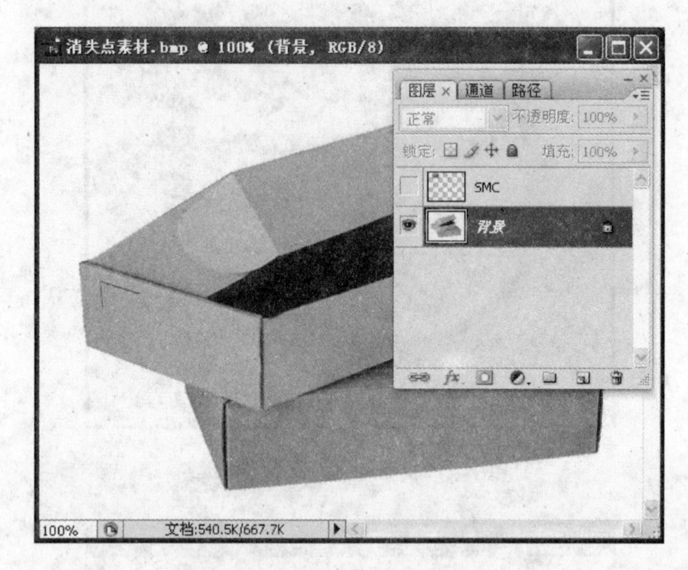

图 9.119　复制并隐藏文件图层

(3) 执行【滤镜】|【消失点】命令,打开"消失点"对话框,如图 9.120 所示。

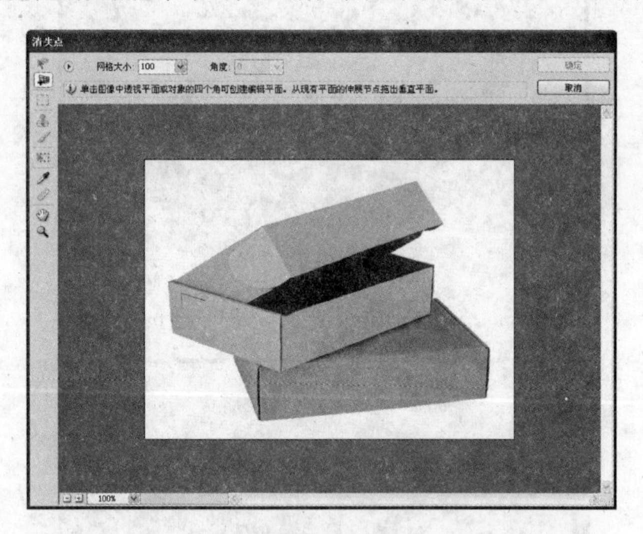

图 9.120　打开"消失点"对话框

(4) 从对话框左侧的工具箱中选择"创建平面工具",在纸箱的一侧单击,然后沿纸箱的边缘拖动鼠标,产生网格。改变对话框上端"网格大小"的参数,可调节平面中的网格数量。如图 9.121 所示。

(5) 按下 Ctrl+V 组合键,将复制到剪贴板的内容粘贴到窗口,如图 9.122 所示。

(6) 拖动鼠标,将文字拖入网格平面中,系统将自动适应该平面,选择"变换工具",变换图像大小,效果如图 9.123 所示。

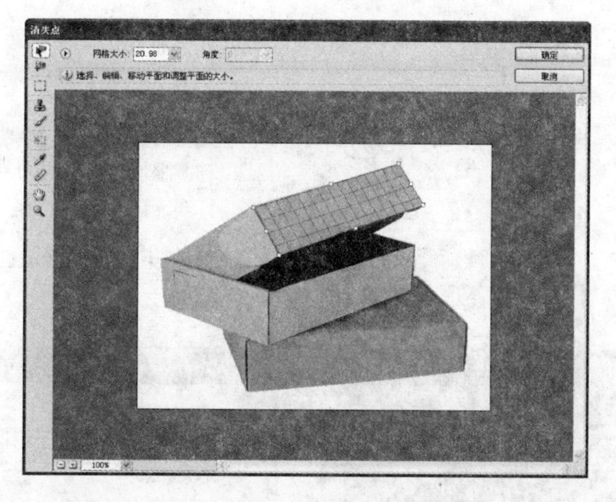

图 9.121　调节平面中的网格数量

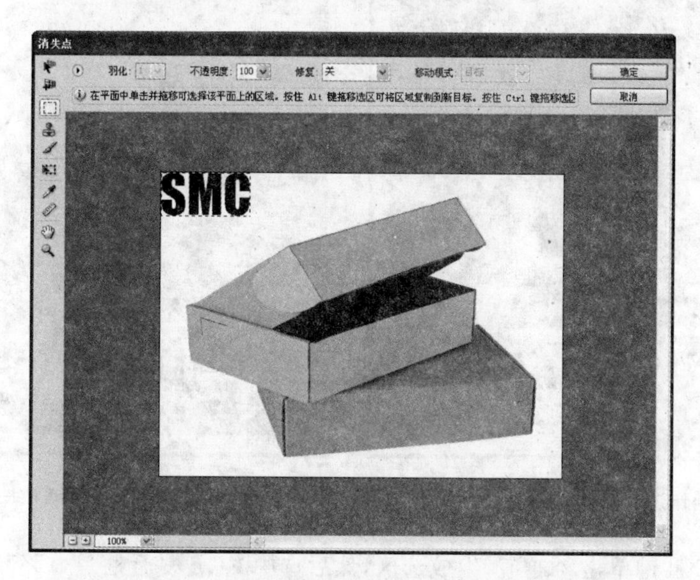

图 9.122　将复制到剪贴板的内容粘贴到窗口

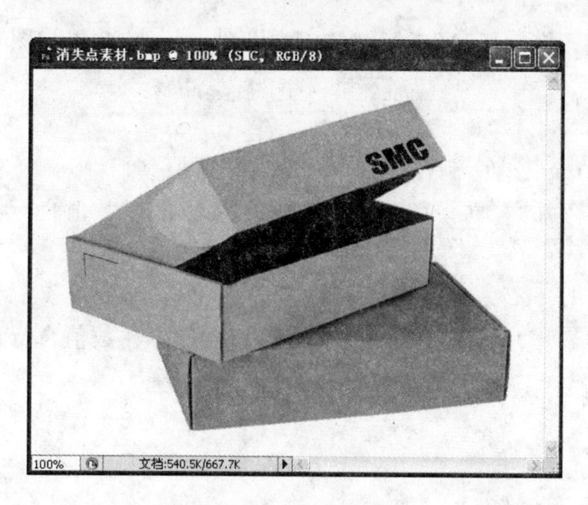

图 9.123　变换后的效果

5. 高斯模糊制作景深效果

（1）打开“景深.jpg”文件。

（2）可利用快速蒙版制作选区，如图 9.124 所示。将选区内的图像复制为一个新的图层。

（3）选中背景图层，进入“通道”调板，新建一个通道，并在新通道上绘制黑白渐变效果，如图 9.125 所示。

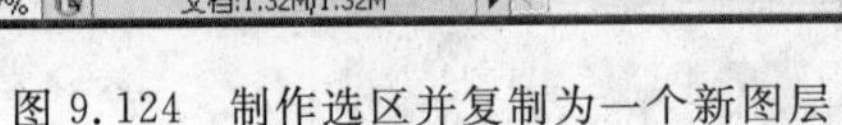
图 9.124 制作选区并复制为一个新图层

图 9.125 绘制黑白渐变

（4）按住 Ctrl 键单击新通道，生成选区，然后选中 RGB 复合通道，回到“图层”调板的背景图层上。

（5）执行【滤镜】|【模糊】|【高斯模糊】命令，设置半径值，效果如图 9.126 所示。

6. 制作动感效果

（1）打开“赛车.jpg”文件，制作一个单独的赛车图层。

（2）为背景图层添加“径向模糊”效果，方式设置为缩放，数值自行设置，效果如图 9.127 所示。

（3）打开“摩托车.jpg”文件，制作一个单独的摩托车的图层。

（4）为背景图层添加“动感模糊”效果，方式设置为缩放，数值自行设置，效果如图 9.128 所示。

7. 水波效果

（1）打开“水波 .jpg”文件。

图 9.126 模糊效果

图 9.127 设置径向模糊后的效果

(2) 用羽化值为 10 的椭圆选框工具在水中制作选区。

(3) 执行【滤镜】|【扭曲】|【水波】命令,选择调整数量、起伏、样式,观察效果差异,如图 9.129 所示。

图 9.128 设置动感模糊后的效果

图 9.129 执行【水波】命令后的效果

8. 旧照片效果

(1) 打开"宫.jpg"文件。

(2) 执行【图像】|【调整】|【去色】命令,成为黑白图像。

(3) 执行【滤镜】|【杂色】|【添加杂色】命令,数量为 15%,高斯,单色。效果如图 9.130 所示。

(4) 执行【滤镜】|【杂色】|【蒙尘与划痕】命令,半径为 3,阈值为 0。

(5) 执行【编辑】|【渐隐蒙尘与划痕】命令,不透明度为 35%,混合模式为线性光,如图 9.131 所示。

(6) 复制一个背景副本图层,执行【滤镜】|【纹理】|【颗粒】命令,强度为 23,对比度为 18,颗粒类型为垂直。设置图层混合模式为溶解,不透明度为 60%。效果如图 9.132 所示。

图 9.130 添加杂色后的效果

图 9.131 设置渐隐蒙尘与划痕后的效果

图 9.132 执行【颗粒】命令后的效果

(7) 添加“色相/饱和度”调整图层，选择着色，设置色相为 22，饱和度为 25，明度为 0。效果如图 9.133 所示。

图 9.133　添加“色相/饱和度”后的效果

9. 玻璃砖效果

(1) 新建一个文件：500×350 像素，设置背景色为白色、前景色为黑色。

(2) 执行【滤镜】|【渲染】|【云彩】命令和【图像】|【调整】|【自动色阶】命令，效果如图 9.134 所示。

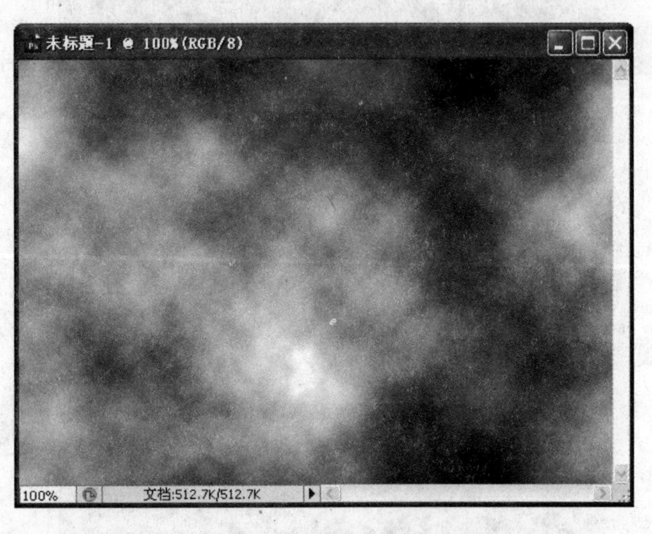

图 9.134　执行【云彩】和【自动色阶】命令后的效果

(3) 复制背景图层，称为背景副本，隐藏该图层。

(4) 选中背景图层，前景色设为“深蓝”，填充前景色。

(5) 选中背景副本图层，混合模式为线性光，填充为 50；执行【图层】|【拼合图像】命令，效果如图 9.135 所示。

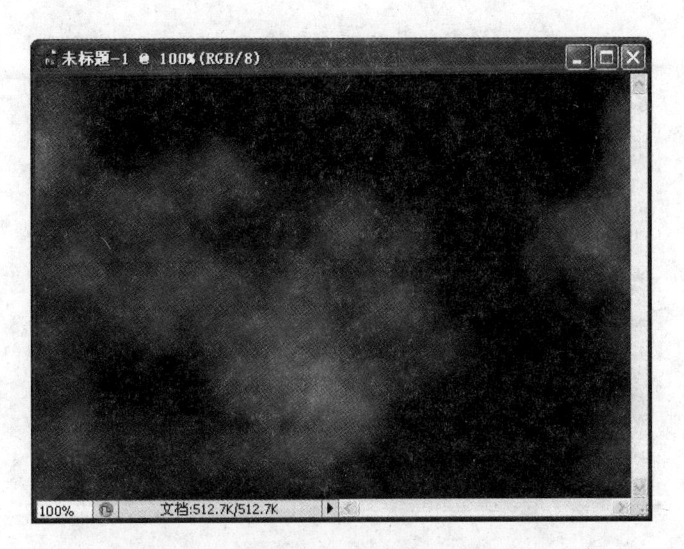

图 9.135 执行【拼合图像】命令后的效果

(6) 执行【滤镜】|【扭曲】|【玻璃】命令,设置纹理:块状,适当调整缩放,如图 9.136 所示。

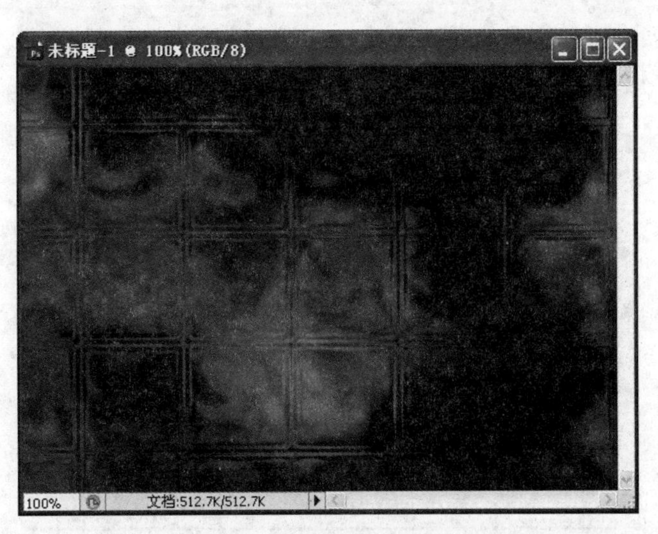

图 9.136 执行【玻璃】命令后的效果

(7) 执行【滤镜】|【艺术效果】|【塑料包装】命令,执行【编辑】|【渐隐塑料包装】命令,设置混合模式为强光;不透明度为 70%,效果如图 9.137 所示。

10. 利用照片做水彩风景画

(1) 打开"水彩画素材.jpg"文件,将背景图层复制出 3 个副本图层。

(2) 选择最上面的"背景副本 3",执行【滤镜】|【艺术效果】|【干画笔】命令,设置图层的混合模式为柔光,不透明度为 50%。

(3) 选择"背景副本 2",执行【滤镜】|【艺术效果】|【水彩】命令,设置图层的混合模式为滤色,不透明度为 80%。

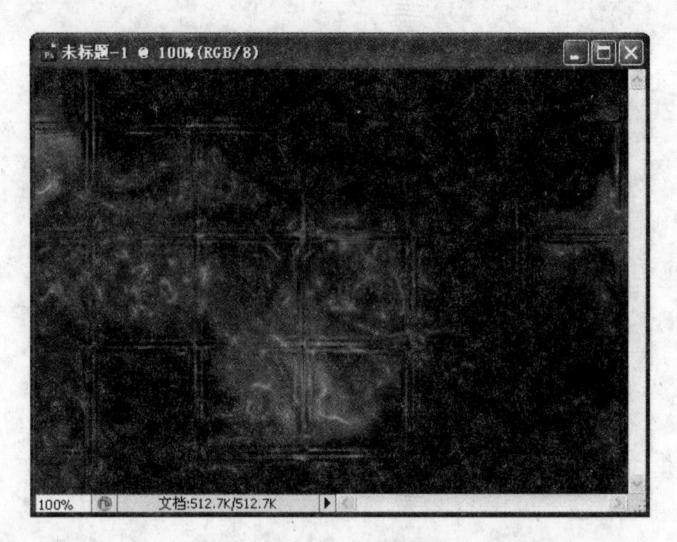

图 9.137　执行【塑料包装】命令后的效果

(4) 选择“背景副本”，执行【滤镜】|【艺术效果】|【干画笔】命令，设置图层不透明度为50%，效果如图 9.138 所示。

图 9.138　执行【干画笔】命令后的效果

11. 智能滤镜

(1) 打开“智能滤镜素材.jpg”文件，将图层转换为智能图层。

(2) 用“多边形套索”工具设置选区，并设置羽化 50 像素，如图 9.139 所示。

(3) 执行【滤镜】|【模糊】|【径向模糊】命令，选择“缩放”，设置数量为 30，然后在“中心模糊”设置框的左下角单击。效果如图 9.140 所示。

(4) 可双击智能滤镜进行设置，也可对蒙版进行修改。

图 9.139　用多边形套索工具设置选区

图 9.140　设置径向模糊后的效果

实验 8　广播节目的编辑制作

一、实验目的

(1) 通过实验了解音频制作的一般过程。
(2) 熟悉音频编辑软件的使用方法。

二、实验要求

(1) 在编辑之前做好选题、音频稿本、音频素材文件等准备工作。
(2) 完成上传设备与计算机的调试。
(3) 通过制作广播电视节目,更好地掌握 Audition 3.0 的使用方法。

三、实验内容

完成以下制作步骤：录音调试，上传素材，编辑制作，混缩，导出和评价。

1. 打开 Audition 3.0 的操作界面

打开 Audition 3.0 软件，准备好录音的软、硬件。进行试录和调试，方法如下。

(1) 执行【文件】|【新建会话】命令，新建轨道“音轨 1”用于录音。

(2) 在电平监视横条中右击，从弹出的快捷菜单中选择【监视录音电平】命令，这样可以看出录音的电平值的大小，如图 9.141 所示。打开输入音量控制调整音量。

图 9.141　监视录音电平

(3) 单击“录音”按钮，开始录音。

(4) 录音结束后，执行【文件】|【会话另存为】命令保存录音文件，如图 9.142 所示。播放所录文件，不满意时进行调整。

2. 导入收集的音频素材

(1) 把通过网络、软件等途径收集来的广播节目声音素材上传存入数据盘。

(2) 执行【文件】|【导入】命令，弹出“导入”对话框，如图 9.143 所示，或直接用鼠标将音频文件拖动至文件框，把需要的音频素材导入 Audition 3.0 中。

图 9.142 “保存会话为”对话框

图 9.143 “导入”对话框

3. 编辑

将准备好的录音文件和声音素材进行简单地混合、排序和剪辑等，如图 9.144 所示。

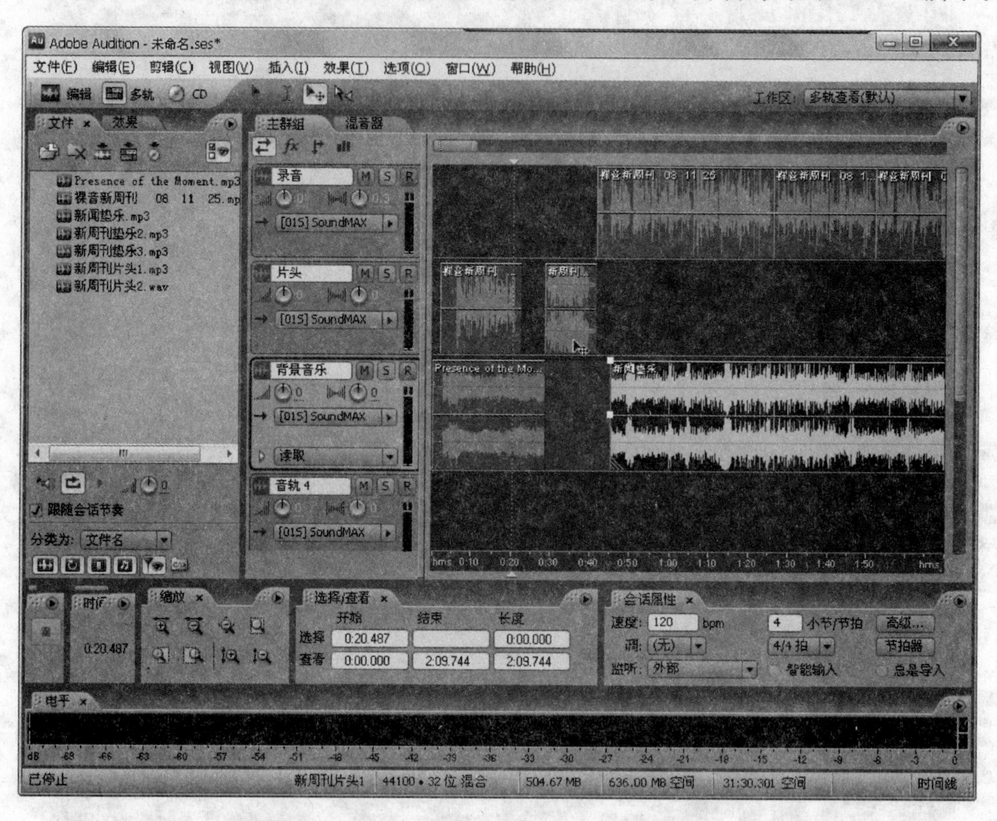

图 9.144 音频文件的混合、排序和剪辑

对音频文件进行细致的编辑处理，其中包含调整波形振幅、制作淡入淡出效果、包络编辑声音的音高及消除噪声等。

(1) 观察波形，如果波形的峰值超过 0dB，则要将音频的峰值降低。可以直接通过拖动窗口中的音量符号，将音量峰值降下，或者执行【效果】|【振幅和压限】|【振幅/淡化】命令降低振幅，如图 9.145 所示。

(2) 制作淡入淡出效果。剪切选取音乐中的所需部分，然后选中波形前 2s 的时长段，执行【效果】|【振幅和压限】|【振幅/淡化】命令，在弹出的对话框中打开"渐变"选项卡，在右侧的"预设"中选择"淡入"选项，然后单击"确定"按钮，再用同样的方法完成淡出操作，如图 9.146 所示。

(3) 在广播节目中，为了不影响收听广播节目的内容，需要调整背景音乐的音量，如图 9.147 所示。

4. 导出混合音频文件

当广播制作完成后，执行【文件】|【导出】|【混缩音频】命令，在弹出的对话框中选择需要保存的音频格式，并输入文件的名称，最后单击"保存"按钮进行导出。导出完成后，执行【文

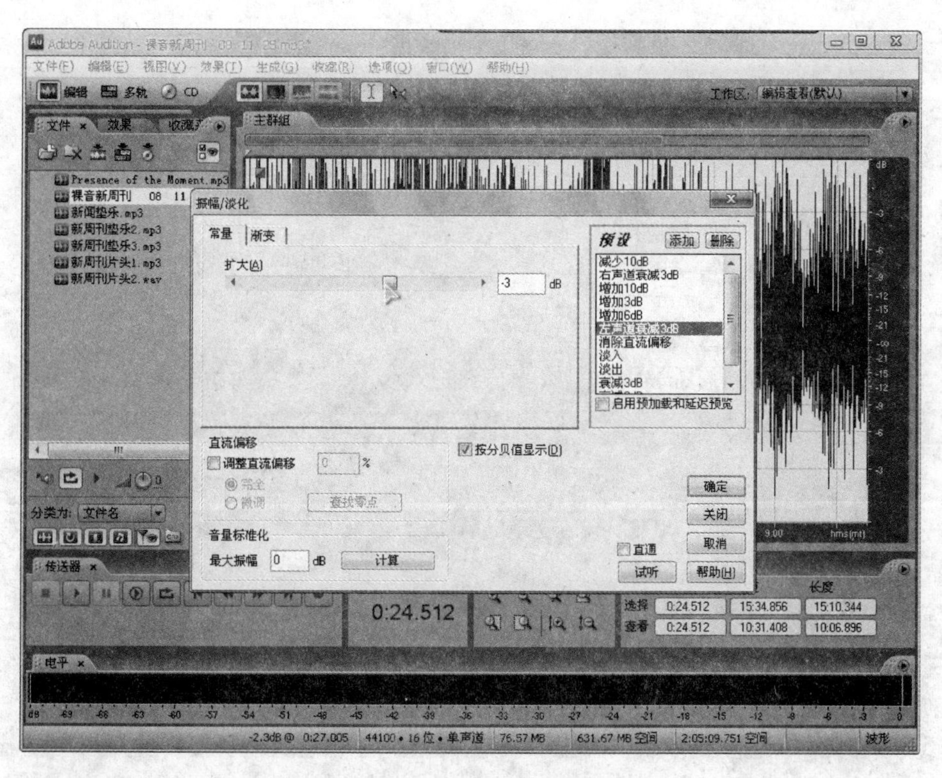

图 9.145　调整波形振幅

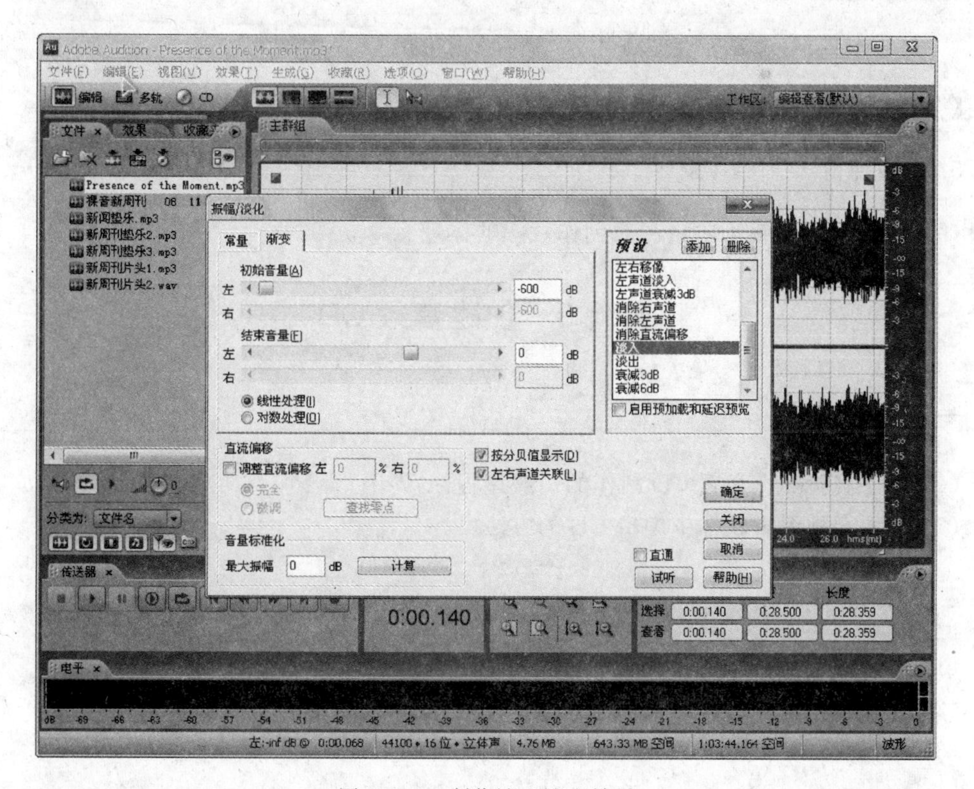

图 9.146　制作淡入淡出效果

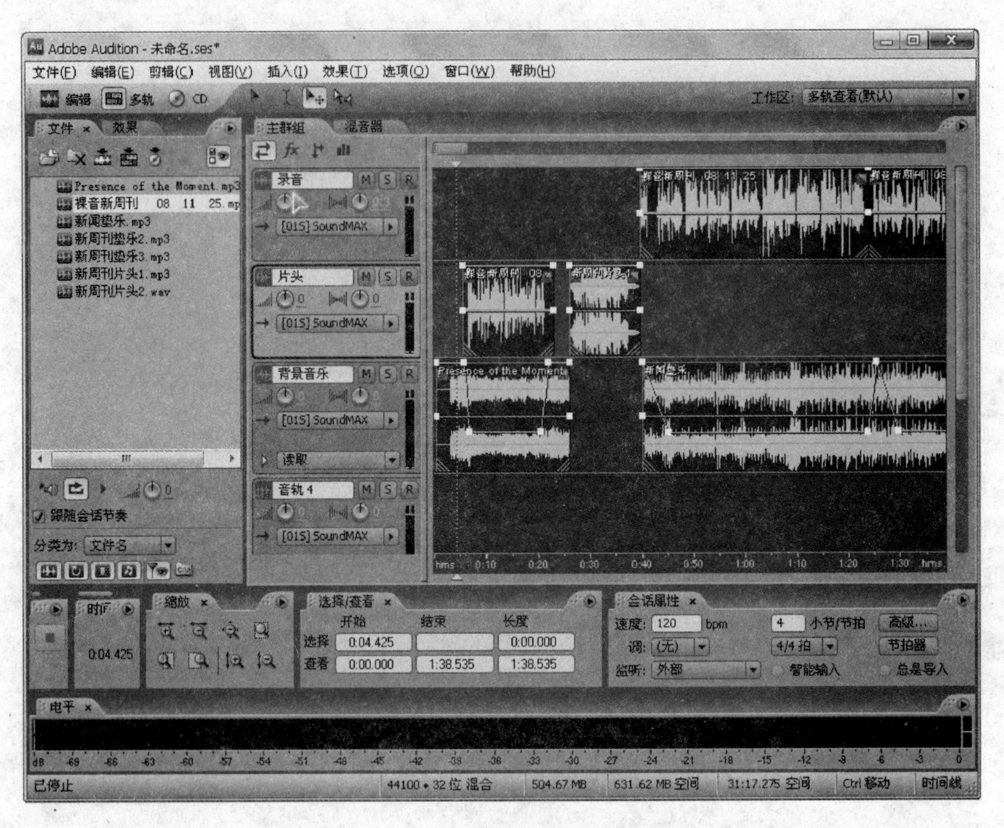

图 9.147　调整背景音乐的声音音量

件】|【会话另存为】命令,保存所有会话,以便以后进行修改。

5. 节目评价

评价所编节目的编辑质量和对创作意图的体现。

实验 9　创建音频 CD

一、实验目的

(1) 通过实验熟悉音频 CD 制作的一般过程。
(2) 熟悉音频编辑软件中编辑 CD 的方法。

二、实验要求

(1) 做好选题、音频稿本、音频素材文件的准备工作。
(2) 完成上传设备与计算机的调试。
(3) 掌握应用 Audition 3.0 编辑音频 CD 的方法。

三、实验内容

学习插入音频文件的各种方法；编辑音频文件顺序；将音频文件输出到 CD 中。

1. 打开 CD 视图

在 Audition 3.0 编辑方式选择按钮中单击"CD 图形"按钮。CD 视图可以一次性整合 CD 轨道或者将编辑完成的音频文件插入到音频轨道，可以对各个轨道进行排序，可以设置轨道属性和刻录 CD 等相关工作，如图 9.148 所示。

图 9.148　CD 视图

2. 插入音频文件到 CD 轨道

在 CD 视图中提供了多种方式将文件插入轨道，不仅可以插入整段音频，也可以通过标记插入一个设定的音频区域，如图 9.149 所示。

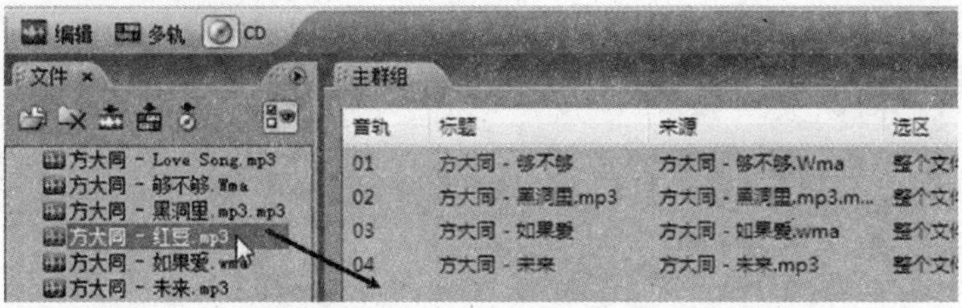

图 9.149　插入 CD 轨道

进行多种插入音频文件方法的练习，具体如下。

(1) 在"文件"面板中，可以选一个或多个音频文件，或选择轨道标记。将其拖拽到 CD 列表中，也可以通过单击"插入到 CD 列表"按钮 插入所需文件。

(2) 在 CD 视图下，执行【插入】|【音频】或【插入】|【提取视频中的音频】命令，在弹出对话框中选择文件，单击"打开"按钮即可。

(3) 在 CD 视图下，执行【插入】|【文件/标记列表】命令，在列表中选择文件或标记来插入文件。

(4) 直接从系统桌面或浏览器中，将需要的音频文件直接拖入到 Audition 的 CD 列表中，先打开此文件，然后插入。

(5) 在编辑视图下，打开一个文件，选择需要的音频区域，执行【编辑】|【插入到 CD 列表】命令，可将其插入到 CD 视图中。

(6) 在多轨视图下，打开一个音频文件，执行【文件】|【导出】|【混缩音频】命令，在"导出音频混缩"对话框中勾选"插入混缩到"复选框，并在下拉列表框中选择"CD查看"选项，单击"保存"按钮。默认状态下，每个轨道标记的区域就会被当做独立的轨道插入到CD视图中。

3. 编辑CD列表

在CD视图中可通过选择、排序、分配或移除音频轨道等操作编辑CD列表。

在CD视图中，练习使用以下方式选择CD轨道。

(1) 单击轨道选择。

(2) 单击选中的第一个轨道，按住Shift键选择最后一个轨道，就会选中两个轨道之间的整个区域。

(3) 按住Ctrl键的同时，单击选择不同的轨道。

(4) 执行【编辑】|【选择所有音轨】命令或按Ctrl＋A组合键，选择所有轨道。

4. 在CD视图中，排序、分配或移除音频轨道

(1) 移动轨道，或重新排序时，可以使用鼠标向上、向下拖拽轨道，或选中轨道后单击"上移"或"下移"按钮。

(2) 选中要移除的轨道，单击"移除"按钮或按Delete键。

(3) 单击"移除所有"按钮，可以移除所有轨道。

(4) 当要移除轨道并删除源文件时，选中所需的轨道，执行【编辑】|【销毁所选音轨(移除并关闭)】命令。

(5) 对轨道进行重新分配时右击轨道，执行快捷菜单中的【更改选区】|【整个文件】命令。

(6) 在CD视图中，执行【编辑】|【编辑源音频】命令，可以在编辑视图中打开指定的文件并对其进行编辑。

5. 设置CD轨道属性

Audition 3.0中可以为每个CD轨道指定曲目名称和艺术家。CD播放机会在播放时显示其文本内容。此外，Audition 3.0还支持改变轨道的暂停长度，设置版权保护，并添加ISRC(国际标准录音代码)等功能。

(1) 在CD视图下，双击轨道，或者右击"音轨属性"及执行【视图】|【音轨属性】命令来打开"音轨属性"对话框，如图9.150所示。

(2) 在"音轨属性"对话框中，在"音轨标题"和"艺术家"后面输入轨道标题和艺术家名称。单击选中"使用自定义音轨属性"，将激活底下的属性设置，设置暂停长度、版权保护和ISRC等信息。

(3) 设置属性完毕，单击"确定"按钮。

6. 保存和打开CD列表

在Audition 3.0中可以按照CD列表的方式将轨道配置保存起来。CD列表中记录着

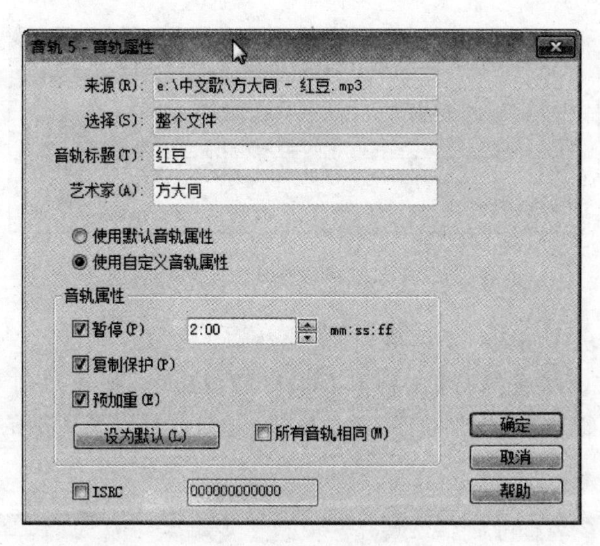

图 9.150　设置 CD 轨道属性

所有轨道文件之间的链接关系以及顺序和属性。CD 列表可以分时间段完成创建 CD 的工作并且列表将保存为 CDL 文件。

(1) 执行【文件】|【新建 CD 列表】命令,将创建一个空白 CD 列表。

(2) 分配好轨道之后,执行【文件】|【保存 CD 列表】命令,弹出"另存 CD 列表"对话框,如图 9.151 所示,从中选择磁盘空间,并输入文件名。设置完毕后,单击"保存"按钮。

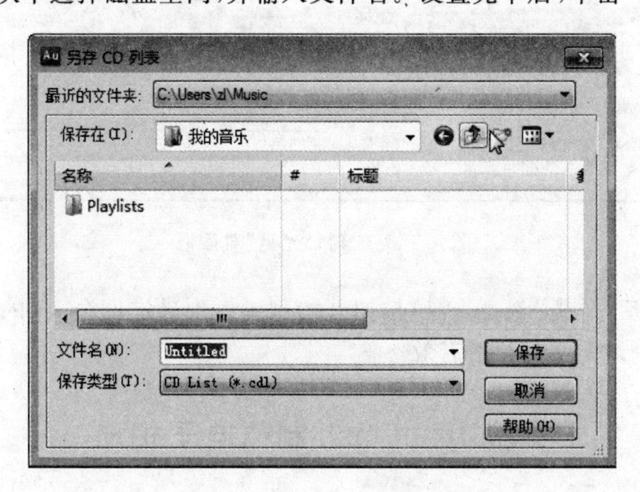

图 9.151　"另存 CD 列表"对话框

(3) 执行【文件】|【打开 CD 列表】命令,可以将过去保存的 CD 列表重新打开。

7. 刻录 CD

CD 列表设置完毕后,设置好硬件设备便可以进行刻录了。CD 中如果插入不同格式的音频,将会自动转换成 44.1kHz、16bit 的立体声文件。

(1) 在 CD 视图下,执行【选项】|【CD 设备属性】命令,弹出"刻录机属性"对话框,选择 CD 刻录机驱动器,设置缓存大小和刻录速度,单击"确定"按钮,如图 9.152 所示。

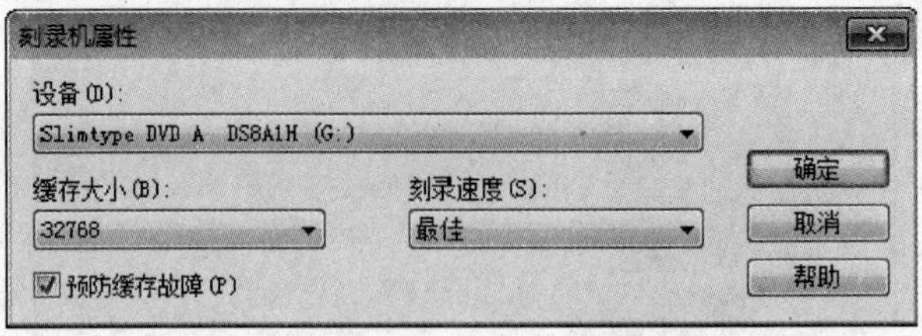

图 9.152 “刻录机属性”对话框

(2) 在CD刻录机中插入一空白可刻录CD光盘。

(3) 单击“刻录 CD”或执行【文件】|【写入 CD】命令，弹出“刻录光盘”对话框，如图 9.153 所示，进行CD刻录机驱动器、刻录模式、复制数量以及附加的文本信息等的参数设置。

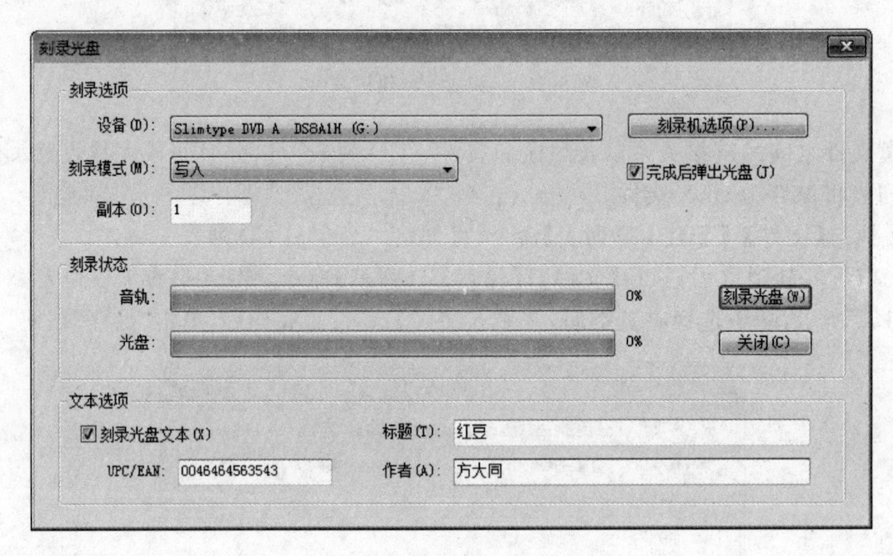

图 9.153 “刻录光盘”对话框

(4) 设置完毕后，单击“刻录光盘”按钮开始刻录。刻录进度会实时显示，刻录完毕，取出CD光盘，检查刻录的文件是否有效。

实验 10 Flash 制作电子相册

一、实验目的

了解 Flash 的使用方法及应用技巧。

二、实验要求

(1) 利用实例综合掌握 Flash 的操作方法和步骤。

(2) 学会图层和帧的使用方法。

三、实验内容

(1) 进入 Flash,新建空白的 Flash 文档。

(2) 设置影片大小、背景色和播放速率。在工作界面右侧的“属性”面板中,单击“大小”旁边的“编辑”按钮,打开“文档属性”对话框。尺寸设置为 600×400 像素,背景颜色设置为 #666666,“帧频”设置为 24fps,如图 9.154 所示。

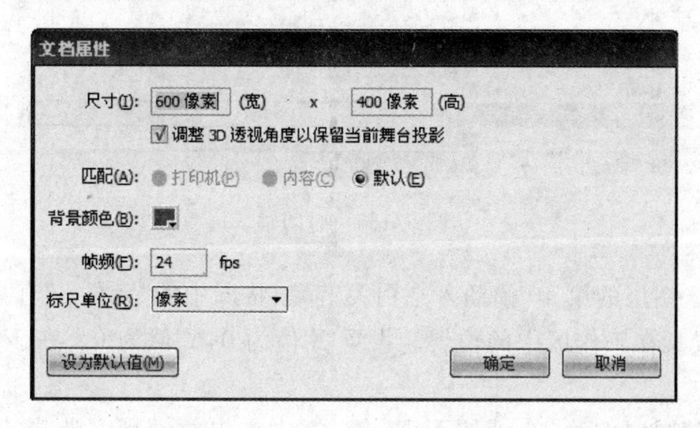

图 9.154 “文档属性”对话框

(3) 执行【文件】|【导入】|【导入到舞台】命令,将制作影片需要的 6 张图片导入到工作区,同时也导入到库中。

(4) 将图片转换成图形元件。选中舞台上的某一张图片,按 F8 键,转换为元件。按照同样的方法将导入工作区中的图片全部转换为图形元件。

(5) 将工作区中导入的图片全部删除。为了影片制作的需要,新建几个图层,并将图层从下往上以此命名为“图 1”、“图 2”、“黑幕”、“图 3”、“图 4”、“图 5”、“文字”。

(6) 在时间轴上确认当前帧为“图 1”图层的第 1 帧,选中库中的元件 1,将其拖入工作区。仔细观察时间轴可以发现,第一帧上的图标变化,这是因为该帧中生成了对象。下面在“属性”面板中设置其在工作区中的位置。设置 X 值为 0,Y 值为 0。

(7) 在“图 1”图层的第 15 帧按下 F6 键插入关键帧。

(8) 将“文字”图层的第一帧确认为当前帧,选中工具箱中的文字工具,在工作区单击输入文字内容“听说花生油是花生榨出来的,芝麻油是芝麻榨出来的,蓖麻油是蓖麻榨出来的……那婴儿油岂不是……想想都好恐怖”。接下来在“属性”面板设置文字的属性,将文字设置为粉色幼圆 21 号字。

(9) 在“图 2”图层的第 15 帧插入空白关键帧,将库中的“元件 2”直接拖入工作区。在“属性”面板中设置其在工作区中的位置。设置 X 值为 0,Y 值为 0。

(10) 在“图 2”图层的第 24 帧按下 F5 键。

(11) 在“文字”图层的第 15 帧按下 F7 键,插入空白关键帧。选择工具箱中的文字工具,在工作区输入文字内容“妈妈说我是垃圾堆里拣来的,好担心妈妈以后会不要我,而且对垃圾堆一直深有感情。”然后在“属性”面板中将文字设置为蓝色幼圆 21 号字。

(12) 在“黑幕”图层的第 25 帧按下 F7 键,插入空白关键帧。选择工具箱中的矩形工具,绘制一个与工作区相同大小的矩形,覆盖工作区的背景色,设置为无边框的黑色矩形。

在该图层的第 39 帧按下 F5 键。

(13) 在“文字”图层的第 25 帧按下 F7 键，插入空白关键帧。选择工具箱中的文字工具，在工作区输入文字内容“一直认为自己一天天的长大，爸爸妈妈就一天天的变小，等我长大了就可以照顾他们了，用过的东西都不舍得扔，奶瓶留着以后给爸爸喂奶。”此时时间轴如图 9.155 所示。

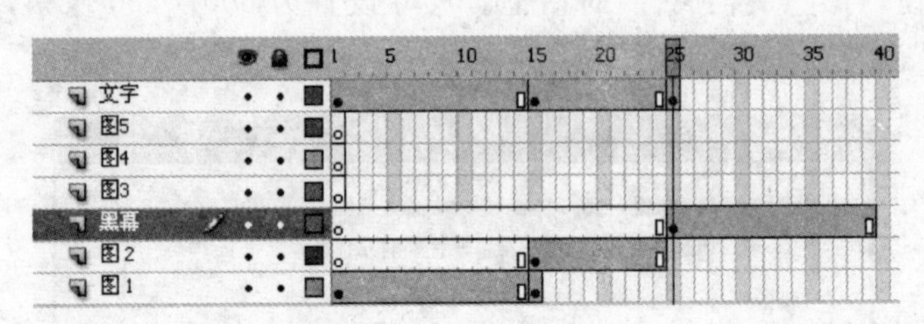

图 9.155　时间轴

(14) 在“图 3”图层的第 40 帧插入空白关键帧，将库中的“元件 3”直接拖入工作区。在“属性”面板中设置其在工作区中的位置。设置 X 值为 0，Y 值为 0。在该图层的 60 帧按下 F5 键。

(15) 在“文字”图层的第 40 帧按下 F7 键，插入空白关键帧。选择工具箱中的文字工具，在工作区输入文字内容“听爸爸说调动工作，觉得是用大吊车把人调来调去的，很麻烦的样子”。

(16) 在“图 4”图层的 60 帧插入空白关键帧，将库中的“元件 4”直接拖入工作区。在“属性”面板中设置其在工作区中的位置。设置 X 值为 0，Y 值为 0。在 69 帧按 F5 键。

(17) 在“文字”图层的第 60 帧按下 F7 键，插入空白关键帧。选择工具箱中的文字工具，在工作区输入文字内容“爸爸对我说，屁股本来是一个的，我生出来的时候被摔了一下变成两个了，为此，好自卑啊……”。此时的时间轴如图 9.156 所示。

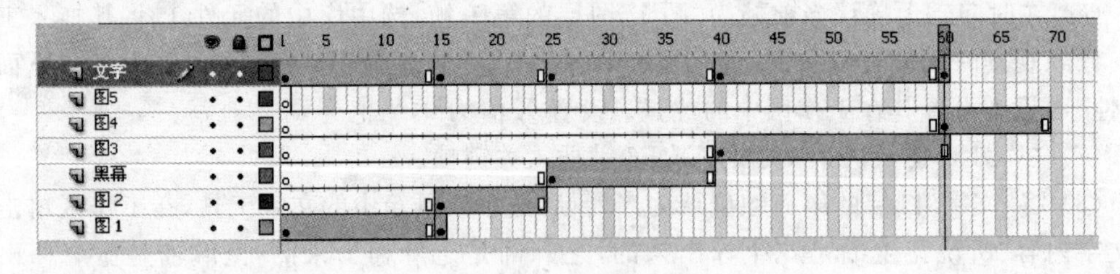

图 9.156　时间轴

(18) 在“图 5”图层的 70 帧插入空白关键帧，将库中的“元件 5”直接拖入工作区。在“属性”面板中设置其在工作区中的位置。设置 X 值为 0，Y 值为 0。在 80 帧按 F5 键。

(19) 在“文字”图层的第 70 帧按下 F7 键，插入空白关键帧。选择工具箱中的文字工具，在工作区输入文字内容“毛阿敏唱歌很好听，韦唯唱歌也很好听，因为嘴巴大唱歌才好听，我也要天天扯自己的嘴巴”。

(20) 在“文字”图层的第 81 帧按下 F7 键，插入空白关键帧。将库中的“元件 6”直接拖入工作区。在“属性”面板中设置其在工作区中的位置。设置 X 值为 0，Y 值为 0。

(21) 为使影片产生若隐若现的效果，下面在“图 1”和“图 3”图层中改变图形元件的

Alpha 值。

(22) 在“图 1”图层第 10 帧按 F6 键，插入关键帧。选中工作区的图形元件，接下来的操作在“属性”面板中实现。选中“颜色”旁下拉列表框中的 Alpha，将 Alpha 的值设置为 70%。用同样的方法，将该图层 15 帧图形元件的 Alpha 值设为 0%。

(23) 在“图 1”图层的第 10 帧和第 15 帧之间创建传统补间。在这两帧之间右击，在弹出的快捷菜单中选择【创建传统补间】命令。

(24) 在“图 3”图层的第 55 帧按下 F6 键，插入关键帧。选中工作区的图形元件，接下来的操作在“属性”面板中实现。选中“颜色”旁下拉列表框中的 Alpha，将 Alpha 的值设置为 70%。用同样的方法，将该图层 60 帧图形元件的 Alpha 值设为 0%。

(25) 在“图 3”图层的第 55 帧和第 60 帧之间创建传统补间。

(26) 这是影片制作的最后一步，设置影片播放到最后一帧停止，会涉及简单的动作。确认“文字”图层的第 81 帧为当前帧，输入语句 stop()。

(27) 影片的最终时间轴如图 9.157 所示。

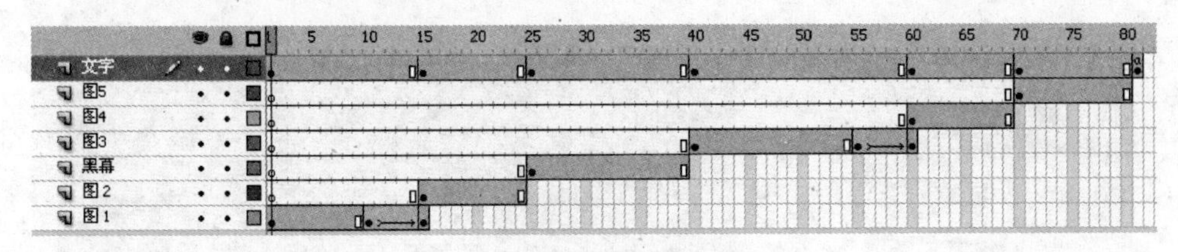

图 9.157 影片的最终时间轴

(28) 保存影片。

实验 11 3DS MAX 建模和动画

一、实验目的

(1) 了解 3DS MAX9 建模基本方法。

(2) 了解制作三维动画的方法。

二、实验要求

(1) 熟悉 3DS MAX9 建模种类。

(2) 掌握三维动画制作方法。

三、实验内容

1. 布尔运算——螺栓

(1) 在顶视图中创建一个圆柱体，参数如图 9.158 所示，外形模型如图 9.159 所示。

(2) 在顶视图中创建一个切角圆柱体，参数如图 9.160 所示。注意不要选中“平滑”复选框。

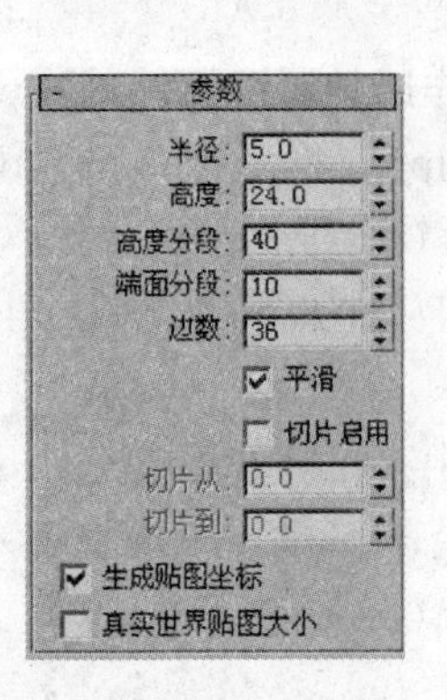

图 9.158 参数设置

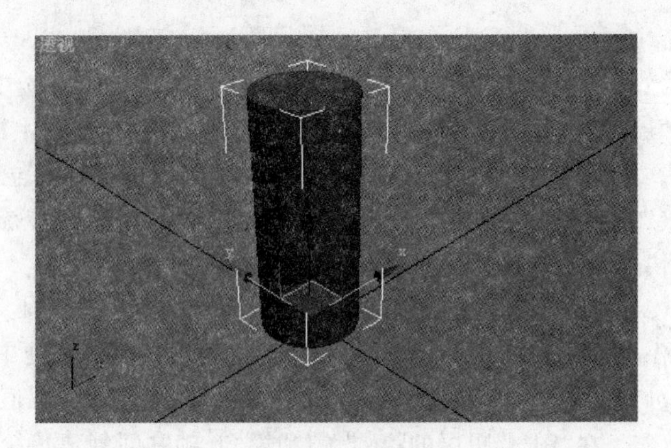

图 9.159 外形模型

(3) 在前视图中选择圆柱体，单击主工具栏的对齐工具，对齐两个对象，如图 9.161 所示。

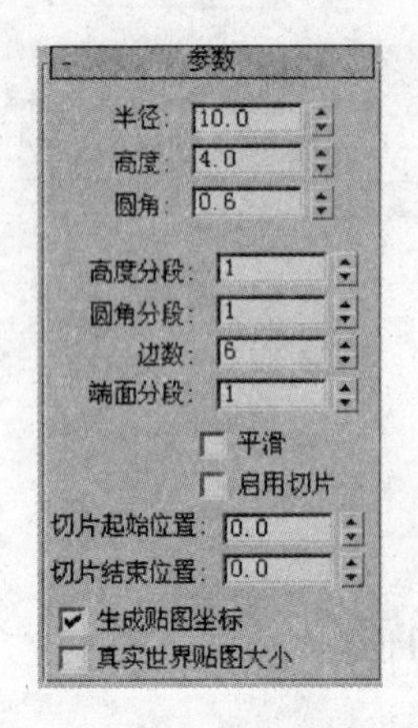

图 9.160 参数设置

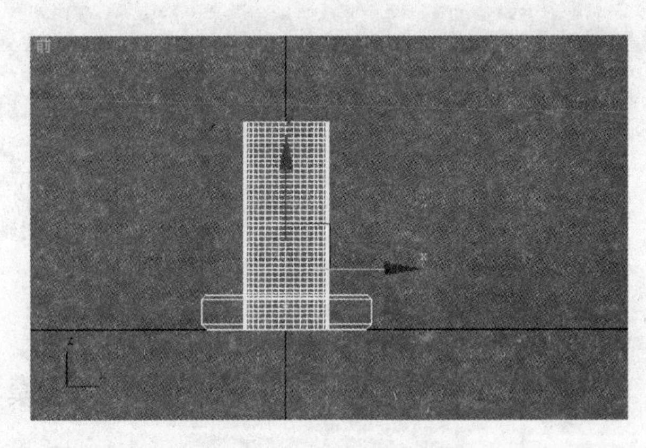

图 9.161 对齐两个对象

(4) 选择切角圆柱体，单击"布尔"按钮，设置"参数"卷展栏下的"操作"为"并集"，再单击"拾取操作对象"按钮。在视图中单击圆柱体进行布尔运算。结果如图 9.162 所示。

(5) 在顶视图中创建一条螺旋线，参数如图 9.163 所示。

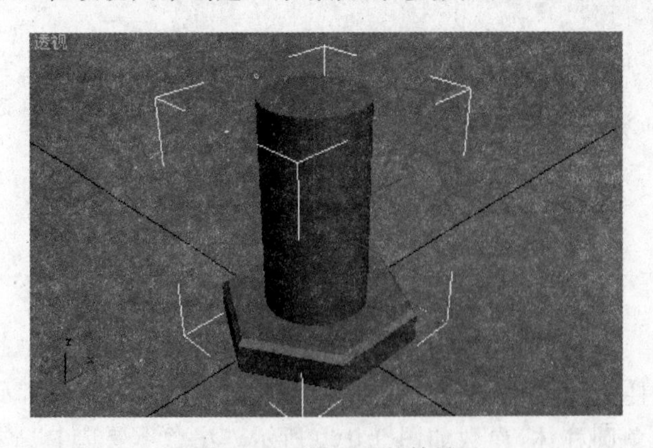

图 9.162 设置后的结果

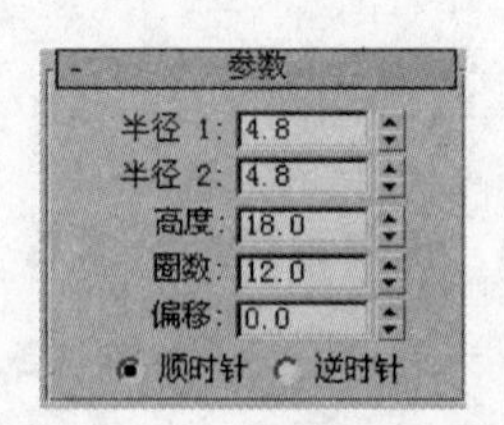

图 9.163 参数设置

(6) 单击“多边形”按钮,在前视图中创建一个多边形,参数和形状如图 9.164 所示。

(7) 选择螺旋线,在“创建”面板的下拉列表框中选择“复合对象”选项,在出现的面板上单击“放样”按钮,进入“放样”面板。在“放样”面板中单击“获取图形”,然后在视图中单击多边形对象,再在“蒙皮参数”卷展栏中设置参数如图 9.165 所示。放样后得到的对象如图 9.166 所示。

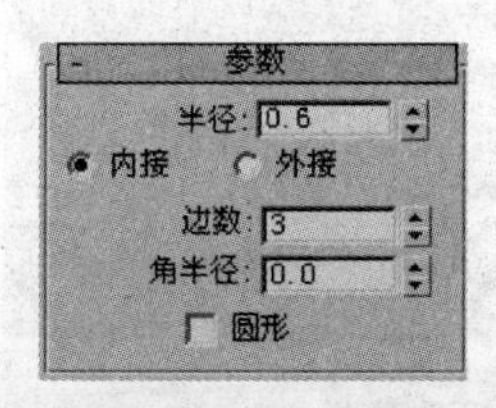

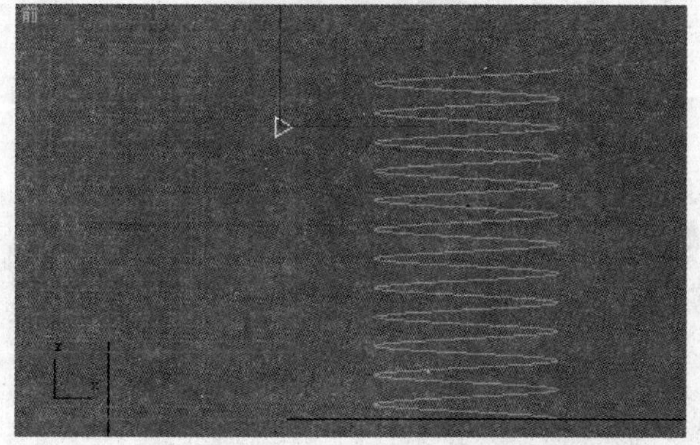

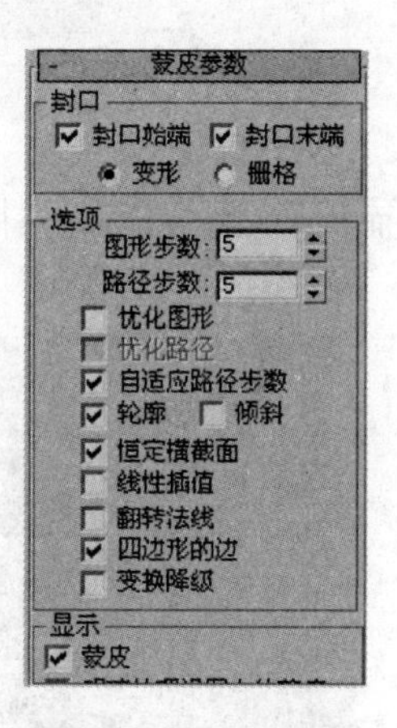

图 9.164 参数设置和形状

图 9.165 参数设置

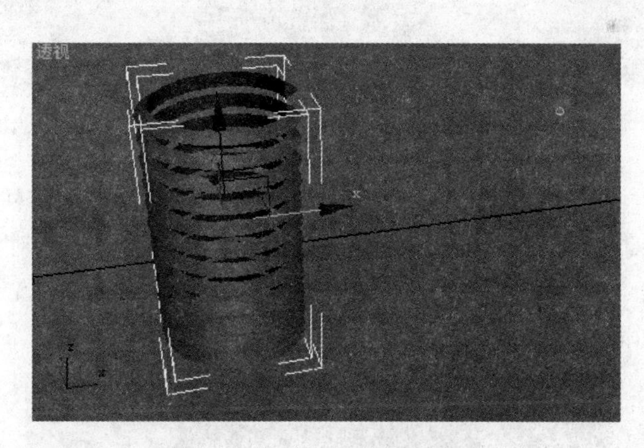

图 9.166 放样后得到的对象

(8) 在透视图中,选择运算后的结果,全选,在视图中单击螺栓对象,设置两物体的中心在“X”、“Y”方向上对齐。再进行全选,在视图中单击螺栓对象,设置两物体的最大值在“Z”方向上对齐。结果如图 9.167 所示。

(9) 选择螺栓,单击“布尔运算”按钮,在出现的面板上设置“参数”卷展栏中的“操作”为“差集(A−B)”。单击“拾取操作对象”按钮,再在视图中单击放样的螺旋物体,运算结果如图 9.168 所示。

(10) 创建螺母:选择已经刻上螺纹的螺栓,用移动工具复制一个螺栓。进入“扩展基本

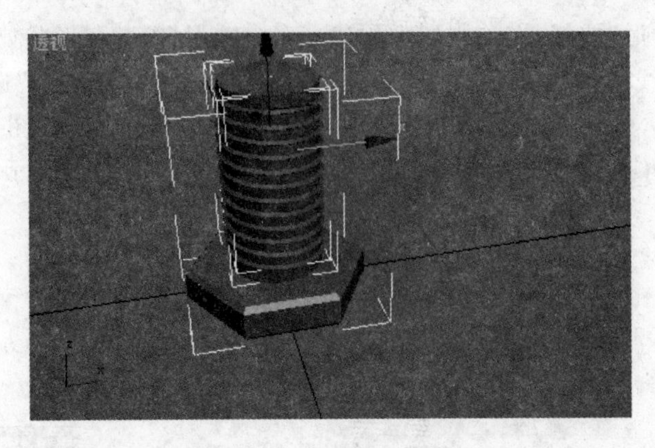

图 9.167　设置后的效果

内体”面板，单击“切角圆柱体”按钮，在视图中创建一个切角圆柱体，参数如图 9.169 所示。

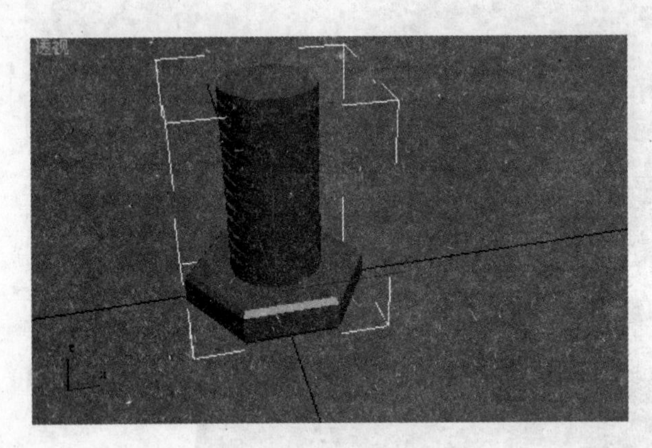

图 9.168　运算结果

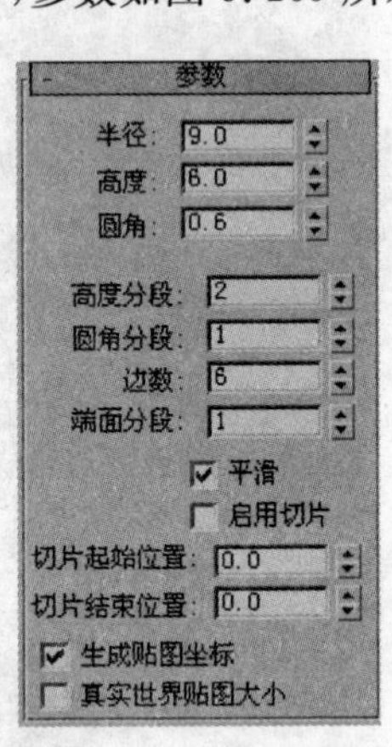

图 9.169　参数设置

(11) 运用对齐工具和“选择并移动”工具，移动新创建的“切角圆柱体”，使它和刚复制的螺栓副本的位置对齐，如图 9.170 所示。选择新创建的切角圆柱体对象，单击“复合对象”面板上的“布尔运算”按钮，在随后出现的面板中设置“操作”为“差集(A－B)”。单击螺栓副本对象，运算结果如图 9.171 所示。

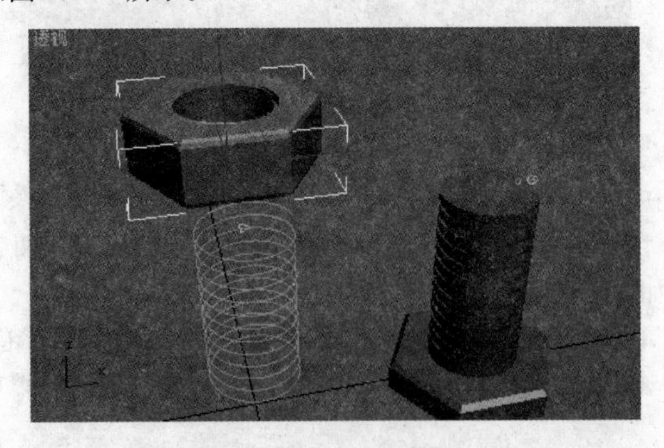

图 9.170　使新创建的物体与螺栓副本位置对齐

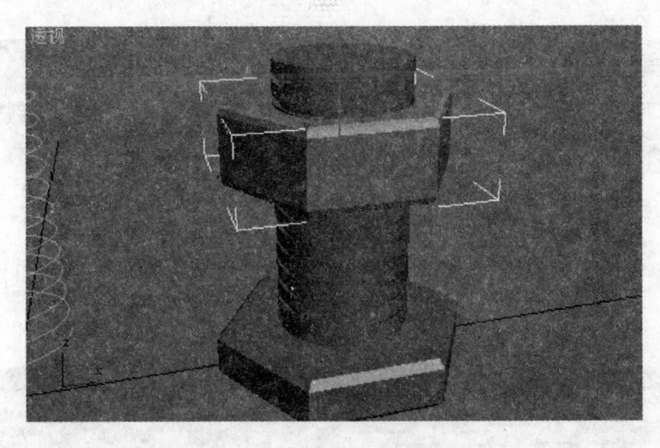

图 9.171　运算后的结果

2. 自动关键点动画

(1) 在场景中创建一个球体和一个平面，设置球体的关键点动画，平面作为地面，如图 9.172 所示。

图 9.172　创建一个球体和一个平面

(2) 确定时间滑块位于第 0 帧的位置，作为动画的起始位置，单击自动关键点按钮，将时间滑块移到 50 帧的位置，将球体沿 X 轴移动，此时在 50 帧的位置将自动创建一个关键帧，场景如图 9.173 所示，时间标尺如图 9.174 所示。

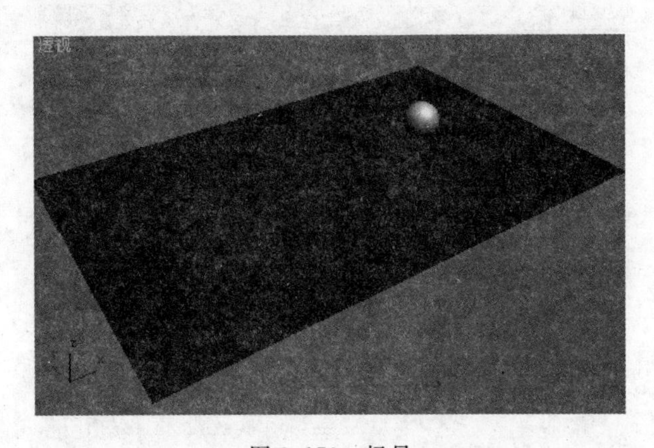

图 9.173　场景

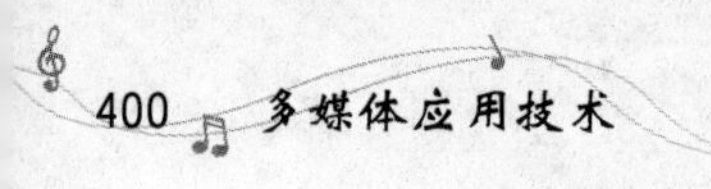

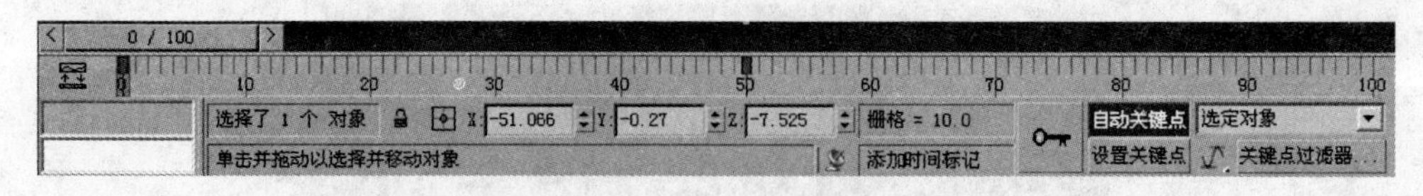

图 9.174　时间标尺

(3) 将时间滑块移到 100 帧的位置，选择球体，沿 X 轴返回。时间标尺如图 9.175 所示。

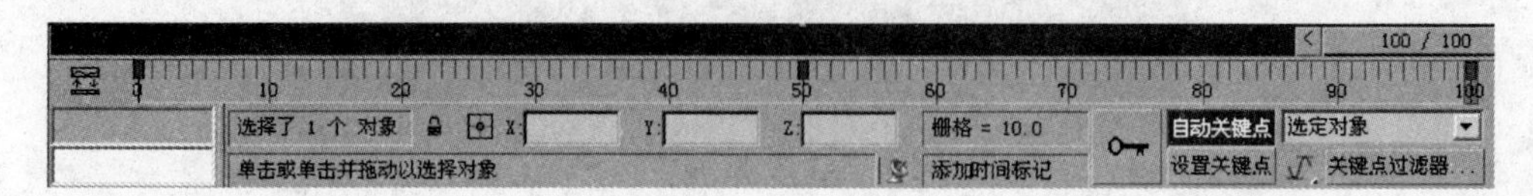

图 9.175　时间标尺

(4) 单击动画控制区的▶按钮，观看动画效果，并将动画渲染输出。

参考文献

[1] 曹飞，张俊，汤思民. 视频非线性编辑. 北京：中国传媒大学出版社，2009
[2] 解放日报文化讲坛.新媒体与全球变革. 解放日报，2009-10-23
[3] 孙军. Premiere Pro CS3 基础与典型范例. 北京：电子工业出版社，2008
[4] 张文俊. 数字媒体技术基础. 上海：上海大学出版社，2007
[5] 北京中科大洋科技发展股份有限公司. D3-Edit 使用手册. 2005
[6] 王川. 什么是 NGN 网络. 中国公众网，2008-5-28
[7] 林京彤. images 工作室. 比特网，2005-06-14
[8] 中国广播电视总局. GY/T 220.1-2006. 2009-3-31
[9] 朱虹. 广电总局就中国移动多媒体广播电视发展情况答问. www.gov.cn，2009-1-20
[10] 鲍征烨. 互联网视音频版权保护技术. 2009 国际新媒体技术论坛文集. 北京：中国传媒大学出版社，2010
[11] 雷运发. 多媒体技术与应用教程. 北京：清华大学出版社，2008
[12] 刘光然，杨虹，陈建珍. 多媒体技术与应用教程. 第 2 版. 北京：人民邮电出版社，2009
[13] 刘立新，刘真，张润. 多媒体技术基础及应用. 北京：中国广播电视出版社，2005
[14] 朱虹. 数字图像处理基础. 北京：科学出版社，2005
[15] 吴乐南. 数据压缩. 北京：电子工业出版社，2005
[16] Adobe 公司著. Adobe Photoshop CS3 中文版经典教程. 袁国忠等译. 北京：人民邮电出版社，2009
[17] 锐艺视觉. Photoshop CS3 案例版从入门到精通. 北京：中国青年出版社，2008
[18] 锐艺视觉. PHOTOSHOP CS3 选区图层蒙版通道技术解读. 北京：中国青年出版社，2008
[19] 石雪飞，蔀峰. 数字音频编辑 Adobe Audition 3.0. 北京：电子工业出版社，2009
[20] 刘强. ADOBE AUDITION 3 标准培训教材. 北京：人民邮电出版社，2009
[21] 雷剑，盛秋. Photoshop CS3 图像特效制作实例精讲. 北京：人民邮电出版社，2007
[22] 高志清. 边学边用 Photoshop CS2. 北京：清华大学出版社，2006
[23] 胡海，赵育山，乔奇臻. ADOBE FLASH CS3 PROFESSIONAL 标准培训教材. 北京：人民邮电出版社，2008
[24] Adobe 公司. Adobe Flash CS3 中文版经典教程. 北京：人民邮电出版社，2008
[25] 熊力，李育霖. 3ds max 9 实用教程. 北京：北京希望电子出版社，2007
[26] 潘禄生. 中文版 3ds Max 9 案例标准教程. 北京：中国青年出版社，2008
[27] 詹翔，王海英. 从零开始：3ds Max9 中文版基础培训教程. 北京：人民邮电出版社，2009
[28] 杨格. 3ds max 中文版三维建模与动画创作实例课堂. 北京：人民邮电出版社，2006

21世纪高等学校数字媒体专业规划教材

ISBN	书　　名	定价(元)
9787302224877	数字动画编导制作	29.50
9787302222651	数字图像处理技术	35.00
9787302218562	动态网页设计与制作	35.00
9787302222644	J2ME手机游戏开发技术与实践	36.00
9787302217343	Flash多媒体课件制作教程	29.50
9787302208037	Photoshop CS4中文版上机必做练习	99.00
9787302210399	数字音视频资源的设计与制作	25.00
9787302201076	Flash动画设计与制作	29.50
9787302174530	网页设计与制作	29.50
9787302185406	网页设计与制作实践教程	35.00
9787302180319	非线性编辑原理与技术	25.00
9787302168119	数字媒体技术导论	32.00
9787302155188	多媒体技术与应用	25.00

以上教材样书可以免费赠送给授课教师，如果需要，请发电子邮件与我们联系。

教学资源支持

敬爱的教师：

感谢您一直以来对清华版计算机教材的支持和爱护。为了配合本课程的教学需要，本教材配有配套的电子教案(素材)，有需求的教师可以与我们联系，我们将向使用本教材进行教学的教师免费赠送电子教案(素材)，希望有助于教学活动的开展。

相关信息请拨打电话010-62776969或发送电子邮件至weijj@tup.tsinghua.edu.cn咨询，也可以到清华大学出版社主页(http://www.tup.com.cn或http://www.tup.tsinghua.edu.cn)上查询和下载。

如果您在使用本教材的过程中遇到了什么问题，或者有相关教材出版计划，也请您发邮件或来信告诉我们，以便我们更好地为您服务。

地址：北京市海淀区双清路学研大厦A座708　　计算机与信息分社魏江江　收
邮编：100084　　电子邮件：weijj@tup.tsinghua.edu.cn
电话：010-62770175-4604　　邮购电话：010-62786544

《网页设计与制作》目录

ISBN 978-7-302-17453-0

蔡立燕　梁　芳　主编

图书简介：

Dreamweaver 8、Fireworks 8 和 Flash 8 是 Macromedia 公司为网页制作人员研制的新一代网页设计软件，被称为网页制作“三剑客”。它们在专业网页制作、网页图形处理、矢量动画以及 Web 编程等领域中占有十分重要的地位。

本书共 11 章，从基础网络知识出发，从网站规划开始，重点介绍了使用“网页三剑客”制作网页的方法。内容包括了网页设计基础、HTML 语言基础、使用 Dreamweaver 8 管理站点和制作网页、使用 Fireworks 8 处理网页图像、使用 Flash 8 制作动画、动态交互式网页的制作，以及网站制作的综合应用。

本书遵循循序渐进的原则，通过实例结合基础知识讲解的方法介绍了网页设计与制作的基础知识和基本操作技能，在每章的后面都提供了配套的习题。

为了方便教学和读者上机操作练习，作者还编写了《网页设计与制作实践教程》一书，作为与本书配套的实验教材。另外，还有与本书配套的电子课件，供教师教学参考。

本书适合应用型本科院校、高职高专院校作为教材使用，也可作为自学网页制作技术的教材使用。

目　　录：